目の前にある問題はもちろん、

人生の問いや、

社会の課題を自ら見つけ、

挑み続けるために、人は学ぶ。

「学び」で、

少しずつ世界は変えてゆける。

いつでも、どこでも、誰でも、

学ぶことができる世の中へ。

旺文社

大学受験
DO Series
五訂版
鎌田の
有機化学
の講義
別冊
入試で使える
最重要
Point 総整理

鎌田真彰　著

旺文社

はじめに

高校課程の改訂に伴って，化学では用語の扱いや学ぶ内容が大きく変わりました。有機化学は理論化学ほどの変更はありませんが，以前より高度な内容が含まれています。また近年の入試では，正確な知識だけでなく，関連知識を組み合わせて判断し解答させるような問題が増加傾向にあります。このような点を考慮して，『**大学受験Doシリーズ　鎌田の有機化学の講義**』を全面的に書き直すことにしました。

本書の最大の目的は，**“最新の入試に対応する力を養成すること”**です。そこで“試験対策としての有機化学”の範囲で「覚えるべき知識」と「問題を解くときに役立つスキル」を明示した上で(別冊にも掲載しています)，これらの関連事項を「なぜそうなるのかを順序立てて考えながら理解すること」を重視して説明をつけるという形式をとっています。

私としては堅苦しい表現を避けて読みやすさを優先して書いたつもりですが，理論化学の知識を前提にしているので途中で詰まる人もいるかもしれません。そういう方は『**大学受験Doシリーズ　鎌田の理論化学の講義　三訂版**』などで前段階の知識を補ってから読み直してください。また，問題文にヒントがあっても初見の人には難易度が高く感じるテーマで，かつ近年の入試で増加しているものをExtra Stageとして抜き出しました。こちらは有機化学を学習し始めたばかりの人は飛ばしていただいて結構ですが，難関大志望者はぜひ目を通してください。

有機化学は，文章を目で追っているだけでは身につかないので，自分の手で構造式を書いたり，ペンや紙を分子模型に見立てて回したりひっくり返したりしながら本書を読むことをお勧めします。また，本書で身につけたことをさらに問題演習でトレーニングしたい人に向けて，『**大学受験Doシリーズ　鎌田の化学問題集　理論・無機・有機　改訂版**』も刊行しています。「この知識はこのような形で出題され，こういうふうに運用するのか」とさらに実感できるかと思います。

試験で得点することを目的とした本書ではありますが，有機化学という世界そのものへの興味につながったら幸いです。

最後になりますが，本書を校正していただいた四谷学院の土田薫先生と編集担当の鈴木明香さんには大変お世話になりました。お二人なくしては本書を完成させることはできませんでした。心から感謝いたします。

鎌田　真彰

本書の構成

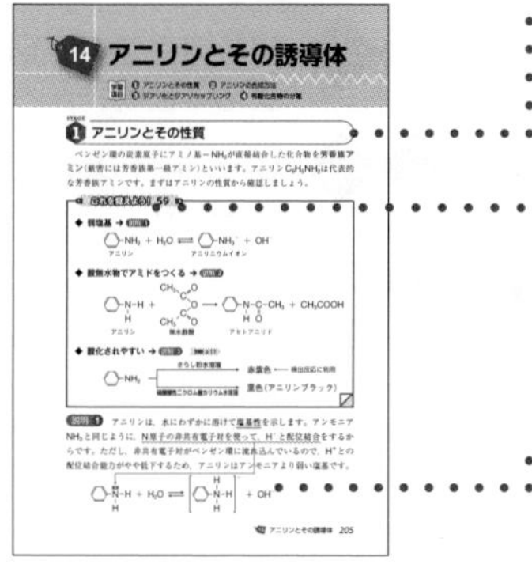

本書には，別冊が付いています。本冊と別冊の両方に，関係するページが記載してあるので，うまく利用してください。

入試突破に必要な知識や反応をまとめてあります。試験前など重要事項を確認したいときに見直してください。くわしい説明は 説明 にあります。対応する番号の 説明 を読みましょう。

入試での注意点や，反応が起こるメカニズムなどについて説明しています。これにより，丸暗記とは異なり，知識がしっかり定着し，効率よく応用力が身につきます。

学んだ内容を確認するための問題です。覚えたこと・理解したことを実際にどのように使えばいいのかがわかります。なお，問題は適宜改題しています。

吹き出しには，本文の説明を補足する内容が書かれています。これも大切な内容ですので，飛ばさず読んでください。

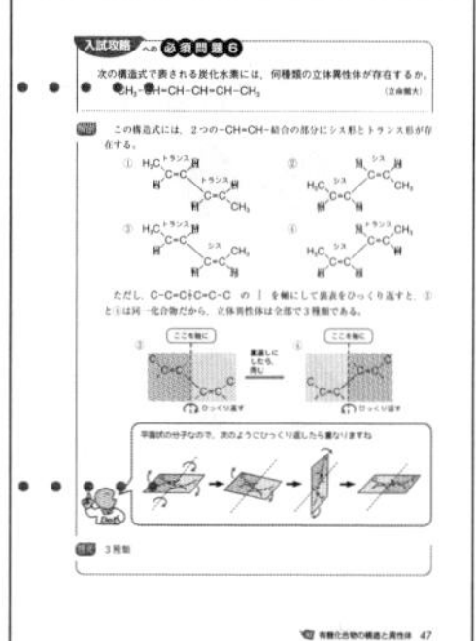

少し発展的な内容ですが，難関大学の入試で合格点をとるためには必要な内容です。必要な人は読んでください。

■入試で使える最重要Point総整理（別冊）
特に入念に確認すべき事項を別冊にまとめました。付属の赤セルシートで隠して，即座に知識が取り出せるように，試験直前まで徹底的に練習しましょう。

目次

はじめに 2
本書の構成 3

第1章 有機化学の基礎

01 有機化合物の分類と分析
STAGE 1 有機化合物の分類と表記方法 8
STAGE 2 有機化合物の分析 16

02 有機化合物の構造と異性体
STAGE 1 有機化合物の立体構造 26
STAGE 2 異性体 33
Extra Stage 環状化合物とシス-トランス異性体 44
Extra Stage 不斉炭素原子と立体異性体 51

第2章 脂肪族化合物

03 アルカン
STAGE 1 アルカンの命名 58
STAGE 2 アルカンの性質と反応 61
Extra Stage シクロアルカン 64

04 アルケン
STAGE 1 アルケンの命名と物理的性質 67
STAGE 2 炭素原子間二重結合の反応 70
Extra Stage マルコフニコフ則と反応の機構 73
Extra Stage C=C 結合の酸化開裂 81

05 アルキン
STAGE 1 アルキンの命名と物理的性質 88
STAGE 2 炭素原子間三重結合の反応 89

06 アルコール
STAGE 1 代表的なアルコールとその物理的性質 97
STAGE 2 アルコールの反応 101
Extra Stage 脱水反応の起こりやすさ 105

07 カルボニル化合物
STAGE 1 カルボニル化合物とその物理的性質 113
STAGE 2 カルボニル化合物の反応 117

08 カルボン酸
STAGE 1 代表的なカルボン酸 128
STAGE 2 カルボン酸の反応 132

09 エステルとアミド
STAGE 1 エステルとアミドの性質 142
STAGE 2 エステルやアミドの合成方法と加水分解 ... 144
Extra Stage 広義のエステル 147

第3章 芳香族化合物

10 ベンゼン

STAGE 1 ベンゼンとその安定性 …… 156
STAGE 2 ベンゼンの付加反応と酸化 …… 162
Extra Stage 芳香族性について …… 158

11 ベンゼンの置換反応

STAGE 1 ベンゼンの置換反応 …… 164
STAGE 2 置換基と配向性 …… 169
Extra Stage 置換基の配向性とベンゼン環の電子密度 …… 171

12 芳香族炭化水素とその誘導体

STAGE 1 芳香族炭化水素 …… 177
STAGE 2 芳香族炭化水素の反応 …… 179

13 フェノール類とその誘導体

STAGE 1 フェノール類 …… 186
STAGE 2 フェノール類の反応 …… 187
STAGE 3 フェノールの合成方法 …… 193
STAGE 4 サリチル酸とその反応 …… 198

14 アニリンとその誘導体

STAGE 1 アニリンとその性質 …… 205
STAGE 2 アニリンの合成方法 …… 207
STAGE 3 ジアゾ化とジアゾカップリング …… 209
STAGE 4 有機化合物の分離 …… 214
Extra Stage 核磁気共鳴(NMR)と原子の環境 …… 219

第4章 天然有機化合物と合成高分子化合物

15 アミノ酸とタンパク質

STAGE 1 アミノ酸 …… 222
STAGE 2 ペプチドとタンパク質 …… 236
STAGE 3 タンパク質やアミノ酸の検出反応 …… 246
Extra Stage タンパク質を構成するアミノ酸 …… 224
Extra Stage アミノ酸と等電点 …… 232
Extra Stage 酵素反応の反応速度 …… 243

16 糖類

STAGE 1 単糖類 …… 250
STAGE 2 二糖類 …… 262
STAGE 3 多糖類 …… 266
Extra Stage D，L表示法とフィッシャー投影式 …… 252
Extra Stage ヘミアセタールとアセタール …… 258
Extra Stage アミロペクチンの構造の推定 …… 270

17 油脂

STAGE 1 油脂 ·············· 279
STAGE 2 油脂のいろいろな用途と界面活性剤 ······· 284
Extra Stage けん化価とヨウ素価 ·················· 283
Extra Stage リン脂質 ········· 289

18 核酸

STAGE 1 遺伝子とは？ ···· 290
STAGE 2 核酸の構造 ······· 291
Extra Stage DNAの複製・タンパク質の合成 ·················· 296

19 合成高分子化合物

STAGE 1 合成高分子化合物の特徴 ·················· 300
STAGE 2 重合形式と合成高分子化合物の分類 ···· 301
STAGE 3 付加重合でできる合成高分子化合物 ·················· 303
STAGE 4 縮合重合でできる合成高分子化合物 ·················· 313
STAGE 5 合成ゴム ········· 321
STAGE 6 付加縮合でできる合成高分子化合物 ·················· 328
STAGE 7 機能性高分子化合物 ·················· 334
Extra Stage ポリプロピレン(PP)の立体規則性 ······· 312
Extra Stage エステル結合をもつ合成樹脂 ········· 314
Extra Stage ナイロン66の簡易合成 ·················· 318
Extra Stage その他の合成ゴム ·················· 325
Extra Stage リサイクル ······· 338
Extra Stage その他の機能性高分子化合物 ···· 340

索　引 ························ 342

別冊

入試で使える
最重要Point総整理
（赤セルシート対応）

第1章

有機化学の基礎

01 有機化合物の分類と分析

学習項目
1 有機化合物の分類と表記方法
2 有機化合物の分析

STAGE 1 有機化合物の分類と表記方法

1 有機化合物とは

有機化合物(organic compound)は**炭素を含む化合物**です。ただし，一酸化炭素CO，二酸化炭素CO_2，炭酸カルシウム$CaCO_3$や炭酸水素ナトリウム$NaHCO_3$のような炭酸塩や炭酸水素塩，シアン化水素HCNやシアン化カリウムKCNといったシアン化合物は除きます。

有機化合物は炭素によって分子の骨格が形成されています。炭素の原子価は4。すなわち最外電子殻であるL殻の4つの不対電子を用いて，他の原子と共有結合を形成します。

炭素Cの電子配置	
K殻	L殻
2	4

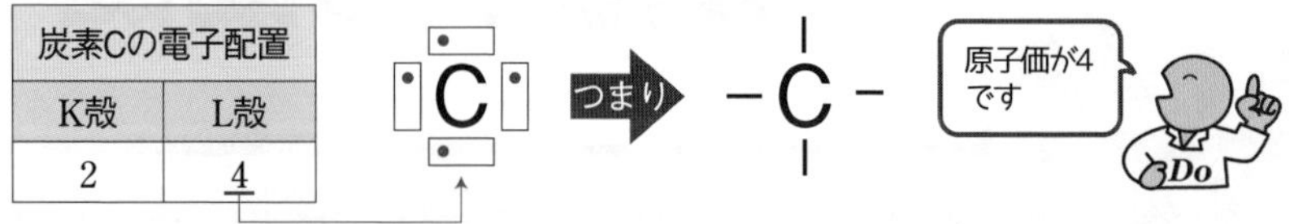

炭素原子は共有結合によって連続的につながることが可能です。二重結合や三重結合をつくることもできます。さらには水素H，酸素O，窒素N，硫黄S，塩素Clなどの原子と共有結合をすることによって，多種多様な分子をつくります。

元素	炭素	水素	酸素	窒素	硫黄	塩素
電子配置	K^2L^4	K^1	K^2L^6	K^2L^5	$K^2L^8M^6$	$K^2L^8M^7$
最外電子殻の電子に注目すると	−C−	H−	−O−	−N−	−S−	Cl−
原子価(不対電子数)	4	1	2	3	2	1

メタン　エタノール　クロロメタン

エチレン　酢酸　システイン

H−C≡C−H

アセチレン

少ないい元素でいろいろな分子をつくることができますね

2 有機化合物の分類

天然に存在するものだけでなく，人工的につくられたものも合わせれば膨大(ぼうだい)な数の有機化合物が知られています。これからもどんどん増えていくことでしょう。まずは，これらを「炭素原子のつくる結合」と「特定の性質をもつ原子団」に注目して分類します。

(1) 炭化水素の分類

炭素と水素からなる炭化水素(たんかすいそ) (hydrocarbon) は最も単純な有機化合物です。炭素で骨組みができ，末端に水素が結合した分子構造をしています。炭素原子がつくる<u>結合に注目</u>して，次のように分類します。

これを覚えよう！ 1　→ 説明 1

分類名		例
鎖式(さしき)炭化水素 または 脂肪族(しぼう)炭化水素	飽和(ほうわ)炭化水素	すべて単結合でできています。一般にアルカンとよびます
	不飽和(ふほうわ)炭化水素	H−C≡C−H，H−C≡C−C−H C=C結合やC≡C結合を不飽和結合とよびます。一般にC=Cを1つもつとアルケン，C≡Cを1つもつとアルキンといいます

環式炭化水素	脂環(しかん)式炭化水素	飽和炭化水素		環状に炭素がつながっています。一般にシクロアルカンといいます
		不飽和炭化水素		環だけでなく，C=Cを含んでいます
	芳香族(ほうこう)炭化水素	不飽和炭化水素		特殊な性質をもつ環で のように略記します

説明 1 まず炭素原子どうしの結合の形状に注目します。次々と鎖(くさり)のように結びついていると**鎖式(あるいは脂肪族)炭化水素**，どこかで環をつくるように結びついていると**環式炭化水素**に分類します。

次に炭化水素が**すべて単結合の場合**は**飽和炭化水素**，**二重結合や三重結合を含む場合**は**不飽和炭化水素**とよびます。なお，**ベンゼンのような特殊な環状構造をもつもの**は**芳香族炭化水素**といいますが，詳細は第３章で説明します。とりあえず分類名を覚えてください。

(2) 官能基による分類

いくつかの原子からなる分子内の部分構造(原子団)を**基**(き, group)とよびます。まず，炭化水素から水素原子を除いてできた**炭化水素基**を紹介しましょう。

アルカン(alkane)(鎖式飽和炭化水素)**から１つだけ水素原子を除いた基**を**アルキル基**(alkyl group)といいます。最初に，次ページの４つのアルキル基の名称を覚えてください。

これを覚えよう! 2

→ 説明 1

(i) (ii) (iii) (iv)

メチル基　エチル基　プロピル基　イソプロピル基

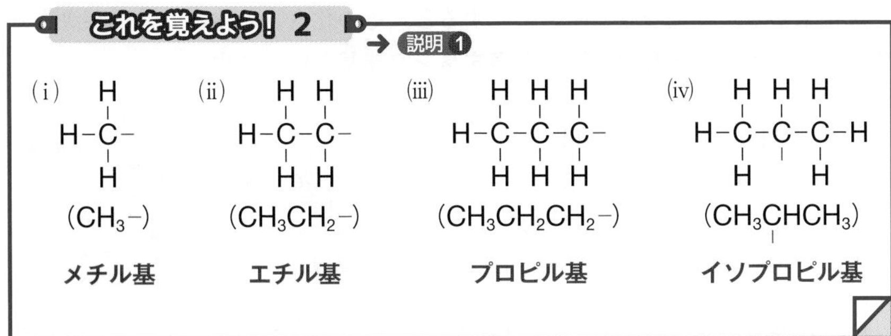

説明 1　メチル基はメタンCH_4，エチル基はエタンC_2H_6の水素原子を1つ除いたアルキル基です。プロパンC_3H_8の末端の水素原子を1つ除いたものをプロピル基，中央の炭素原子に結合している水素原子を1つ除いたものをイソプロピル基といいます。

(i)

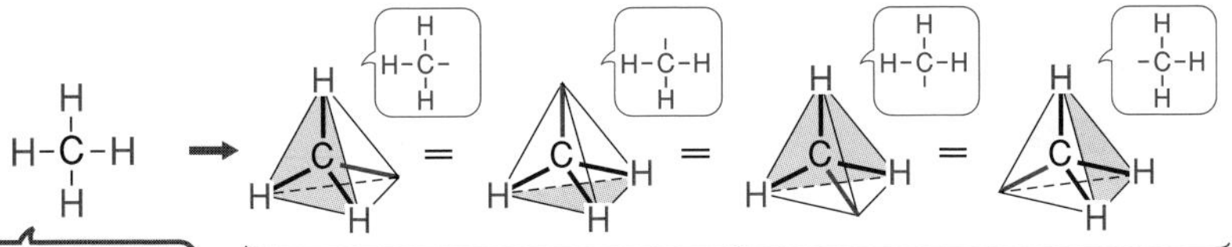

Hをどれか1つ除きます

メタンは正四面体形の分子です。どのHを1つ除いても同じメチル基です

(ii)

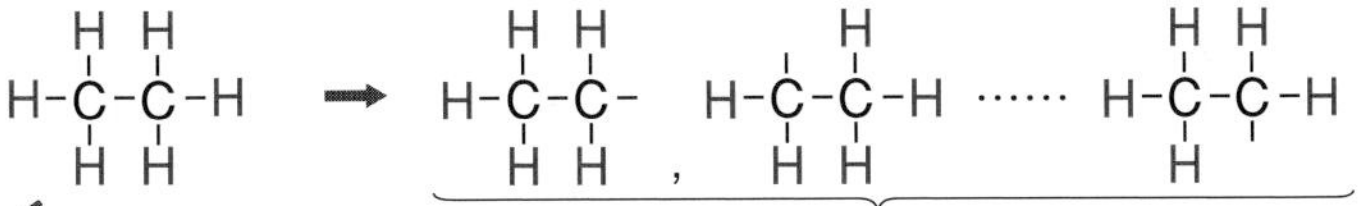

Hをどれか1つ除きます

(i)と同様に，6つのHのうち，どのHを1つ除いても同じエチル基です

(iii),(iv)

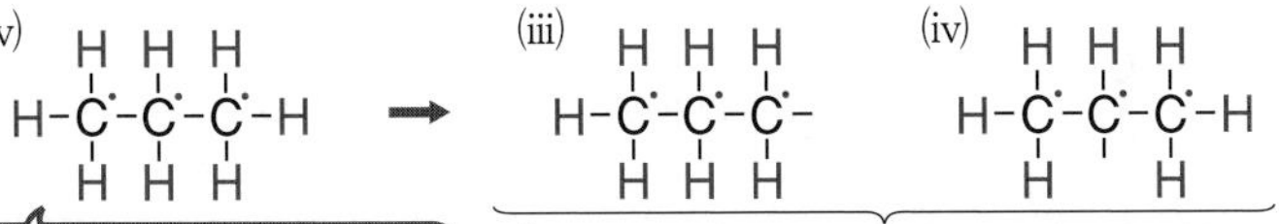

(iii) C˙のH(6個)から1つ除く
(iv) C˙のH(2個)から1つ除く
は異なった構造のアルキル基になります

端にあるC˙のHを1つ除くとプロピル基，中央にあるC˙のHを1つ除くとイソプロピル基といいます

炭化水素基が特定の原子団と結合すると，その化合物の化学的性質が決まります。このような**化合物の特性を表す基**を**官能基**（かんのうき, functional group）といいます。

H	H	H
H−C−**O−H**（Hが上下）	H−C−**C−H**（=O）	H−C−**C−O−H**（=O）
メタノール	アセトアルデヒド	酢酸

次の官能基とその官能基をもつ化合物の一般名をまず覚えてください。他の官能基はあとの STAGE で出てきたときでかまいません。

これを覚えよう! 3

官能基	一般名	例
ヒドロキシ基 −O−H → 説明 1	アルコール	CH_3-CH_2-O-H
	フェノール類	C_6H_5-O-H
エーテル結合 −O−	エーテル	$CH_3-CH_2-O-CH_2-CH_3$
ホルミル基 **（アルデヒド基）** −C(=O)−H → 説明 2	アルデヒド	CH_3-CHO
カルボニル基 **（ケトン基）** −C(=O)− → 説明 2	ケトン	$CH_3-CO-CH_3$
カルボキシ基 −C(=O)−O−H → 説明 1	カルボン酸	$CH_3-C(=O)-O-H$
アミノ基 −N(−H)−H	アミン	CH_3-NH_2

説明 1　以前は，ヒドロキシ基をヒドロキシル基や水酸基，カルボキシ基をカルボキシル基とよんでいました。大学入試でたまに古いよび方も出てきますから知っておくとよいでしょう。また，ベンゼン環にヒドロキシ基が結合したフェノール類(p.186参照)は，アルコールとは性質が異なります。

説明 2　カルボニル基が水素原子1つと結合している場合はホルミル(アルデヒド)基といい，ホルミル基をもつ化合物をアルデヒドといいます。カルボニル基の両側とも炭素原子と結合している化合物はケトンといいます。

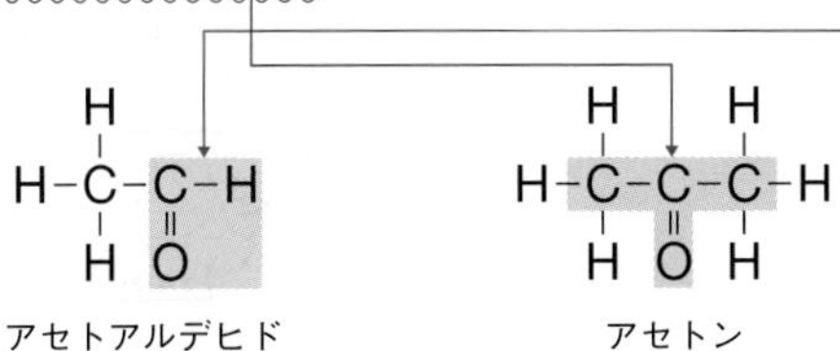

アセトアルデヒド　　　アセトン

3　有機化合物と化学式

有機化合物を構造式で表す場合，水素原子と他原子との間の共有結合を表す線を省略し，簡略化して書くことがあります。炭素と結合している原子は，一般にその炭素の右側に書きます。

-Hの-を省略

$$CH_3-CH_2-CH_2-CH_2-CH(CH_3)-CH_2-C(=O)-OH$$

メチレン基という

連続する$-CH_2-$の間の線を省略してまとめて(　)に入れてもかまいません。さらに炭素原子間の単結合の線を省略したり，枝分かれした基を結合している炭素原子の右側に(　)に入れたり，簡略して表したりすることもあります。

$$CH_3-(CH_2)_3-CH(CH_3)-CH_2-C(=O)-OH \Rightarrow CH_3(CH_2)_3CH(CH_3)CH_2C(=O)-OH$$

まとめる

枝

C=CやC≡C以外の線を省略

$$H_2C=CH-CH_2-CH_2-CH(OH)-CH_2-CH_3 \Rightarrow CH_2=CH(CH_2)_2CH(OH)CH_2CH_3$$

記述式の入試では解答欄に構造式を記入する場合，たいていは問題文中に表記方法について指示があります。指示に従って記入してください。

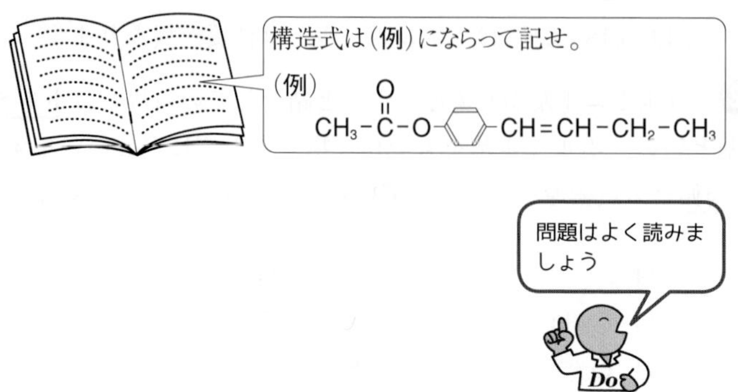

構造式は(例)にならって記せ。
(例)
$CH_3-C(=O)-O-C_6H_4-CH=CH-CH_2-CH_3$
問題はよく読みましょう
Do

分子式から官能基だけ抜き出して書いた示性式では，官能基を次のように簡略化します。残った炭化水素基がエチル基のように１つに特定できるときは，まとめて書くこともあります。

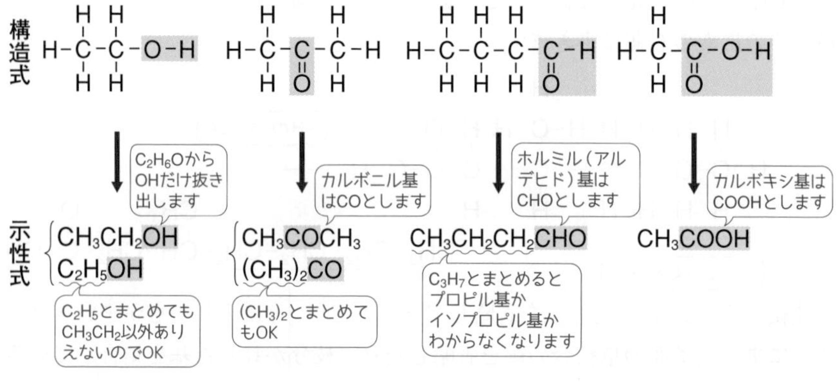

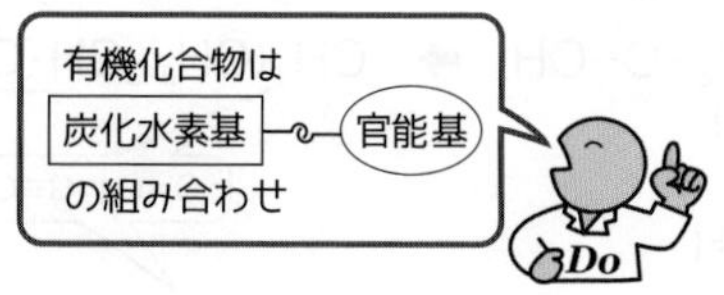

有機化合物は
炭化水素基
官能基
の組み合わせ
Do

入試攻略への必須問題1

二酸化炭素や炭酸カルシウムのような炭酸塩を除いた，炭素原子を骨格とする化合物を有機化合物という。有機化合物の構成元素は炭素の他，水素・酸素・［ア］・硫黄・ハロゲン・リンなどであり，元素の種類は少ない。有機化合物中の炭素原子は，［イ］個の価電子を用いて［ウ］結合をしている。このとき，炭素原子どうしで［エ］状や［オ］状構造をとる。炭素原子間が［カ］結合だけで構成されている化合物を飽和化合物，［キ］結合や［ク］結合を含む化合物を不飽和化合物という。有機化合物の構造は，炭素と水素だけで構成されている［ケ］とよばれる部分と，その有機化合物の特性を決める特定の原子団からなる［コ］とよばれる部分とからなる。

(1) 文中の［ア］～［コ］に適切な語句または数字を記せ。

(2) メタンCH_4の水素原子1個を，次のあ～えの原子団で置換してできる化合物の示性式を書け。

あ カルボキシ基　い ヒドロキシ基　う アミノ基

え ホルミル(アルデヒド)基　(岩手医科大)

解説 (1) ［エ］と［オ］，［キ］と［ク］は順不同でよい。

(2) 示性式は分子式から官能基を抜き出して示した化学式であり，原則として結合を表す線(−)を省く。

H−C(−H)(−H)−Ⓗ　—あ～えに置換→　あ −C(=O)−O−H　い −O−H　う −N(−H)−H　え −C(=O)−H

答え (1) ア：窒素　イ：4　ウ：共有　エ：鎖　オ：環　カ：単　キ：二重　ク：三重　ケ：炭化水素基　コ：官能基

(2) あ CH_3COOH　い CH_3OH　う CH_3NH_2　え CH_3CHO

有機化合物の分析

1 成分元素の確認

化合物に，炭素C，水素H，窒素N，硫黄S，塩素Clといった元素が含まれているかどうかを確認する方法を紹介しましょう。

これを覚えよう! 4

元素	操作	生成物	確認方法	
炭素 C	完全燃焼させる	二酸化炭素 CO_2	発生した気体を石灰水に通じると白濁する	→ 説明 1
水素 H	完全燃焼させる	水 H_2O	生じた液体は硫酸銅(Ⅱ)無水物を青変する	→ 説明 1
窒素 N	水酸化ナトリウムなどの強塩基を加えて加熱する	アンモニア NH_3	発生した気体を濃塩酸に近づけると白煙を生じる	→ 説明 2
塩素 Cl	焼いた銅線につけて燃焼させる	塩化銅(Ⅱ) $CuCl_2$	青緑色の炎色反応が見られる	→ 説明 3
硫黄 S	金属ナトリウムや水酸化ナトリウムを加えて加熱する	硫化物イオン S^{2-}	生成物を水に溶かして酢酸鉛(Ⅱ)水溶液を加えると黒色沈殿を生じる	→ 説明 4

説明 1

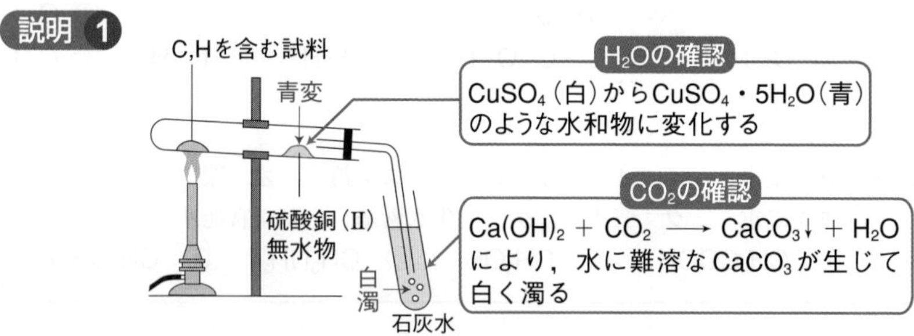

C,Hを含む試料
青変
硫酸銅(Ⅱ)無水物
白濁
石灰水
H_2Oの確認
$CuSO_4$(白)から$CuSO_4 \cdot 5H_2O$(青)のような水和物に変化する
CO_2の確認
$Ca(OH)_2 + CO_2 \longrightarrow CaCO_3\downarrow + H_2O$
により，水に難溶な$CaCO_3$が生じて白く濁る

説明 2 $NH_3 + HCl \longrightarrow NH_4Cl$ の反応が気相中で起こり，塩化アンモニウムNH_4Clの小さな結晶が生成し，白煙が生じます。

説明 3 考案したロシアの化学者の名前をとってバイルシュタイン試験といいます。塩素Clだけでなく臭素Brやヨウ素Iでも同様の反応が起こります。

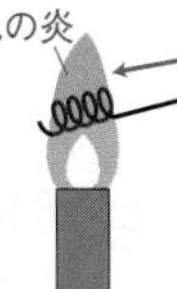

$CuCl_2$の確認

焼いたCu線はCuOになり，試料が熱分解して生じたHClと反応し，$CuCl_2$が生成する。$CuCl_2$が炎の中で分解して，Cu原子や$CuCl^+$などが生じ，銅の炎色反応(青緑色)が見られる

説明 4 硫化物イオンS^{2-}が生じ，$S^{2-} + Pb^{2+} \longrightarrow PbS\downarrow$ の反応によって硫化鉛(Ⅱ)の黒色沈殿が生じます。

入試攻略への必須問題 2

たいていの有機化合物を構成している元素は，炭素，水素，酸素，窒素，硫黄，ハロゲンなどであり，種類は比較的少ない。しかし，炭素原子は［ ア ］価が4であり，炭素原子どうしあるいは他の元素と［ イ ］によって次々に結合できるため，有機化合物の種類はきわめて多い。

有機化合物の炭素および水素の存在は，試料に［ ウ ］を加えて熱するとCは酸化されてCO_2になり，<u>石灰水を白濁させる</u>ことにより，また，Hは酸化されてH_2Oになり硫酸銅(Ⅱ)無水塩を青色に変化させることによって確認できる。さらに，窒素の存在は，試料にソーダ石灰を加えて加熱し，発生した気体を濃塩酸に近づけると［ エ ］の白煙が生じることで確認できる。成分元素の質量組成まで求める操作を［ オ ］という。

問1 文中の［ ア ］～［ オ ］にあてはまる語または化合物名を記せ。

問2 下線部の変化を化学反応式で示せ。 (大分大)

解説 **問1** ア：炭素は最外電子殻のL殻に4つの電子をもつ。よって原子価が4である。

ウ：酸素O_2または空気でも可。

エ：$HCl + NH_3 \longrightarrow NH_4Cl$ が起こり，白煙が生じる。

問2 石灰水とは水酸化カルシウムの飽和水溶液である。

$$CO_2 + \cancel{H_2O} \longrightarrow \cancel{H_2CO_3}$$
$$Ca(OH)_2 + \cancel{H_2CO_3} \longrightarrow CaCO_3\downarrow + \cancel{2}H_2O$$
$$Ca(OH)_2 + CO_2 \longrightarrow CaCO_3\downarrow + H_2O$$

答え **問1** ア：原子　イ：共有結合　ウ：酸素(または空気)

エ：塩化アンモニウム　オ：元素分析(p.18参照)

問2 $Ca(OH)_2 + CO_2 \longrightarrow CaCO_3 + H_2O$

2 元素分析

(1) 元素分析とその装置

化合物中の元素の組成を調べ，組成式を決定する操作を**元素分析**(げんそぶんせき)といいます。炭素C，水素H，酸素Oからなる有機化合物の場合は，次のような装置を組んで元素分析を行います。

これを覚えよう！ 5

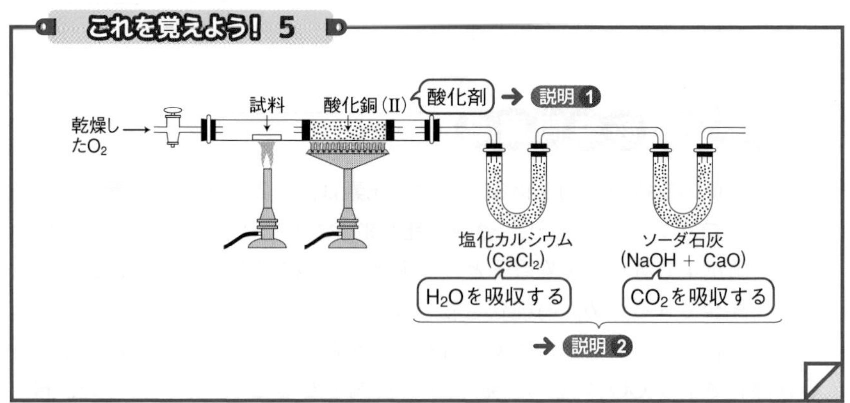

説明 1 試料の横にある**酸化銅(Ⅱ)CuOは完全燃焼を助ける酸化剤**です。例えば，一酸化炭素COのような不完全燃焼物が試料から生じた場合は，次のように反応し，COは完全燃焼物である二酸化炭素CO_2になります。

$$CO + CuO \xrightarrow{加熱} CO_2 + Cu \quad \cdots①$$

①式の反応で生じた銅は，送り込まれる酸素と②式のように反応して，元の酸化銅(Ⅱ)に戻ります。CuOは完全燃焼反応を支える触媒のような役割をしているのですね。

$$2Cu + O_2 \xrightarrow{加熱} 2CuO \quad \cdots②$$

①式×2+②式より，

$$2CO + O_2 \xrightarrow{加熱} 2CO_2$$

CuOはCuになり，再びCuOに戻ります

説明 2 試料の燃焼によって生じた**水は塩化カルシウム管**に，**二酸化炭素はソーダ石灰管**に吸収されます。それぞれが吸収したH_2OとCO_2の分だけ質量が増加するので実験前後の管の質量を測定すればOKです。

ソーダ石灰とは，酸化カルシウム(生石灰)に水酸化ナトリウム水溶液を吸収させてから，焼き固めたもの。二酸化炭素だけでなく水も吸収しますから，**ソーダ石灰管は必ず塩化カルシウム管の後ろ**につないでください。

	CO_2	H_2O
$CaCl_2$	吸収されない	$CaCl_2 + nH_2O \longrightarrow CaCl_2\cdot nH_2O$ $(1 \leqq n \leqq 6)$ のような反応により吸収される
ソーダ石灰	$\begin{cases} 2NaOH + CO_2 \longrightarrow Na_2CO_3 + H_2O \\ CaO + CO_2 \longrightarrow CaCO_3 \end{cases}$ のような中和反応により吸収される	NaOHは水分を吸収して溶ける(潮解)。CaOは次のように水と反応する $CaO + H_2O \longrightarrow Ca(OH)_2$

ソーダ石灰管と塩化カルシウム管を逆につなぐと，CO_2とH_2Oの両方がソーダ石灰管に吸収されてしまうので，別々に質量を測定できなくなってしまいます。元素分析をするときは必ず**塩化カルシウム → ソーダ石灰**の順に吸収管をつなぎます。

これを覚えよう! 5 の装置の図は，何も見ないで描けるようにしておいたほうがいいですよ
Do

入試攻略への必須問題3

次の文章を読み，下の**問1～4**に答えよ。

元素分析は，有機化合物中の構成元素の質量組成を決定する分析方法である。炭素，水素，酸素からなる有機化合物を分析する装置の模式図を次に示す。

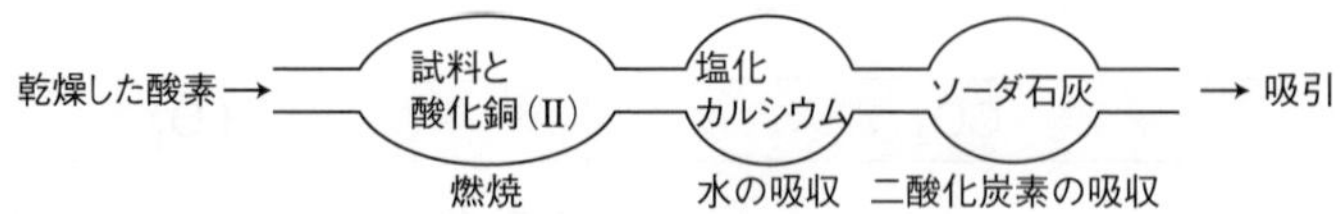

試料の質量を精密に測定し，乾燥した酸素で燃焼させる。生じた水は塩化カルシウムに，二酸化炭素はソーダ石灰に吸収される。生じた水の質量から［ア］の質量が，二酸化炭素の質量から［イ］の質量が，さらに，試料と［ア］，［イ］との質量の差から［ウ］の質量が求められる。各元素の質量をその原子量で割ると各原子の数の比が決まる。その比を最も簡単な整数比で表すことにより試料の組成式が決定される。

問1　上の文中の［ア］～［ウ］に元素名を入れよ。

問2　上図の装置において，酸化銅(II)はどのような役割をしているか説明せよ。

問3　塩化カルシウムとソーダ石灰の順番を逆にしてはいけない。それはなぜか説明せよ。

問4　試料は乾燥した酸素で燃焼しなくてはならない。その理由を説明せよ。

（千葉大）

解説 **問1～3**　間違えた人はp.18，19をもう一度よく読もう。

問4　湿った酸素，すなわち水蒸気を含んだ酸素を用いると，塩化カルシウムが試料の燃焼によって生じたH_2O以外に，燃焼に用いる酸素に含まれていたH_2Oも吸収してしまう。

答え **問1**　ア：水素　イ：炭素　ウ：酸素

問2　不完全燃焼物を完全燃焼物へ変える役割。

問3　ソーダ石灰は二酸化炭素のみならず，水も吸収するので，逆につなぐと二酸化炭素と水の質量を別々に測定できないから。

問4　試料の燃焼によって生じた水の質量だけを測定したいから。

(2) 組成式と分子式の求め方

塩化カルシウム管の質量増加分が水，ソーダ石灰管の質量増加分が二酸化炭素の質量となりましたね。水に含まれる水素原子，二酸化炭素に含まれる炭素原子はともに試料の有機化合物に含まれていた原子です。

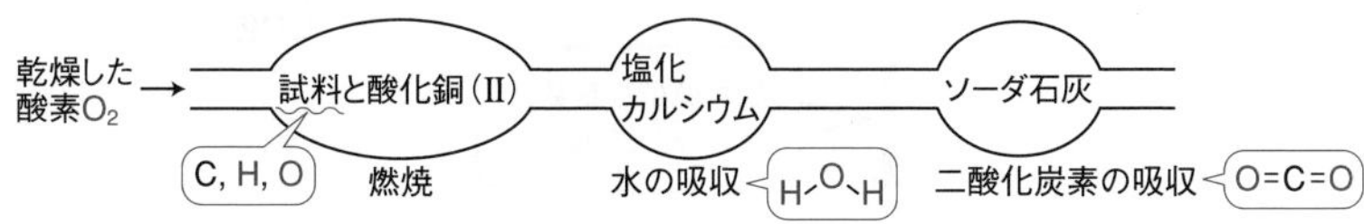

そこで原子量を用いて，試料に含まれていた炭素原子と水素原子の質量が計算できます。酸素原子が試料に含まれている場合は，用いた試料の質量から炭素原子と水素原子の質量を引けば酸素原子の質量を求められます。原子量はH＝1.0，C＝12，O＝16とすると，次のように求めることができますね。

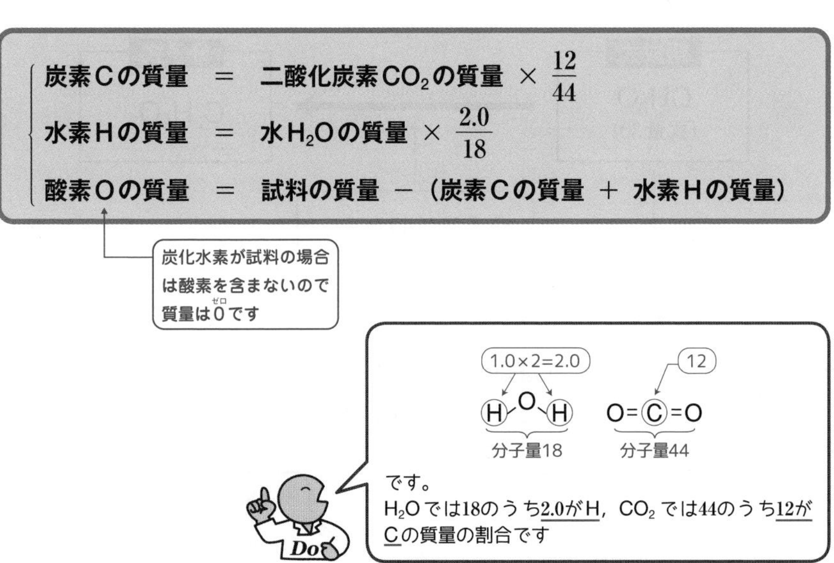

炭素Cの質量 ＝ 二酸化炭素CO_2の質量 × $\frac{12}{44}$

水素Hの質量 ＝ 水H_2Oの質量 × $\frac{2.0}{18}$

酸素Oの質量 ＝ 試料の質量 −（炭素Cの質量 ＋ 水素Hの質量）

炭化水素が試料の場合は酸素を含まないので質量は0(ゼロ)です
1.0×2=2.0
H-O-H
分子量18
12
O=C=O
分子量44
です。
H_2Oでは18のうち2.0がH，CO_2では44のうち12がCの質量の割合です
Do

組成式(そせいしき)は**構成元素を最も簡単な原子の数の比で表した化学式**です。上の計算結果と原子量を用いて，炭素原子，水素原子，酸素原子の物質量の比をとって求めます。

炭素C		水素H		酸素O
$\dfrac{\text{Cの質量}}{12\,\text{g/mol}}$	:	$\dfrac{\text{Hの質量}}{1.0\,\text{g/mol}}$	:	$\dfrac{\text{Oの質量}}{16\,\text{g/mol}}$
= Cの物質量	:	Hの物質量	:	Oの物質量
= Cの数	:	Hの数	:	Oの数

前ページで求めた試料中の各元素の原子の数の比を求めます

↓ 最も簡単な整数比が$x:y:z$なら

（組成式） $C_xH_yO_z$

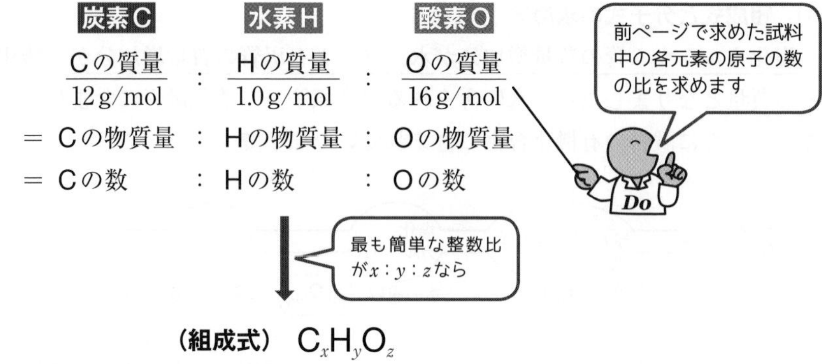

分子式を決めるときは，凝固点降下度や浸透圧の測定といった別の実験などから分子量を求める必要があります。**分子式は組成式の整数倍**ですから，**分子量が組成式の式量の何倍になっているかを計算**します。

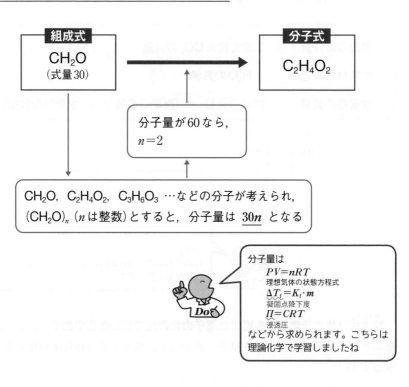

組成式
CH_2O
（式量30）

↓

CH_2O，$C_2H_4O_2$，$C_3H_6O_3$ …などの分子が考えられ，$(CH_2O)_n$（nは整数）とすると，分子量は **30*n*** となる

↑

分子量が60なら，
$n=2$

↑

分子式
$C_2H_4O_2$

分子量は
$PV=nRT$
理想気体の状態方程式
$\Delta T_f=K_f\cdot m$
凝固点降下度
$\Pi=CRT$
浸透圧
などから求められます。こちらは理論化学で学習しましたね

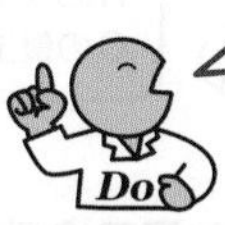

入試攻略への必須問題4

(1) 炭素，水素，酸素から構成される分子量44の有機化合物4.40 mgを燃焼させて，水を3.60 mgと二酸化炭素を8.80 mg得た。この化合物の分子式を答えよ。原子量はH＝1.0，C＝12，O＝16とする。

(2) 有機化合物中に含まれる窒素，硫黄，塩素の検出法に関する次の説明文㋐〜㋒について，正しい場合は○，誤っている場合は×で答えよ。

㋐ 窒素は，試料をソーダ石灰を加えて加熱しアンモニアを発生させ，そこに濃塩酸をつけたガラス棒を近づけて，白煙が生じることにより検出できる。

㋑ 硫黄は，試料に過酸化水素水を加えて，褐色溶液になることで検出できる。

㋒ 塩素は，焼いた銅線の先に試料をつけて燃焼させ，炎色反応によって青緑色の炎を生じることから検出できる。 (北海道大)

解説 (1) 試料中の炭素，水素，酸素それぞれの原子の質量を W_C，W_H，W_O とする。

$$\begin{cases} W_C = 8.80 \times \dfrac{12}{44} = 2.40\,\text{mg} \\ W_H = 3.60 \times \dfrac{2.0}{18} = 0.400\,\text{mg} \\ W_O = 4.40 - (2.40 + 0.400) \\ \quad = 1.60\,\text{mg} \end{cases}$$

各元素の原子の数の比は，

$$C : H : O = \underbrace{\frac{2.40}{12} : \frac{0.400}{1.0} : \frac{1.60}{16}}_{\text{単位は mg/g/mol=mmol}}$$

$$= 0.200 : 0.400 : 0.100$$

$$= 2 : 4 : 1$$

組成式は C_2H_4O であり，式量が44となり分子量に一致するので，分子式も C_2H_4O である。

(2) ㋐ ソーダ石灰($NaOH + CaO$)や$NaOH$のような強塩基とともに試料を加熱して発生したNH_3が

$$NH_3 + HCl \longrightarrow NH_4Cl$$

と反応することによって塩化アンモニウムの白煙が生じる。正しい。

㋑ 試料をNaやNaOHとともに加熱し，硫黄がS^{2-}となり，Pb^{2+}を加えてPbSの黒色沈殿が生じる。誤り。

㋒ 炎の中で生じた$CuCl_2$が容易に熱分解し，Cuの炎色反応が見られる。正しい。

答え (1) C_2H_4O (2) ㋐ ○ ㋑ × ㋒ ○

入試攻略への必須問題 5

炭素，水素，酸素だけからなるアルコールを構成する元素の割合を調べたところ，質量パーセントで炭素64.9％，水素13.5％であった。また，このアルコールの分子量の測定値は74であった。アルコールの分子式を求めよ。ただし，原子量はH＝1.0，C＝12，O＝16とする。　（広島市立大）

解説　**解法1**　このアルコール100 gには，64.9 gの炭素原子と13.5 gの水素原子が含まれるので，酸素原子が，

$$100-64.9-13.5=21.6\,\text{g}$$

含まれる。

$$\underbrace{\text{C}:\text{H}:\text{O}}_{\text{100 gあたりの物質量の比}}=\frac{64.9\,\text{g}}{12\,\text{g/mol}}:\frac{13.5\,\text{g}}{1.0\,\text{g/mol}}:\frac{21.6\,\text{g}}{16\,\text{g/mol}}$$

$$=5.40:13.5:1.35$$

$$=4:10:1$$

（1.35で割るとよい）

なので，組成式は$C_4H_{10}O$，式量は $4\times12+1.0\times10+16=74$ だから分子量と一致する。よって，分子式は$C_4H_{10}O$である。

解法2　分子式を$C_xH_yO_z$とすると，分子量の64.9％はC原子x〔個〕の相対質量に一致する。水素原子，酸素原子についても同様のことがいえるので，次式が成り立つ。

	分子量		質量の割合		分子内原子数		原子量
C：	74	×	$\frac{64.9}{100}$	＝	x	×	12
H：	74	×	$\frac{13.5}{100}$	＝	y	×	1.0
O：	74	×	$\frac{21.6}{100}$	＝	z	×	16

よって，$x\fallingdotseq4$，$y\fallingdotseq10$，$z\fallingdotseq1$となり，分子式は$C_4H_{10}O$である。

答え　$C_4H_{10}O$

入試攻略への必須問題6

1.00 mol の化合物Aを完全燃焼させるのに，酸素が8.50 mol必要であった。この化合物Aの元素分析を行ったところ，質量パーセント組成は炭素87.8%，水素12.2%であった。化合物Aの分子式を決定せよ。原子量はH＝1.00，C＝12.0，O＝16.0とする。

（京都大）

解説　炭素：87.8%，水素：12.2%とは，A 100 gあたり炭素原子Cが87.8 g，水素原子Hが12.2 gを占めていることを表している。87.8＋12.2＝100 gなので，Aには酸素原子は含まれていない。

まずは組成式を求める。A 100 gで考えると，

$$\text{Cの物質量}:\text{Hの物質量}=\frac{87.8\,\text{g}}{12.0\,\text{g/mol}}:\frac{12.2\,\text{g}}{1.00\,\text{g/mol}}$$
$$=7.316\cdots\,\text{mol}:12.2\,\text{mol}$$
$$=1:\frac{12.2}{7.316}$$
$$=1:1.667$$
$$\fallingdotseq 1:1\frac{2}{3}$$
$$=1:\frac{5}{3}$$
$$=3:5$$

すぐに整数比に直せないときは，一番小さい数字を1にするように割り算を実行し，分数で近似しましょう

よって，Aの組成式はC_3H_5である。Aの分子式は$C_{3n}H_{5n}$（nは整数）と表せ，完全燃焼の化学反応式は，

$$C_{3n}H_{5n}+\frac{17n}{4}O_2\longrightarrow 3nCO_2+\frac{5n}{2}H_2O$$

右辺の酸素原子数が $3n\times2+\frac{5}{2}n=\frac{17}{2}n$ なので，
左辺の酸素分子数は $\frac{17}{2}n\times\frac{1}{2}=\frac{17}{4}n$

となり，A 1.00 molを完全燃焼するにはO_2が$\frac{17}{4}n$〔mol〕必要である。

$\frac{17}{4}n=8.50$　だから　$n=2$

そこで，Aの分子式はC_6H_{10}となる。

答え　C_6H_{10}

02 有機化合物の構造と異性体

学習項目
1 有機化合物の立体構造
2 異性体

STAGE

1 有機化合物の立体構造

1 炭素原子の結合と立体構造

p.13では，構造式を立体構造を意識せずに書きました。立体構造を考慮する場合は，いろいろな表記方法があります。大学入試では次のような破線くさび形表示がよく使われています。慣れておくとよいでしょう。

上図は，**実線――で表した結合が紙面上**にあり，**くさび形◀で表した結合が紙面から手前，つまりあなたのほうへ伸びて**いて，**破線┅┅で表した結合が紙面から奥，つまりあなたから遠ざかるほうへ伸びている**ことを意味します。

有機化合物の立体構造を考えるために，炭素原子がつくる単結合，二重結合，三重結合がどのような立体配置をとるかを確認しましょう。

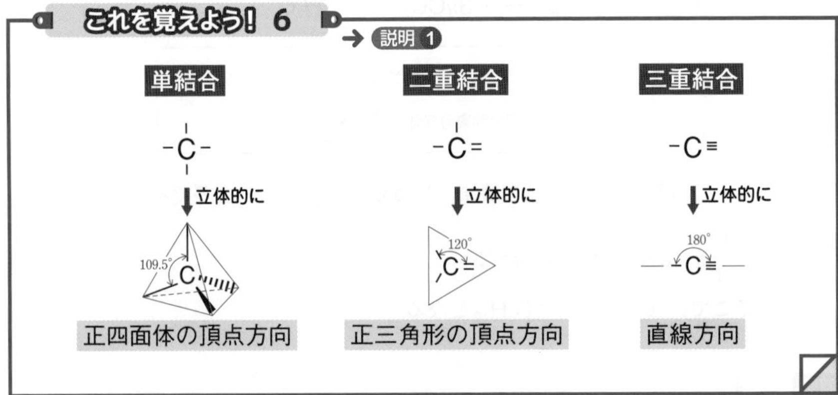

説明 1 **炭素原子の周囲の電子対はできるだけ離れて配置**されていますね。二重結合をつくる２つの電子対のうちの１つ，三重結合をつくる３つの電子対のうちの２つは，原子が並んだ面の上下にフワっと漂（ただよ）う雲のように存在していて形に影響していません。

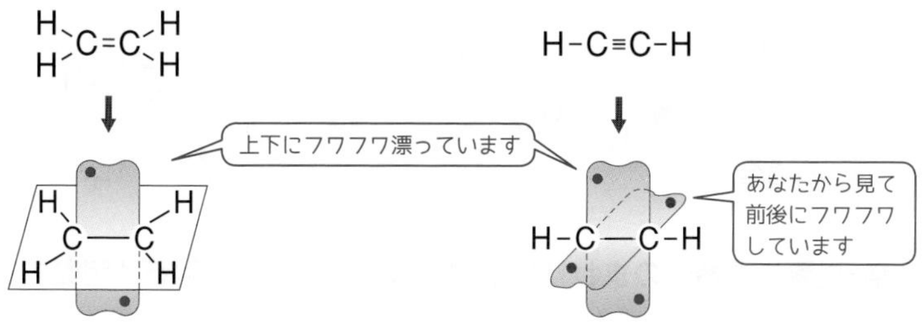
上下にフワフワ漂っています
あなたから見て
前後にフワフワ
しています

補足 この雲のような電子対を共有した結合を**π（パイ）結合**，π結合を形成する電子を**π電子**といいます。さらに知りたい人は理論化学の混成軌道のところを学習してください。

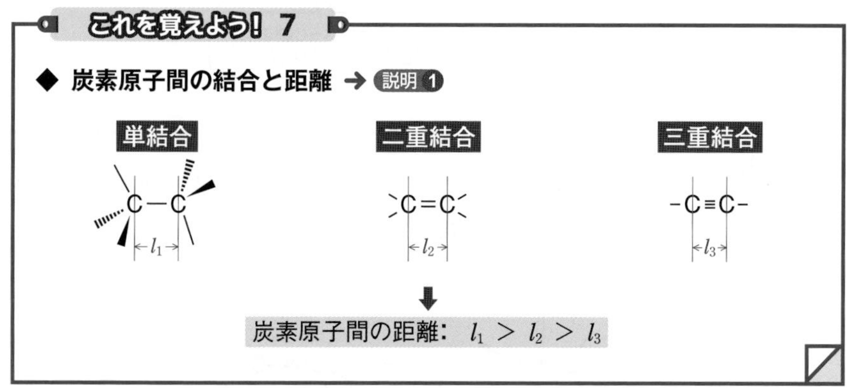
これを覚えよう！ 7
◆ 炭素原子間の結合と距離 → 説明 1
単結合
二重結合
三重結合
炭素原子間の距離： $l_1 > l_2 > l_3$

説明 1 炭素原子間の結合の多重度が大きくなるにつれ，原子間は強く結びつけられ，炭素原子間の距離が短くなっていきます。

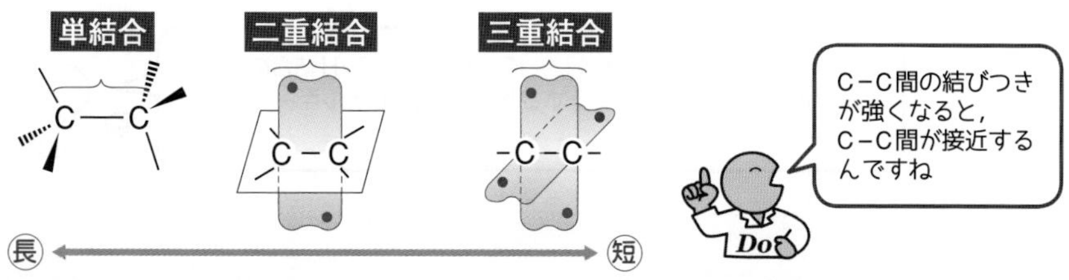
単結合
二重結合
三重結合
長
短
C−C間の結びつきが強くなると，C−C間が接近するんですね

2 結合と回転

これを覚えよう! 8

◆ **鎖状分子の炭素–炭素単結合は回転できる。** → 説明 1

エタン

H H
H–C–C–H
H H
の場合

H 回転 H
H C C H
H H

H 回転 H
H C C H
H H

◆ **炭素–炭素二重結合のまわりは単結合のときのような回転は困難である。**
→ 説明 2

トランス-1, 2-ジクロロエチレン

H Cl
C=C
Cl H
の場合

む，無理…

二重結合はC–C軸まわりで回転するのは困難

説明 1 エタンのC–C結合は，2つのC原子を結ぶ軸上で電子対を共有して互いに結びついています（σ(シグマ)結合といいます）。C–C結合まわりに回転しても，結びついたままですね。

ただし，回転によってH原子間が近づいたり離れたりすることで，分子のもつ位置エネルギーは変化します。

次のページの重なり形のように，原子どうしやC–H結合の共有電子対が接近すると互いに反発するため，位置エネルギーが大きくなり，不安定になります

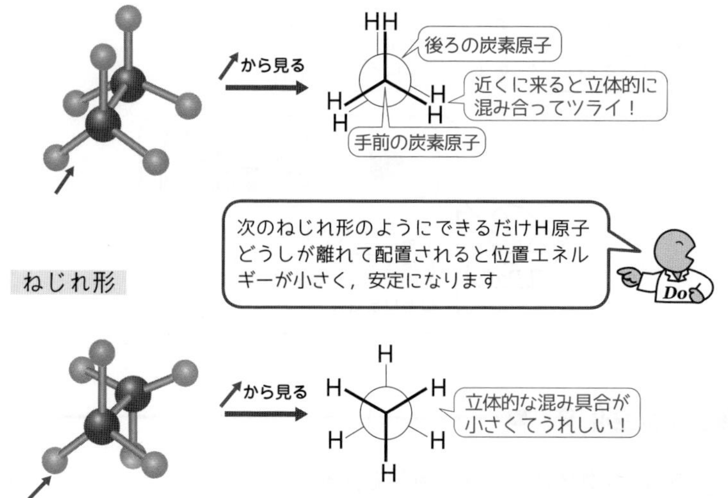
重なり形
から見る
HH
後ろの炭素原子
近くに来ると立体的に
混み合ってツライ！
H
H
H
H
手前の炭素原子
次のねじれ形のようにできるだけH原子どうしが離れて配置されると位置エネルギーが小さく，安定になります
Do
ねじれ形
から見る
H
H
H
立体的な混み具合が
小さくてうれしい！
H
H
H

なお，両者のエネルギー差は約12 kJ/molとそれほど大きくないため，室温でも重なり形がねじれ形を経由して，再び重なり形へと変化できます。C−C結合まわりにクルクル回転しながら，多くの時間はねじれ形の配置で存在しているものの，過渡的に重なり形の配置にもなるというイメージです。

説明 2　C=C二重結合(三重結合の場合も)は，単結合のように結合まわりで回転するのは困難です。回転させるにはπ結合を切断しなくてはならず，切断には約280 kJ/molと，大きなエネルギーが必要となるからです。

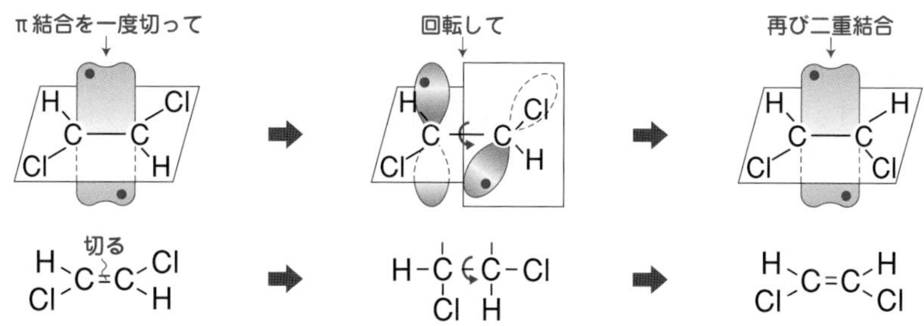
π結合を一度切って
回転して
再び二重結合
切る

ただし，トランプのカードをめくるように，分子を裏表ひっくり返すことはできます。原子間の距離は変わっていませんから，見る方向を変えただけです

ね。エネルギー的に変化するわけではありません。

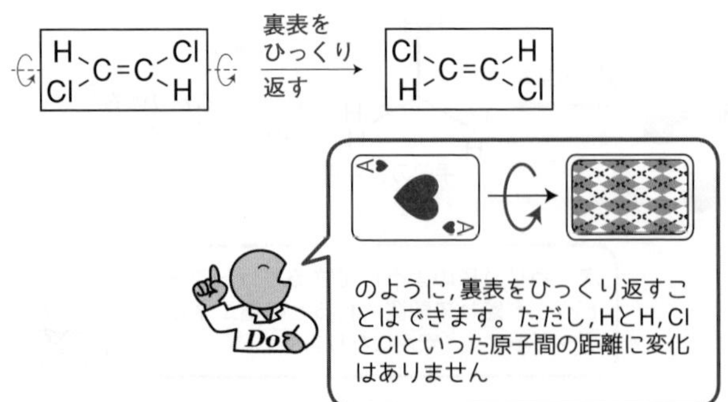

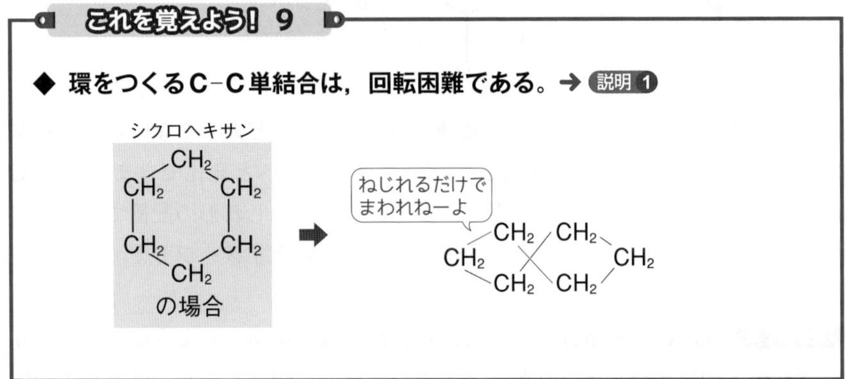

これを覚えよう！ 9
◆ 環をつくるC－C単結合は，回転困難である。→ 説明 1
シクロヘキサン
CH2
CH2
CH2
CH2
CH2
CH2
の場合
ねじれるだけでまわれねーよ

説明 1 輪ゴムやブレスレットをひねってもねじれるだけですね。環状分子はそれと同じです。C－C結合を切断しないと，結合まわりで自由に回転できません。例えばシクロヘキサンの場合，C－C結合の軸まわりに回転するのは困難です。ただし次のページのように環構造の一部を折り紙のように動かすことで，いすのような形や舟のような形に変化することはできます。

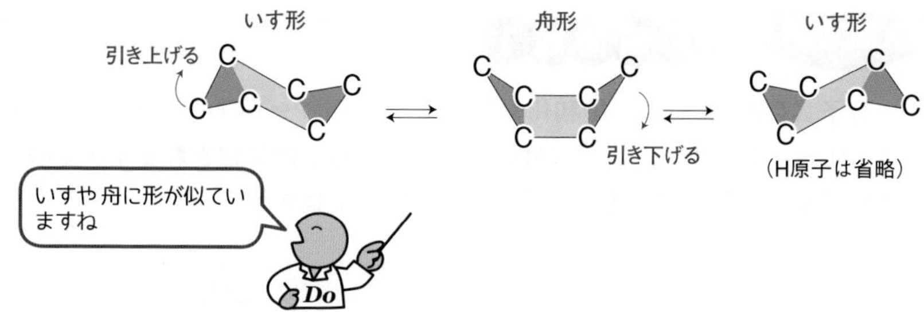

いす形シクロヘキサン

H原子やC−H結合ができるだけ離れて配置されたねじれ形で，安定です。

舟形シクロヘキサン

H原子やC−H結合が接近して配置された重なり形で，不安定です。

入試攻略への必須問題1

分子式C_4H_8をもつ不飽和化合物には，次の①～④の4つの化合物がある。①～④のうち，［　　］以外の化合物は，分子内に含まれるすべての炭素原子が常に同一平面上にある。［　　］にあてはまるものを①～④から1つ選べ。

① $CH_2=C(CH_3)_2$（$CH_2=C$ に CH_3 が2つ結合）

② $CH_2=CH-CH_2-CH_3$

③ CH_3 と CH_3 が同じ側，H と H が同じ側にある $CH_3-CH=CH-CH_3$

④ CH_3 と CH_3 が反対側，H と H が反対側にある $CH_3-CH=CH-CH_3$

解説　C=C結合まわりは自由に回転するのが困難なので，二重結合で結びついた炭素原子とそれに結合している原子は常に同一平面上にある。

X、Y−C=C−Z、W　➡　X、Y、C—C、Z、W が平面上（常に同一平面上に）

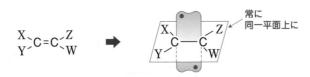

よって，①，③，④では，すべての炭素原子が常に同一平面上にある。

① C=C に C が2つ　③ C と C が同じ側の C=C　④ C と C が反対側の C=C

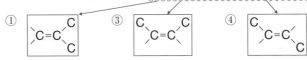

②では，末端のメチル基$-CH_3$の炭素原子が，単結合まわりの回転によって位置が変わるので，すべての炭素原子が常に同一平面上にあるとはいえない。

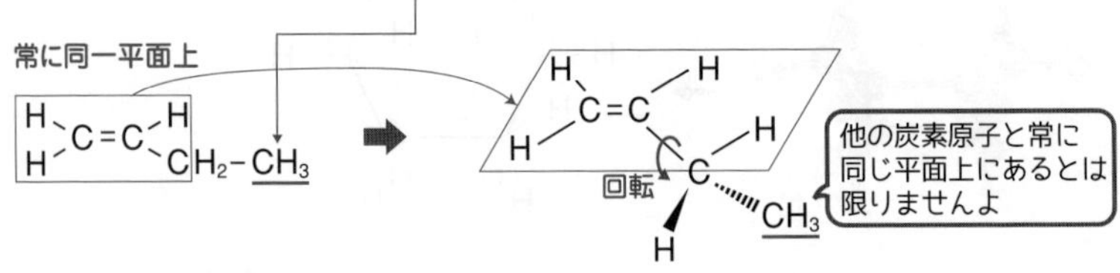

答え　②

STAGE

2 異性体

1 異性体とは

分子式は同じであるが，構造が異なる化合物どうしは互いに**異性体**(い せいたい / isomer)であるといいます。**原子の結合順序が異なる異性体**は**構造異性体**(structural isomer)，**結合順序は同じでも立体的な配置が異なる異性体**は**立体異性体**(stereo isomer)といいます。

立体異性体にはシス-トランス異性体(幾何(きか)異性体)や鏡像(きょうぞう)異性体(光学(こうがく)異性体)などがあります。あとで説明します。

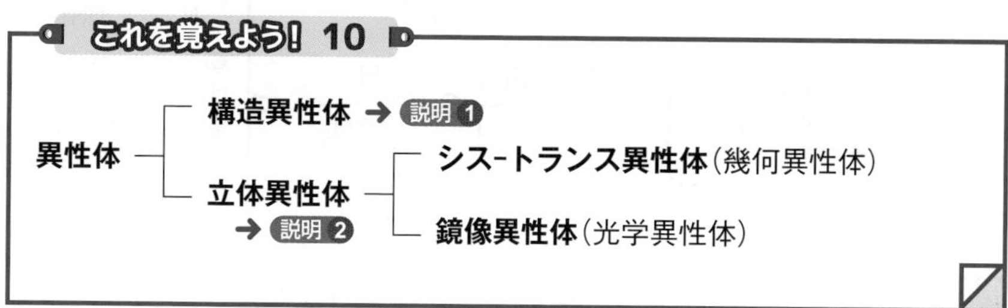

説明 1　構造異性体は，(1)**炭素骨格の形**，(2)**官能基の種類**，(3)**官能基の位置**　のいずれかが異なっていて，構造式を書けば区別できます。

(1) **炭素骨格の形が異なる構造異性体**　例 C_4H_{10}の構造異性体

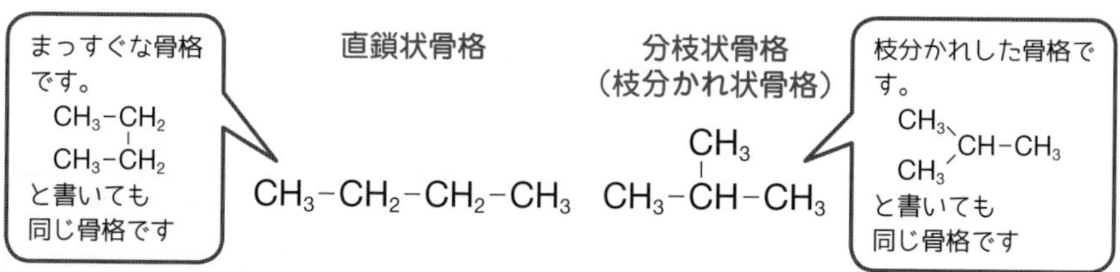

(2)(3) **官能基の種類と位置が異なる構造異性体**　例 C_3H_8Oの構造異性体

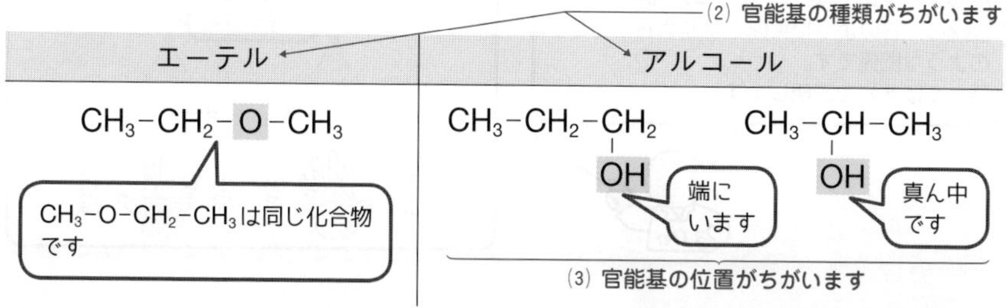

説明 2 立体異性体は，原子の結合順序が同じなので，**分子構造を立体的に描いてやっとちがいがわかります**。回転操作によって互いを重なり合わせることができないのです。

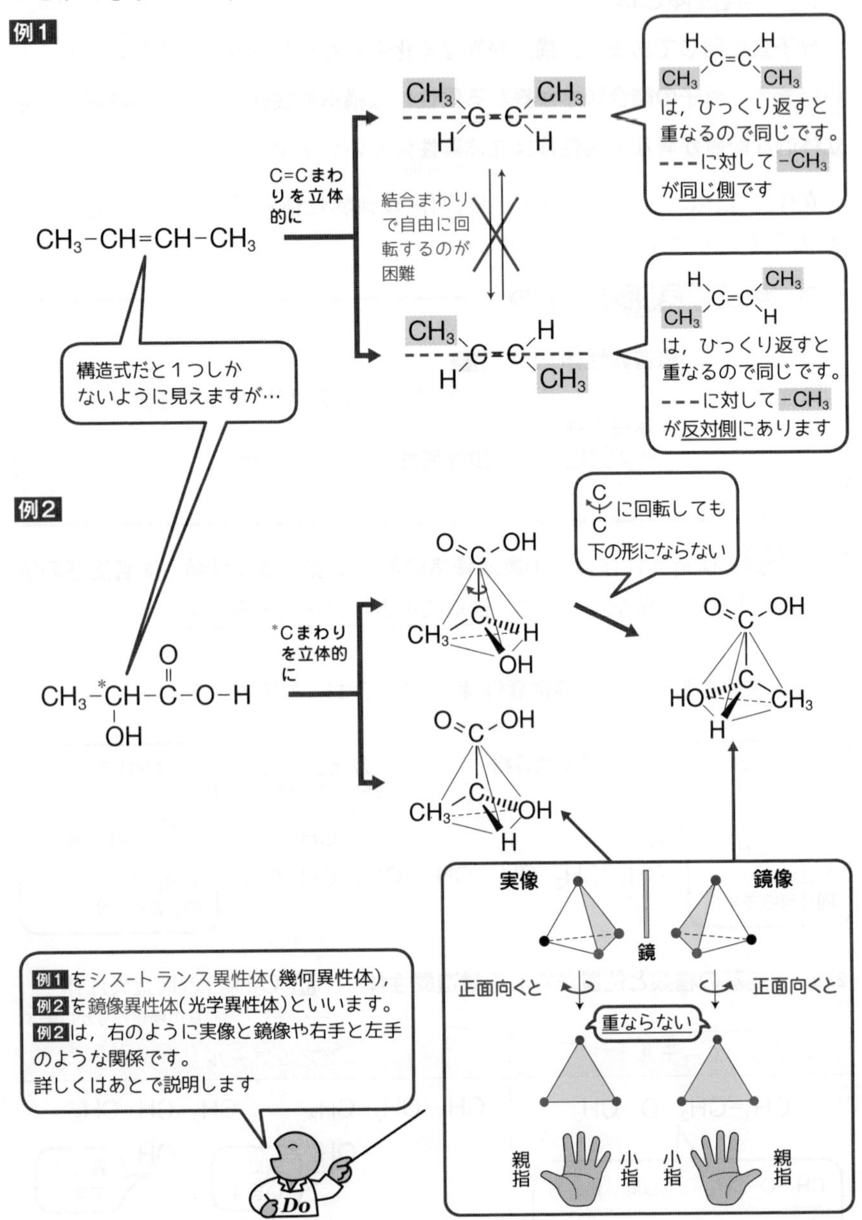

例1
$CH_3-CH=CH-CH_3$
構造式だと１つしかないように見えますが…
C=Cまわりを立体的に
結合まわりで自由に回転するのが困難
は，ひっくり返すと重なるので同じです。
---に対して$-CH_3$が同じ側です
は，ひっくり返すと重なるので同じです。
---に対して$-CH_3$が反対側にあります
例2
$CH_3-{}^*CH(OH)-C(=O)-O-H$
*Cまわりを立体的に
に回転しても下の形にならない
実像
鏡像
鏡
正面向くと
正面向くと
重ならない
親指
小指
小指
親指
例1をシス-トランス異性体(幾何異性体)，
例2を鏡像異性体(光学異性体)といいます。
例2は，右のように実像と鏡像や右手と左手のような関係です。
詳しくはあとで説明します
Do

2 不飽和度と構造異性体

分子式から異性体を書くときは，炭素原子数だけでなく水素原子数が有力な情報源になります。炭素骨格が環状か鎖状か？ すべて単結合なのか？ それとも二重結合や三重結合をもっているか？ もっているとしたら，いくつもっているのか？ これらの推定に利用する**不飽和度**(ふほうわど)(degree of unsaturation)(または**不飽和指数**(index of unsaturation))という指標を紹介しましょう。

不飽和度とは，分子内にある**π結合と環構造の合計数**を表しています。

単に不飽和結合の数だけを表しているわけではないので注意してください

これを覚えよう！ 11

◆ **鎖状飽和の$C_nH_xN_lO_m$分子の水素原子数(x)** → 説明 1

$$x=2n+2+l$$

◆ **$C_nH_yN_lO_m$分子の不飽和度(I_u)** → 説明 2

$$I_u=\frac{x-y}{2}$$

この分子が「π結合と環構造」を合計I_u〔個〕もっていることを意味します

説明 1 $C_nH_xN_lO_m$という分子を考えます。H原子は鎖状飽和のとき一番多くなります。この場合のH原子の数を求めてみましょう。

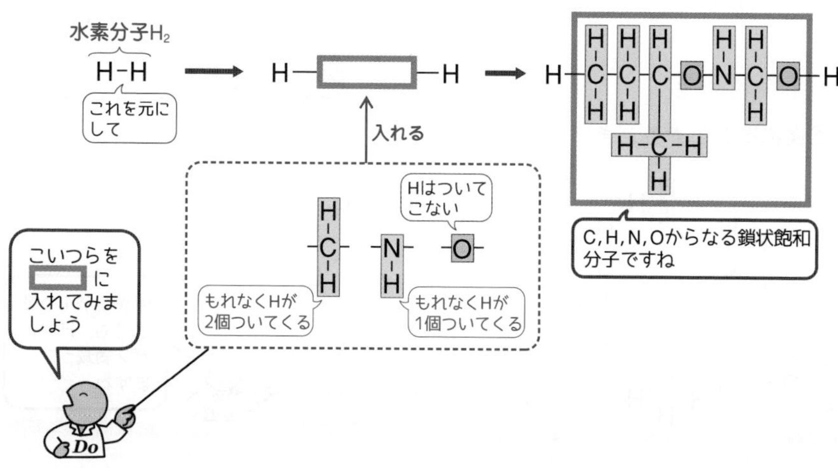

$$H_2 + (CH_2)_n + (NH)_l + (O)_m \quad = \quad C_nH_{\underline{2n+2+l}}N_lO_m$$

と表せるので水素原子数$(x)=2n+2+l$となります。この値が水素原子数の最大値で，鎖状飽和なので，不飽和度$I_u=0$です。

例えば，$l=0$，$m=0$のとき　$\underline{C_nH_{2n+2}}$　となりますね。これが鎖式飽和炭化水素であるアルカンの一般式です。

$n=1$：CH_4（メタン）
$n=2$：C_2H_6（エタン）
です

説明 2　分子内にπ結合や環構造が1つ増えると，H原子は2個少なくなります。

①π結合ができるとき

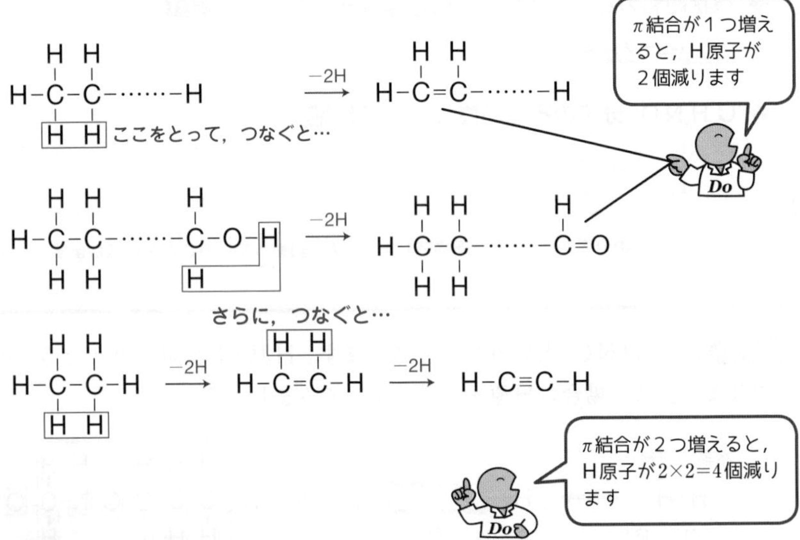
ここをとって，つなぐと…
−2H
π結合が1つ増えると，H原子が2個減ります
さらに，つなぐと…
π結合が2つ増えると，H原子が2×2=4個減ります
Do

②環構造ができるとき

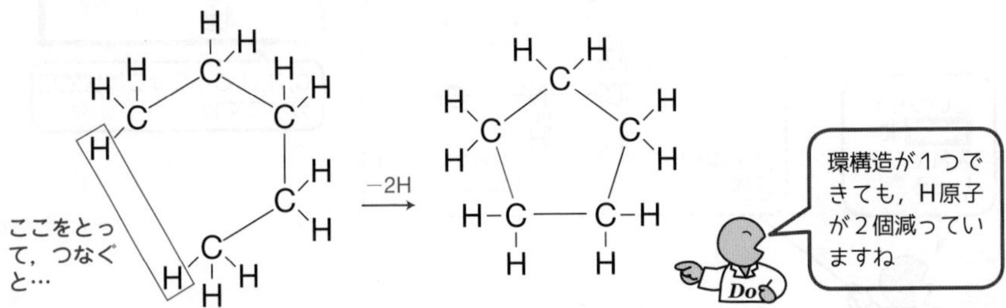
ここをとって，つなぐと…
−2H
環構造が1つできても，H原子が2個減っていますね
Do

$C_nH_yN_lO_m$分子のH原子数yを，鎖状飽和としたときのH原子数$2n+2+l$と比べてみます。次のように，H原子数の差から構造に関する情報が得られます。

y	H原子数の差	構造に関する情報	π結合	＋ 環	＝ 不飽和度I_u
$2n+2+l$	0	鎖状ですべて単結合	0	0	0
$2n+l$	−2H	(1)鎖状で二重結合1つ (2)環1つですべて単結合	1 0	0 1	1
$2n+l-2$	−4H	(1)鎖状で三重結合1つ (2)鎖状で二重結合2つ (3)環1つで二重結合1つ (4)環2つ	2 2 1 0	0 0 1 2	2

鎖状飽和のときのH原子数がx〔個〕，C，H，N，Oからなる，ある分子AのH原子数がy〔個〕ならば，Aは鎖状飽和のときよりH原子が$x-y$〔個〕少ないですね。２個少なくなるたびに，π結合か環が１つできるので，この場合，π結合と環構造が合わせて$\frac{x-y}{2}$〔個〕存在することになります。この値が**不飽和度**です。

Do
本書では今後，I_uと表記することにします

入試攻略への必須問題2

鎖式飽和炭化水素では，炭素がn〔個〕のとき，水素は［ア］個である。鎖式炭化水素において，炭素がn〔個〕で，二重結合が1つでは，水素は［イ］個である。炭素がn〔個〕の環式飽和炭化水素では，環が1個のとき，水素は［ウ］個である。

有機化合物において，不飽和結合の数と環の数の合計数を不飽和度という。エチレンは二重結合を1つもつので，不飽和度は1であり，アセチレンは三重結合が1つなので，不飽和度は2である。

問1 上の文章の［ア］～［ウ］に適切な数値または数式を入れよ。

問2 分子式$C_xH_yO_z$で表される化合物の不飽和度を求めよ。 （星薬科大）

解説 **問1** ア：$H_2 + (CH_2)_n = C_nH_{2n+2}$

イ，ウ：二重結合が1つ生じるか，環構造が1つ生じると，水素原子は2個減少するので，

$2n+2-2=2n$

問2 C，H，Oからなる化合物が鎖状飽和なら，水素原子数は

$H\text{-}H + (CH_2)_x + (O)_z$

となり，分子式は $C_xH_{2x+2}O_z$ となる。

そこで，Hの減少数は $2x+2-y$ であり，2個減少するたびに不飽和度は1大きくなるので，

$$不飽和度 I_u=\frac{2x+2-y}{2}=x-\frac{y}{2}+1$$

答え **問1** ア：$2n+2$ イ：$2n$ ウ：$2n$

問2 $x-\frac{y}{2}+1$

入試攻略への必須問題3

二重結合1個と三重結合1個を有する炭素原子n〔個〕の鎖式(脂肪族)炭化水素の一般式はどれか。

㋐ C_nH_{2n+2}　㋑ C_nH_{2n+1}　㋒ C_nH_{2n}　㋓ C_nH_{2n-1}
㋔ C_nH_{2n-2}　㋕ C_nH_{2n-3}　㋖ C_nH_{2n-4}　㋗ C_nH_{2n-6}

（関西大）

解説　二重結合1個で不飽和度は1，三重結合1個で不飽和度は2だけ大きくなり，

鎖状の分子なので，不飽和度$I_u=1+2=3$　となる。つまり，鎖式飽和炭化水素より水素原子は $3\times2=6$個 少ないので，Cがn〔個〕の炭化水素だから，

$\underbrace{n\times2+2}_{\text{鎖状飽和のときのH原子数}}-6=2n-4$〔個〕

のH原子をもつ。

答え　㋖

一般に，CとH，CとHとOからなる有機化合物のH原子の数は必ず偶数です。Cがnの場合，最大でもHの数は$2n+2$個で偶数ですね。ここからπ結合や環が増えると2個ずつ減るだけなので，Hの数は必ず偶数になります

3 分子式から構造異性体を書く手順

分子式から構造異性体を書くときは，まず不飽和度を調べましょう。次に，炭素骨格，官能基の種類と数，位置に注意して，構造式を書きます。重複にも気をつけてください。

これを覚えよう！ 12

◆ **分子式から構造異性体を数える手順**（分子式C_3H_8Oの場合）

手順1 不飽和度（I_u）を求める

$$I_u=\frac{\overbrace{(3\times2+2)}^{\text{最大H原子数}}-\overset{\text{今}}{8}}{2}=0$$ ➡ 鎖状飽和とわかる

手順2 炭素骨格を最も長い炭素鎖をもとに，枝の数と位置を考えて書く！ ➔ 説明1

今回は炭素数3の鎖状骨格を考える。

最長炭素鎖は3

C–C–C

手順3 官能基を区別し，炭素骨格に組み込んでいく。 ➔ 説明2

今回はC_3H_8に–O–を割り込ませる。

〈注〉 ↓や⇩は–O–を入れる位置を表す。

```
   H  H  H
   |①|  |
H–C⇩–C–C–H
   |  |←③|←②
   H  H  H
```

①：C⇩C の間に–O–を入れると ➡ C–O–C（エーテル）

②③：C↓H の間に–O–を入れると ➡ C–O–H（アルコール）

① $CH_3–O–CH_2–CH_3$　② $CH_3–CH_2–CH_2(OH)$　③ $CH_3–CH(OH)–CH_3$

説明1 炭素原子数3の鎖状骨格は，直鎖しかありません。

C–C–C （同じ C–C(–C)）

説明2

C–Cの間に–O–が入ると，C–O–Cとなり，エーテル結合です。

C–Hの間に–O–が入ると，C–O–Hとなり，アルコール性ヒドロキシ基です。

それぞれ場合分けして数えましょう。炭素骨格の対称性に注意してください。

ここを中心に対称
C−C−C
C−C−C
○のついているCは等価
●を中心に回転すると●は相互の位置が入れかわります。●は化学的に区別できない等価な炭素です
Do

−O−を入れるときでは，①と①′，②と②′は同じ構造式となります。

H　H　H
H−C−C−C−H
H　H　H

① $CH_3-O-CH_2-CH_3$ 同じ ①′ $CH_3-CH_2-O-CH_3$

② $CH_3-CH_2-CH_2(-OH)$ 同じ ②′ $CH_2(-OH)-CH_2-CH_3$

入試攻略への必須問題4

次の炭素原子数の鎖状骨格を(例)にならってすべて書け。

(例)　炭素原子数3　➡　C−C−C

(1)　炭素原子数4　　(2)　炭素原子数5　　(3)　炭素原子数6

解説　最も長い炭素鎖(最長炭素鎖)を書き，順に最長炭素鎖を短くして，残った炭素が枝になるようにつけていく。最長炭素鎖の末端に枝をつけると，枝にならず，さらに1つ長い炭素鎖になるので注意。炭素原子数6を例にする。

❶ 最長炭素鎖を書く　➡	❷ 枝をつける
(最長炭素鎖6のとき) C−C−C−C−C−C	(枝なし) C−C−C−C−C−C
(最長炭素鎖5のとき) C−C−C−C−C ＋ C_1	(枝は1個) C−C−C−C−C（○×△×○，ⓐ，ⓑ） ⓐ C−C−C−C−C（2番目のCに枝C） ⓑ C−C−C−C−C（3番目のCに枝C） 注　○印のCに枝をつけると，最長炭素鎖6となるので，ここにはつけない

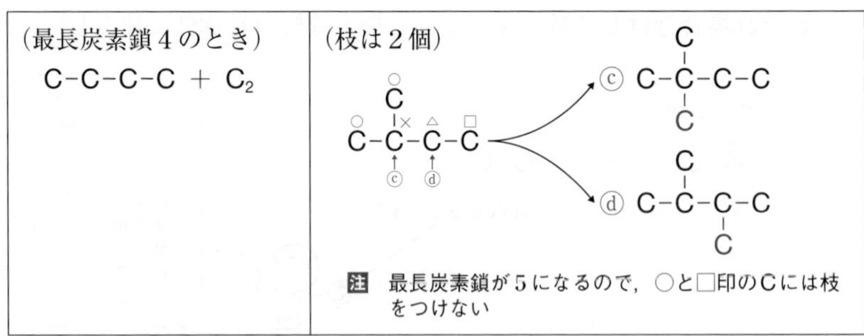

答え

(1) C_4

最長炭素鎖４	最長炭素鎖３＋枝１
C−C−C−C	C−C−C（中央のCに枝C）

C−C−C（中央のCの上に枝C）も同じ！

C−C−C（末端のCの上に枝C）はC−C−C−Cと同じ！

(2) C_5

最長炭素鎖５	最長炭素鎖４＋枝１	最長炭素鎖３＋枝２
C−C−C−C−C	C−C−C−C（２番目のCに枝C）	C−C−C（中央のCの上下に枝C）

C−C−C（末端のCの上と中央のCの上下に枝C）はC−C−C−C（２番目のCの上に枝C）と同じですよ！

(3) C_6

最長炭素鎖６	最長炭素鎖５＋枝１	最長炭素鎖４＋枝２
C−C−C−C−C−C	C−C−C−C−C（２番目のCに枝C）	C−C−C−C（２番目と３番目のCに枝C）
	C−C−C−C−C（３番目のCに枝C）	C−C−C−C（２番目のCの上下に枝C）

C−C−C−C（２番目のCの上，３番目のCの下に枝C）も同じ！

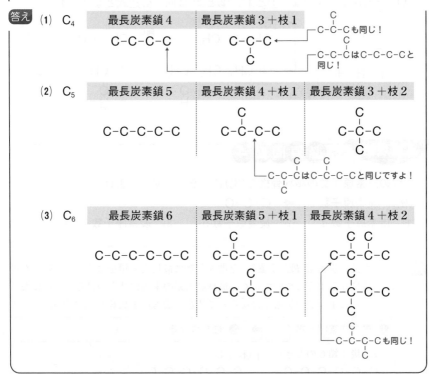

4 シス-トランス異性体

これを覚えよう! 13

◆ **シス-トランス異性体** → 説明 1

一般に，次のような場合に存在する。

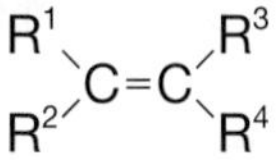

$$\begin{matrix} R^1 & & R^3 \\ & C=C & \\ R^2 & & R^4 \end{matrix}$$ で $R^1 \neq R^2$ かつ $R^3 \neq R^4$

(R^1～R^4：原子または原子団)

例 $CH_3-CH=CH-CH_3$（2-ブテン）—立体化→

- シス-2-ブテン：CH_3 と CH_3 が同じ側，H と H が同じ側
- トランス-2-ブテン：CH_3 と CH_3 が反対側

シス-トランス異性体（幾何異性体ともいう）

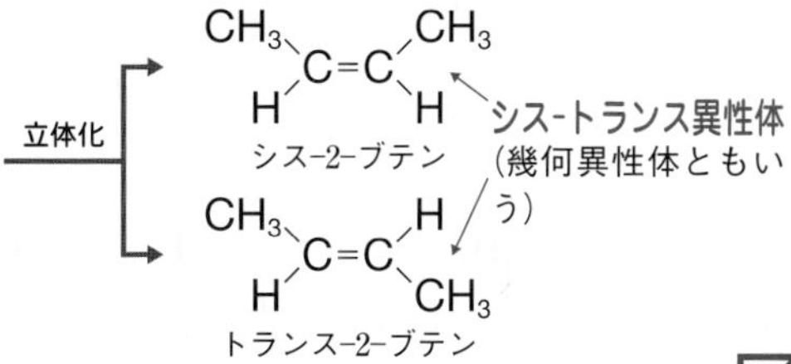

説明 1 炭素原子間の二重結合は自由に回転することが困難なため，二重結合をしている炭素原子に結合している２つの原子(または原子団)が異なる場合に異性体が生じます。このとき**C=C結合を通る軸に対して，同じ原子(または原子団)が同じ側にあるとシス形，反対側にあるとトランス形**といいます。
これらを**シス-トランス異性体**(または幾何異性体)とよびます。

(cis / trans / cis - trans isomer)

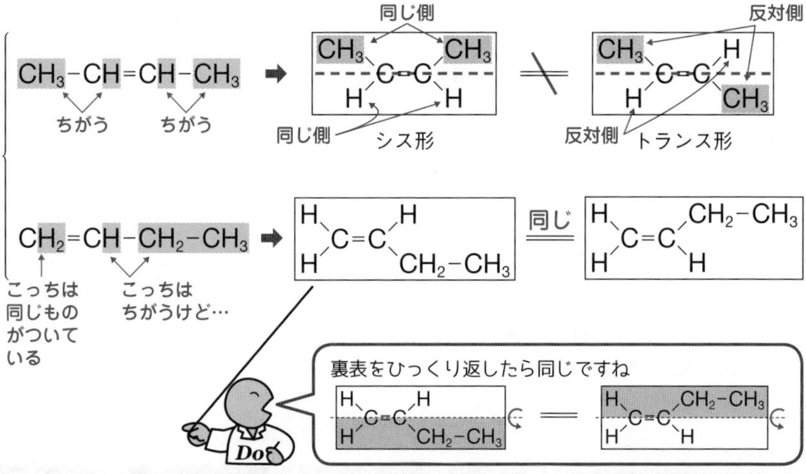

環状化合物とシス-トランス異性体

(1) 環状化合物のシス-トランス異性体

環内のC-C結合は自由に回転できないので，シス-トランス異性体が生じる場合があります。条件はC=C結合のときと同じです。

例えば，次の1,4-ジメチルシクロヘキサンとよばれる環式炭化水素にはシス形とトランス形が存在します。

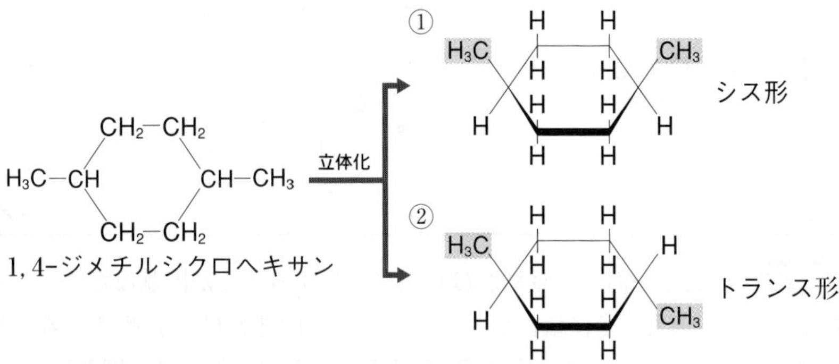

Do
環のいす形や舟形は区別していません。環内のCは省略しています

なお，（H_3C と CH_3 がともに下側にある構造）は - - - - - - を軸に上下をひっくり返すと

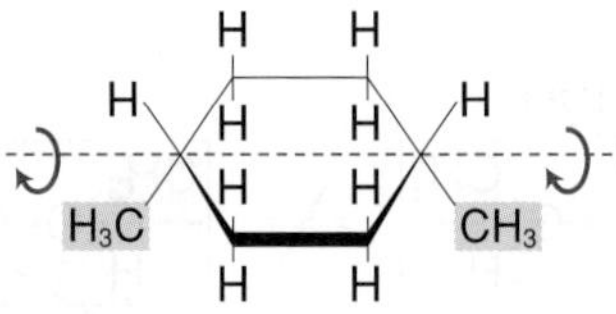

①と同じ配置です。

また，（H_3C が下側，CH_3 が上側にある構造）は - - - - - - を軸に上下をひっくり返すと

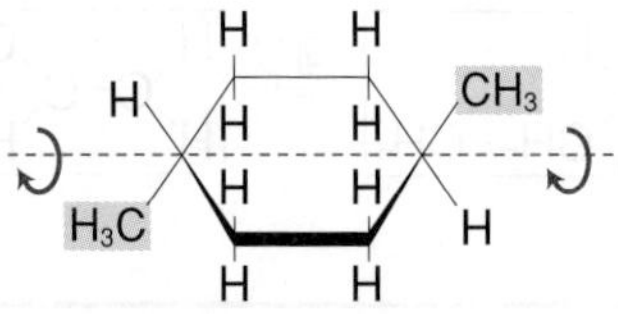

②と同じ配置です。

(2) シス-トランス異性体と沸点や融点

一般に「沸点はシス形が高く，融点はトランス形が高い」傾向があります。以下で確認してください。

例

	シス-2-ブテン	トランス-2-ブテン
構造式	CH_3　　CH_3 $C=C$ H　　H	CH_3　　H $C=C$ H　　CH_3
沸点	4℃ ＞	1℃
融点	−139℃ ＜	−106℃

炭素骨格を見ると，シス形分子が折れ曲がったような形をしているのに対し，トランス形はまっすぐな形をしています。

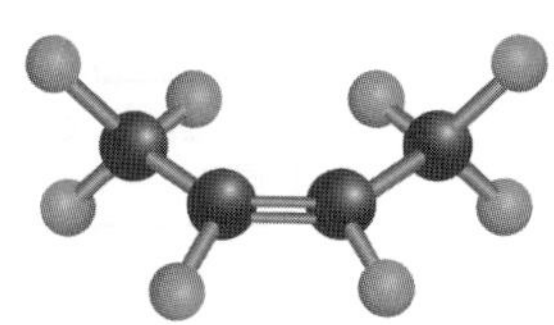
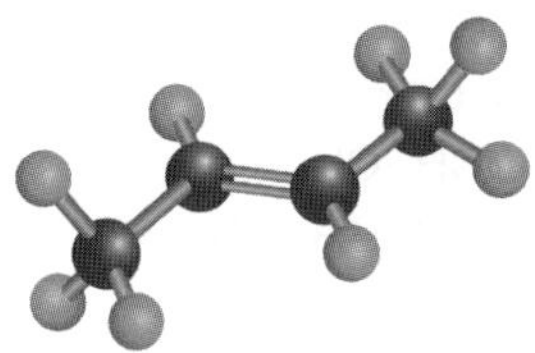

結合の極性が打ち消し合わない**シス形**は，結合の極性を打ち消し合うトランス形に比べて**分子の極性が大きく**，ファンデルワールス力が強くなるので，**沸点が高く**なります。

融点はファンデルワールス力だけでなく，分子の形が大きな影響を与えます。**トランス形**の分子はまっすぐな形をしているため，分子と分子の接触面積が大きくなるように密に集まった固体をつくるので，シス形よりも**融点が高く**なります。

曲がったキュウリとまっすぐなキュウリ。どっちが箱に密に詰められるかを考えてみましょう

入試攻略への必須問題5

次の文中の□にあてはまる数字を記せ。

C_4H_8の分子式をもつ分子のうち，環を含まない構造のものは［A］種ある。その中で，シス-トランス異性体の関係にあるものは［B］対である。

（上智大）

解説 不飽和度$I_u=\dfrac{2\times4+2-8}{2}=1$ なので，二重結合を1つもつ鎖式炭化水素(アルケン)か環構造を1つもつ環式飽和炭化水素(シクロアルカン)である。

(i) アルケンの場合

C○−①↓C−②↓C×−C○　　C○−③↓C(−C○)×−C○

(↓にC=Cをつくる)

① $CH_2=CH-CH_2-CH_3$

② $CH_3-CH=CH-CH_3$

③ $CH_2=C(CH_3)-CH_3$

②は，シス-トランス異性体が存在する。

②′ シス形　　②″ トランス形

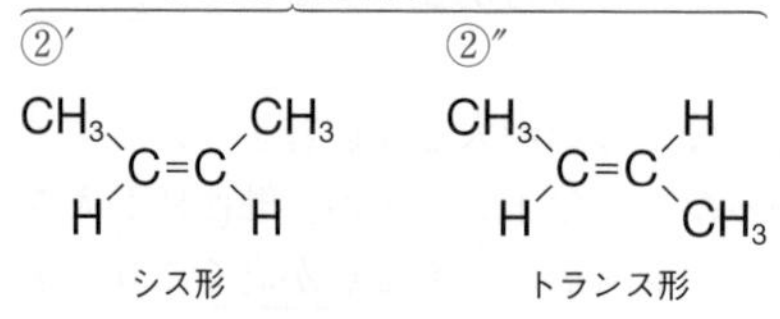

(ii) シクロアルカンの場合

一般に，n〔個〕の原子からなる環構造をn員環という。炭素数が4なので，

四員環　または　三員環＋枝の炭素1

が存在する。

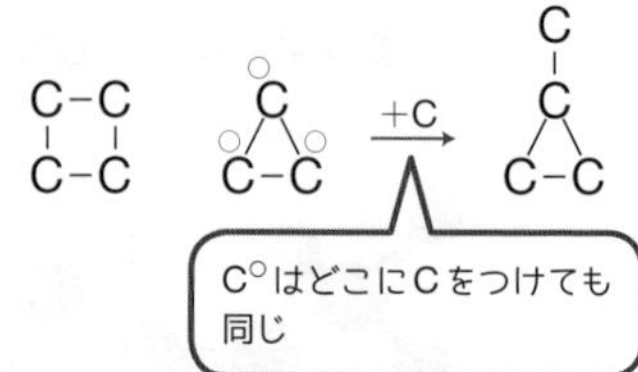

よって，

CH_2-CH_2 / CH_2-CH_2（四員環）　　CH_3−CH / CH_2-CH_2（三員環）

の2つの構造異性体が存在する。

本問では，問題文から②′と②″を区別してアルケンのみ数えると，

①，②′，②″，③の4種があり，

②′と②″はシス-トランス異性体である。

答え A：4　　B：1

n個の原子でできた環構造をn員環とよびます。
シクロアルカンの構造式を書くときは，nの値で場合分けするといいですよ

入試攻略への必須問題 6

次の構造式で表される炭化水素には，何種類の立体異性体が存在するか。

$CH_3-CH=CH-CH=CH-CH_3$　　　　（立命館大）

解説　この構造式には，2つの$-CH=CH-$結合の部分にシス形とトランス形が存在する。

① トランス，トランス　　② シス，シス

③ トランス，シス　　④ シス，トランス

ただし，C−C=C┆C=C−C の ┆ を軸にして裏表をひっくり返すと，③と④は同一化合物だから，立体異性体は全部で3種類である。

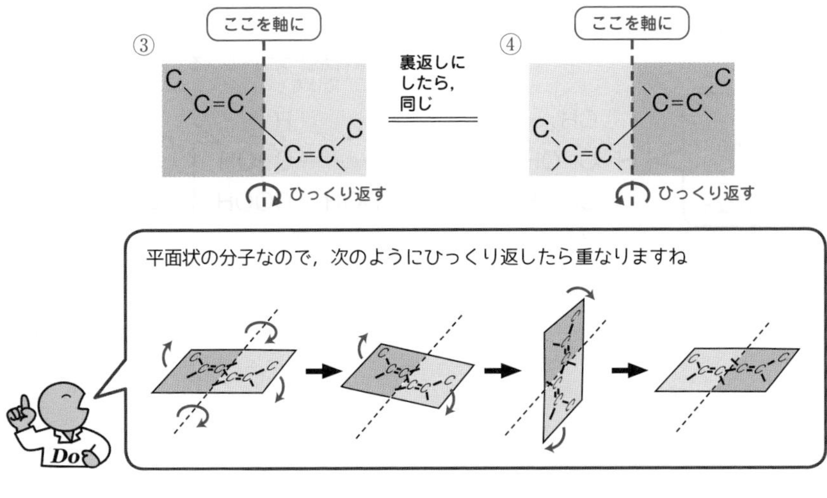

答え　3種類

5　鏡像異性体

これを覚えよう! 14

→ 説明 1

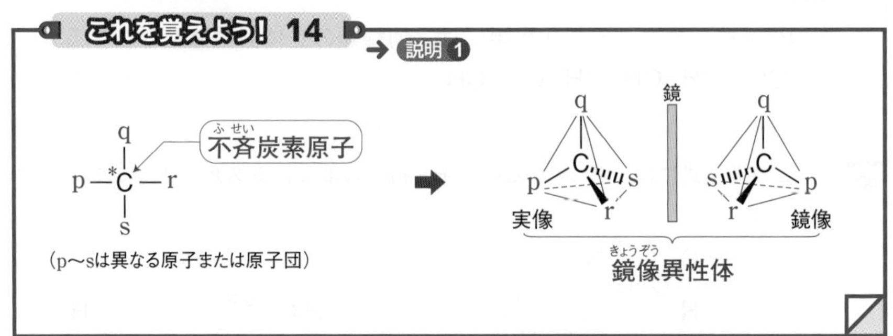

説明 1　あなたは写真で見る自分の顔(実像)と鏡で見る自分の顔(鏡像)がちがうことを知っていますね。私たちの顔は左右非対称で，どこをとっても対称とはなりません。結果，実像と鏡像を完全に重ね合わせることができないのです。

分子でも同じような場合があります。例えば次の乳酸やリンゴ酸には，**4つの異なる原子または原子団が結合した炭素原子**があります。ここを中心に見ると，分子は非対称であり，この炭素原子を**不斉炭素原子**(asymmetric carbon atom)といいます。C*と，＊をつけることにしましょう。

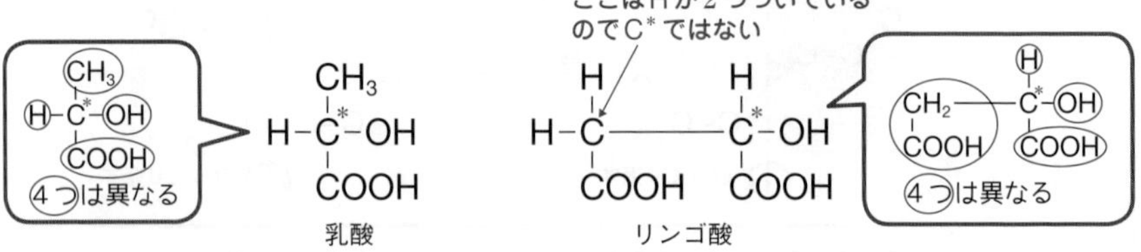

不斉炭素原子のまわりを立体的に描くと，**互いに重ねることができない１組の立体異性体**が存在します。

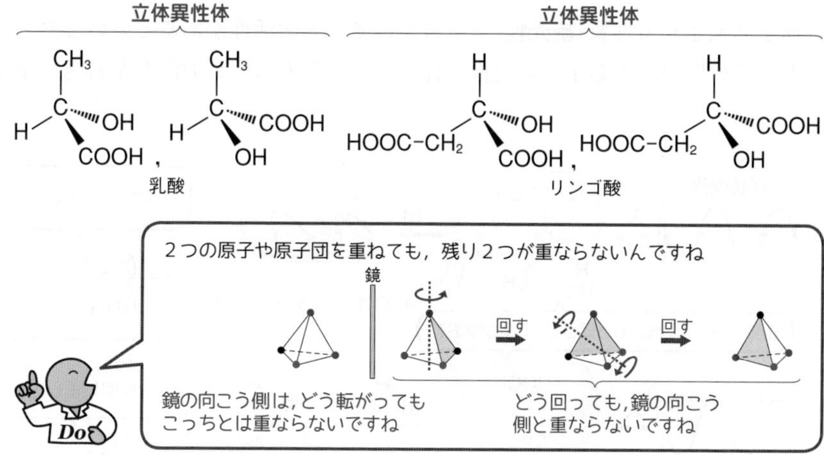

互いに鏡をはさんで実像と鏡像の関係にあるため，**鏡像異性体**（enantiomer）といいます。

鏡

CH_3 ／ H ─ C ─ OH ／ COOH　｜　CH_3 ／ HO ─ C ─ H ／ HOOC

鏡像異性体

（回すと同じ：CH_3 ／ H ─ C ─ COOH ／ OH）

なお，次のような分子では実像と鏡像は一致します。炭素原子を通る対称面が存在するからですね。

鏡

CH_3 ／ H ─ C ─ OH ／ OH　｜　CH_3 ／ HO ─ C ─ H ／ HO

同一の立体配置

（回すと同じ：CH_3 ／ H ─ C ─ OH ／ OH）

CH_3
前後で対称となる面
H ─ C ─ OH
OH

鏡像異性体は，物理的性質や化学的性質はほとんど同じですが，光に対する性質が異なり，光学異性体（optical isomer）ともいいます。振動面が一方向しかない光を平面偏光（へんこう）といい，不斉炭素原子をもち，分子内に対称性がない分子は，平面偏光の振動面を回転させる性質（**旋光性**（せんこうせい））をもっていて，光学活性があるといいます。実像と鏡像の関係にある１組の鏡像異性体は，振動面の回転方向が左右逆になります。

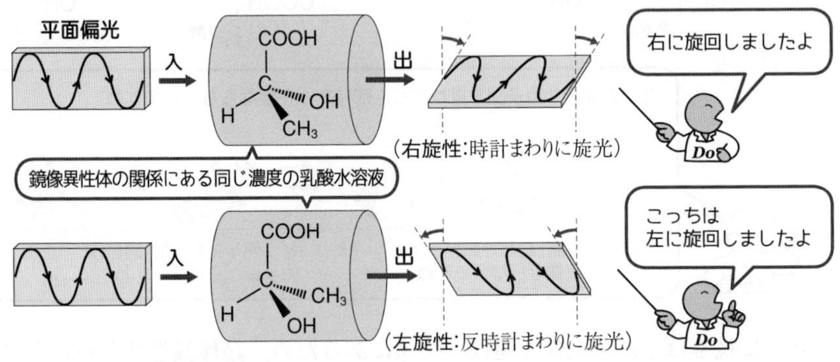

（右旋性：時計まわりに旋光）

（左旋性：反時計まわりに旋光）

なお，鏡像異性体は生体内での作用が異なる場合があります。臭いや味が異なるとか，一方は薬になるがもう一方が毒になるといった作用です。分子の立体構造が異なり，生体内の受容体や酵素などへの作用が異なるからです。

不斉炭素原子と立体異性体

(1) ラセミ体

実像と鏡像の関係にある2つの鏡像異性体の等量混合物をラセミ体とよびます。(racemate)
個々の分子が旋光性をもっていても，等量混合物では互いに打ち消し合い，全体としては旋光性を示さず，光学不活性です。

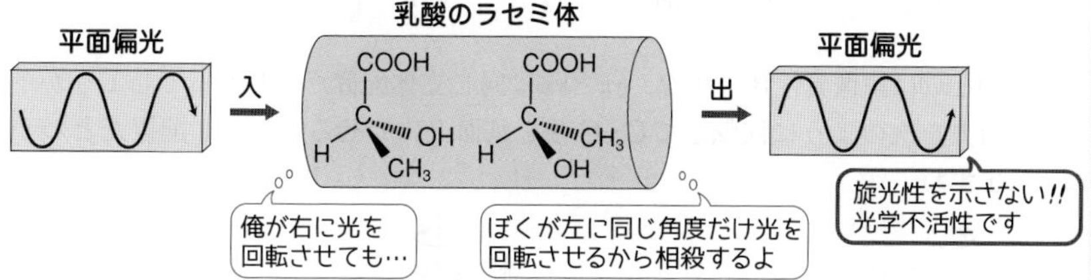

(2) 不斉炭素原子を複数もつ化合物と立体異性体

一般に，分子内にn個の不斉炭素原子をもつ場合，1つのC^*に実像あるいは鏡像の2通りの立体配置があるので，最大で2^n種類の立体異性体があります。

例1 $\overset{*}{C}HBr-\overset{*}{C}HCl$（$COOH$ / $COOH$） **の場合**

C^*が2つある場合は $2\times2=4$ 種類の立体異性体が存在しています。

(i)と(ii)，(iii)と(iv)は互いに鏡像異性体の関係にありますが，(i)と(iii)，(i)と(iv)，(ii)と(iii)，(ii)と(iv)のように**鏡像異性体の関係にはない立体異性体**が存在します。このような立体異性体を**ジアステレオマー**(diastereomer)(あるいは**ジアステレオ異性体**)とよびます。ジアステレオマーは鏡像異性体以外の立体異性体で，シス-トランス異性体もジアステレオマーの一種です。ジアステレオマーは置換基の間の距離が異なるため，沸点や融点がちがっています。なお，ジア(dia)はギリシア語で〝距離〞を表す語にちなみます。

例2 $\underset{COOH}{\overset{*}{C}H}(OH)-\underset{COOH}{\overset{*}{C}H}(OH)$ **の場合**

例1 の場合と同様に考えましょう。

(v)と(vi)は鏡像異性体ですが，(vii)と(viii)は同じ立体配置だとわかるでしょうか？

両方を次のように回転してC−C軸を紙面上にのせると，同じ配置だとわかりますね。

これを考慮すると，今回は4 − 1 = 3種類の立体異性体が存在しています。では，なぜ(vii)や(viii)には鏡像異性体がなかったのか？　それはこれらが不斉炭素原子をもっていても，分子内中央に対称面(分子内鏡面)をもっているからです。

分子内対称面　　　　　　　　　　分子内対称面

実像です　HOOC　鏡　COOH　鏡像です

鏡

━ 同じですね ━

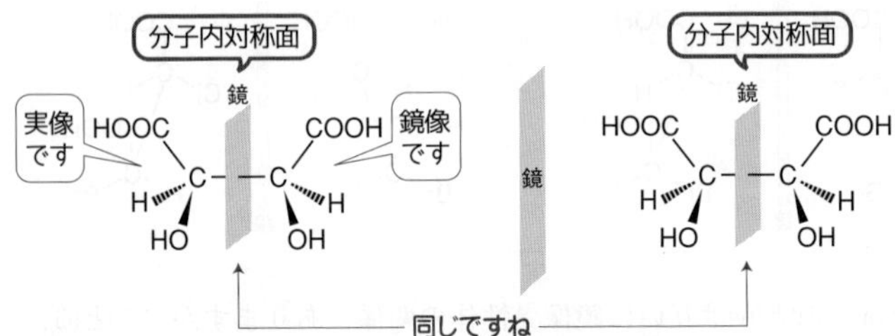

このような構造をもつ化合物を**メソ体**(または**メソ化合物**)といいます。メソ体は旋光性がなく光学不活性です。メソ体は，分子中央に対称面あるいは対称心をもつ立体配置であることを覚えておきましょう。
mesostructure

対称面　　　　対称心

━ メソ体 ━

(3) 環状化合物と不斉炭素原子

環構造内の炭素原子も，対称性をもたない場合は不斉炭素原子となります。例えば次の構造式ではC^*が不斉炭素原子です。

CH_3 ／ $\overset{*}{C}H$ ／ CH_2－$\overset{*}{C}H$－OH

CH_2－CH_2 ／ CH_3－C＝CH－CH_2 ／ $\overset{*}{C}H$－C(CH_3)＝CH_2

p－$\overset{*}{C}$(q)(r)－s と同じように考えましょう。 C (r, s, p, q) のようにちがう原子や原子団(r, s)が結合していて，そこから見て，環構造に対称性がないときはC^*です

Dr.

例3 CH_2 ／ H_2C CH_2 ／ $\overset{*}{C}H$－$\overset{*}{C}H$ ／ Br Cl **の場合**

全部で4種類の立体異性体があります。

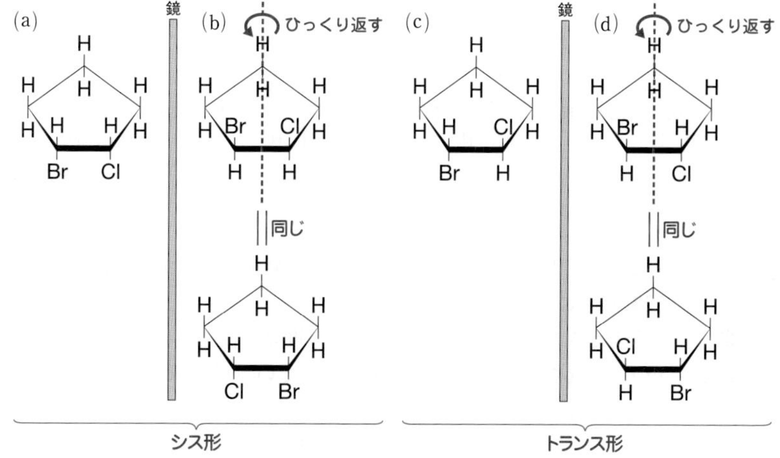

シス形の(a)と(b)，トランス形の(c)と(d)はそれぞれ鏡像異性体の関係ですが，(a)と(c)，(a)と(d)，(b)と(c)，(b)と(d)は互いにジアステレオマーです。シス－トランス異性体がジアステレオマーの一種だとはっきりわかるでしょう。

入試攻略への必須問題 7

各原子の結合の順序は同じでも，その立体的な位置関係が異なる場合，これらは立体異性体と総称され，二重結合に対する位置関係が異なるために生じる［ ア ］異性体や，不斉炭素原子をもった［ イ ］異性体がある。

［ ア ］異性体は，二重結合の同じ側に同種の原子または原子団がある［ ウ ］形と，反対側にある［ エ ］形に分けられる。

［ イ ］異性体は，偏光の振動面を傾ける旋光現象のちがいから２種類の異性体に分類される。例えば，うま味調味料としてよく知られているL-グルタミン酸の塩酸水溶液は，偏光の振動面を右向き（＋側）に傾けるが，D-グルタミン酸は左向き（－側）に傾ける。

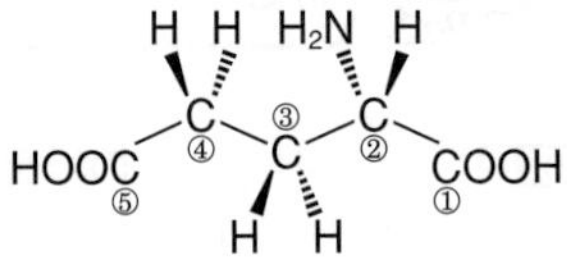

問１　文中の［　　］に適当な言葉を入れよ。

問２　L-グルタミン酸の構造式を右に示す。ここに含まれる炭素原子のうち，不斉炭素原子はどれか。番号で答えよ。ただし，◀ を紙面の手前側に向かう結合，┅ を紙面の裏側に向かう結合，── を紙面上の結合として表記する。

L-グルタミン酸

問３　D-グルタミン酸の構造式は次のうちどれか，番号で答えよ。

①　②　③　④

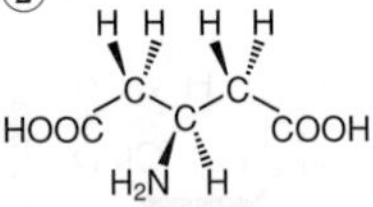

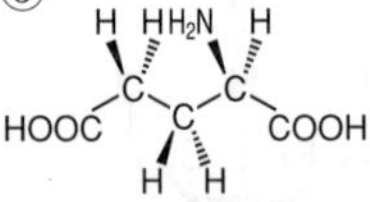

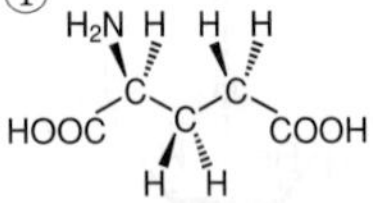

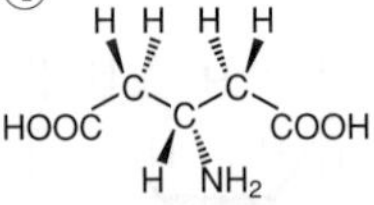

（鹿児島大）

解説　L-グルタミン酸とD-グルタミン酸は互いに鏡像異性体である。DL表示についてはp.252参照のこと。

問１　間違えた人は，p.43，48，49をもう一度よく読もう。

問２　４つとも異なる原子や原子団が結合している炭素原子は②である。

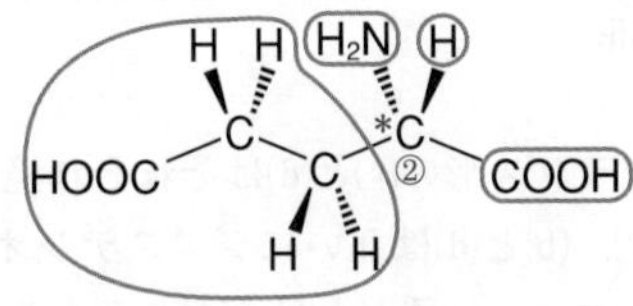
H H
H₂N
H
HOOC
C
C
*C
②
COOH
H H

問３　鏡像異性体は，不斉炭素原子に結合している４つの原子または原子団の

うち２つを重ねると，残り２つの位置が入れかわっている。

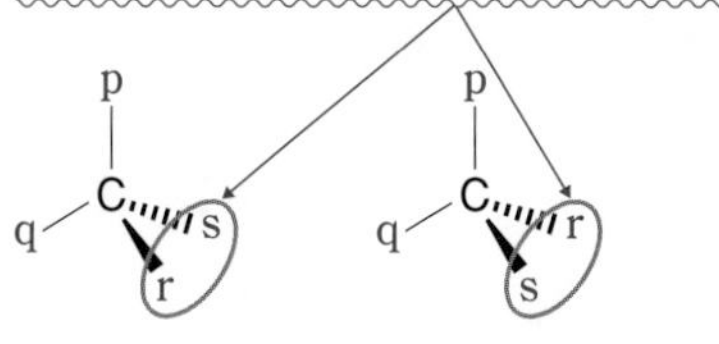

③は，L-グルタミン酸の不斉炭素原子に結合している２つは重なっていても，$-NH_2$と$-H$の配置が前後に入れかわっているので，これがL-グルタミン酸の鏡像異性体のD-グルタミン酸である。

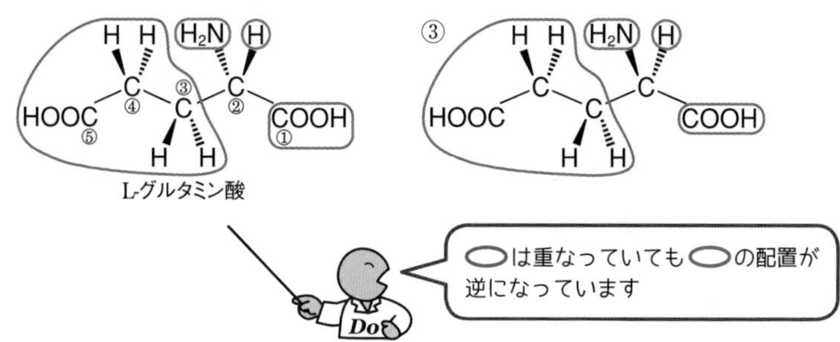

なお，①はL-グルタミン酸であり，②と④は$-NH_2$が結合している炭素原子の位置が異なっているので，グルタミン酸の構造異性体である。

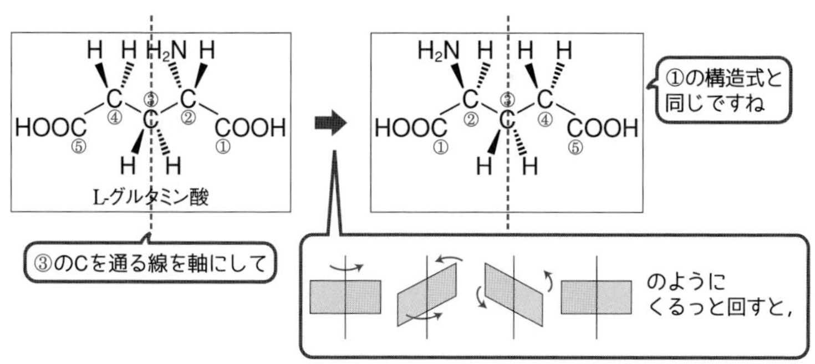

答え　**問１**　ア：シス-トランス（または 幾何）　　イ：鏡像（または 光学）
ウ：シス　　エ：トランス

問２　②

問３　③

さらに演習！　『**鎌田の化学問題集** 理論・無機・有機 改訂版』「第10章　有機化学の基礎　20有機化合物の分類と分析・有機化合物の構造と異性体」

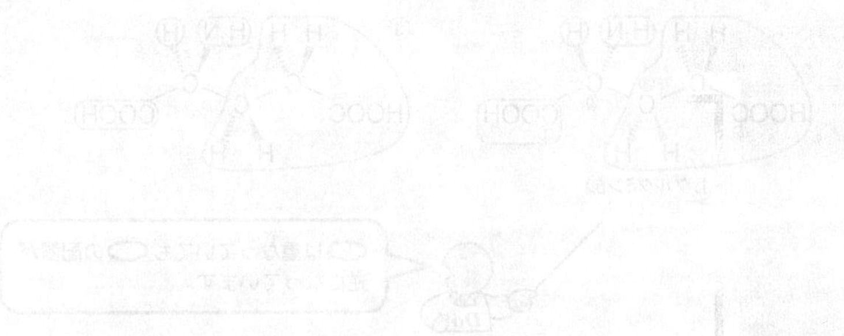

第2章

脂肪族化合物

03 アルカン

学習項目
❶ アルカンの命名
❷ アルカンの性質と反応

STAGE

1 アルカンの命名

鎖式飽和炭化水素は**アルカン**(alkane)といい，炭素原子数nのアルカンの分子式はC_nH_{2n+2}と表されます。まずは，名前のつけ方を頭に入れましょう。

これを覚えよう！ 15

◆ **直鎖アルカンの名前** → 説明 1

n	数詞	直鎖アルカンの構造	名称		沸点〔℃〕
1	mono	CH_4	メタン	methane	−161
2	di	CH_3CH_3	エタン	ethane	−89
3	tri	$CH_3CH_2CH_3$	プロパン	propane	−42
4	tetra	$CH_3(CH_2)_2CH_3$	ブタン	butane	−0.5
5	penta	$CH_3(CH_2)_3CH_3$	ペンタン	pentane	36
6	hexa	$CH_3(CH_2)_4CH_3$	ヘキサン	hexane	69
7	hepta	$CH_3(CH_2)_5CH_3$	ヘプタン	heptane	98
8	octa	$CH_3(CH_2)_6CH_3$	オクタン	octane	126
9	nona	$CH_3(CH_2)_7CH_3$	ノナン	nonane	151
10	deca	$CH_3(CH_2)_8CH_3$	デカン	decane	174

（n=1〜4）常温・常圧では気体

◆ **枝分かれ状のアルカンの名前** → 説明 2

$$\overset{1}{CH_3}-\overset{2}{CH}(CH_3)-\overset{3}{CH_2}-\overset{4}{CH_2}-\overset{5}{CH_3}$$

2-メチル ペンタン

2：側鎖の位置　メチル：側鎖　ペンタン：主鎖の名称

説明 1　直鎖のアルカンでは，n=1〜4は慣用名(かんようめい)を用い，$n \geqq 5$はギリシア語の数詞の語尾「a」を「ane」にして命名します。n=1〜4の慣用名とn=1〜10の数詞は記憶してくださいね。

$$\overset{1}{CH_3}-\overset{2}{CH_2}-\overset{3}{CH_2}-\overset{4}{CH_2}-\overset{5}{CH_3}$$

n=5の数詞はpenta(ペンタ)なので，pentane(ペンタン)とします

説明 2 枝分かれのあるアルカンは，**できるだけ多くの炭素原子がつながった主鎖**(しゅさ)をとり，命名します。**炭素原子数の少ない側鎖**(そくさ)の名称を，結合位置を表す番号とともに主鎖の名称の前につけます。位置を表す番号は，できるだけ小さな数字にします。

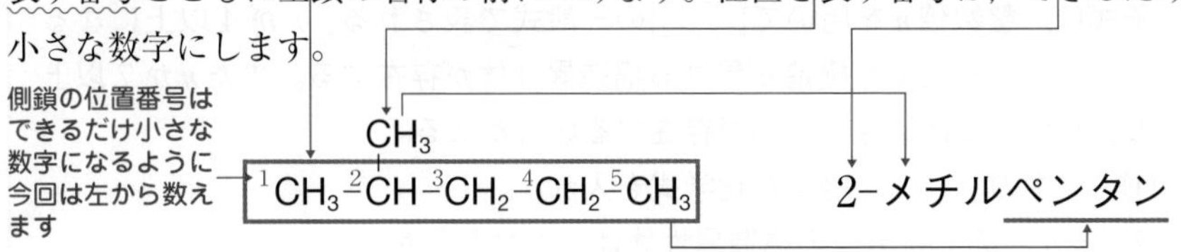

注1 側鎖が複数ある場合

例1

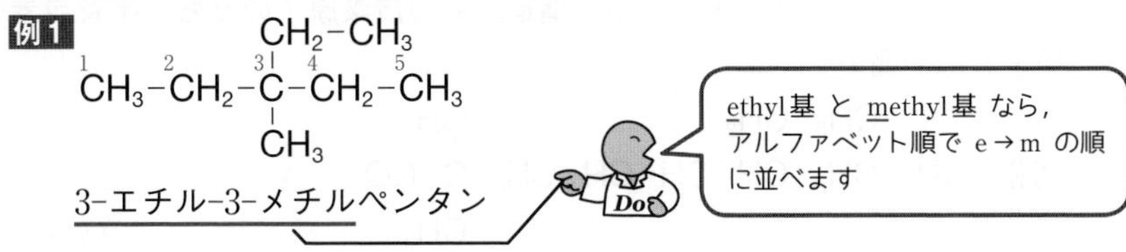

例2

［ アルキル基は一般式で $C_nH_{2n+1}-$ と表され，同じ炭素数のアルカンの語尾「ane(アン)」を「yl(イル)」として命名します。次のアルキル基は，p.11ですでに紹介しましたね。

CH_3-	CH_3-CH_2-	$CH_3-CH_2-CH_2-$	$CH_3-CH(CH_3)-$
メチル基 (methyl)	エチル基 (ethyl)	プロピル基 (propyl)	イソプロピル基

イソプロピル基：プロピル基の異性体(isomer)です ］

注2 環式飽和炭化水素(シクロアルカン)

シクロアルカンは一般に分子式 C_nH_{2n} と表され，環と同じ炭素数のアルカン名の前に環を意味する「シクロ(cyclo)」をつけます。

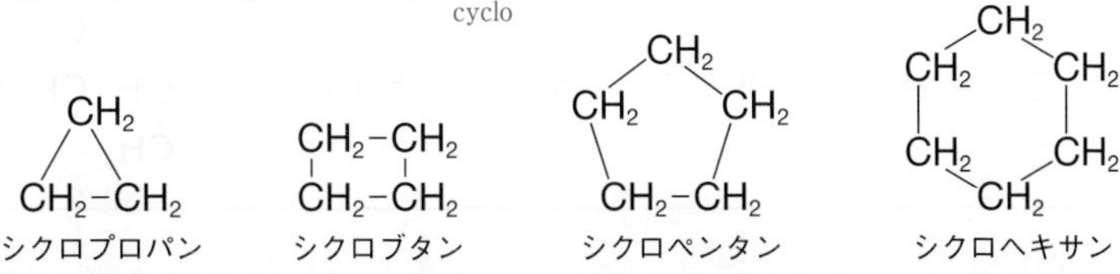

入試攻略への必須問題1

メタン，エタン，プロパンなどの鎖式飽和炭化水素であるアルカンの分子式は，整数値nを用いて［　　］の一般式で表される。nが4以上になると，同じ分子式でも構造が異なる構造異性体が存在する。またnが7以上のアルカンには鏡像異性体が存在する場合がある。

(1) 文中の［　　］に適当な化学式を入れよ。

(2) nが4のアルカンの構造異性体はいくつあるか。

(3) 不斉炭素原子を含み，最も分子量が小さいアルカンを1つ，(例)にならって構造式で示せ。また，その構造式中の炭素原子のうち，不斉炭素原子を○で囲め。

(例) $CH_3-CH_2-CH(CH_2-CH_3)-CH=CH-CH_2-C(CH_3)_2-NO_2$

（九州大）

解説 (1) $H\text{-}(CH_2)_n\text{-}H$ と表せるので，一般式は C_nH_{2n+2} である。

(2) 炭素原子数4のアルカンには，2種類の炭素骨格がある。

$$-C-C-C-C- \qquad -C-C(-C-)-C-$$

最長炭素鎖4　　　最長炭素鎖3＋枝1

(3) 不斉炭素原子をもつアルカンは，n=7で $C_2-C^*H(C_1)-C_3$ となるものが最も分子量が小さい。炭素数C_3のアルキル基にプロピル基とイソプロピル基があることに注意して，次のどちらかの構造式を答えればよい。

$$\boxed{C-C}-C^*(\boxed{C})-\boxed{C-C-C} \qquad \boxed{C-C}-C^*(\boxed{C})-\boxed{C(C)-C}$$

答え (1) C_nH_{2n+2}　(2) 2種類

(3) $CH_3-CH_2-\text{Ⓒ}H(CH_3)-CH_2-CH_2-CH_3$ または $CH_3-CH_2-\text{Ⓒ}H(CH_3)-CH(CH_3)-CH_3$

STAGE

2 アルカンの性質と反応

これを覚えよう！ 16

◆ **物理的性質** → 説明 1

(1) 直鎖アルカンの状態(25℃，1.013×10^5 Pa)

分子式 C_nH_{2n+2}	$n=1\sim4$	$n=5\sim17$	$n\geqq18$
状態(25℃，1.013×10^5 Pa)	気体	液体	固体

液体 ↑ 無色の油状物質です

固体 ↑ ワックスのような固体です

(2) 水には溶けにくいが，ベンゼンやジエチルエーテルなどの有機溶媒にはよく溶ける。

◆ **燃焼反応** → 説明 2 別冊 p.16

$$C_nH_{2n+2} + \frac{3n+1}{2}O_2 \xrightarrow{\text{加熱}} nCO_2 + (n+1)H_2O$$

説明 1 アルカンは，C−H結合，C−C結合からなる**無極性または極性の小さな分子**です。

直鎖アルカンでは，分子量が増加するとファンデルワールス力が大きくなり，**沸点が高く**なります。

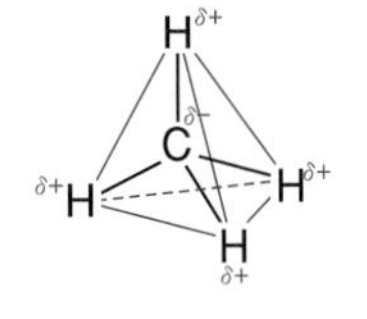

電気陰性度は C(2.6)>H(2.2) なので，$\overset{\delta-}{C}$−$\overset{\delta+}{H}$結合はわずかに極性をもちます。ただし，CH_4は正四面体形の分子で，分子全体では，C−H結合の極性を打ち消し合うため，CH_4は無極性分子になります

また，極性溶媒の水には溶けにくいですが，**無極性溶媒にはよく溶けます**。

注 アルカンのように共通の一般式で表され，**分子式が−CH_2−ずつちがう化合物グループ**は**同族体**(どうぞくたい / homolog)といい，沸点や融点は異なっていても化学的性質はよく似ています。

説明 2 C–H結合やC–C結合は結合エネルギーが大きく，原子どうしが強く結びついています。また，一般に炭化水素は極性をもたないか，極性が小さかったですよね。結果，アルカンは反応性が小さく，**比較的安定な化合物**です。

ただし，**十分な空気とともに加熱すると**結合が切れ，酸素と結びついて**二酸化炭素や水に変化**します。このとき大きな熱の発生を伴うので，この反応を燃焼反応とよんでいます。ちなみにメタンの燃焼エンタルピーは$\Delta H = -891\,\mathrm{kJ/mol}$です。

例 CH_4(気) ＋ $2O_2$(気) ⟶ CO_2(気) ＋ $2H_2O$(液)　$\Delta H = -891\,\mathrm{kJ}$

メタンは天然ガスとして産出し，冷却・圧縮して液化天然ガス(LNG)として燃料などに利用しています

これを覚えよう! 17

◆ **塩素による置換反応** → 説明 1　別冊 p.12

$$\underset{\text{メタン}}{CH_4} + \underset{\text{塩素}}{Cl_2} \xrightarrow{\text{光または加熱}} \underset{\text{クロロメタン（塩化メチル）}}{CH_3Cl} + \underset{\text{塩化水素}}{HCl}$$

説明 1 メタンと塩素の混合気体は，**光照射や加熱**によって激しく反応して，C–H結合がC–Cl結合に変化していきます。

$$CH_4 + Cl_2 \longrightarrow CH_3Cl + HCl$$

この反応のように，分子内の原子または原子団が別のものに置き換わる反応を置換(ちかん)反応といいます

この反応は，塩素分子が光または熱エネルギーを吸収して共有結合が切れて，不対電子をもつ塩素原子が生じることによって始まります。

$$:\ddot{\underset{..}{Cl}}-\ddot{\underset{..}{Cl}}: \xrightarrow{\text{光または熱}} 2\ :\ddot{\underset{..}{Cl}}\cdot$$

不対電子をもっているよ

生じた塩素原子のように，不対電子・をもつ原子あるいは原子団を**ラジカル**といいます。ラジカルは不安定なので，塩素原子はメタン分子のC−H結合を攻撃します。さらに次のようなルートで，反応が連鎖的に何回もくり返し起こります。

C−Hを攻撃

Hとくっついたよ

今度は私に不対電子が残って，ラジカルに…

$$Cl\cdot + CH_4 \longrightarrow H-Cl + \cdot CH_3 \quad \cdots(1)$$

Cl₂を攻撃

Clとくっついたよ

また俺がラジカルかよ…。やり直そう

$$\cdot CH_3 + Cl-Cl \longrightarrow CH_3Cl + Cl\cdot \quad \cdots(2)$$

全体としては，(1)+(2)より，

$$CH_4 + Cl_2 \longrightarrow CH_3Cl + HCl$$

という反応が進むことになります。

なお，

$$\begin{cases} Cl\cdot + .Cl \longrightarrow Cl_2 \\ \cdot Cl + \cdot CH_3 \longrightarrow CH_3Cl \\ \cdot CH_3 + \cdot CH_3 \longrightarrow CH_3-CH_3 \end{cases}$$

のような副反応も起こりますが，これらが起こると反応はそこで止まるので連鎖的には進みません。

注 メタンに対して塩素が十分にあると，クロロメタンはさらに塩素と反応し，最終的にテトラクロロメタン(四塩化炭素)となります。

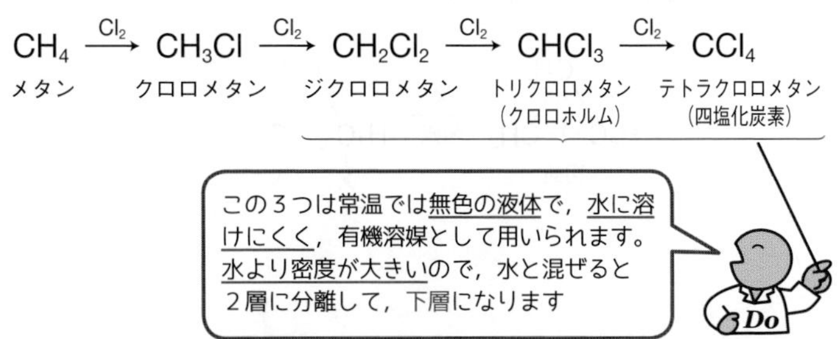

$CH_4 \xrightarrow{Cl_2} CH_3Cl \xrightarrow{Cl_2} CH_2Cl_2 \xrightarrow{Cl_2} CHCl_3 \xrightarrow{Cl_2} CCl_4$
メタン
クロロメタン
ジクロロメタン
トリクロロメタン(クロロホルム)
テトラクロロメタン(四塩化炭素)
この３つは常温では無色の液体で，水に溶けにくく，有機溶媒として用いられます。水より密度が大きいので，水と混ぜると２層に分離して，下層になります
Do

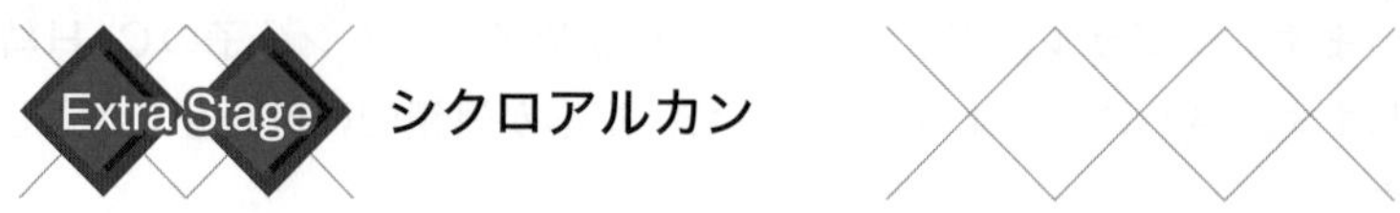

シクロアルカン

シクロアルカンはC−H結合とC−C結合のみでできているので，**アルカンと似た反応性**を示します。ただし，環の安定性が反応性に大きな影響を与えます。

単結合の場合，理想的な結合角は109.5° でした(p.26参照)。結合角がここから大きくズレるほどひずみが大きくなり，環が不安定になると予想できます。

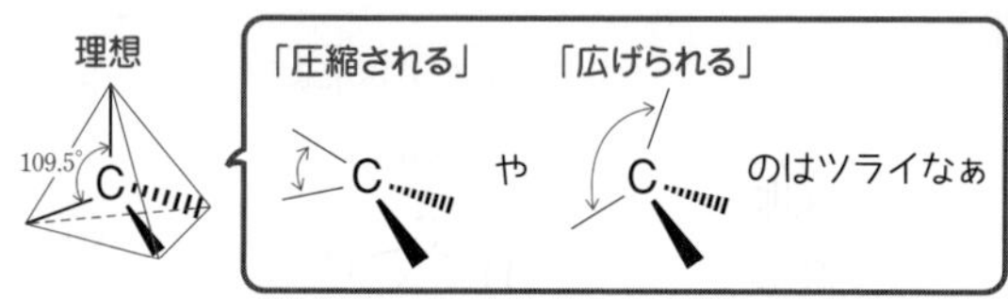

シクロアルカンでは，環の結合角のひずみが小さいシクロペンタンやシクロヘキサンが化学的に安定です。シクロヘキサンの環構造についてはp.30で学習しましたね。これらに対して，シクロプロパンの三員環は結合角が60° で大きくひずんでいます。さらに，隣り合った炭素原子間のC−H結合が重なり形で近くにあるので，シクロプロパンは化学的に不安定なシクロアルカンです。

H
H
H
C
C
C
H
H
H
∠CCCの結合角は60° 。
しかもC−H結合が近くにあって，環が安定ではありません
Do

シクロプロパンの立体構造

例えば，シクロプロパンに触媒を用いてH_2やBr_2(X_2と記す)を作用させると，次のようにC−C結合が切れて，環が開く反応が起こります。

$$\text{(}CH_2\text{)}_3 \text{ (}H_2C\text{–}CH_2\text{ 切断)} \xrightarrow[\text{触媒}]{X_2} H_2C(X)\text{–}CH_2\text{–}CH_2(X)$$

入試攻略への必須問題2

天然ガスや石油の主要な成分であるアルカンは，一般に化学的に安定な物質である。しかし，アルカンと塩素の混合気体に紫外光を照射すると速やかに反応して，アルカンの水素原子が塩素原子に置換された化合物が得られる。

問1 メタンと塩素の反応によって，メタンの一塩素置換生成物であるクロロメタンが生成する反応を化学反応式で示せ。

問2 プロパンを同様に反応させたところ，２種類の一塩素置換生成物であるＡおよびＢが得られた。ＡとＢを分離し，それぞれをさらに塩素と反応させると，Ａからは３種類の二塩素置換生成物が得られ，Ｂからは２種類の二塩素置換生成物が得られた。ＡとＢの構造式を書け。また，Ａから得られた３種類の二塩素置換生成物の構造式も書け。

問3 プロパンの８個の水素原子のうち，置換されてＡを与える水素原子をH_a，置換されてＢを与える水素原子をH_bとする。H_aとH_bの水素原子１個あたりの置換されやすさが同じであると仮定したとき，プロパンと塩素の反応で生成するＡとＢの物質量の比はいくつと予想されるか。簡単な整数比で表せ。

問4 実際にプロパンと塩素の反応を行って生成したＡとＢの物質量の比を調べたところ，9：11であった。水素原子１個あたりで比較すると，H_bはH_aに対して何倍置換されやすいといえるか，有効数字２桁で答えよ。

（東京大）

解説 **問1** メタンのC−H結合を１つC−Cl結合に変える。HClも生成する。

問2 プロパンのC骨格の対称性に注意しながら，Cl原子を１つずつ付けていくと，

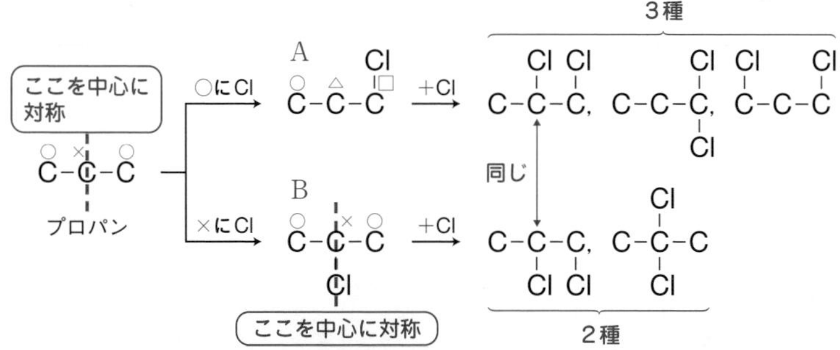

問3　**問2**より，Aを与えるHをH_a，Bを与えるHをH_bとすると，

$$
\begin{array}{ccccccc}
 & & H_a & & H_b & & H_a \\
 & \circ & | & \times & | & \circ & | \\
H_a & - & C & - & C & - & C & - H_a \\
 & & | & & | & & | \\
 & & H_a & & H_b & & H_a
\end{array}
$$

と，全部で8個あるH原子が6個のH_aと2個のH_bに区別できる。1つだけClに置き換えるとき，置換のされやすさが同じなら，H_aが置換される確率は$\frac{6}{8}$，H_bが置換される確率は$\frac{2}{8}$になるので，

$$\text{Aが生じる確率}:\text{Bが生じる確率}=\frac{6}{8}:\frac{2}{8}=3:1$$

この比がAとBの生成量の比に等しい。

問4　H_bがH_aに比べて，x〔倍〕置換されやすいとすると，

$$\text{Aが生じる確率}:\text{Bが生じる確率}=\frac{6}{8}:\frac{2}{8}\times x$$

これが9：11に等しいので，

$$\frac{6}{\cancel{8}}:\frac{2}{\cancel{8}}x=9:11$$

$$x=\frac{6\times 11}{2\times 9}=\frac{11}{3}\fallingdotseq 3.7\ \text{倍}$$

答え　**問1**　$CH_4 + Cl_2 \longrightarrow CH_3Cl + HCl$

問2

$$
\text{A}:\ \begin{array}{ccccccc}
 & & H & & H & & Cl \\
 & & | & & | & & | \\
H & - & C & - & C & - & C & - H \\
 & & | & & | & & | \\
 & & H & & H & & H
\end{array}
\qquad
\text{B}:\ \begin{array}{ccccccc}
 & & H & & H & & H \\
 & & | & & | & & | \\
H & - & C & - & C & - & C & - H \\
 & & | & & | & & | \\
 & & H & & Cl & & H
\end{array}
$$

〈Aから得られた二塩素置換生成物〉

$$
\begin{array}{ccccccc}
 & & H & & Cl & & Cl \\
 & & | & & | & & | \\
H & - & C & - & C & - & C & - H \\
 & & | & & | & & | \\
 & & H & & H & & H
\end{array}
\qquad
\begin{array}{ccccccc}
 & & H & & H & & Cl \\
 & & | & & | & & | \\
H & - & C & - & C & - & C & - H \\
 & & | & & | & & | \\
 & & H & & H & & Cl
\end{array}
\qquad
\begin{array}{ccccccc}
 & & Cl & & H & & Cl \\
 & & | & & | & & | \\
H & - & C & - & C & - & C & - H \\
 & & | & & | & & | \\
 & & H & & H & & H
\end{array}
$$

問3　A：B＝3：1

問4　3.7倍

04 アルケン

学習項目
1. アルケンの命名と物理的性質
2. 炭素原子間二重結合の反応

STAGE 1 アルケンの命名と物理的性質

鎖式不飽和炭化水素の中で，炭素原子間二重結合を1つもつものを**アルケン**（alkene）といいます。炭素原子数nのアルケンの分子式はC_nH_{2n}と表されます。

これを覚えよう！ 18

◆ **代表的なアルケンの名称** → 説明 1

n	分子式(C_nH_{2n})	構造式と名称	コメント
2	C_2H_4	$CH_2{=}CH_2$ エチレンあるいはエテン	植物ホルモンの一種で，果実の成熟などに関与している
3	C_3H_6	$CH_3{-}CH{=}CH_2$ プロペン(プロピレン)	慣用名のプロピレンも使われる
4	C_4H_8	$CH_3{-}CH_2{-}CH{=}CH_2$ 1-ブテン	butaneの語尾をeneにし，C=Cの位置をできるだけ小さな数字で示す
		CH_3 と CH_3 が同じ側，H と H が同じ側の C=C シス-2-ブテン	$CH_3{-}CH{=}CH{-}CH_3$ 2-ブテン のシス-トランス異性体
		CH_3 と H（上），H と CH_3（下）の C=C トランス-2-ブテン	（同上）
		$CH_3{-}C(CH_3){=}CH_2$ 2-メチルプロペン	慣用名ではイソブテンという

◆ **物理的性質** → 説明 2

① 極性溶媒の水には溶けにくく，無極性溶媒にはよく溶ける。
② 25℃，1.013×10^5 Paでは，炭素数2～4のアルケンは気体である。

説明 1 二重結合を含む最も長い炭素鎖に対応するアルカンの語尾「ane」を「ene」にして命名します。

二重結合の位置のちがいによる構造異性体が存在する場合，二重結合の位置を表す番号をつけます。ただし，できるだけ小さな数字となるようにしてください。

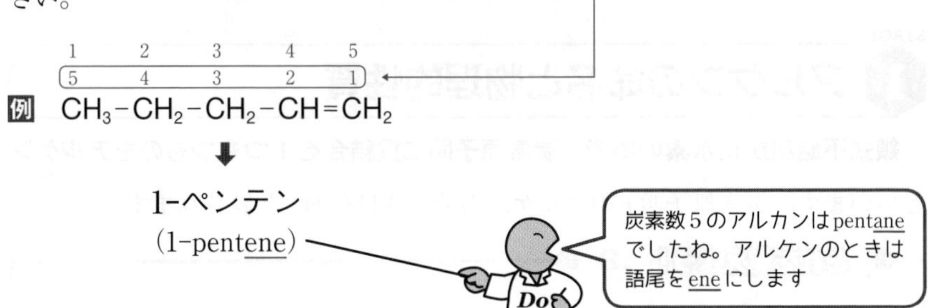

なお，炭素数2のアルケン**C_2H_4は**，アルケンの命名法に従うとエテン(ethene)となりますが，**エチレンという慣用名もよく使われます**。

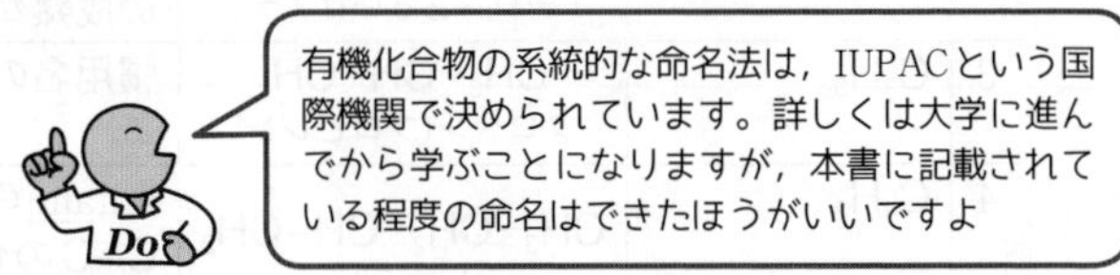

有機化合物の系統的な命名法は，IUPACという国際機関で決められています。詳しくは大学に進んでから学ぶことになりますが，本書に記載されている程度の命名はできたほうがいいですよ
Do

二重結合を2つもつ鎖式炭化水素であるアルカジエンでは，語尾をdieneにします。

例 $\overset{1}{CH_2}=\overset{2}{CH}-\overset{3}{CH}=\overset{4}{CH_2}$ ➡ 1,3-ブタジエン (1,3-butadiene)

二重結合を1つもつ環式炭化水素であるシクロアルケンは，環を表すcycloを前につけます。

例

```
    CH = CH
   /       \
H2C         CH2   ➡  シクロヘキセン
   \       /          (cyclohexene)
    CH2−CH2
```

説明 2 アルケンもアルカンと同様に，無極性あるいは極性の小さな分子です。極性溶媒の水には溶けにくいことは頭に入れておきましょう。

入試攻略への必須問題1

C_5H_{10} の構造異性体は，全部で何種類考えられるか。最も適当なものを，次の㋐～㋕から1つ選べ。ただし，ここではシス-トランス(幾何)異性体および鏡像(光学)異性体は区別しなくてよい。

㋐　5種類　㋑　6種類　㋒　7種類　㋓　8種類　㋔　9種類
㋕　10種類　(関西大)

解説　不飽和度 $I_u = \dfrac{2\times5+2-10}{2} = 1$ であり，二重結合あるいは環構造を1つもつ，すなわちアルケンかシクロアルカンである。

(i)　アルケンの場合(C=C結合の位置を↓で示す)

Cの原子価は4なので，中心のC原子の原子価が5となる C−C(−C)(−C)=C のような構造式はありえません

(ii)　シクロアルカンの場合

ⓘ　五員環　ⓘⓘ　四員環＋枝C_1

ⓘⓘⓘ　三員環＋枝C_2

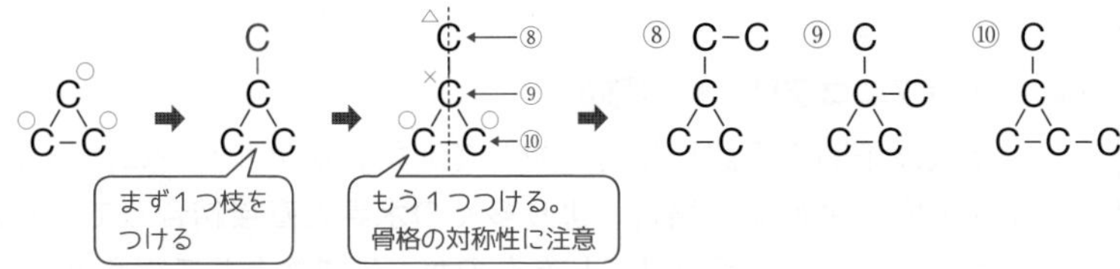

①～⑩の10種類の構造異性体が存在する。

答え　㋕

STAGE

2 炭素原子間二重結合の反応

アルケンに限らず，ここでは炭素原子間の二重結合C=Cの反応として，**他の分子とさらに結合する付加反応**，酸化剤によって切断される酸化開裂反応を紹介します。

これを覚えよう! 19

◆ ハロゲン化水素や水の付加反応

(1) ハロゲン化水素の付加反応 → 説明 1 別冊 p.14

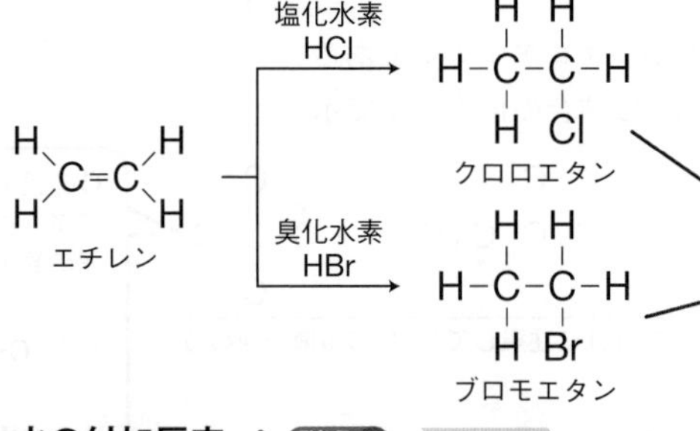

(2) 水の付加反応 → 説明 2 別冊 p.15

水 H_2O
[希硫酸やリン酸]

エタノール

◆ マルコフニコフ則 → 説明 3

炭素原子間の不飽和結合に対して非対称なアルケンに，ハロゲン化水素や水が付加する場合，より多くの水素と直接結合している炭素のほうに，さらに水素が付加したものが主生成物として得られる。

説明 1 形式的には，次のように二重結合の1本が切れて，ハロゲン化水素HXのHとXが付加します。

(X：ハロゲン原子を表す)

炭素原子間の不飽和結合を形成しているπ結合の電子対は，雲のように漂(ただよ)っていましたね(p.27参照)。極性の大きなハロゲン化水素HXがπ結合の電子対に接近すると，H^+とX^-に分かれて２段階で付加が起こります。

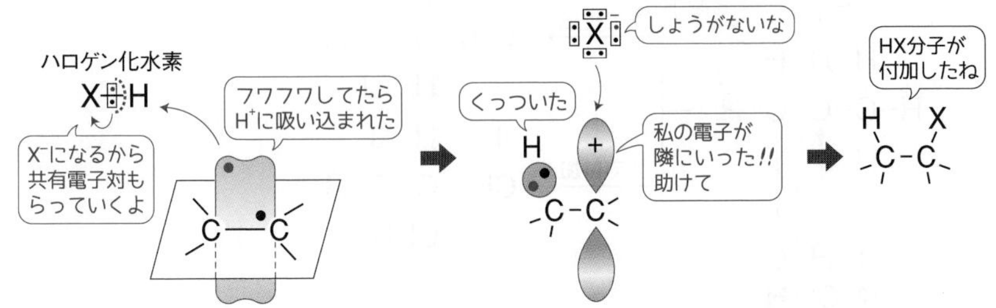

ハロゲン化水素が酸として作用し，放出されたH^+をπ結合の電子対が受けとり，ハロゲン化物イオンX^-を引きずりこんだというわけです。

説明 2　水はハロゲン化水素に比べてブレンステッド酸（ブレンステッド・ローリーの定義による酸）として弱いのでH^+とOH^-に分かれにくいため，C=Cに水を付加させる場合には酸触媒が必要となります。

希硫酸やリン酸のような酸性水溶液中には，オキソニウムイオンH_3O^+が存在していたことを思い出して，次図をながめてください。H_3O^+が触媒として働いています。

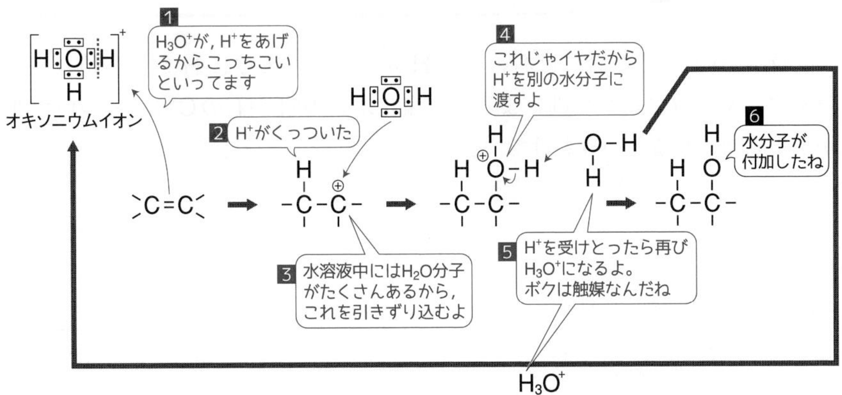

触媒を用いずにアルケンをただ水に加えても，付加反応は起こらないし，アルケンは水にほとんど溶けないですよ。

説明 3　プロペン$CH_3-CH=CH_2$のように，C=C結合に対して非対称なアルケンに塩化水素が付加すると，２種類の生成物が得られます。

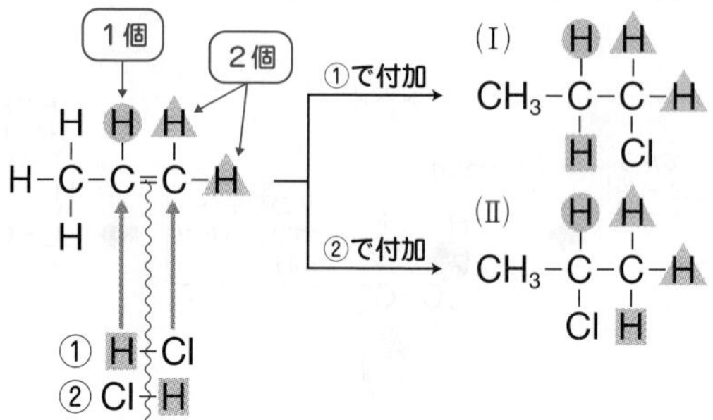

確率的には，(Ⅰ)と(Ⅱ)が1：1の割合で生成するはずですが，実際は(Ⅱ)のほうが多く得られます。ロシアの化学者マルコフニコフは実験から次のような経験則を見い出しました。

マルコフニコフ則

H原子と多く結合しているほうのC原子に，さらにHがくっついたものが主生成物である。

マルコフニコフ則を知らないと解けないような入試問題が出題されることがあります。覚えておいたほうがよいでしょう。
ただし，マルコフニコフ則は多くの付加反応で成立しますが，成立しない条件の場合もあります。絶対的な法則ではありません

プロペンのC=C結合には右のCにHが２つ，左のCにHが１つ結合しています。マルコフニコフ則によると，塩化水素のHが右のCにくっついた(Ⅱ)が主生成物になるというわけです。

マルコフニコフ則と反応の機構

1-ブテン $CH_3-CH_2-CH=CH_2$ に臭化水素HBrを付加する反応を例にします。

$CH_3-CH_2-CH=CH_2$ —(H^+ 付加)→

ⓐ → (Ⅰ) $CH_3-CH_2-\overset{\oplus}{C}H-CH_3$ —(Br^-)→ ① $CH_3-CH_2-CH(Br)-CH_3$

ⓑ → (Ⅱ) $CH_3-CH_2-CH_2-\overset{\oplus}{C}H_2$ —(Br^-)→ ② $CH_3-CH_2-CH_2-CH_2Br$

上の(Ⅰ)と(Ⅱ)の途中生成物のうち，(Ⅰ)は(Ⅱ)よりもエネルギー的に安定なので，ⓐの経路を通る反応は活性化エネルギーが小さく，反応速度が大きくなります。そのため，①は②よりも多く生成します。

では，(Ⅰ)のほうが(Ⅱ)よりエネルギー的に安定になる理由を説明しましょう。

炭素$C^{\oplus}$の正電荷は，隣接したC−H結合の共有電子対を引き寄せて，正電荷を分散させることで，エネルギー的に安定になります。苦労を一人で抱えこむより，余裕のあるまわりの人々に助けてもらって分かち合ったほうがラクになるのですね。

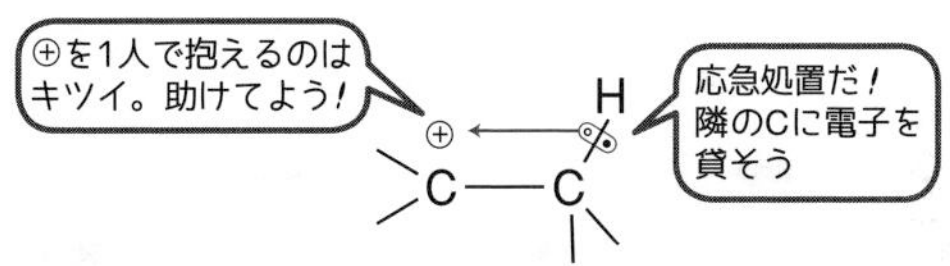

正電荷をもつ炭素の隣にC−H結合が多い(Ⅰ)は，正電荷をより広範囲に分散できるため，(Ⅱ)より安定になります。そこで，より多くのC−H結合が$C^{\oplus}$の隣にできるⓐの付加反応のほうが，ⓑよりも活性化エネルギーが小さく，反応速度が大きくなり，結果として①が主生成物となるのです。

(Ⅰ) $CH_3-CH_2-\overset{\oplus}{C}H-CH_3$
5人が応急処置してくれるよ！

(Ⅱ) $CH_3-CH_2-CH_2-\overset{\oplus}{C}H_2$
2人しか応急処置してくれない

これを覚えよう! 20

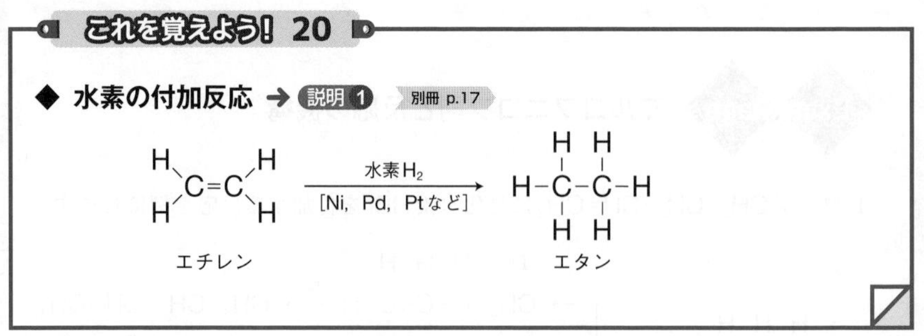
◆ 水素の付加反応 → 説明 1 別冊 p.17
水素 H_2
[Ni, Pd, Ptなど]
エチレン
エタン

説明 1 H−H結合は分極しにくく，結合エネルギーが大きくて切れにくいため，ニッケルNi，パラジウムPd，白金Ptなどの触媒を用いて反応を行います。これらの金属表面に接触したH_2分子は，H−Hの共有結合が切れたH原子の状態で吸着し，C=C結合への付加が進行しやすくなります。

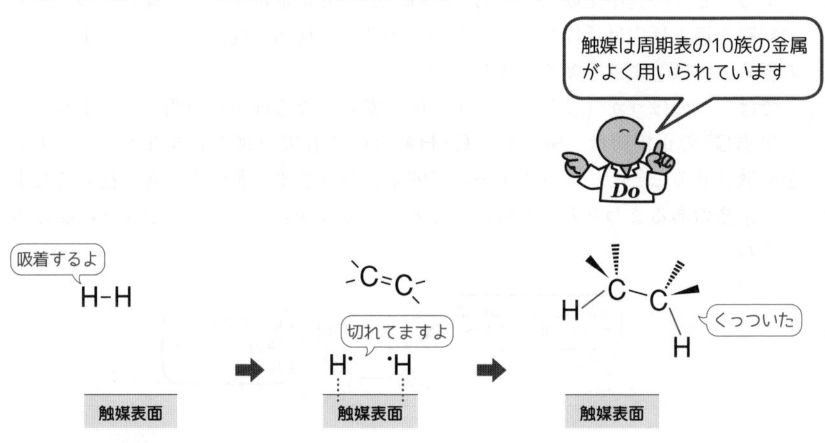
触媒は周期表の10族の金属がよく用いられています
Do
吸着するよ
H−H
触媒表面
切れてますよ
触媒表面
くっついた
触媒表面

このような触媒の下，水素によって不飽和化合物を還元する反応を，**接触還元**（せっしょくかんげん）といいます。

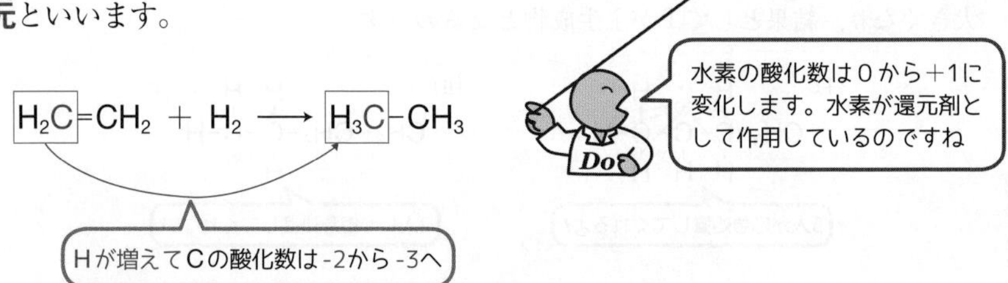
$H_2C{=}CH_2 + H_2 \longrightarrow H_3C{-}CH_3$
Hが増えてCの酸化数は-2から-3へ
水素の酸化数は0から+1に変化します。水素が還元剤として作用しているのですね
Do

同じ試薬がカルボニル化合物の還元(p.117参照)やニトロベンゼンの還元(p.208参照)でも登場しますので，覚えておいてください。

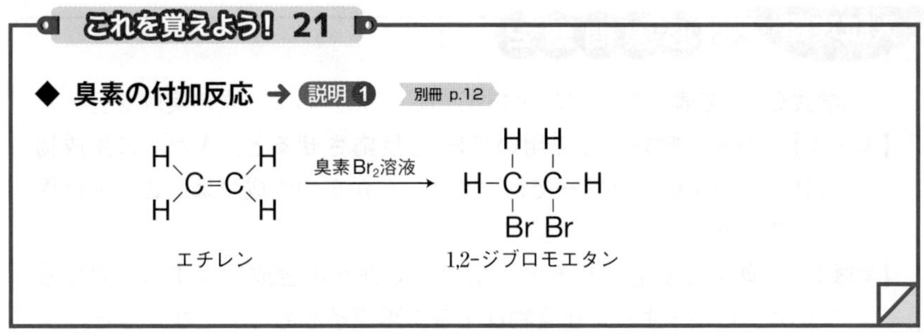

説明 1　ハロゲンの単体X_2が,

$$X_2 + 2e^- \longrightarrow 2X^-$$

のように酸化剤として働くことは酸化還元の分野で学習しましたね。酸化剤であるX_2がフワフワ漂っているC=Cのπ結合の電子を狙って攻撃してくるので,付加反応が起こります。ハロゲンの単体の中でも臭素Br_2は常温で速(すみ)やかにC=C結合へと付加します。このときBr_2分子が消費されて**赤褐色から無色に変化する**ため,**C=C結合やC≡C結合の検出反応**に利用されています。

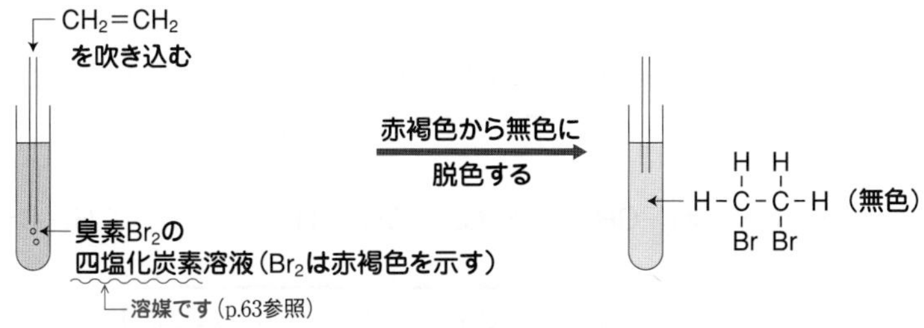

ちなみに,臭素の付加反応は次のように2段階で進むことが知られています。

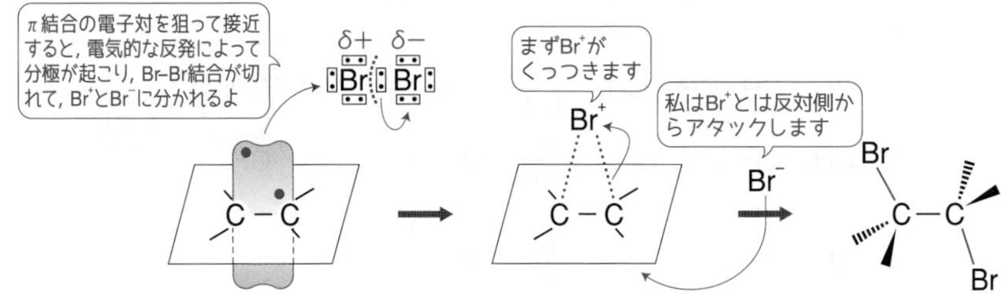

入試攻略への必須問題2

化学式C_4H_8で表されるアルケンA，B，Cに対して，次の実験を行った。

【実験1】 白金を触媒として用いてH_2と反応させると，Aからの生成物とBからの生成物は同一であったが，Cからの生成物は，これとは異なっていた。

【実験2】 臭素と反応させると，A，B，Cからの生成物はすべて異なっていた。Cから生じた化合物は不斉炭素原子をもっていなかった。

【実験3】 臭化水素と反応させると，Aからは1種類の生成物が得られたが，BおよびCからは2種類の生成物が得られた。

次の問いに答えよ。ただし，立体異性体については，考えないものとする。

問1 【実験1】で，アルケンCから生じる化合物を構造式で記せ。

問2 【実験2】で，アルケンBから生じる化合物を構造式で記せ。

問3 【実験3】で，アルケンAから生じる化合物を構造式で記せ。

（名城大）

解説 C_4H_8のアルケンは，次の3つの構造異性体が存在する。(②のシス-トランス異性体を区別すれば，全部で4つの異性体が存在する。)

① $CH_2=CH-CH_2-CH_3$　② $CH_3-CH=CH-CH_3$　③ $CH_3-C(CH_3)=CH_2$

（②には）シス形 $\ce{CH3(H)C=C(H)CH3}$，トランス形 $\ce{CH3(H)C=C(CH3)H}$ あり

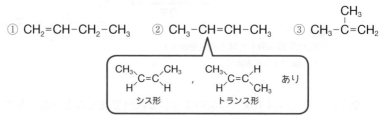

【実験1】 水素を付加すると，同じ炭素骨格をもつ①，②からは，同一のアルカンが生じる。

① $CH_2=CH-CH_2-CH_3 \xrightarrow[\text{[Pt]}]{H_2} CH_3-CH_2-CH_2-CH_3$

② $CH_3-CH=CH-CH_3 \xrightarrow[\text{[Pt]}]{H_2} CH_3-CH_2-CH_2-CH_3$

（①と②の生成物は 同じ）

③ $CH_3-C(CH_3)=CH_2 \xrightarrow[\text{[Pt]}]{H_2} CH_3-CH(CH_3)-CH_3$

そこで，Cが③である。

【実験 2】 臭素を付加すると，①，②，③それぞれから次の①′，②′，③′が得られる。

①′ $\underset{\text{Br}}{\underset{|}{CH_2}}-\underset{\text{Br}}{\underset{|}{\overset{*}{C}H}}-CH_2-CH_3$　②′ $CH_3-\underset{\text{Br}}{\underset{|}{\overset{*}{C}H}}-\underset{\text{Br}}{\underset{|}{\overset{*}{C}H}}-CH_3$　③′ $CH_3-\underset{\text{Br}}{\underset{|}{\overset{CH_3}{\overset{|}{C}}}}-\underset{\text{Br}}{\underset{|}{CH_2}}$

①′には不斉炭素原子が1つ，②′には不斉炭素原子が2つ存在するが，③′には不斉炭素原子は存在しない。C＝③なので，問題文の内容と一致する。

【実験 3】 臭化水素を付加すると，①，②，③それぞれから次の化合物が得られる。

マルコフニコフ則を用いると主生成物と副生成物が予想できるが，問題文では生成物の種類を述べているので，これを区別する必要はない。

① $CH_2=CH-CH_2-CH_3 \xrightarrow{\text{付加}}$ （主生成物）$CH_3-\underset{\text{Br}}{\underset{|}{\overset{*}{C}H}}-CH_2-CH_3$，（副生成物）$\underset{\text{Br}}{\underset{|}{CH_2}}-CH_2-CH_2-CH_3$　2種類

（主　H-Br
（副　Br-H

② $CH_3-CH=CH-CH_3 \xrightarrow{\text{付加}} CH_3-CH_2-\underset{\text{Br}}{\underset{|}{\overset{*}{C}H}}-CH_3$　1種類

H-Br
（Br-Hでも同じものが得られる）

③（＝C） $CH_3-\overset{CH_3}{\overset{|}{C}}=CH_2 \xrightarrow{\text{付加}}$ （副生成物）$CH_3-\overset{CH_3}{\overset{|}{C}H}-\underset{\text{Br}}{\underset{|}{CH_2}}$，（主生成物）$CH_3-\underset{\text{Br}}{\underset{|}{\overset{CH_3}{\overset{|}{C}}}}-CH_3$　2種類

（副　H-Br
（主　Br-H

よって，生成物の種類からA＝②，B＝①　と決まる。

答え

問 1　$CH_3-\overset{CH_3}{\overset{|}{C}H}-CH_3$　**問 2**　$\underset{\text{Br}}{\underset{|}{CH_2}}-\underset{\text{Br}}{\underset{|}{CH}}-CH_2-CH_3$

問 3　$CH_3-CH_2-\underset{\text{Br}}{\underset{|}{CH}}-CH_3$

入試攻略への必須問題3

次の文章を読んで，下の問いに答えよ。ただし，構造式は右の(例)にならって示し，不斉炭素原子には＊印を付けること。(例)の図中のくさび形太線(◀)とくさび形破線(┅)は，結合がそれぞれ紙面手前と紙面奥に向いていることを示す。

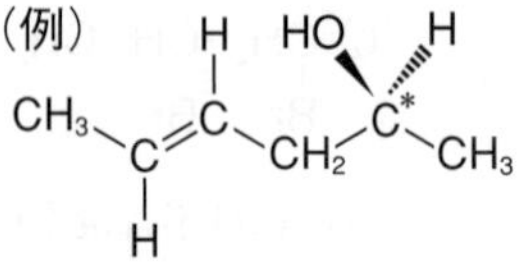

分子中の炭素原子間に二重結合を1つ含み，一般式□で表される鎖式不飽和炭化水素を一般にアルケンという。

アルケンに対する臭素の付加反応の場合，2つの臭素原子がそれぞれ二重結合に対して反対側から付加する(次図参照)。

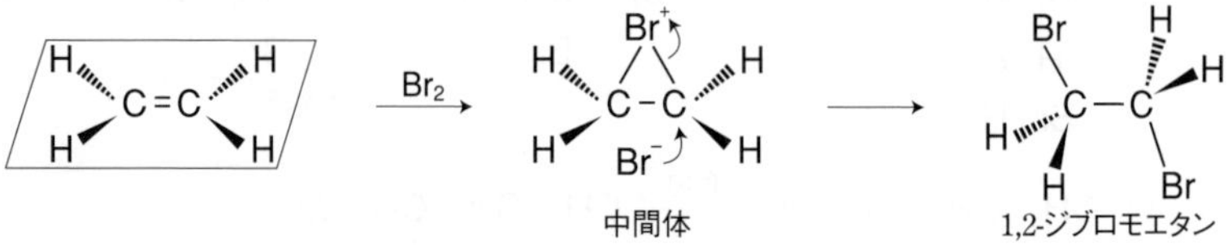

図　エチレンの臭素付加反応　　(注)曲がった矢印(↶)は電子対の動きを示す。

問1　□にあてはまる一般式を，炭素数をnとして記せ。

問2　シス-2-ブテンとトランス-2-ブテンをそれぞれ臭素と反応させた。それぞれについて考えられる生成物の立体異性体の構造式をすべて記せ。

(浜松医科大)

解説　**問1**　アルケンとは，鎖式不飽和炭化水素のうちC=C結合を1つもつものを指すので，不飽和度は1である。

アルカンの一般式がC_nH_{2n+2}なので，これよりH原子が2個少ないアルケンの一般式はC_nH_{2n}となる。

問2　問題文に与えられた図から，次ページのようなアルケンの場合には，2通りの付加の方向があるので，2種類の立体異性体が生成すると考えられる。

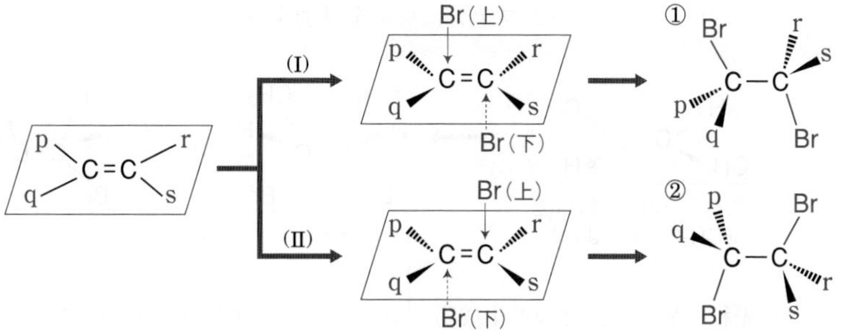

C−C結合まわりは自由に回転できるので，Brの位置をあわせて①と②の構造を比べる。

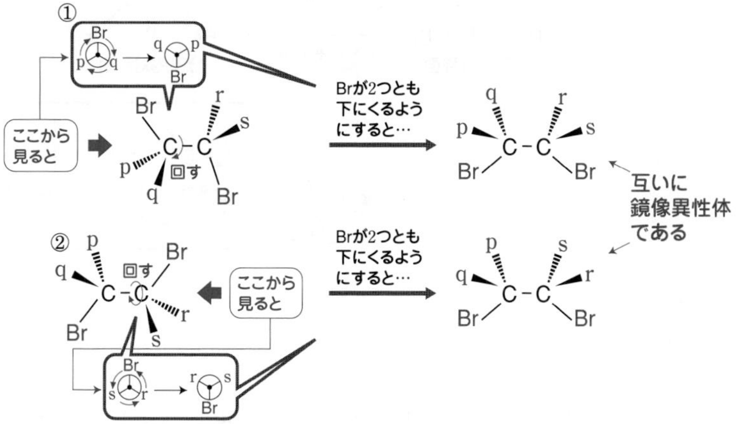

まず，シス-2-ブテンに臭素を付加すると，次のような構造の鏡像異性体が生じる。

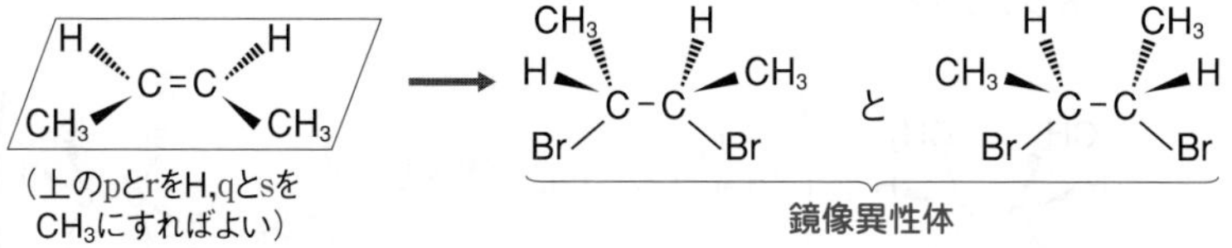

（上のpとrをH,qとsをCH_3にすればよい）

鏡像異性体

次に，トランス-2-ブテンに臭素を付加する。

（前ページのpとsをH，qとrをCH_3にすればよい）

→ 同じ

先程と異なり，２つの生成物は鏡像異性体ではない。分子内に対称面をもつメソ体(p.52参照)であり，同一の立体配置である。

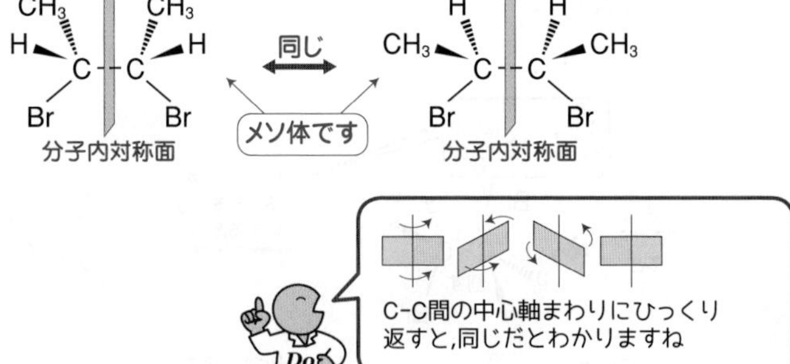

同じ
メソ体です
分子内対称面
分子内対称面
C–C間の中心軸まわりにひっくり返すと,同じだとわかりますね
Do

答え

問１　C_nH_{2n}

問２　〈シス-2-ブテンから〉

のように描いてもよい。

〈トランス-2-ブテンから〉

のように描いてもよい。

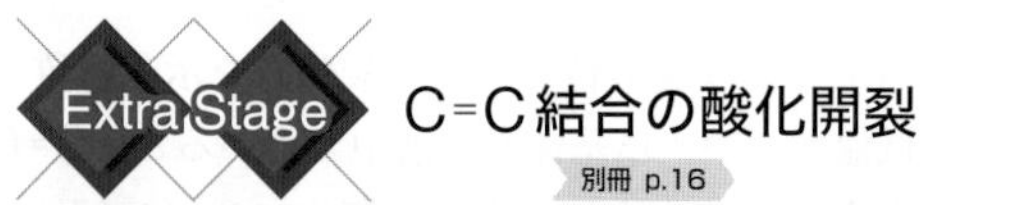

C=C結合の酸化開裂

別冊 p.16

このStageでは，p.108～109で紹介する知識が必要です。初めて学ぶ人はそこまで進んでから読んでください。

炭素原子間のπ結合の電子対はフワフワ漂っているので，臭素Br_2分子に攻撃されて付加反応が進むことはp.75で学びましたね。今度は酸化剤に過マンガン酸カリウム$KMnO_4$やオゾンO_3を用いたときの反応を説明します。

結論からいうと，適切な条件で反応を行うと次のようにC=C結合が切断されて，それぞれC=Oに変化します。

$$R_1R_2C{=}CR_3R_4 \xrightarrow{KMnO_4 \text{や} O_3} R_1R_2C{=}O \quad O{=}CR_3R_4$$

（R_1～R_4：炭化水素基）

この反応は**酸化開裂**あるいは**酸化分解**といい，分解生成物の構造式を知ることで，元の分子の構造がC=C結合の位置まで含めて決まります。

$$\underbrace{(CH_3)_2C{=}O \quad O{=}C(CH_3)(CH_2{-}CH_3)}_{\text{分解生成物}} \;\underset{\text{酸化開裂}}{\overset{\text{□をとってつないで，頭の中で再構築}}{\rightleftarrows}}\; \underbrace{(CH_3)_2C{=}C(CH_3)(CH_2{-}CH_3)}_{\text{元のアルケン}}$$

この反応は条件によって生成物が変わるため，入試では必ず問題文中に説明があります。細部まで記憶する必要はありませんが，入試での出題頻度が高いので，以下の説明を読んで，反応に慣れておいたほうがよいでしょう。

(1) 過マンガン酸カリウムによる酸化

$$R_1R_2C{=}CR_3H \xrightarrow[\text{硫酸酸性，加熱}]{KMnO_4} \underset{\text{ケトン}}{R_1R_2C{=}O} \quad \underset{\text{カルボン酸}}{O{=}C(R_3)OH}$$

$$R_1R_2C{=}CR_3H \xrightarrow[\text{中性～塩基性，低温}]{KMnO_4} \underset{\text{ジオール}}{R_2{-}C(R_1)(OH){-}C(R_3)(OH){-}H}$$

（R_1～R_3：炭化水素基）

過マンガン酸カリウムは硫酸酸性のような強酸性で，強い酸化力を示す物質です。少し穏やかな条件，すなわち低温かつ中〜塩基性水溶液中で用いると，C=C結合のπ結合を狙ってMnO_4^-が攻撃し，次のように進んで，酸化マンガン(Ⅳ)の黒褐色沈殿とともに，ジオール(2価のアルコール)が生成します。

$$\text{C=C} + MnO_4^- \longrightarrow \text{(環状マンガン酸エステル)} \xrightarrow{H_2O} \text{HO-C-C-OH} + MnO_2\downarrow$$

ジオール
(di=2，ol=アルコールを表す語尾)

中〜塩基性条件ではボクができるよ

同じ反応を硫酸酸性条件で加熱しながら行うと，ジオールでは止まりません。C=C結合が切断されるところまで進みます。このとき，生成物がケトンならそれ以上は酸化されません。アルデヒドの生成が予想される場合，アルデヒドはさらに酸化されてカルボン酸が生成します。ギ酸の場合は，さらに酸化されて炭酸となり，さらに分解して二酸化炭素となります。

$$CH_3-C(CH_3)=CH_2 \longrightarrow CH_3-C(CH_3)=O + O=CH_2$$

$$\underset{\text{ギ酸}}{O=C(H)-O-H} \longrightarrow \underset{\text{炭酸}}{O=C(O-H)-O-H} \longrightarrow CO_2 + H_2O$$ (p.109参照)

(2) **オゾンO_3による酸化**

$$\begin{matrix} R_1R_2C=CR_3H \xrightarrow[\text{低温}]{O_3} \xrightarrow[H_2O]{\text{還元的処理 } Zn} R_1R_2C=O\ (\text{ケトン}) + O=CR_3H\ (\text{アルデヒド}) \\ R_1R_2C=CR_3H \xrightarrow[\text{低温}]{O_3} \xrightarrow{\text{酸化的処理 } H_2O_2} R_1R_2C=O\ (\text{ケトン}) + O=CR_3OH\ (\text{カルボン酸}) \end{matrix}$$

(R_1〜R_3：炭化水素基)

まず，C=C結合をもつ化合物に低温でオゾンを作用させると，C=C原子間が引き裂かれ，オゾニドという化合物に変わります。

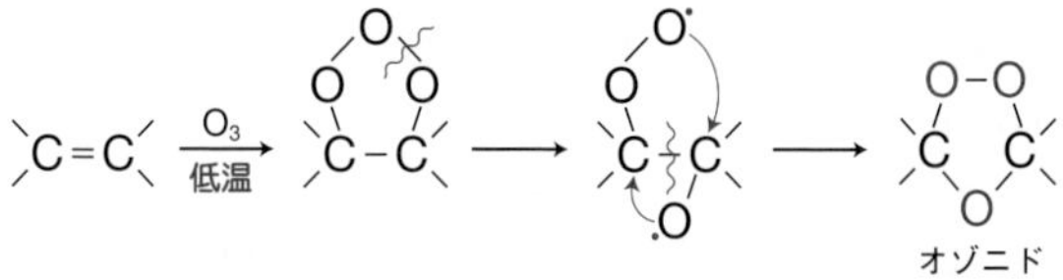

オゾニドは非常に不安定な化合物で単離できないので，さらに処理して別の化合物に変えます。このとき反応条件によって生成物が異なります。Znなどの還元剤を含む条件ではケトンやアルデヒドが，過酸化水素などの酸化剤を含む条件ではアルデヒドではなく，ケトンとカルボン酸が生じます。

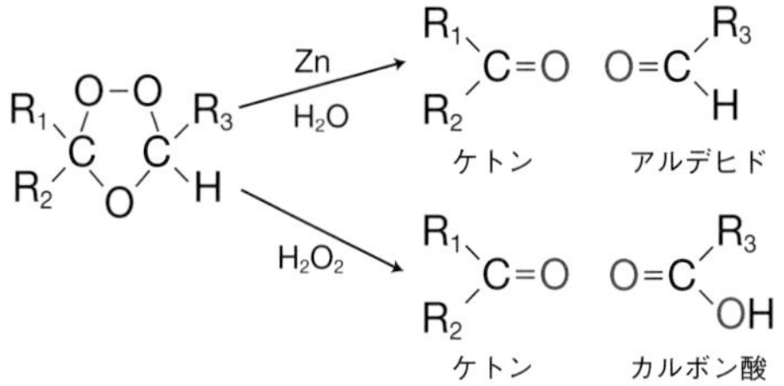

2つのケースだけ紹介しましたが，オゾニドをどのような条件や試薬で処理するのかで生成物が変わってくるので，入試では必ず問題文に説明があります。C=C結合がどのように変化するのかによく注意して，問題の指示に従ってください。

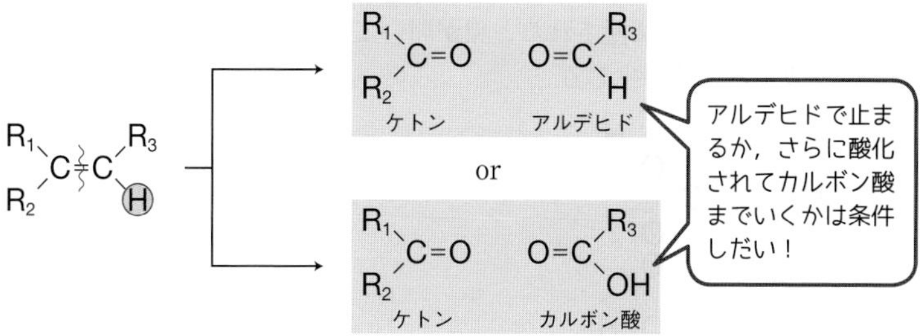

入試攻略への必須問題4

アルケンを硫酸酸性過マンガン酸カリウム水溶液と加熱すると，ケトンとカルボン酸が生じる。

$$\mathrm{R(R')C{=}CH(R'')} \xrightarrow[\text{硫酸酸性}]{\mathrm{KMnO_4}} \mathrm{R(R')C{=}O} + \mathrm{O{=}C(OH)R''}$$

（R，R′，R″：炭化水素基）

次の(1)(2)の炭化水素に対して上記の反応を行ったときに生じる有機化合物の構造式を記せ。なお，二酸化炭素や炭酸は有機化合物とは見なさない。

(1) $CH_3-CH=CH-CH_2-CH_2-CH=CH_2$

(2) シクロヘキセン（H_2C，H_2C，CH_2，CH_2，$CH=CH$ からなる六員環）

解説 アルデヒドではなくカルボン酸が生成することに注意すること。

(1) 右末端は炭酸を経て，二酸化炭素になる。

$$\mathrm{CH_3-C(OH){=}O} + \mathrm{O{=}C(OH)-CH_2-CH_2-C(OH){=}O} + \left(\mathrm{O{=}C(O-H)(O-H)} \rightarrow \mathrm{CO_2+H_2O}\right)$$

炭酸

有機化合物ではないよ

(2) C=C結合が切断されると環が開いて，次のような鎖状のジカルボン酸が生じる。

$$\mathrm{HO-C(=O)-CH_2-CH_2-CH_2-CH_2-C(=O)-OH}$$

答え (1) $CH_3-C(=O)-OH$ と $HO-C(=O)-CH_2-CH_2-C(=O)-OH$

(2) $HO-C(=O)-CH_2-CH_2-CH_2-CH_2-C(=O)-OH$

入試攻略への必須問題5

ニッケルを触媒にして，あるアルケン(Aとする)0.14gに水素を作用させると，標準状態(0℃，1.013×10^5Pa)に換算して32mLの水素と反応してアルカンになった。

一般に $\underset{R'}{\overset{R}{}}\!\!>$C=CHR″(R，R′，R″：アルキル基)型のアルケンを硫酸酸性過マンガン酸カリウム水溶液とともに加熱する($KMnO_4$酸化)とRCOR′とR″COOHが生成する。Aを$KMnO_4$酸化したところ，アセトン$(CH_3)_2CO$と他のケトンを生じた。

次の問いに答えよ。ただし，アルケンのシス-トランス(幾何)異性体については考えなくてもよい。なお，原子量はH=1.0，C=12，0℃，1.013×10^5Paの標準状態の気体のモル体積は22.4L/molとする。

(1) Aの分子式を書け。

(2) Aの構造式を書け。 (慶應義塾大)

解説 (1) アルケンAの分子式をC_nH_{2n}とすると，

$$C_nH_{2n} + H_2 \xrightarrow[\text{[Ni]}]{\text{付加}} C_nH_{2n+2}$$

Aの分子量は $12\times n+1.0\times2n=14n$ なので，

$$\underbrace{\frac{0.14\,\text{g}}{14n\,[\text{g/mol}]}}_{\text{mol(A)}}\times\underbrace{\frac{1\,\text{mol}(H_2)}{1\,\text{mol(A)}}}_{\text{mol}(H_2)}=\frac{32\times10^{-3}\,\text{L}}{22.4\,\text{L/mol}}$$

よって，$n=7$ となり，Aの分子式は C_7H_{14} である。

(2) $KMnO_4$酸化によって，アセトンと，アセトンとは別のケトンが生じたことから，

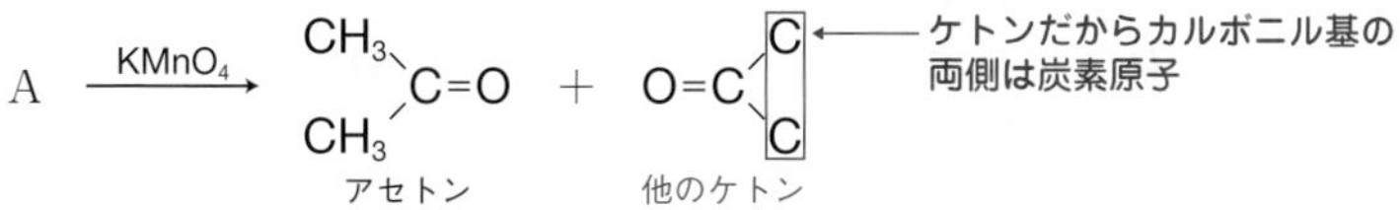

$$\text{A}\xrightarrow{KMnO_4}\underset{\text{アセトン}}{(CH_3)_2C=O}+\underset{\text{他のケトン}}{O=C\langle^{C}_{C}}$$

ケトンだからカルボニル基の両側は炭素原子

アセトンの炭素原子数は3であり，Aの炭素原子数は7であることから，アセトンとともに生じたケトンの炭素原子数は 7−3=4 となる。そこで，次のように構造式が決まる。

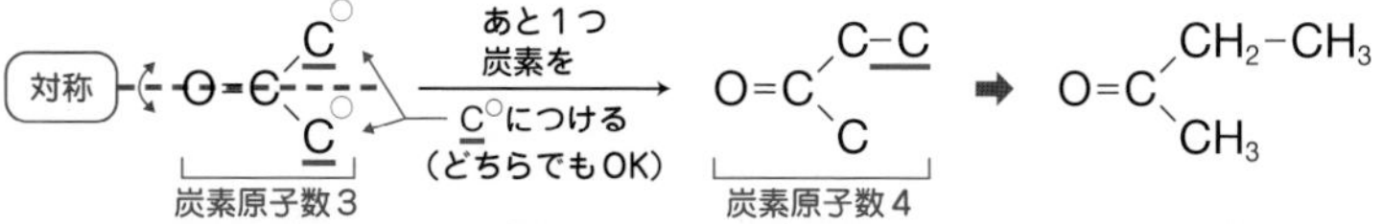

対称 O=C(C)(C)（炭素原子数3） —あと1つ炭素をC°につける（どちらでもOK）→ O=C(C−C)(C)（炭素原子数4） ➡ O=C(CH₂−CH₃)(CH₃)

$$O=C\langle^{CH_2-CH_3}_{CH_3}$$

よって，分解生成物の２つのケトンの酸素原子をとって，C=C結合になるようにつなげばAの構造式が決まる。

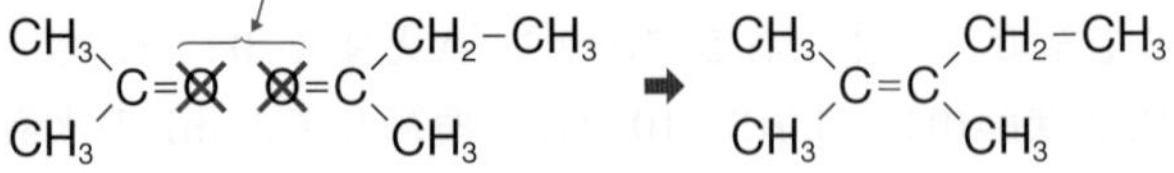

$$\begin{matrix} CH_3 \\ CH_3 \end{matrix}\!\!>C{=}\not{O}\;\;\not{O}{=}C\!\!<\!\!\begin{matrix} CH_2-CH_3 \\ CH_3 \end{matrix} \Rightarrow \begin{matrix} CH_3 \\ CH_3 \end{matrix}\!\!>C{=}C\!\!<\!\!\begin{matrix} CH_2-CH_3 \\ CH_3 \end{matrix}$$

答え (1) C_7H_{14}　(2) $\begin{matrix} CH_3 \\ CH_3 \end{matrix}\!\!>C{=}C\!\!<\!\!\begin{matrix} CH_2-CH_3 \\ CH_3 \end{matrix}$

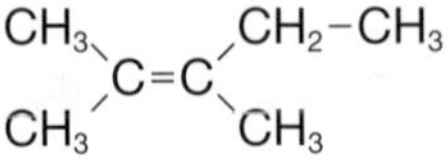

入試攻略への必須問題6

化合物A 1molに白金を触媒として水素を付加すると水素2molが吸収され，*p*-メンタン($C_{10}H_{20}$)が生成した。また，Aをオゾン分解(注)すると，化合物B($C_9H_{14}O_3$)とホルムアルデヒド(HCHO)が生成した。

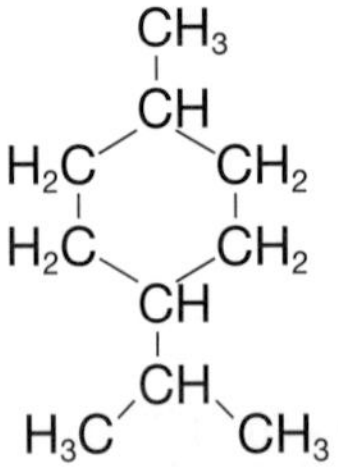

p-メンタン：CH_3-CH（環）$<\begin{matrix} CH_2-CH_2 \\ CH_2-CH_2 \end{matrix}>CH-CH(CH_3)_2$（$H_3C-CH-CH_3$）

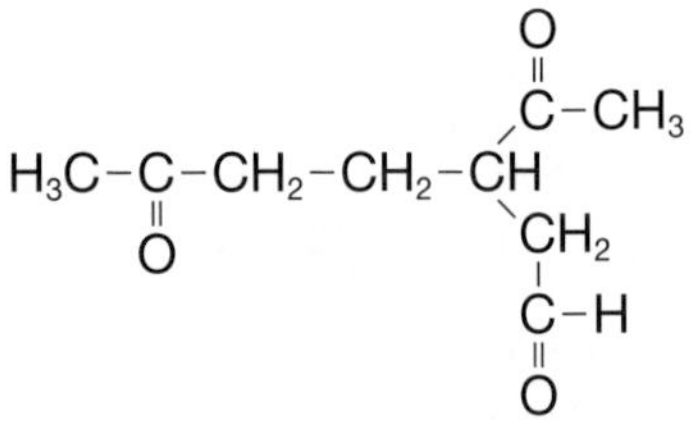

化合物B：$H_3C-\underset{\underset{O}{\|}}{C}-CH_2-CH_2-CH(-\overset{\overset{O}{\|}}{C}-CH_3)-CH_2-\underset{\underset{O}{\|}}{C}-H$

(注)　オゾン分解

分子内で炭素原子間に二重結合($>C=C<$)をもつ化合物は，次に示すようにオゾンによる穏やかな酸化で二重結合が切断され，アルデヒドまたはケトンになる。

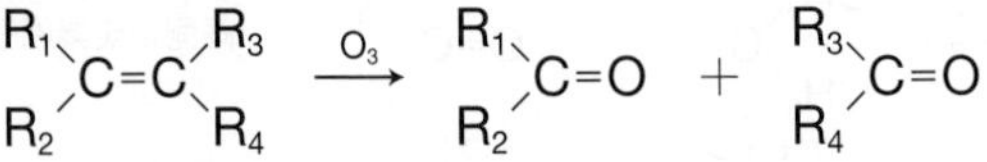

$$\begin{matrix} R_1 \\ R_2 \end{matrix}\!\!>C{=}C\!\!<\!\!\begin{matrix} R_3 \\ R_4 \end{matrix} \xrightarrow{O_3} \begin{matrix} R_1 \\ R_2 \end{matrix}\!\!>C{=}O + \begin{matrix} R_3 \\ R_4 \end{matrix}\!\!>C{=}O$$

R_1～R_4はHまたはアルキル基　　アルデヒドまたはケトン

問　化合物Aとして推定される最も妥当な構造式を示せ。　(奈良県立医科大)

解説　Aをオゾン分解するとBが生じることから，AはC=C結合をもつ。C=C結合1つにH_2 1分子が付加され吸収される。A 1 molにH_2が2 mol付加し，p-メンタンが生じることから，AはC=C結合を2つもち，p-メンタンと同じ炭素骨格で，炭素原子数が10の炭化水素である。

Bの炭素原子数は9個なので，Aと比べると炭素原子が1個少ない。これがもう1つの分解生成物であるホルムアルデヒドに含まれている炭素原子に相当する。

$$\mathrm{A} \xrightarrow{O_3} \mathrm{B} + \mathrm{HCHO}$$

炭素原子数 ➡ 10 ＝ 9 ＋ 1

ホルムアルデヒドは，次のような構造がオゾン分解を受けると生じる。

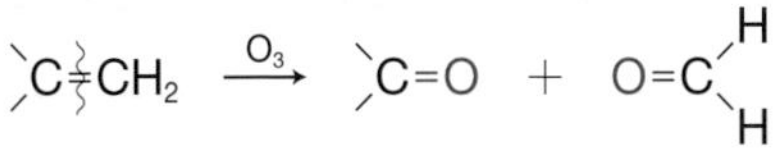

$$\rangle C{=}CH_2 \xrightarrow{O_3} \rangle C{=}O + O{=}CH_2$$

そこでAはp-メンタンと同じ骨格に$\rangle C{=}CH_2$という構造をもつ。まずAがp-メンタンと同じ六員環をもつようにBのC=Oどうしを下図の▬の位置でつなぐ。残ったC=OとホルムアルデヒドのC=Oを下図の▬の位置でつなぐと，Aの構造式が決まる。

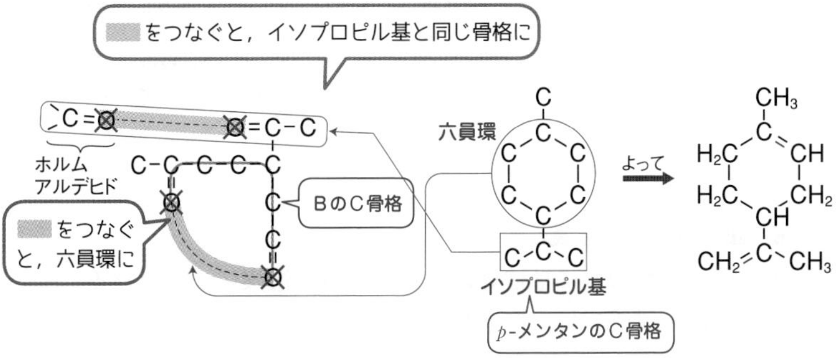

答え　$CH_3-C(=CH-CH_2)(-CH_2-CH_2)\rangle CH-C(=CH_2)-CH_3$

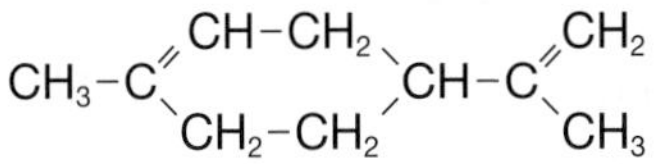

05 アルキン

学習項目
❶ アルキンの命名と物理的性質
❷ 炭素原子間三重結合の反応

STAGE

1 アルキンの命名と物理的性質

鎖式不飽和炭化水素の中で，炭素原子間三重結合を1つもつものを**アルキン**(alkyne)といいます。炭素原子数nのアルキンの分子式はC_nH_{2n-2}と表されます。

これを覚えよう! 22

◆ **代表的なアルキンの名称 → 説明 1**

n	分子式(C_nH_{2n-2})	構造と名称
2	C_2H_2	H−C≡C−H アセチレン(エチン)
3	C_3H_4	CH_3−C≡C−H プロピン
4	C_4H_6	CH_3−CH_2−C≡C−H 1-ブチン CH_3−C≡C−CH_3 2-ブチン

C≡C(−C)−C のような骨格は，中央のCの原子価が5になるので，ありえないよ

◆ **物理的性質 → 説明 2**

① 極性溶媒の水には溶けにくく，無極性溶媒によく溶ける。

② 常温・常圧では，炭素数2～4のアルキンは気体である。

説明 1 三重結合を含む最も長い炭素鎖に対応するアルカンの語尾「ane」を「yne(イン)」にします。炭素数2のアルキンC_2H_2は，命名法に従って命名すると**エチン**(ethyne)となります。慣用名の**アセチレンもよく使われます**。

説明 2 アルカンやアルケンと物理的性質は似ています。

アセチレン(エチン)が無色，無臭の気体で，酸素を十分に用いて燃焼すると，高温の炎が生じることは知っておくとよいでしょう。アセチレンバーナーで有名ですね。

STAGE 2

炭素原子間三重結合の反応

C≡C結合には，C=C結合と同じような付加反応が起こります。ただし，H_2Oの付加による生成物に注意が必要です。

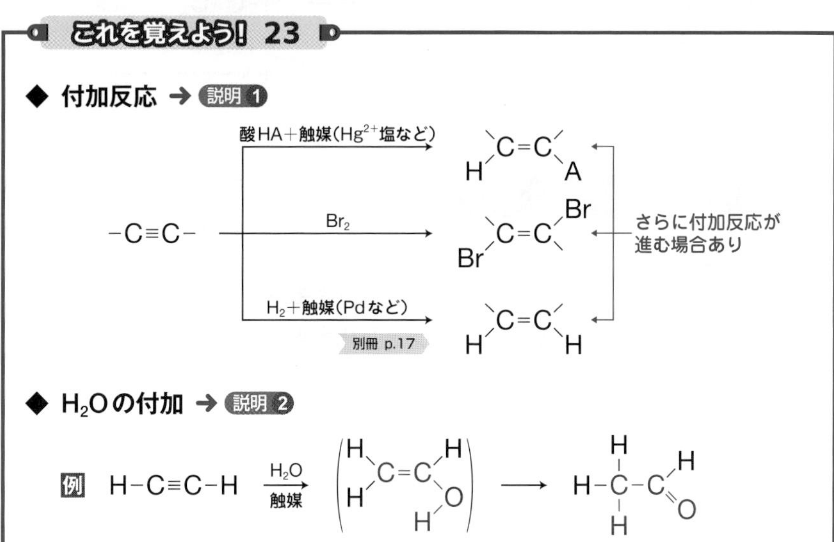

説明 1 ハロゲン化水素などの酸HAが付加するのは，C=C結合と同様です。ただし，<u>Zn^{2+}やHg^{2+}を含む塩</u>などの触媒を必要とします。

説明 2 **C=C結合にヒドロキシ基が結合した構造**を，一般に**エノール形**(enol)といいます。この構造は−OHから電離したH^+が分子内を移動して，次のようにC=Oに可逆的に変化します。これをケト-エノール互変異性(ごへんいせい)とよびます。ただし，一般にはエノール形よりエネルギー的に安定なC=Oを含む**ケト形**が生じる方向に，平衡は大きく傾いています。エノール形は単離できないのです。

$−H^+$ / $+H^+$ ⇄ / $+H^+$ / $−H^+$

エノール形　　ケト形

例えば，硫酸水銀(Ⅱ)$HgSO_4$を触媒にして，アセチレン(エチン)に水を付加すると，エノール形のビニルアルコールはほとんど得られず，ケト形のアセトアルデヒドが生じます。

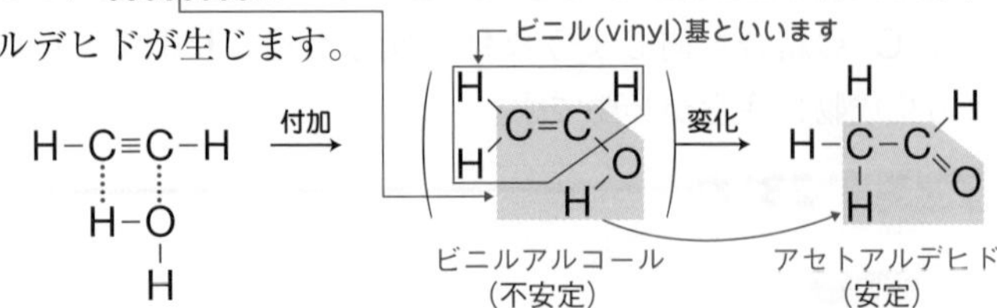

入試攻略への必須問題1

アセチレン(エチン) 1 分子に，次の①〜③を 1 分子付加したときに得られる化合物の構造式を，結合を表す線(価標)を省略せずに記せ。

① 塩化水素　② 酢酸　③ シアン化水素

解説

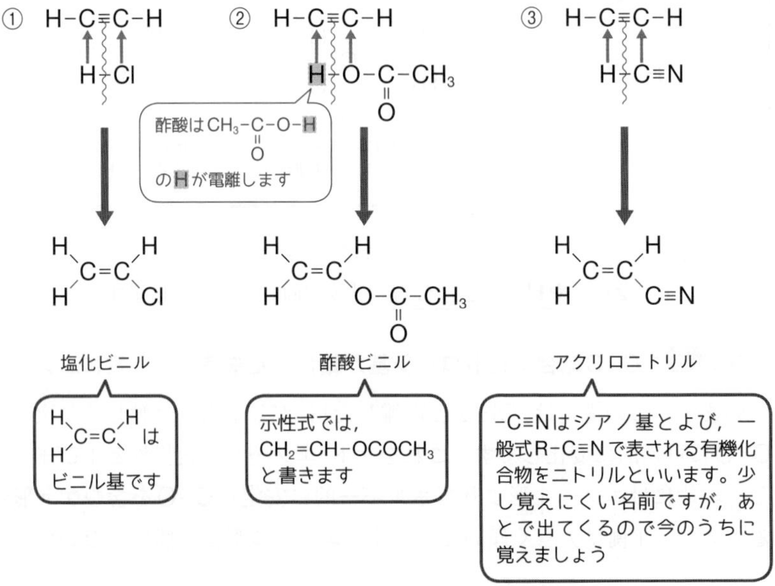

① H−C≡C−H ＋ H−Cl → CH_2=CH−Cl

塩化ビニル

（CH_2=CH− はビニル基です）

② H−C≡C−H ＋ H−O−CO−CH_3 → CH_2=CH−O−CO−CH_3

酢酸は CH_3−C(=O)−O−H の H が電離します

酢酸ビニル

示性式では，CH_2=CH−OCOCH$_3$ と書きます

③ H−C≡C−H ＋ H−C≡N → CH_2=CH−C≡N

アクリロニトリル

−C≡Nはシアノ基とよび，一般式R−C≡Nで表される有機化合物をニトリルといいます。少し覚えにくい名前ですが，あとで出てくるので今のうちに覚えましょう

答え

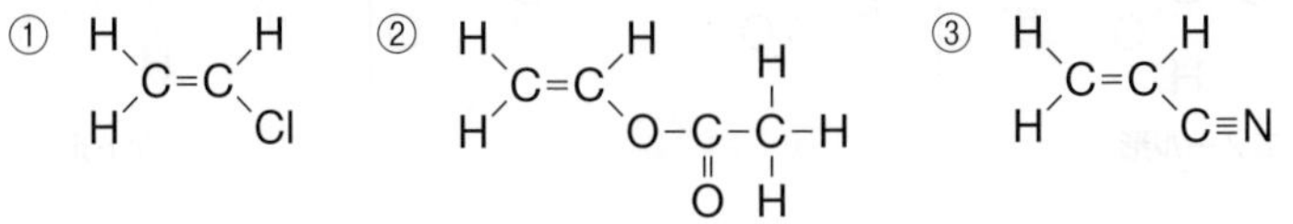

① CH_2=CH−Cl（H₂C=CHCl の各結合を省略せず：H−C(H)=C(H)−Cl）

② H−C(H)=C(H)−O−C(=O)−C(H)(H)−H

③ H−C(H)=C(H)−C≡N

入試攻略への必須問題2

次の□に入る化合物の構造式を記せ（シス-トランス異性体は区別しなくてよい）。

$CH_3-C\equiv C-H$（プロピン）$\xrightarrow[HgSO_4\text{触媒}]{H_2O\text{付加}}$

- A（主生成物）$\xrightarrow{\text{すぐに変化}}$ C（カルボニル基をもつ）
- B（副生成物）$\xrightarrow{\text{すぐに変化}}$ D（ホルミル基をもつ）

なお，付加反応でマルコフニコフ則が成立する。またA，Bは不安定ですぐにC，Dに変化し，Cはカルボニル基，Dはホルミル基をもつ。

解説 マルコフニコフ則を用いて，AとBを決める。これらはエノール形なのでケト形のCやDに変化する。

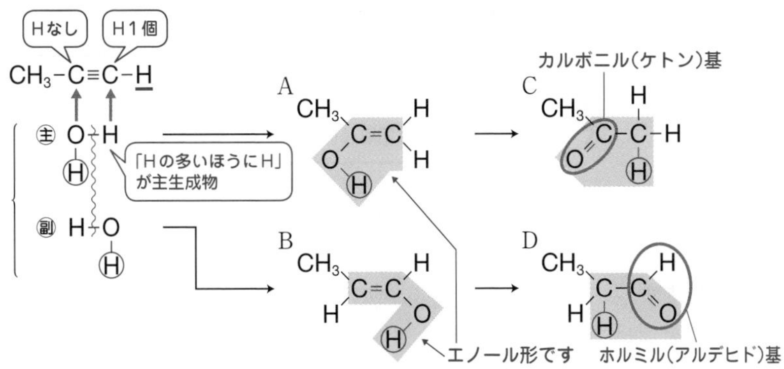

答え

A：$CH_3-C(OH)=CH_2$　　B：$CH_3-CH=CH(OH)$

C：$CH_3-C(=O)-CH_3$　　D：$CH_3-CH_2-C(=O)-H$

これを覚えよう！ 24

◆ −C≡C−Hの反応 ➜ 説明 1 別冊 p.17

H−C≡C−H —(アンモニア性硝酸銀(Ⅰ))→ AgC≡CAg↓(白)　銀アセチリド

H−C≡C−H —(アンモニア性塩化銅(Ⅰ))→ CuC≡CCu↓(赤)　銅(Ⅰ)アセチリド

乾燥状態で爆発性があります

◆ アセチレン(エチン)の発生方法 ➜ 説明 2 別冊 p.38

CaC_2 + $2H_2O$ ⟶ H−C≡C−H↑ + $Ca(OH)_2$

炭化カルシウム(カーバイド)　水　アセチレン(エチン)　水酸化カルシウム

説明 1 R−C≡C−Hのような**C≡Cに直接結合しているHは**，−C−C−H(飽和炭素に結合したH)や>C=C<H(二重結合の炭素に結合したH)と比べると，**H^+としてやや電離しやすい**という性質があります。

$$\text{R−C≡C−H} \rightleftarrows \text{R−C≡C}^- + H^+ \quad \cdots①$$

電離定数$K=\dfrac{[\text{R−C≡C}^-][H^+]}{[\text{R−C≡C−H}]}$の値は，$10^{-25}$mol/L程度です。水よりは電離しにくいので，酸性を示すわけではありません

塩基性の水溶液中では $H^+ + OH^- \longrightarrow H_2O$ の変化によって，H^+濃度が減少し，①式の平衡がもう少しだけ右へ移動するので，R−C≡C^-のイオンが増加します。

このイオンはアンモニア塩基性下で銀イオンAg^+や1価の銅イオンCu^+と難溶性の塩をつくって沈殿します。

$$\text{−C≡C−H} + OH^- \rightleftarrows \text{−C≡C}^{\ominus} + H_2O \quad \cdots②$$

ちょっと電離できるんだ！　H^+さん，こっちに来ませんか？　Ag^+やCu^+と沈殿しますよ

この反応は，炭化水素が**−C≡C−H の構造をもつかどうかの検出反応**に利用されます。

例	アンモニア性硝酸銀水溶液
CH_3−CH_2−C≡C−H	CH_3−CH_2−C≡CAg の白色沈殿が生じる
CH_3−C≡C−CH_3	変化なし

説明 2 炭化カルシウム(カーバイド)CaC_2は，Ca^{2+}とアセチリドイオン$^-C{\equiv}C^-$のイオン結合でできた物質です。$^-C{\equiv}C^-$は$H-C{\equiv}C-H$からH^+が2つ電離したイオンですね。いくら電離するといっても$H-C{\equiv}C-H$は$H-O-H$よりは電離しにくく，より弱いブレンステッド酸なので，水中で$^-C{\equiv}C^-$は水からH^+を渡されて，アセチレンが発生します。前ページの②式の逆反応が起こったというわけです。$Ca(OH)_2$が生じることにも注意してください。

calcium carbide

入試攻略への必須問題3

アセチレンは常温で無色・無臭の気体であり，直線状分子である。炭化カルシウム(カーバイド)に水を作用させると発生する。

アセチレンに水を付加させると化合物Aを経て，化合物Bになる。このとき，硫酸水銀（Ⅱ）を触媒として用いるが，この廃液を海に流出した結果，生じたのが水俣病である。アセチレンにシアン化水素を反応させると，化合物Cができる。

問1 下線部について，以下の問いに答えよ。

(1) 対応する化学反応式を記せ。

(2) 炭化カルシウム350mgを十分な水と反応させたときに，アセチレンが0℃，1.013×10^5Paの標準状態で94.08mL生じたとする。使用した炭化カルシウムの純度〔%〕を求めよ。原子量はC＝12.0，Ca＝40.1とし，0℃，1.013×10^5Paの標準状態の気体のモル体積を22.4L/mol，有効数字3桁で解答せよ。ただし，反応は理論的に進行したものとする。

問2 化合物A，B，Cについて，その構造式と化合物名を記せ。構造式を描くときには，水素原子との結合を表す線は省略し，他の原子と線は省略せずに描け。

（慶應義塾大）

解説

問1 (1)

$$(C{\equiv}C)^{2-} + \left\{\begin{matrix} H-O-H \\ H-O-H \end{matrix}\right. \longrightarrow H-C{\equiv}C-H + \left\{\begin{matrix} ^-OH \\ ^-OH \end{matrix}\right.$$

H^+が2つ移動

と変化する。

(2) $CaC_2 + 2H_2O \longrightarrow C_2H_2 + Ca(OH)_2$ より，CaC_2の物質量は，

$$n_{CaC_2} = \frac{94.08\times10^{-3}\,L}{22.4\,L/mol} \times \frac{1}{1} = 4.200\times10^{-3}\,mol$$

mol(C_2H_2)　mol(CaC_2)

CaC_2の式量＝64.1なので，350mg中に含まれる割合から純度を求めると，

$$\frac{\overbrace{4.200\times10^{-3}}^{\text{mol}}\times\overbrace{64.1}^{\text{g/mol}}\text{g}}{350\times10^{-3}\text{g}}\times100=76.92\%$$

問2

$H-C\equiv C-H$ —(H_2O 付加)→ A（ビニルアルコール $CH_2=CH-OH$）→ B アセトアルデヒド CH_3-CHO

$H-C\equiv C-H$ —($H-C\equiv N$ 付加)→ C アクリロニトリル $CH_2=CH-C\equiv N$

答え　**問1**　(1)　$CaC_2 + 2H_2O \longrightarrow C_2H_2 + Ca(OH)_2$

(2)　76.9%

問2　A $\begin{cases}CH_2=CH-OH\\ \text{ビニルアルコール}\end{cases}$　B $\begin{cases}CH_3-C(=O)-H\\ \text{アセトアルデヒド}\end{cases}$　C $\begin{cases}CH_2=CH-C\equiv N\\ \text{アクリロニトリル}\end{cases}$

補足　塩化ビニル，酢酸ビニル，アクリロニトリルの工業的製法

現在は，工業的には石油から得られるエチレンやプロペンを原料として合成しています。

原料 エチレン（エテン）$CH_2=CH_2$ —(Cl_2 付加)→ $H-CH(Cl)-CH(Cl)-H$ —(HCl 脱離（高温・高圧）)→ 塩化ビニル $CH_2=CHCl$

エチレン（エテン）—(CH_3COOH, O_2 触媒)→ 酢酸ビニル $CH_2=CH-O-C(=O)-CH_3$

原料 プロペン $CH_2=CH-CH_3$ —(NH_3, O_2 触媒)→ アクリロニトリル $CH_2=CH-C\equiv N$

これを覚えよう! 25

◆ **アセチレン(エチン)の重合反応** → 説明 1

(1) **二分子重合(二量化)**

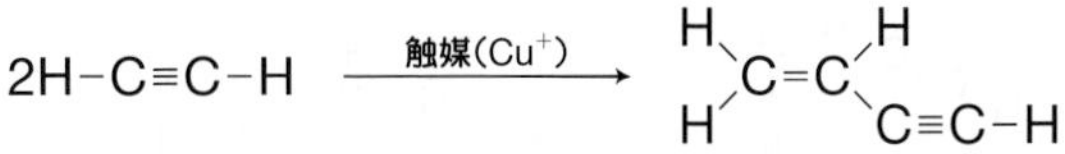

$$2H-C\equiv C-H \xrightarrow{\text{触媒}(Cu^{+})} \underset{H}{\overset{H}{>}}C=C\underset{C\equiv C-H}{\overset{H}{<}}$$

アセチレン(エチン)　　ビニルアセチレン

(2) **三分子重合(三量化)**

$$3H-C\equiv C-H \xrightarrow[\text{加熱}]{\text{触媒}(Fe)} \text{ベンゼン}$$

ベンゼン

説明 1　アセチレン(エチン)を，適切な触媒や温度条件を選んで重合させます(重合とは，小さな分子がくり返し結合して大きな分子になる反応です。p.300参照)。反応条件を覚える必要はありません。二分子重合，三分子重合で何ができるかだけ，次のように形式的に理解して記憶してください。

(1) **二分子重合(二量化)**

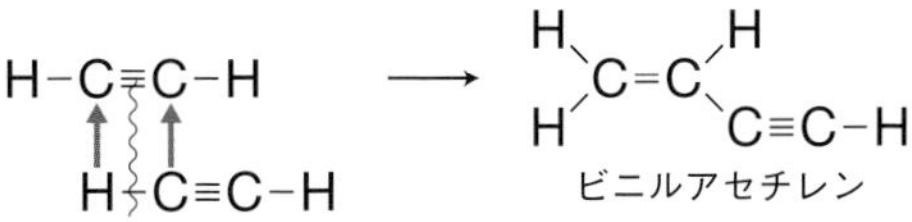

$$H-C\equiv C-H + H-C\equiv C-H \longrightarrow \underset{H}{\overset{H}{>}}C=C\underset{C\equiv C-H}{\overset{H}{<}}$$

ビニルアセチレン

(2) **三分子重合(三量化)**

$$3\,H-C\equiv C-H \longrightarrow \text{ベンゼン}$$

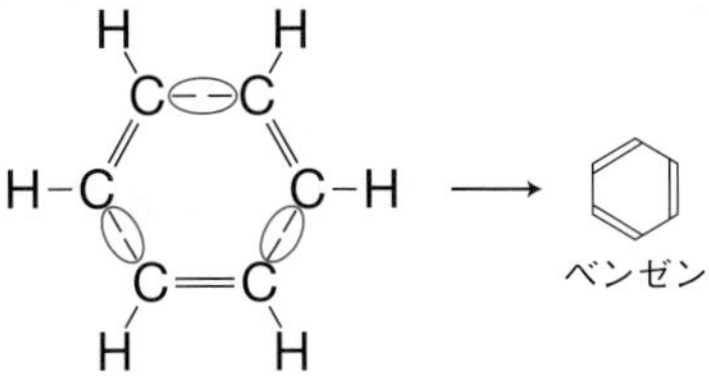

ベンゼン(p.156参照)

参考　ポリアセチレン(p.340参照)

$$nH-C\equiv C-H \xrightarrow{\text{触媒}((C_2H_5)_3Al-TiCl_4)} \mathrm{[CH=CH]}_n$$

アセチレン　　ポリアセチレン

入試攻略への必須問題4

ある触媒を用いると，３分子のアルキンが重合してベンゼン環をもつ化合物が生成する。(1)式にアセチレンの例を示す。

$$3\ \mathrm{H{-}C{\equiv}C{-}H} \xrightarrow{\text{触媒}} \mathrm{C_6H_6} \quad \cdots(1)$$

1-ヘキシンに対して触媒を作用させると，３分子が重合し，ベンゼン環をもつ２種類の構造異性体が得られた。これらの構造式を例にならって記せ。

（例）　$CH_3-CH_2-CH_2-CH_2-C\equiv C-H$
1-ヘキシン

（東北大）

解説　1-ヘキシンを R−C≡C−H（R：$CH_3-CH_2-CH_2-CH_2$）と表す。
ベンゼン環のH原子が３つRに置換されたものには次の３つがある。

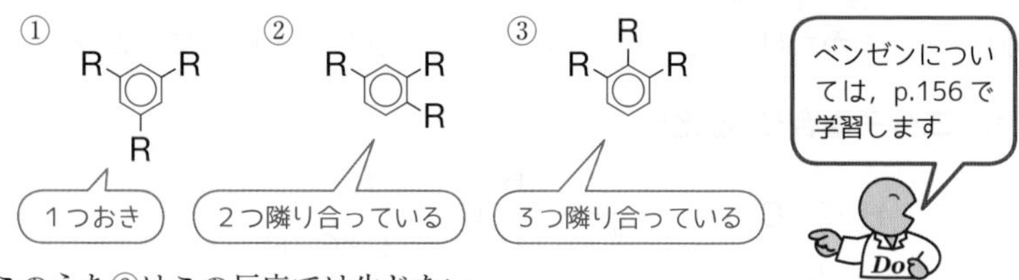

このうち③はこの反応では生じない。

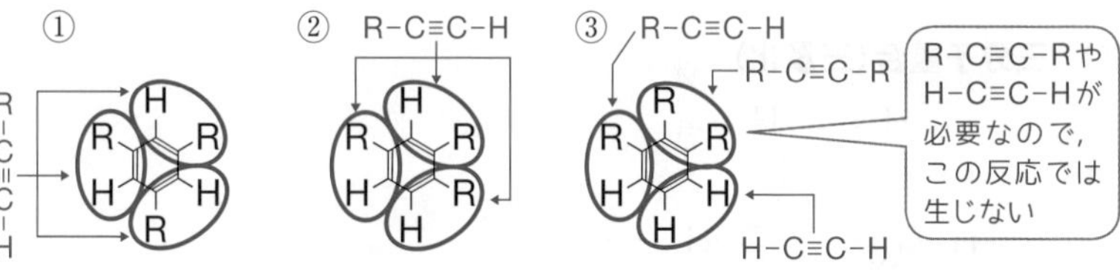

答え

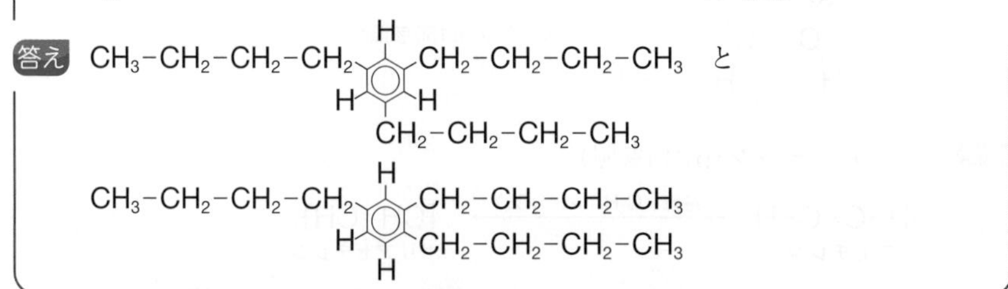

さらに演習！　『鎌田の化学問題集 理論・無機・有機　改訂版』
「第11章　脂肪族化合物　21 脂肪族炭化水素」

06 アルコール

学習項目
❶ 代表的なアルコールとその物理的性質
❷ アルコールの反応

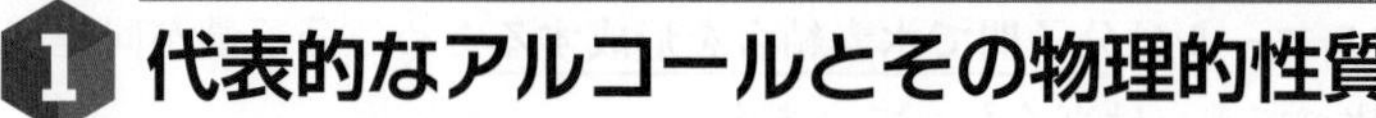

STAGE 1 代表的なアルコールとその物理的性質

アルコールは**炭化水素の−Hをヒドロキシ基−OHで置換した化合物**です。まずは，代表的なアルコールの名称と物理的性質を学びましょう。

これを覚えよう! 26

◆ 代表的なアルコールとその性質

	名称 → 説明 1	構造式	沸点〔℃〕 → 説明 2	水への溶解度 → 説明 3
1価	メタノール	CH_3OH	65	∞
	エタノール	CH_3CH_2OH	78	∞
	1-プロパノール	$CH_3CH_2CH_2OH$	97	∞
	2-プロパノール	$CH_3CH(OH)CH_3$	82.4	∞
2価	エチレングリコール (1,2-エタンジオール)	$HO-CH_2-CH_2-OH$	198	∞
3価	グリセリン (1,2,3-プロパントリオール)	$CH_2(OH)-CH(OH)-CH_2(OH)$	290	∞ (∞：水とは任意の割合で混ざる)

説明 1 系統的には，次のように命名します。

❶ 最も長い炭素鎖に対応するアルカンの語尾の「e」をとり，「-ol（オール）」をつける。

❷ ヒドロキシ基の位置を明示するときは，−OHのついた炭素Cの数字が最小になるように番号をつける。

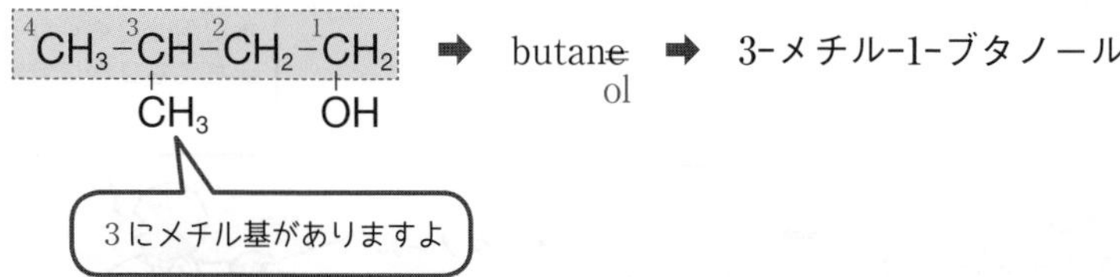

なお，2価のアルコールの「エチレングリコール」や3価のアルコールの「グリセリン」という名称は，慣用名です。あとで出てくるので覚えておいてください。

-OHの数をアルコールの価数（かすう）といいます。n価のアルコールは，分子内に-OHがn個あります

説明 2 アルコールは**分子間で水素結合を形成する**ため，分子量が同程度の炭化水素と比べて沸点は高くなっています。

H-Ö-R
R
O
H
H-Ö:
R
(R:炭化水素基)
水素結合……を断ち切るのに，
大きなエネルギーが必要となるので，
沸点が高くなるのです

説明 3 **ヒドロキシ基は極性が大きく，親水性の官能基**なので，炭素数の小さなアルコールは水によく溶け，前ページの表のアルコールは任意の割合で水と混ざります。

エタノール
水
どんな割合で混ぜても
均一になりますよ

ただし，炭素数が大きなアルコールは，極性の小さな疎水性の炭化水素基の影響により，水とは混ざりにくくなります。

アルコール	水への溶解度〔g/100g水〕
$CH_3(CH_2)_5OH$ 1-ヘキサノール	0.6
$CH_3(CH_2)_6OH$ 1-ヘプタノール	0.1
$CH_3(CH_2)_7OH$ 1-オクタノール	ほぼゼロ

炭素数の増加に伴って溶解度は小さくなる

水に溶けにくくなると，混ぜても2層に分離します

1-オクタノール
水
1-オクタノール
水

これを覚えよう! 27

◆ **アルコールの分類と級数** → 説明 1

第一級アルコール	第二級アルコール	第三級アルコール
R−CH_2OH	R＼CH−OH ／R′	R′−C(R)(R″)−OH

(R〜R″:炭化水素基)

説明 1　アルコールのヒドロキシ基が結合した炭素に**水素原子が2つある場合**は**第一級アルコール**，**1つある場合**は**第二級アルコール**，**水素原子がない場合**は**第三級アルコール**といいます。

第一級アルコール	第二級アルコール	第三級アルコール
…−C−C(H)(OH)−H −OHのついた炭素がH2個と結合	…−C−C(H)(OH)−C−… −OHのついた炭素がH1個と結合	…−C−C(−C−)(OH)−C−… −OHのついた炭素にHなし

(なお，メタノールは，第一級アルコールに分類します。)

例　分子式$C_4H_{10}O$のアルコールの級数による分類

第一級アルコール	第二級アルコール	第三級アルコール
CH_3−CH_2−CH_2−CH_2−OH (沸点117℃) CH_3−CH(CH_3)−CH_2−OH (沸点108℃)	CH_3−*CH(CH_2−CH_3)−OH (沸点99℃)	CH_3−C(CH_3)(CH_3)−OH (沸点83℃)

上の例に挙げたアルコールの沸点を比べてみてください。
−OHが結合している炭素原子に炭化水素基が多く結合していると，−OH周辺の立体的な障害が大きくなり，分子間の水素結合が形成しにくくなるので，沸点は　第一級＞第二級＞第三級　となります。
同じ第一級アルコールでは，直鎖のほうがファンデルワールス力が強く働くので，沸点が高くなります

入試攻略への必須問題1

問1　1価の飽和アルコールC_4H_9OHには，いくつかの構造異性体が存在する。それらの構造式をすべて書け。

問2　**問1**のアルコールを構造上のちがいから3つに分類せよ。

問3　**問1**の構造異性体のうち，不斉炭素原子をもつものはどれか。名称を書け。

（広島女子大）

解説　不飽和度$I_u = \frac{2\times4+2-10}{2} = 0$　で鎖状飽和である。C_4H_{10}に−O−を割り込ませて数えてみよう。

C−C−C−C（⑤⑥：C−C間，②①：H位置）　　C−C(−C)−C（⑦：C−C間，④③：H位置）

↓①〜④：アルコール
↓⑤〜⑦：エーテル

① C−C−C−C(OH)　② C−C−C*(OH)−C　③ C−C(C)−C(OH)　④ C−C(C)(OH)−C

⑤ C−O−C−C−C　⑥ C−C−O−C−C　⑦ C−O−C(C)−C

本問では，アルコールが問われているので，①〜④までを級数で分類して書けばよい。②の2−ブタノールが不斉炭素原子をもつ。

答え　**問1，問2**

第一級アルコール	第二級アルコール	第三級アルコール
① $CH_3-CH_2-CH_2-CH_2(OH)$ 1−ブタノール ③ $CH_3-CH(CH_3)-CH_2-OH$ 2−メチル−1−プロパノール	② $CH_3-CH_2-C^*H(OH)-CH_3$ 2−ブタノール	④ $CH_3-C(CH_3)(OH)-CH_3$ 2−メチル−2−プロパノール

問3　2−ブタノール

STAGE

2 アルコールの反応

高校化学では，Naによる還元，濃硫酸による脱水，$KMnO_4$などによる酸化を学びます。

これを覚えよう! 28

◆ **アルコールの電離** → 説明 1

$$R-OH \rightleftarrows R-O^- + H^+$$

アルコキシドイオン

◆ **金属ナトリウムとの反応** → 説明 2 別冊 p.13

$$2R-OH + 2Na \longrightarrow 2R-ONa + H_2$$

ナトリウムアルコキシド

説明 1 アルコールはヒドロキシ基が電離し，電離平衡の状態になります。電離定数の値は，エタノールで10^{-16}mol/L程度です。

$$CH_3CH_2OH \rightleftarrows CH_3CH_2O^- + H^+$$

エタノール　エトキシドイオン

$\dfrac{[CH_3CH_2O^-][H^+]}{[CH_3CH_2OH]}$の値は$10^{-16}$mol/L程度で，水よりも小さいですよ

アルコールは，水より弱いブレンステッド酸なので，水よりH^+を出しにくく，アルコールを水に溶かしても<u>中性</u>です。また，水酸化ナトリウム水溶液を加えても酢酸のように中和することはできません。以下の反応が大きく左に傾いていて，右方向にはほとんど進まないからです。注意しましょう。

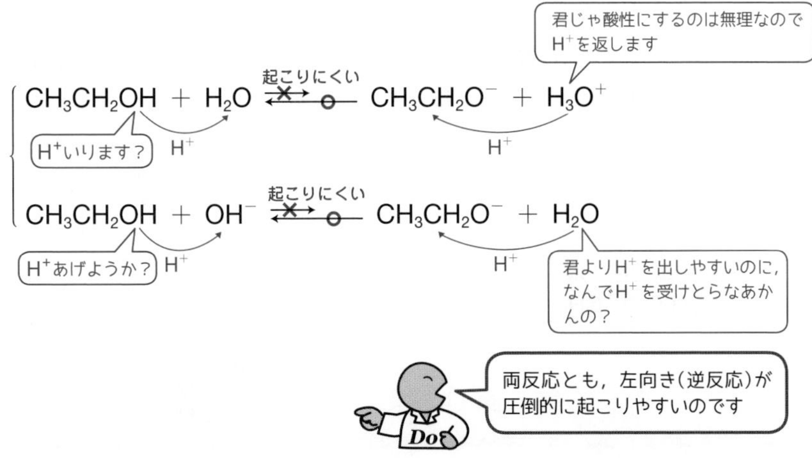
君じゃ酸性にするのは無理なのでH^+を返します
$CH_3CH_2OH + H_2O$ 起こりにくい $CH_3CH_2O^- + H_3O^+$
H^+いります？
H^+
H^+
$CH_3CH_2OH + OH^-$ 起こりにくい $CH_3CH_2O^- + H_2O$
H^+あげようか？
H^+
H^+
君よりH^+を出しやすいのに，なんでH^+を受けとらなあかんの？
両反応とも，左向き（逆反応）が圧倒的に起こりやすいのです
Do

説明 2 アルコールにイオン化傾向の大きな金属であるナトリウムの小片を加えると，極性の大きなヒドロキシ基$-\overset{\delta-}{O}\overset{\delta+}{H}$の$\delta+$のHがNaに還元され，水素$H_2$が発生します。

$$
\begin{array}{lll}
\text{酸化剤} & 2R-\overset{\delta-}{O}-\underset{(+1)}{\overset{\delta+}{H}} + 2e^- & \longrightarrow 2R-O^- + \underset{(0)}{H_2} \\
\text{還元剤} & (Na & \longrightarrow Na^+ + e^-)\times 2 \\
\hline
 & 2R-OH + 2Na & \longrightarrow 2R-ONa + H_2
\end{array}
$$

-OH 2 mol あたり，1 mol のH_2が発生しています。また R-OHのRの部分をHにすると，Naと水の反応ですね。
$2H_2O + 2Na \longrightarrow 2NaOH + H_2$

この反応は，アルコール特有のものではなく，水でも起こります。アルコールとエーテルは構造異性体になることがあり，エーテルではこの反応が起こらないことから，<u>**アルコールとエーテルの識別**</u>に利用します。

例 1-ブタノールとジエチルエーテルの識別

構造異性体	$CH_3-CH_2-CH_2-CH_2-OH$ 1-ブタノール	$CH_3-CH_2-O-CH_2-CH_3$ ジエチルエーテル
金属Naを加える	水素H_2が発生	変化なし

酸素原子の両側に炭化水素基が結合している化合物が**エーテル**(ether)です。代表的なエーテルであるジエチルエーテルは多くの試薬に不活性(反応しにくいこと)で，極性が小さいため水に溶けにくく，<u>**有機溶媒**</u>として用いられます。ただし，蒸発しやすく，発火点が低く引火しやすいので，扱うときは周辺の火気に気をつけましょう。

	沸点〔℃〕	密度〔g/cm^3〕
ジエチルエーテル $CH_3CH_2OCH_2CH_3$	34	0.71

水と混ざりにくいから，
ジエチルエーテル
水
のように2層に分離します
Do

入試攻略への必須問題2

分子式がC_3H_8Oで表される化合物には3種類の異性体が存在する。すなわち，第一級アルコールのAと第二級アルコールのB，およびエーテルのCである。Cは，AおよびBとは沸点がかなり異なることから容易に蒸留で分離することが可能である。アルコールAとBも分留で分けることができるが，その沸点差は小さく慎重な分留操作が必要となる。

(1) A，B，Cの構造を記せ。　例：CH_3CH_2OH

(2) A，B，Cのうち，金属ナトリウムと反応して水素ガスを発生するものを，すべて物質名で記せ。

(3) 下線部について，なぜ沸点がかなり異なるのか40字以内で簡潔に記せ。

（名城大）

解説 (1) 不飽和度$I_u=\dfrac{2\times3+2-8}{2}=0$　なので，鎖状飽和の化合物である。

C_3H_8のアルカンを描いてから−O−をC−HまたはC−Cに割り込ませて構造式を描き上げよう。

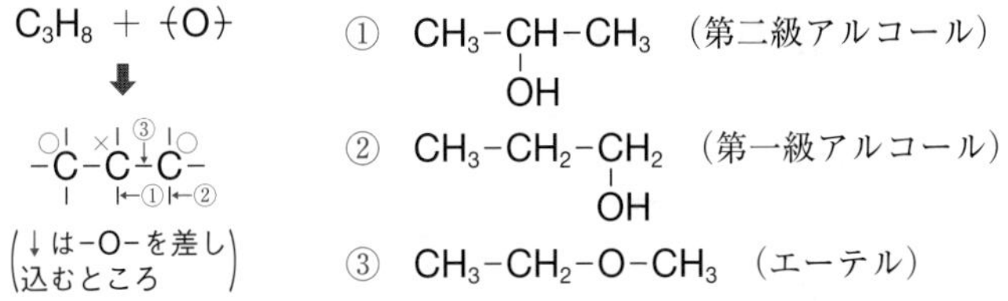

C_3H_8 ＋ (O)

⬇

−C−C−C−（○，×，③，←①，←②）

（↓は−O−を差し込むところ）

① $CH_3-CH(OH)-CH_3$（第二級アルコール）

② $CH_3-CH_2-CH_2-OH$（第一級アルコール）

③ $CH_3-CH_2-O-CH_3$（エーテル）

よって，A＝②，B＝①，C＝③　と決まる。

(2) 金属ナトリウムを加えてH_2が発生するのはエーテルではなくアルコールなので，

A＝②＝1-プロパノール　と　B＝①＝2-プロパノール

である。

(3) アルコールは分子間で水素結合を形成するため，沸点が高い。

答え (1) A：$CH_3CH_2CH_2OH$　B：$CH_3CH(OH)CH_3$　C：$CH_3CH_2OCH_3$

(2) 1-プロパノール　と　2-プロパノール

(3) AとBはヒドロキシ基をもち分子間で水素結合を形成するので，Cより沸点が高い。(38字)

これを覚えよう! 29

◆ **アルコールの濃硫酸による脱水反応** → 説明 1

(1) **分子間脱水** 別冊 p.15, 38

$$2CH_3-CH_2-OH \xrightarrow[130\sim140℃]{濃硫酸} CH_3-CH_2-O-CH_2-CH_3 + H_2O$$

ジエチルエーテル

(2) **分子内脱水** 別冊 p.15, 37

$$CH_3-CH_2(OH) \xrightarrow[160\sim170℃]{濃硫酸} CH_2=CH_2 + H_2O$$

エチレン

説明 1 濃硫酸は**H^+を与える力の強い酸**であり，**加熱しても蒸発しにくい不揮発性の酸**です。アルコールに濃硫酸を加えて加熱すると，アルコールは硫酸からH^+を受けとり，ヒドロキシ基が水分子の形でとり除かれます。これを脱水反応とよんでいます。

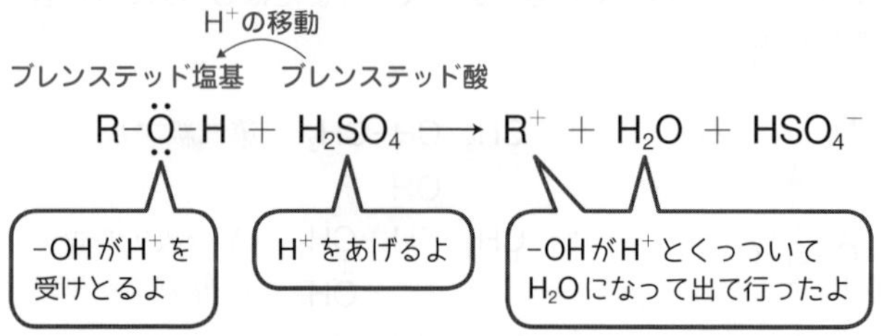

H⁺の移動
ブレンステッド塩基
ブレンステッド酸
R-Ö-H + H₂SO₄ ⟶ R⁺ + H₂O + HSO₄⁻
-OHがH⁺を受けとるよ
H⁺をあげるよ
-OHがH⁺とくっついてH₂Oになって出て行ったよ

ここで生じた炭化水素陽イオンR^+は不安定なので，さらに反応が進みます。一般に，高温になるほど分子間脱水より分子内脱水のほうが起こりやすくなり，エタノールの場合，**約130～140℃で分子間脱水**，**約160～170℃で分子内脱水**反応が起こります。

(1) 分子間脱水

た，助けて　　H⁺を捨てて，今，助けるよ

$$R^+ + R-O-H \longrightarrow R-O-R + H^+$$

アルコール　　エーテル

エタノールの場合は，分子間脱水反応によりジエチルエーテルが生成します。このように，2分子から水のような簡単な分子がとれて，分子の間が結びつくことを**縮合**とよんでいます。

(2) 分子内脱水

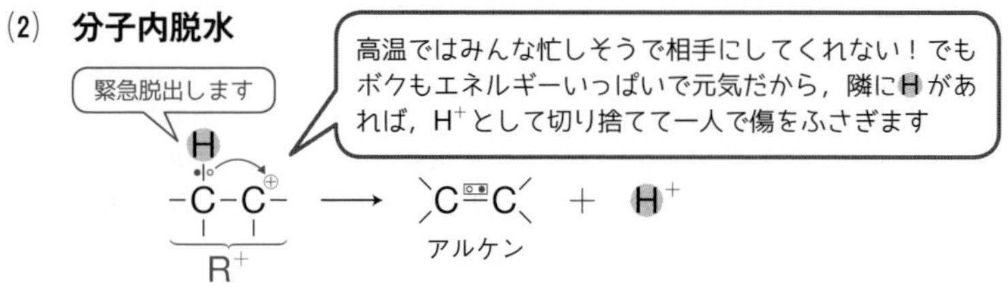

エタノールの場合は，分子内脱水反応によりエチレンが生成します。

なお，(1)，(2)どちらの場合も，**濃硫酸は触媒**です。

脱水反応の起こりやすさ

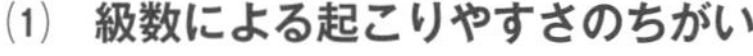

(1) 級数による起こりやすさのちがい

アルコールに濃い強酸を加えると，p.104で説明したように，ヒドロキシ基が脱離して炭化水素陽イオンが生じます。エネルギー的な安定性は，級数によって異なり，次のような序列になっています。

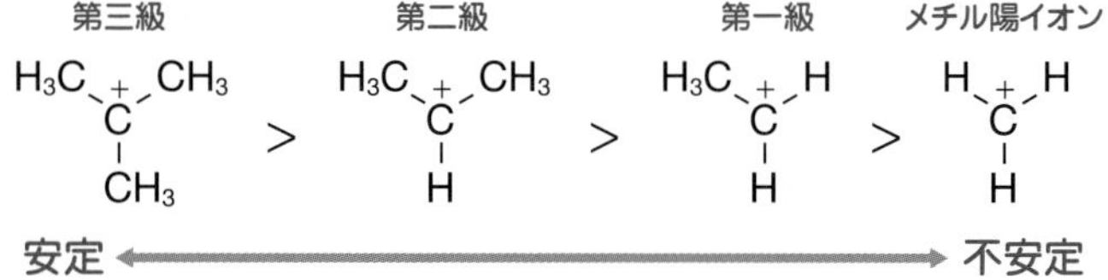

この安定性はp.73で紹介した炭素の正電荷を隣のC−H結合が助けてくれることから説明できますね。

そこで，アルコールの脱水反応は，

第三級アルコール＞第二級アルコール＞第一級アルコール

の順で起こりやすくなるため，反応が起こる温度が異なっています。p.104で紹介した温度は，あくまでエタノールのときなので注意してください。

参考　第三級アルコールは濃塩酸を加えて少し温める程度で炭化水素陽イオンが生じます。低い温度では分子間脱水や分子内脱水ではなく，塩酸中の塩化物イオンと結びついて，アルコールのOHがClに置換されたハロゲン化アルキルが得られます。

例　2-メチル-2-プロパノールを濃塩酸とともに30～40℃に温めたとき

$$CH_3-\underset{OH}{\overset{CH_3}{C}}-CH_3 + HCl \xrightarrow{30\sim40℃} CH_3-\underset{Cl}{\overset{CH_3}{C}}-CH_3 + H_2O$$

(2)　分子内脱水とザイツェフ則

アルコールの分子内脱水で２種類のアルケンが得られるときに，次のような傾向があることを，1875年にロシアのザイツェフが発見しました。

ザイツェフ則

−OHが結合したC原子と，隣接したC原子のうち結合しているH原子数が少ないほうのC原子との間でH_2O分子が脱離したものが主生成物となる。

例　2-ブタノールに濃硫酸を加えて加熱し分子内脱水を行うとき

少（C−Hが2つ）　多（C−Hが3つ）

$$CH_3-\underset{H}{CH}-\underset{OH}{CH}-\underset{H}{CH_2} \xrightarrow[\text{加熱}]{\text{濃硫酸}} \begin{cases} CH_3-CH=CH-CH_3 \text{ (主)} \\ \text{（シス形とトランス形がある）} \\ CH_3-CH_2-CH=CH_2 \text{ (副)} \end{cases}$$

ザイツェフ則もp.72のマルコフニコフ則と同様にどんな条件でも成立するわけではないので，知っておく程度でかまいません。

(3)　p.104(2)のような分子内脱水が起こらない構造

ヒドロキシ基が結合した炭素の隣の炭素原子がC−H結合をもたないときは，炭素骨格を保存した形での分子内脱水反応は起こらないので注意しましょう。

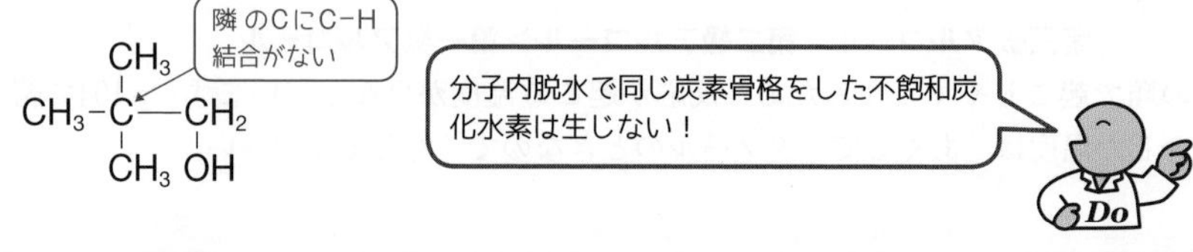
CH3
CH3−C—CH2
CH3 OH
隣のCにC−H
結合がない
分子内脱水で同じ炭素骨格をした不飽和炭化水素は生じない！
Do

入試攻略への必須問題3

次の変化を化学反応式で表せ。

(1) エタノールに濃硫酸を加え，約130℃に加熱する。

(2) エタノールに濃硫酸を加え，160～170℃に加熱する。

(3) 2-プロパノールを完全燃焼させる。

(4) エタノールの中に，ナトリウムを入れる。 （日本医科大）

解説 (1)，(2)ともに，濃硫酸は触媒なので，化学反応式に書く必要はない。エタノールの場合は，150℃以下で分子間脱水，150℃以上で分子内脱水と覚えておくとよい。

(1) $CH_3-CH_2-O\boxed{H \quad HO}-CH_2-CH_3$ → H_2O

(2) CH_2-CH_2（$\boxed{H \quad OH}$）→ H_2O

(3) 2-プロパノールの構造式は $CH_3-\underset{\displaystyle OH}{\underset{|}{CH}}-CH_3$ である。完全燃焼とある場合は，基本的に十分量の酸素と反応して，すべて二酸化炭素と水になると考えてかまわない。

左辺はCが3個，Hが8個です

$$CH_3CH(OH)CH_3 + \frac{9}{2}O_2 \longrightarrow 3CO_2 + 4H_2O$$

Oの数は両辺とも
10個になります

としてから，両辺を2倍するとよい。

(4) $R-OH + Na \longrightarrow R-ONa + \frac{1}{2}H_2$ のRを CH_3-CH_2- にする。

交換
HはH₂になります

答え

(1) $2CH_3CH_2OH \longrightarrow CH_3CH_2OCH_2CH_3 + H_2O$

(2) $CH_3CH_2OH \longrightarrow CH_2=CH_2 + H_2O$

(3) $2CH_3CH(OH)CH_3 + 9O_2 \longrightarrow 6CO_2 + 8H_2O$

(4) $2CH_3CH_2OH + 2Na \longrightarrow 2CH_3CH_2ONa + H_2$

これを覚えよう! 30

◆ **硫酸酸性過マンガン酸カリウム水溶液やニクロム酸カリウム水溶液などによる酸化反応**（ただし，炭素骨格は壊れない条件下）➔ 説明 1

別冊 p.16, 40

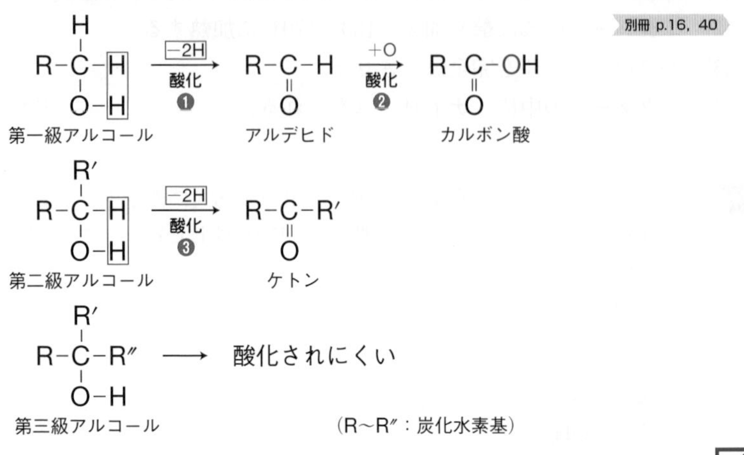

説明 1 アルコールは適当な酸化剤を用いると，**炭素骨格やヒドロキシ基の酸素原子の位置を変えずに酸化**することができます。このとき，第一級アルコールはアルデヒド，さらにはカルボン酸まで変化し，第二級アルコールはケトンに変化します。

$$CH_3-CH_2(OH) \xrightarrow[\text{酸化}]{❶\ -2H} CH_3-C(=O)-H \xrightarrow[\text{酸化}]{❷\ +O} CH_3-C(=O)-OH$$

エタノール → アセトアルデヒド acetaldehyde → 酢酸 acetic acid

$$CH_3-CH(OH)-CH_3 \xrightarrow[\text{酸化}]{❸\ -2H} CH_3-C(=O)-CH_3$$

2-プロパノール → アセトン acetone

C骨格やOの位置は
もとのままですね
Do

ただし，第三級アルコールは，炭素骨格を壊さないような条件下では，酸化するのが困難です。

$$CH_3-\underset{\underset{OH}{|}}{\overset{\overset{CH_3}{|}}{C}}-CH_3 \not\longrightarrow \text{酸化されにくい}$$

2-メチル-2-プロパノール

これらの酸化反応を半反応式で表すと，次のようになります。

❶ $R-CH_2-OH \longrightarrow R-\underset{\underset{O}{\|}}{C}-H + 2H^+ + 2e^-$

❷ $R-\underset{\underset{O}{\|}}{C}-H + H_2O \longrightarrow R-\underset{\underset{O}{\|}}{C}-OH + 2H^+ + 2e^-$

❸ $R-\underset{\underset{OH}{|}}{C}H-R' \longrightarrow R-\underset{\underset{O}{\|}}{C}-R' + 2H^+ + 2e^-$

アルコール分子中のⒸの酸化数が2だけ増加しています。

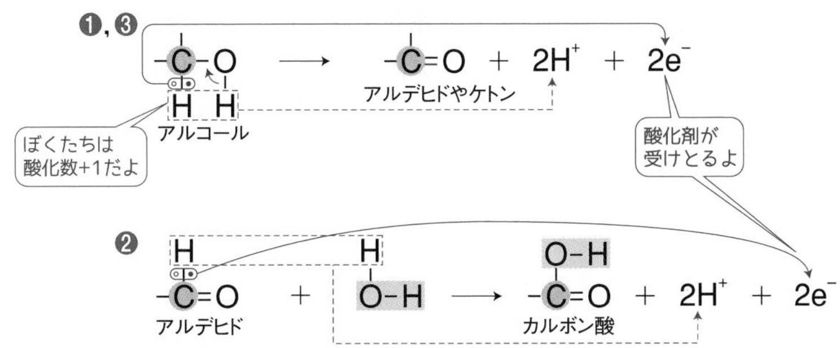

注　メタノールを硫酸酸性過マンガン酸カリウムで酸化すると，最終的に二酸化炭素が生成します。注意しましょう。

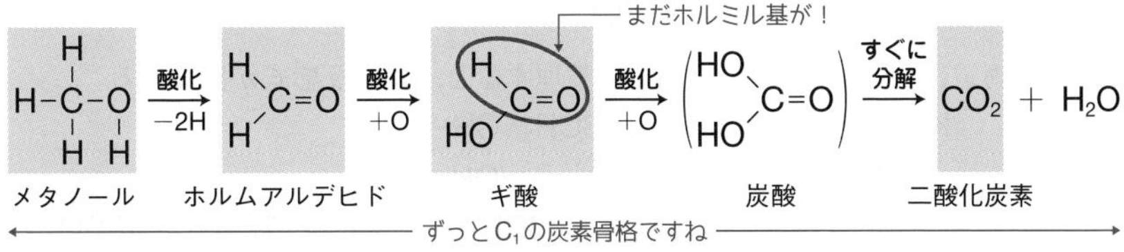

入試攻略への必須問題4

ある濃度の二クロム酸カリウムの希硫酸溶液2.0 mLと2-プロパノール2.0 mLを試験管に入れた。図のように試験管に誘導管をつけて，この溶液を65〜70℃に加熱したところ，溶液の色が緑色に変化した。反応終了時に，氷水で冷やされた試験管には，反応生成物である無色透明の液体が0.30 gたまった。

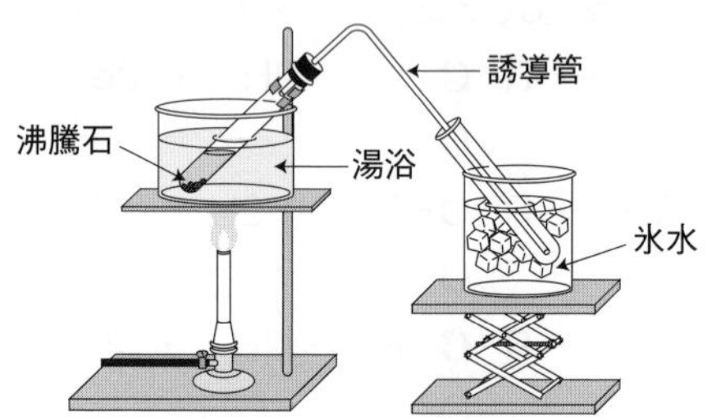

問1　下線部の化合物の構造式を記せ。

問2　実験で用いた二クロム酸カリウム溶液の濃度は何mol/Lか。有効数字2桁で答えよ。下線部の化合物が生成する反応の化学反応式も記すこと。ただし，氷水で冷やされた試験管には下線部の化合物のみがたまったとする。原子量はH＝1.0，C＝12，O＝16とする。　（東京大）

解説　2-プロパノールが硫酸酸性下で二クロム酸カリウムに酸化され，アセトン←問1となり，クロム(Ⅲ)イオンにより緑色となる。アセトンは，2-プロパノールより沸点が低いので，氷水中の試験管にたまる。

酸化剤　$Cr_2O_7^{2-} + 14H^+ + 6e^- \longrightarrow 2Cr^{3+} + 7H_2O$

還元剤　$\left(CH_3-CH(OH)-CH_3 \longrightarrow CH_3-C(=O)-CH_3 + 2H^+ + 2e^-\right) \times 3$

＋)

$Cr_2O_7^{2-} + 8H^+ + 3CH_3-CH(OH)-CH_3 \longrightarrow 2Cr^{3+} + 3CH_3-C(=O)-CH_3 + 7H_2O$

両辺に$2K^+$，$4SO_4^{2-}$を加えて整理すると，化学反応式が完成する。

$K_2Cr_2O_7 + 4H_2SO_4 + 3CH_3-CH(OH)-CH_3$

$\longrightarrow Cr_2(SO_4)_3 + 3CH_3-C(=O)-CH_3 + 7H_2O + K_2SO_4$ ←問2

Do
間違えた人は，酸化還元反応の分野を復習しましょう

$K_2Cr_2O_7$のモル濃度をx〔mol/L〕とすると，アセトンの分子量が58なので，

$$\frac{0.30\,\text{g}}{58\,\text{g/mol}} \times \frac{1\,\text{mol}(K_2Cr_2O_7)}{3\,\text{mol(アセトン)}} = x\,[\text{mol/L}] \times \frac{2.0}{1000}\,\text{L}$$

mol(アセトン)　mol($K_2Cr_2O_7$)　mol($K_2Cr_2O_7$)

よって，$x=0.862\cdots$ mol/L ←問2

答え **問1** $CH_3-C(=O)-CH_3$

問2 （反応式） $K_2Cr_2O_7 + 4H_2SO_4 + 3CH_3CH(OH)CH_3 \longrightarrow Cr_2(SO_4)_3 + 3CH_3COCH_3 + 7H_2O + K_2SO_4$

（濃度） 0.86 mol/L

入試攻略への必須問題5

化合物A，化合物B，化合物Cは，炭素・水素・酸素からなり，すべて同じ分子式で表され，分子量は74であった。①2.96 mgの化合物Aを完全に燃焼させると，二酸化炭素が7.04 mg，水が3.60 mg生成した。化合物A，化合物B，化合物Cにナトリウムを加えると，化合物Bと化合物Cは水素を発生したが，化合物Aでは何も起こらなかった。この結果，②化合物Bと化合物Cは，同じ官能基を有する構造異性体であることがわかった。この官能基を有する構造異性体の中で，化合物Bは最も酸化されにくかった。また，化合物Cの脱水反応を行うと，③シス形とトランス形の異性体をもつ化合物の生成がみとめられた。

問1 下線部①より，化合物Aの組成式を求めよ。原子量はH＝1.0，C＝12，O＝16とする。

問2 下線部②の官能基は何か。名称で記せ。

問3 化合物Bの構造式を示せ。

問4 下線部③の異性体の構造式をそれぞれ示せ。 （防衛大）

解説 **問1**　2.96mgのAに含まれる各元素の原子の質量を求める。

$$\begin{cases} C : 7.04\times\frac{12}{44}=1.92\,mg \\ H : 3.60\times\frac{2}{18}=0.40\,mg \\ O : 2.96-(1.92+0.40)=0.64\,mg \end{cases}$$

そこで，物質量の比は，

$$C : H : O = \frac{1.92}{12} : \frac{0.40}{1.0} : \frac{0.64}{16} = 4 : 10 : 1$$

となり，組成式は$C_4H_{10}O$(式量74)である。分子量が74なので，Aの分子式は$C_4H_{10}O$となる。

問2　$C_4H_{10}O$(不飽和度$I_u=0$)は，
C_4H_{10} ＋ (O)
とし，C_4H_{10}を描き，C−HまたはC−Cの間に−O−を割り込ませて数える。

$-C\overset{⑤}{-}C\overset{⑥}{-}C-C-$　←①←②

$-C\overset{⑦}{-}C(-C-)-C-$　←③←④

①〜④がアルコール，⑤〜⑦がエーテルとなる。

このうち，Naと反応し，H_2が発生するのはアルコール①〜④であり，BとCは−OHをもつ。

一方，Aは⑤〜⑦のいずれかのエーテルである。

問3　Bは③の第三級アルコールと考えられる。

問4　Cは脱水反応によって，シス-トランス異性体が生じることから，①と考えられる。

$H-CH_2-CH(H)-CH(OH)-CH_2-H$ （(i)，(ii)）

(i) $CH_3-CH=CH-CH_3$ ○
（シス-トランスあり）

(ii) $CH_3-CH_2-CH=CH_2$

答え
問1　$C_4H_{10}O$
問2　ヒドロキシ基
問3　$CH_3-C(CH_3)(OH)-CH_3$
問4　$CH_3(H)C=C(H)CH_3$（シス形），$CH_3(H)C=C(CH_3)H$（トランス形）

07 カルボニル化合物

学習項目
1 カルボニル化合物とその物理的性質
2 カルボニル化合物の反応

STAGE

1 カルボニル化合物とその物理的性質

アルデヒドとケトンはカルボニル基をもっていて， 2つあわせて**カルボニル化合物**といいます。

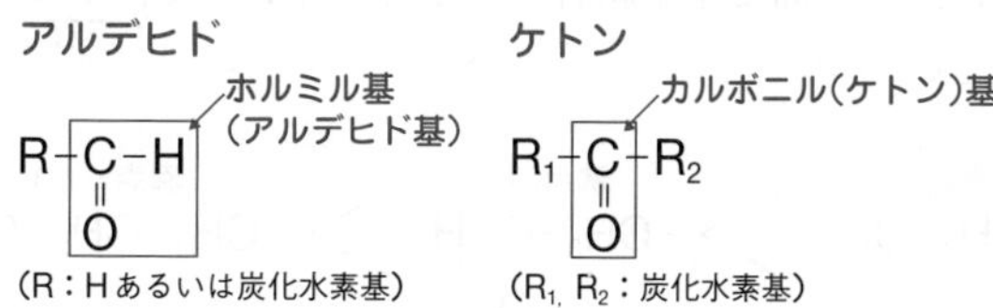

代表的なカルボニル化合物を3つ紹介します。名前，構造式，性質を頭に入れてくださいね。

これを覚えよう！ 31

◆ **代表的なカルボニル化合物と性質**

	名称 → 説明 1	構造式 （示性式）	性質 → 説明 2
アルデヒド	ホルムアルデヒド formaldehyde	$H-C(=O)-H$ （HCHO）	常温・常圧で刺激臭をもつ気体 水に溶けやすい
アルデヒド	アセトアルデヒド acetaldehyde	$CH_3-C(=O)-H$ （CH_3CHO）	常温・常圧で刺激臭をもつ液体 水に溶けやすい
ケトン	アセトン acetone	$CH_3-C(=O)-CH_3$ （$(CH_3)_2CO$）	常温・常圧で甘い特異臭をもつ液体 水と任意の割合で混ざり合い，有機化合物をよく溶かす

説明 1　前ページの表で紹介した名称は，すべて慣用名です。IUPAC名は，最も長い炭素鎖に対応するアルカンの語尾「ane」の「e」を，アルデヒドでは「al」，ケトンでは「one」にします。

例　$CH_3CH_2CH_2CH_2C(=O)-H$　　$CH_3CH_2CH_2C(=O)CH_3$

ペンタナール → pentanal　　2-ペンタノン → 2-pentanone

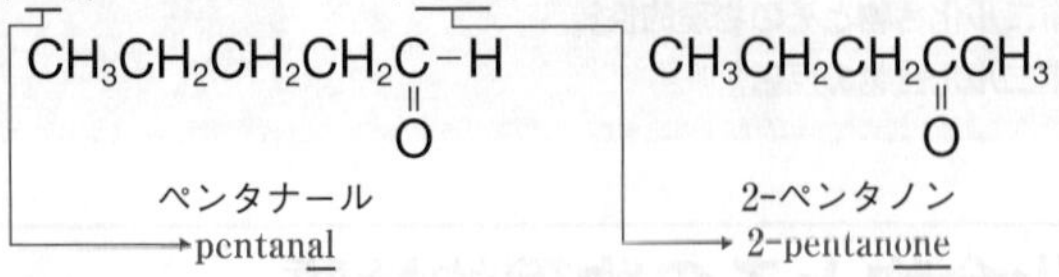

説明 2　カルボニル基は極性が大きいので，**同程度の分子量をもつアルカンよりファンデルワールス力が大きく，沸点は高く**なります。ただし，ヒドロキシ基のように，分子間で水素結合を形成できないので，**アルコールよりは沸点は低く**なっています。

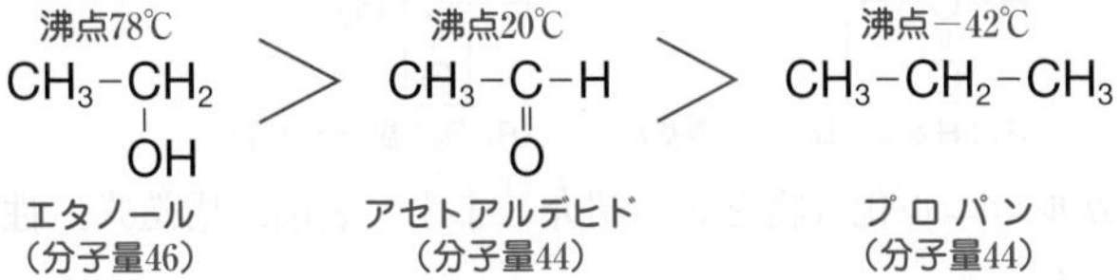

沸点78℃		沸点20℃		沸点−42℃
CH_3-CH_2-OH	＞	$CH_3-C(=O)-H$	＞	$CH_3-CH_2-CH_3$
エタノール（分子量46）		アセトアルデヒド（分子量44）		プロパン（分子量44）

また，炭素数の小さなカルボニル化合物は水によく溶けます。**37%程度のホルムアルデヒドの水溶液**は**ホルマリン**とよばれ，防腐剤などに使われています。

これを覚えよう！ 32

◆ **アセトアルデヒドの工業的製法(ヘキスト・ワッカー法)** → 説明 1

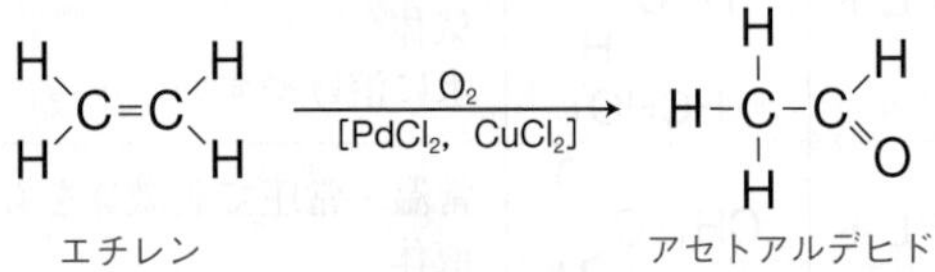

$$H_2C=CH_2 \xrightarrow[\text{[PdCl}_2\text{, CuCl}_2\text{]}]{O_2} H-CH_2-CHO$$

エチレン　　アセトアルデヒド

説明 1　アセトアルデヒドは，工業的には**塩化パラジウム(Ⅱ)$PdCl_2$と塩化銅(Ⅱ)$CuCl_2$**を触媒に用いて，エチレンを空気酸化して製造しています。

反応機構は複雑です。大雑把にいうと，触媒表面でエチレンがビニルアルコールを経て，アセトアルデヒドが生じます。この製法は，ドイツの会社の名をとって，ヘキスト・ワッカー法とよばれています。

入試攻略への必須問題1

分子式C_4H_8Oで表されるカルボニル化合物の構造式を**(例)**にならってすべて記せ。

(例)

$$CH_3-\overset{\displaystyle O \atop \|}{C}-OH$$

解説　不飽和度$I_u=\dfrac{2\times4+2-8}{2}=1$　なので，二重結合または環構造が1つある。

カルボニル化合物は $>C=O$ をもつので，ここにπ結合が1つ存在する。よって，カルボニル基以外は鎖状飽和で炭素と水素のみで構成されている。

まずは，炭素原子数4の鎖状骨格を描き，骨格の対称性に注意して酸素との二重結合(=O)の位置を次のように決めればよい。

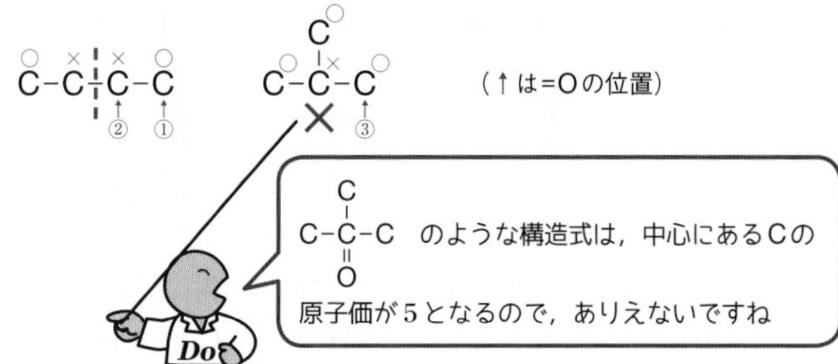

C-C-C-C
②
①
C
C-C-C
③
(↑は=Oの位置)
C
C-C-C
O
のような構造式は，中心にあるCの原子価が5となるので，ありえないですね
Do

よって，① $C-C-C-\underset{\| \atop \displaystyle O}{C}$　② $C-C-\underset{\| \atop \displaystyle O}{C}-C$　③ $C-\overset{\displaystyle C \atop |}{C}-\underset{\| \atop \displaystyle O}{C}$

の3つとなる。

ちなみに名称はIUPAC名で

　① ブタナール　② 2-ブタノン　③ 2-メチルプロパナール

となる。

答え

$CH_3-CH_2-CH_2-\underset{\| \atop \displaystyle O}{C}-H$　　$CH_3-CH_2-\underset{\| \atop \displaystyle O}{C}-CH_3$　　$CH_3-\overset{\displaystyle CH_3 \atop |}{CH}-\underset{\| \atop \displaystyle O}{C}-H$

入試攻略への必須問題2

別冊 p.39

実験室では，銅線を使ってメタノールからホルムアルデヒドを発生させることができる。この実験の手順を示し，そのときどきに起こる銅線の色の変化を書け。さらに，それぞれの化学変化の反応式をあわせて書け。

（滋賀医科大）

解説　まず，銅線をバーナーで加熱して，空気酸化すると，表面に酸化銅(Ⅱ)が生じて黒くなる。

$$2Cu + O_2 \longrightarrow 2CuO$$ （黒色です）

バーナーで焼いた銅線を試験管に入れたメタノールの液面付近に近づけると，メタノールの蒸気が酸化銅(Ⅱ)によって酸化されて，ホルムアルデヒドが生じる。

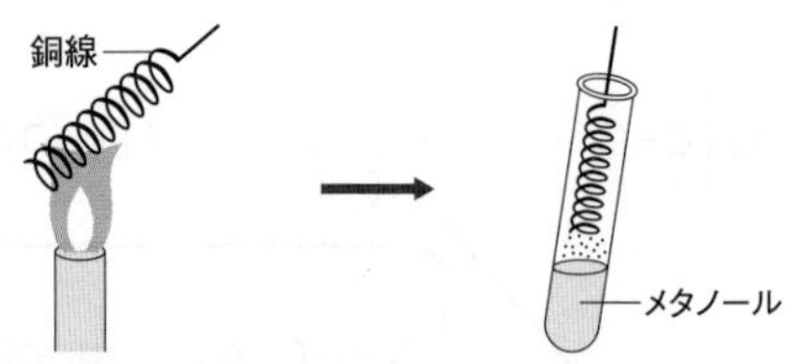

このとき酸化銅(Ⅱ)は還元されて単体の銅に戻るので赤銅色となる。

酸化剤	$CuO + 2e^- + 2H^+$	$\longrightarrow$	$Cu + H_2O$
還元剤	CH_3OH	$\longrightarrow$	$HCHO + 2H^+ + 2e^-$
全　体	$CuO + CH_3OH$ （黒）	$\longrightarrow$	$Cu + HCHO + H_2O$ （赤銅色）

答え　（手順1）　銅線をバーナーで加熱する。銅線は赤銅色から黒色に変化する。

$$2Cu + O_2 \longrightarrow 2CuO$$

（手順2）　メタノールを入れた試験管にバーナーで加熱した銅線を入れ，メタノールの液面に近づける。銅線は黒色から赤銅色に変化する。

$$CuO + CH_3OH \longrightarrow Cu + HCHO + H_2O$$

STAGE

2 カルボニル化合物の反応

カルボニル化合物の還元反応，アルデヒドの検出反応，ヨードホルム反応について学習しましょう。

これを覚えよう！ 33

◆ **カルボニル化合物の還元反応** → 説明 1 別冊 p.17

$$\underset{\text{アルデヒド}}{\text{R-}\underset{\underset{\text{O}}{\|}}{\text{C}}\text{-H}} \xrightarrow[\left[\substack{\text{Ni, Pt, Pd}\\\text{などの触媒}}\right]]{H_2} \underset{\text{第一級アルコール}}{\text{R-}\underset{\underset{\text{OH}}{|}}{\text{CH}_2}}$$

$$\underset{\text{ケトン}}{\text{R-}\underset{\underset{\text{O}}{\|}}{\text{C}}\text{-R}'} \xrightarrow[\left[\substack{\text{Ni, Pt, Pd}\\\text{などの触媒}}\right]]{H_2} \underset{\text{第二級アルコール}}{\text{R-}\underset{\underset{\text{OH}}{|}}{\text{CH}}\text{-R}'}$$

説明 1 カルボニル化合物を還元してアルコールを得ることができます。例えば，p.74で紹介したように，Ptなどの触媒のもとでH_2をC=O結合に付加させて接触還元を行うと，アルコールに変わります。

$$\text{R(R}')\text{C=O} + \underset{\text{(触媒下)}}{\text{H-H}} \xrightarrow{\text{付加}} \text{R}'\text{-}\overset{\overset{\text{R}}{|}}{\underset{\underset{\text{H}}{|}}{\text{C}}}\text{-}\underset{\underset{\text{H}}{|}}{\text{O}}$$

(R，R′：Hあるいは炭化水素基)

例①

$$\underset{\substack{\text{ブチルアルデヒド}\\\text{(ブタナール)}}}{CH_3\text{-}CH_2\text{-}CH_2\text{-}\underset{\underset{\text{O}}{\|}}{\text{C}}\text{-H}} + H_2 \xrightarrow{[\text{Pt}]} \underset{\text{1-ブタノール}}{CH_3\text{-}CH_2\text{-}CH_2\text{-}\overset{\overset{\text{H}}{|}}{\underset{\underset{\text{O-H}}{|}}{\text{C}}}\text{-H}}$$

②

$$\underset{\text{2-ブタノン}}{CH_3\text{-}CH_2\text{-}\underset{\underset{\text{O}}{\|}}{\text{C}}\text{-}CH_3} + H_2 \xrightarrow{[\text{Ni}]} \underset{\text{2-ブタノール}}{CH_3\text{-}CH_2\text{-}\underset{\underset{\text{OH}}{|}}{\text{CH}}\text{-}CH_3}$$

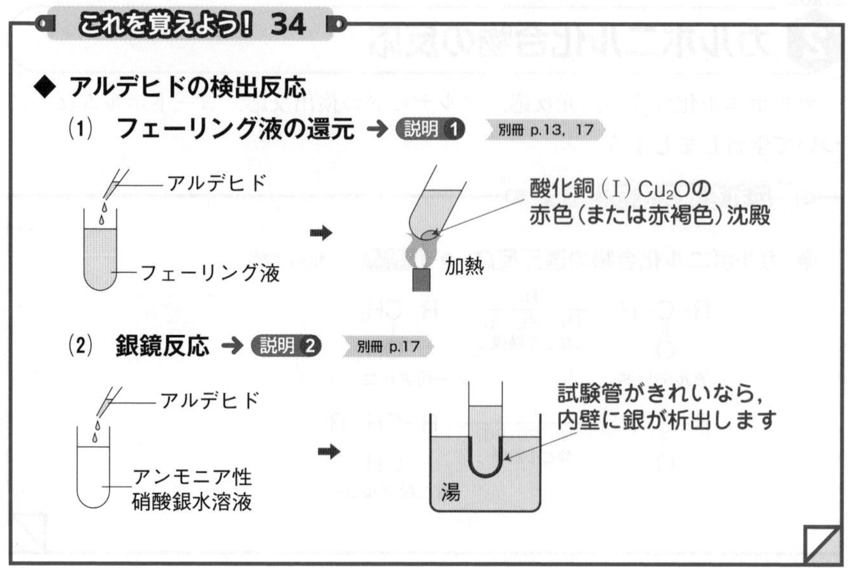

アルデヒドは酸化されやすい有機化合物で，還元剤として働きます。特に**塩基性**では還元力が強くなり，Cu^{2+}やAg^{+}といった穏やかな酸化剤とも反応して，アルデヒドはカルボン酸イオンになります。このときのアルデヒドの半反応式は次のように書けばよいでしょう。

塩基性でのアルデヒド(RCHO)の半反応式

$$\begin{cases} RCHO + H_2O \longrightarrow RCOOH + 2H^+ + 2e^- \\ RCOOH + OH^- \longrightarrow RCOO^- + H_2O\text{(中和)} \\ 2H^+ + 2OH^- \longrightarrow 2H_2O\text{(中和)} \end{cases}$$

↓3つを足しあわせると

$$RCHO + 3OH^- \longrightarrow RCOO^- + 2H_2O + 2e^-$$

塩基性で還元剤として作用すると，生じるH^+やカルボン酸RCOOHが中和されて，エネルギー的に安定になるので，アルデヒドは酸化されやすいのです

説明 1 ドイツの化学者フェーリングがつくった次の混合水溶液を用いて，アルデヒドの検出反応に利用します。

	A液	B液	
含む試薬	酸化剤 $CuSO_4$	塩基 NaOH	錯イオンを形成させるための添加剤 酒石酸ナトリウムカリウム （ロッシェル塩とよばれる）

実験直前にA液とB液を同体積ずつ混ぜた溶液をフェーリング液という

フェーリング液は塩基性です。Cu^{2+}が$Cu(OH)_2$として沈殿しないように，酒石酸イオンを加えています。酒石酸イオンはCu^{2+}と錯イオンを形成します

フェーリング液にアルデヒドを加えて加熱すると，Cu^{2+}がアルデヒドに還元されてCu^+になります。Cu^+は酒石酸イオンと錯イオンを形成できず，塩基性なので CuOH が生じ，さらに加熱により分解し，**赤色の酸化銅（Ⅰ）Cu_2Oが沈殿**します。

$$2\underset{+2}{\underline{Cu}}^{2+} + 2e^- + 2OH^- \longrightarrow \underset{+1}{\underline{Cu}}_2O\downarrow + H_2O$$

（e^-：アルデヒドからもらう）

説明 2 硝酸銀$AgNO_3$水溶液にアンモニア水を加えると塩基性になるので，まずは酸化銀Ag_2Oの褐色沈殿が生じます。さらにアンモニア水を加えていくと，ジアンミン銀（Ⅰ）イオン$[Ag(NH_3)_2]^+$が生じるとともに，沈殿が再溶解して無色の溶液が得られます。

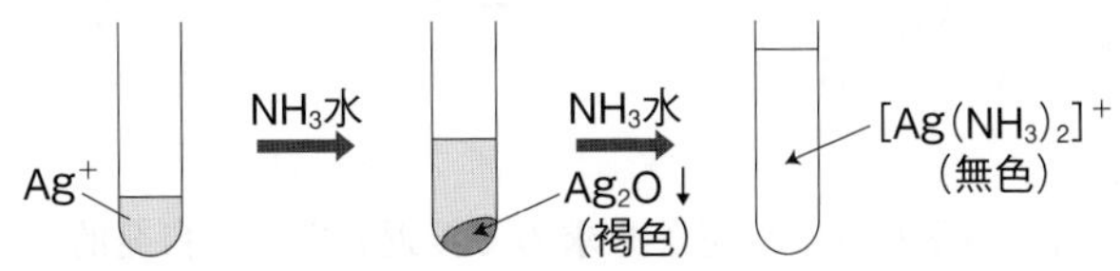

この溶液をアンモニア性硝酸銀水溶液（あるいはトレンス試薬）とよび，アルデヒドを加えて温めるとAg^+が還元されて銀の単体が析出します。

$$[\underset{+1}{\underline{Ag}}(NH_3)_2]^+ + e^- \longrightarrow \underset{0}{\underline{Ag}} + 2NH_3$$

（e^-：アルデヒドからもらう）

この反応を清浄な試験管で行うと，内壁に銀が付着して鏡のようになるので，**銀鏡反応**とよんでいます。

これを覚えよう! 35

◆ **ヨードホルム反応** → 説明 1 別冊 p.12

アセチル基

$$\underset{\substack{\parallel \\ O}}{CH_3-C-R} \xrightarrow[\text{加熱}]{I_2 + NaOH\text{水溶液}} CHI_3\downarrow + \underset{\substack{\parallel \\ O}}{R-C-ONa}$$

(Rは水素または炭化水素基)

ヨードホルム（トリヨードメタン）

特異臭をもつ黄色沈殿

カルボン酸のナトリウム塩

注意1 アセチル基の隣がC原子かH原子でないと，ヨードホルム反応は起こらない。→ 説明 2

注意2 $\underset{\substack{| \\ OH}}{CH_3-CH-}$ の構造をもつアルコールも，ヨードホルム反応を示す。→ 説明 3

説明 1 **アセチル基** $\underset{\substack{\parallel \\ O}}{CH_3-C-}$ をもつカルボニル化合物を考えます。C−H結合の共有電子対が隣接するカルボニル基の正電荷をもつCに引き寄せられ，Hの正電荷が大きくなっています。塩基性条件下でOH^-によりH^+としてH_2Oの形で引き抜かれても，カルボニル基が負電荷を引きつけて分散し，安定化できるので，次の反応が右へ少し進みます。

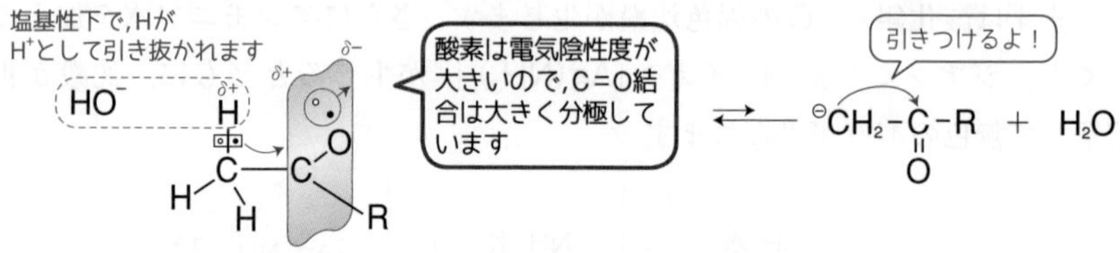

塩基性下で，Hが
H⁺として引き抜かれます
HO⁻
δ+
δ−
酸素は電気陰性度が大きいので，C＝O結合は大きく分極しています
引きつけるよ！
⊖CH₂−C−R ＋ H₂O

次に，酸化剤であるI_2分子が電子を求めて接近しながら自発的に分極し，次のような反応が起こります。

$$I-I \quad \underset{\substack{\parallel \\ O}}{\overset{-}{C}H_2-C-R} \longrightarrow \underset{\substack{\parallel \\ O}}{\overset{I}{CH_2}-C-R} + I^-$$

電子対に近づくとI^-とI^+に分かれて，I^+がくっつきます

アセチル基のC−HがC−Iになりました。同じ反応をあと2回くり返します。

C−HがすべてC−Iに

$$CH_2I-\underset{\underset{O}{\|}}{C}-R \xrightarrow[OH^-]{I_2} \xrightarrow[OH^-]{I_2} CI_3-\underset{\underset{O}{\|}}{C}-R + 2H_2O + 2I^-$$

ここまでで，

$$CH_3-\underset{\underset{O}{\|}}{C}-R + 3I_2 + 3OH^- \longrightarrow CI_3-\underset{\underset{O}{\|}}{C}-R + 3H_2O + 3I^-$$

となりますね

さらに，正電荷を帯びたカルボニル基の炭素がOH^-に攻撃されて，次のような分解が進み，ヨードホルムとカルボン酸イオンが生じます。

$$CI_3-\underset{\underset{O}{\|}}{C}-R \xrightarrow{^-:O-H} CI_3^- + H-O-\underset{\underset{O}{\|}}{C}-R$$

切れる

カルボン酸です!!
H^+をCI_3^-にあげよう

$$\xrightarrow{H^+\text{移動}} CHI_3\downarrow + {}^-O-\underset{\underset{O}{\|}}{C}-R$$

ヨードホルム

カルボン酸イオンになりました

ここで生じた**ヨードホルム CHI_3は，黄色で特異臭をもつ水に難溶な固体**です。

説明 2 $CH_3-\underset{\underset{O}{\|}}{C}-OH$，$CH_3-\underset{\underset{O}{\|}}{C}-O-CH_2-CH_3$，$CH_3-\underset{\underset{O}{\|}}{C}-\underset{\underset{H}{|}}{N}-C_6H_5$ のように，アセチル基（　　の部分）に隣接する原子がO原子やN原子の場合は，ヨードホルム反応を示しません。これらは酢酸あるいは酢酸のエステルやアミド（p.142参照）であり，カルボニル基がOやNの非共有電子対を引きつけていて（p.143参照），試薬に含まれるNaOHによりカルボン酸なら中和反応（p.132参照），エステルやアミドなら加水分解（p.150参照）が起こります。

説明 3 次の構造（　　の部分）をもつアルコールでも，塩基性下でI_2と反応させると，酸化されてアセチル基が生じ，ヨードホルム反応を示します。

$$CH_3-\underset{\underset{OH}{|}}{CH}-R \xrightarrow[\text{酸化}]{I_2} CH_3-\underset{\underset{O}{\|}}{C}-R$$

入試攻略への必須問題3

問1　次の①～③のうち，銀鏡反応，ヨードホルム反応ともに陽性であるものはどれか。①～③で答えよ。

① $CH_3-C(=O)-OH$　② CH_3-CH_2-OH　③ $CH_3-C(=O)-H$

問2　2-ブタノンにヨウ素と水酸化ナトリウムの水溶液を加えて加熱したあとのろ液に，希塩酸を加えたとき遊離するカルボン酸の構造式を書け。

$$CH_3-C(=O)-CH_2-CH_3 \xrightarrow[\text{加熱}]{I_2 + \text{NaOHaq}} \begin{cases} CHI_3\downarrow \\ \text{ろ液} \xrightarrow{HCl} \boxed{?} \end{cases}$$

解説　**問1**　陽性とは，反応を示すということで，示さないときは陰性とよぶ。

	銀鏡反応	ヨードホルム反応
①	しない	しない ← アセチル基の横がO原子である
②	しない	する ← $CH_3-CH(OH)-$ 構造がある
③	する	する

問2　ヨードホルム反応は$CH_3-C(=O)-$のHを3つIに換えて，^-O-Hで$CI_3-C(=O)-$の間を次のように切断する形で進んでいる。すると今回は次のように変化する。

$$CH_3-C(=O)-CH_2-CH_3 \xrightarrow[\text{置換}]{I_2} CI_3 \wr C(=O)-CH_2-CH_3 \quad (H \wr O^{\ominus})$$

$$\xrightarrow{\text{分解}} CHI_3\downarrow + CH_3-CH_2-C(=O)-O^{\ominus}$$

希塩酸を加えると，弱酸遊離反応により，

$$\underset{\text{(ろ液中)}}{CH_3-CH_2-C(=O)-O^{\ominus}} + H^+ \longrightarrow CH_3-CH_2-C(=O)-O-H$$

とカルボン酸が生成する。

答え　**問1**　③　　**問2**　$CH_3-CH_2-C(=O)-O-H$

入試攻略への必須問題4

ヨードホルム反応は次の(1)式に従って進行するという。(1)式の係数 [i]～[iv] を答えよ。

$$R-\overset{\overset{\Large O}{\|}}{C}-CH_3 + \boxed{\ \text{i}\ }I_2 + \boxed{\ \text{ii}\ }NaOH$$

$$\longrightarrow R-\overset{\overset{\Large O}{\|}}{C}-ONa + CHI_3 + \boxed{\ \text{iii}\ }NaI + \boxed{\ \text{iv}\ }H_2O \quad \cdots(1)$$

（東京大）

解説 p.120～121で説明した反応の過程をもとにして作成してみよう。

3つのI_2がI^+とI^-に分かれます

$$R-\overset{\overset{\Large O}{\|}}{C}-CH_3 + 3OH^- + 3I_2 \longrightarrow R-\overset{\overset{\Large O}{\|}}{C}-CI_3 + 3H_2O + 3I^- \quad \cdots①$$

$$R-\overset{\overset{\Large O}{\|}}{C}-CI_3 + HO^- \longrightarrow R-\overset{\overset{\Large O}{\|}}{C}-O^- + CHI_3 \quad \cdots②$$

①＋②より，

$$R-\overset{\overset{\Large O}{\|}}{C}-CH_3 + 3I_2 + 4OH^- \longrightarrow R-\overset{\overset{\Large O}{\|}}{C}-O^- + CHI_3 + 3I^- + 3H_2O$$

両辺に$4Na^+$を加えて整理する。

$$R-\overset{\overset{\Large O}{\|}}{C}-CH_3 + 3I_2 + 4NaOH$$

$$\longrightarrow R-\overset{\overset{\Large O}{\|}}{C}-ONa + CHI_3 + 3NaI + 3H_2O$$

答え i：3　ii：4　iii：3　iv：3

参考 $R-CH(OH)CH_3$のアルコールがヨードホルム反応をするときは，

$$\begin{cases} R-CH(OH)CH_3 + I_2 \longrightarrow R-CO-CH_3 + 2HI & \text{（酸化）} \\ 2HI + 2NaOH \longrightarrow 2NaI + 2H_2O & \text{（中和）} \end{cases} \Big(+$$

$$R-CH(OH)CH_3 + I_2 + 2NaOH \longrightarrow R-CO-CH_3 + 2NaI + 2H_2O$$

が起こってから，上の反応が進むと考えてください。

入試攻略への必須問題5

エタノールに二クロム酸カリウムの硫酸酸性水溶液を加え，左下図に示す装置を用いて，生じた化合物Aの気体を少量の水が入った試験管に捕集した。得られたAの水溶液に関する次の記述a～cについて，正誤の組み合わせとして最も適当なものを，右下の①～⑧のうちから1つ選べ。

a　Aの水溶液にフェノールフタレイン溶液を加えると赤変した。

b　Aの水溶液をフェーリング液とともに加熱すると赤色沈殿が生じた。

c　Aの水溶液に水酸化ナトリウム水溶液とヨウ素を加え，温めると黄色沈殿が生じた。

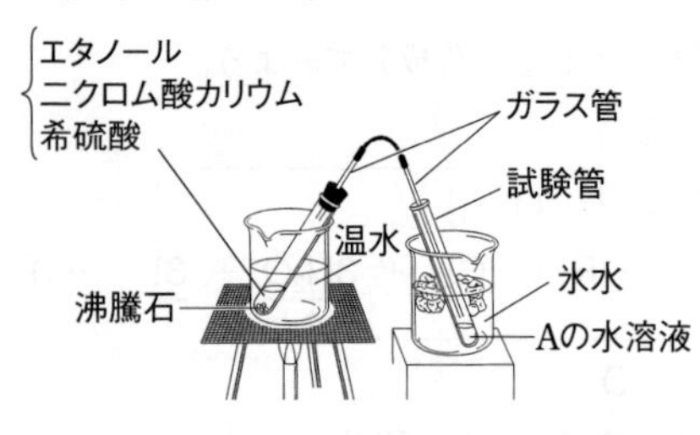

	a	b	c
①	正	正	正
②	正	正	誤
③	正	誤	正
④	正	誤	誤
⑤	誤	正	正
⑥	誤	正	誤
⑦	誤	誤	正
⑧	誤	誤	誤

解説　エタノールを酸化すると，

$$CH_3-\underset{\underset{OH}{|}}{CH_2} \xrightarrow[-2H]{酸化} CH_3-\underset{\underset{O}{\|}}{C}-H$$

アセトアルデヒド

$$\xrightarrow[+O]{酸化} CH_3-\underset{\underset{O}{\|}}{C}-OH$$

酢酸

と変化する。

アセトアルデヒドは沸点が約20℃であり，図のような装置で合成すると，酢酸まで酸化される前に蒸発し，氷水で冷やされて凝縮し，右側の水を入れた試験管に溶けていく。

よって，Aはアセトアルデヒドである。

a　アルデヒドは中性なので，フェノールフタレインを加えても赤く変化しない。誤り。

b　アルデヒドはフェーリング液を還元し，Cu_2Oの赤色沈殿が生じる。正しい。

c　アセチル基をもち，ヨードホルム反応に対し陽性である。正しい。

答え　⑤

入試攻略への必須問題6

分子式が$C_5H_{12}O$である化合物には14種類の構造異性体が考えられる。これらのうち8種類はアルコールであり，ナトリウムと反応して［ア］を発生する。他の6種類は［イ］であり，ナトリウムとは反応しない。8種類のアルコールA～Hを二クロム酸カリウムを用いて酸化すると，A～Dは(1)還元性をもつ化合物へと酸化され，E～Gは(2)還元性をもたない化合物へと酸化される。しかし，Hは二クロム酸カリウムで酸化されない。EおよびGは(3)塩基性水溶液中でヨウ素と反応して黄色沈殿を生じる。B，E，Gには鏡像異性体が存在する。濃硫酸を用いる脱水反応によりGから生じるアルケンには2種類の構造異性体が考えられるが，シス-トランス異性体は存在しない。Dは同様の脱水反応によりアルケンを生成しない。Aは枝分かれのない直鎖状の化合物である。下線部(1)および(2)の化合物の還元性の有無は［ウ］反応や［エ］液の還元によって確認することができる。

問1　文中の［ア］～［エ］にあてはまる語句を書け。

問2　(a)　下線部(1)および(2)の化合物の一般名を書け。

(b)　下線部(3)の反応名を書け。

問3　アルコールA～Hの構造式を記せ。　　（徳島大）

解説　分子式$C_5H_{12}O$は不飽和度 $I_u=\dfrac{2\times5+2-12}{2}=0$ なので鎖状飽和である。

C_5H_{12}を描いてから，次のように↓の位置に-O-を割り込ませて構造異性体を数えると，8種類のアルコールと6種類のエーテルが存在する。

{↓①～⑧：アルコール
{↓⑨～⑭：エーテル（イ）

①～⑧のアルコールを級数で分類すると，次ページの表のようになる。

第一級アルコール	第二級アルコール	第三級アルコール
① –C–C–C–C–C– 　　　　　　　　OH ④ 　–C– –C–C–C–C– 　　　　　OH ⑦ 　–C– –C–C*–C–C– OH ⑧ 　–C– –C–C–C–OH 　–C–	② –C–C–C–C*–C– 　　　　　OH ヨードホルム反応陽性 ③ –C–C–C–C–C– 　　　　OH ⑤ 　–C– –C–C–C*–C– 　　　OH ヨードホルム反応陽性	⑥ 　–C– –C–C–C–C– 　OH

(Ⅰ)

A, B, C, D（第一級） $\xrightarrow{\text{酸化}}$ アルデヒド(1)

E, F, G（第二級） $\xrightarrow{\text{酸化}}$ ケトン(2)

H（第三級） $\xrightarrow{\text{酸化}}$ ✕

➡ A～D＝①，④，⑦，⑧
E～G＝②，③，⑤
H＝⑥

(Ⅱ)

E，Gはヨードホルム反応陽性(3)
B，E，GにC*あり

➡ ヨードホルム反応陽性は②，⑤
C*をもつのは②，⑤，⑦

⬇

B＝⑦
E，G＝②，⑤

(Ⅰ)よりE，F，G＝②，③，⑤で，(Ⅱ)よりE，G＝②，⑤だから，F＝③

(Ⅲ) G $\xrightarrow{\text{分子内脱水}}$ 2種のアルケン(シス，トランスなし)

Gは②か⑤である。シス-トランス異性体ができないことから，G＝⑤。よって，E＝②

② C–C–C–C–C–（H, OH, H）

○ ↗ C–C–C=C–C ←シス，トランスあり

◌ ↘ C–C–C–C=C

⑤
$$\begin{array}{c} C \\ | \\ C-C-C-C- \\ | \quad | \quad | \\ H \quad OH \quad H \end{array}$$

○ → $(C)_2C=C-C$

◌ → $(C)_2C-C=C$

(Ⅳ)Dは分子内脱水できない。

$$\begin{array}{c} | \quad | \\ -C-C- \\ | \quad | \\ H \quad OH \end{array}$$
という構造をもたない。すなわち
$$\begin{array}{c} C \\ | \\ C-C-C- \\ | \quad | \\ C \quad OH \end{array}$$
となっていると考えられる(p.106参照)。よって，D＝⑧

(Ⅴ)Aは直鎖である。

(Ⅰ)とあわせて考えると，A＝①，よって，最後に残ったCが④である。

なお，⑨～⑭のエーテルを描くと，

⑨ $CH_3-O-CH_2-CH_2-CH_2-CH_3$

⑩ $CH_3-CH_2-O-CH_2-CH_2-CH_3$

⑪ $CH_3-O-\overset{*}{C}H(CH_3)-CH_2-CH_3$

⑫ $CH_3-CH(CH_3)-O-CH_2-CH_3$

⑬ $CH_3-CH(CH_3)-CH_2-O-CH_3$

⑭ $CH_3-O-C(CH_3)_2-CH_3$

(⑪にC^*あり)

答え

問1 ア：水素　イ：エーテル　ウ：銀鏡　エ：フェーリング

問2 (a) (1) アルデヒド　(2) ケトン

(b) ヨードホルム反応

問3 A：$CH_3-CH_2-CH_2-CH_2-CH_2-OH$

B：$CH_3-CH_2-CH(CH_3)-CH_2-OH$

C：$CH_3-CH(CH_3)-CH_2-CH_2-OH$

D：$CH_3-C(CH_3)_2-CH_2-OH$

E：$CH_3-CH_2-CH_2-CH(OH)-CH_3$

F：$CH_3-CH_2-CH(OH)-CH_2-CH_3$

G：$CH_3-CH(CH_3)-CH(OH)-CH_3$

H：$CH_3-C(CH_3)(OH)-CH_2-CH_3$

08 カルボン酸

学習項目
1 代表的なカルボン酸
2 カルボン酸の反応

カルボニル基の炭素原子にヒドロキシ基が結合した官能基を**カルボキシ基**

$$\overset{\displaystyle O}{\underset{}{\overset{\|}{-C}}}-O-H$$

カルボキシ基 / カルボン酸の一般式

（$-\overset{O}{\overset{\|}{C}}-O-H$：示性式ではCOOHと表す）といい，カルボキシ基をもつ有機化合物を**カルボン酸**といいます。
carboxylic acid

STAGE

1 代表的なカルボン酸

まずは，このSTAGE 1で紹介するものの名称と構造式を性質とともに記憶しましょう。

これを覚えよう！ 36

◆ **代表的なカルボン酸とその例①**

【脂肪酸】 → 説明 1

（1） **飽和脂肪酸**

名称（慣用名）	構造式	沸点〔℃〕 → 説明 2	性質
ギ酸（蟻酸） formic acid	$H-\overset{O}{\overset{\|}{C}}-OH$	101	ホルミル（アルデヒド）基をもち，還元性がある。飽和脂肪酸の中では最も強い酸である。
酢酸 acetic acid	$CH_3-\overset{O}{\overset{\|}{C}}-OH$	118	食酢に含まれる。食酢は酢酸菌のはたらきでエタノールを酸化してつくる。純度の高い酢酸は低温で凝固するので，氷（ひょう）酢酸という。
プロピオン酸 propionic acid	$CH_3-CH_2-\overset{O}{\overset{\|}{C}}-OH$	141	不快な臭いをもつ。防カビ剤に用いる。

(2) **不飽和脂肪酸**

名称	構造式	沸点〔℃〕	性質
アクリル酸 acrylic acid	$CH_2=CH-COOH$	142	吸水性高分子(p.339)などの原料となる

カルボン酸は慣用名でよぶことが多いです。IUPAC系統名では同じ炭素数のアルカンの語尾に酸をつけます。酢酸は系統名ではエタン酸です

説明 1 **鎖式炭化水素の水素を1つカルボキシ基に置換したカルボン酸**を**脂肪酸**(しぼうさん, fatty acid)といいます。**炭化水素基が鎖状で単結合のみのもの**は**飽和脂肪酸**，**炭化水素基に二重結合や三重結合を含むもの**は**不飽和脂肪酸**といいます。

説明 2 カルボン酸は分子間で水素結合を形成して，二量体を形成します。最も分子量の小さなギ酸でも沸点は約101℃と高くなっています。

$$R-C(=O^{\delta-})-O^{\delta-}-H^{\delta+}\cdots\cdots O^{\delta-}=C(-R)-O^{\delta-}-H^{\delta+}\cdots\cdots O^{\delta-}$$

(二量体：2分子のカルボキシ基の $O^{\delta-}$ と $H^{\delta+}$ の間で2本の水素結合 $\cdots\cdots$ を形成)

また，アルコールやカルボニル化合物と同様に，炭素数の小さいカルボン酸は水によく溶けます。

これを覚えよう! 37

◆ **代表的なカルボン酸とその例②** → 説明 1

(1) **ジカルボン酸**

名称	構造式	性質
シュウ酸 oxalic acid	$HOOC-COOH$	還元性を示す。 $(COOH)_2 \longrightarrow 2CO_2 + 2H^+ + 2e^-$
マレイン酸 maleic acid	$HOOC-CH=CH-COOH$ (2つの−COOHが同じ側)	シス形
フマル酸 fumaric acid	$HOOC-CH=CH-COOH$ (2つの−COOHが反対側)	トランス形

互いにシス-トランス異性体です。
“虎(トランス)にフマれてマレに死す(シス)”
とでも覚えましょう

アジピン酸 adipic acid	$HO-\overset{\overset{O}{\|}}{C}-(CH_2)_4-\overset{\overset{O}{\|}}{C}-OH$	ナイロン66の合成に用いる単量体(p.316参照)

(2) 芳香族カルボン酸

名称	構造式
安息香酸(あんそくこうさん) benzoic acid	$C_6H_5-\overset{\overset{O}{\|}}{C}-OH$
フタル酸 phthalic acid	$C_6H_4(-\overset{\overset{O}{\|}}{C}-OH)_2$ (o-位)
テレフタル酸 terephthalic acid	$HO-\overset{\overset{O}{\|}}{C}-C_6H_4-\overset{\overset{O}{\|}}{C}-OH$ (p-位)

> H → COOH
> としたものを芳香族カルボン酸とよびます。左の3つを覚えてください。
> フタル酸はナフタレンから合成できます(p.163参照)

(3) ヒドロキシ酸

名称	構造式
乳酸 lactic acid	$HO-\overset{\overset{O}{\|}}{C}-\overset{*}{C}H(CH_3)-OH$
リンゴ酸 malic acid	$HO-\overset{\overset{O}{\|}}{C}-CH_2-\overset{*}{C}H(OH)-\overset{\overset{O}{\|}}{C}-OH$
酒石酸 tartaric acid	$HO-\overset{\overset{O}{\|}}{C}-\overset{*}{C}H(OH)-\overset{*}{C}H(OH)-\overset{\overset{O}{\|}}{C}-OH$ (メソ体あり,p.52参照)

> ヒドロキシ酸は$-COOH$以外に$-OH$がありますね。左の3つが有名です。不斉炭素原子C^*の場所に注意してください

説明 1 **カルボキシ基を2個もつもの**を**ジカルボン酸**,**ベンゼンの水素原子をカルボキシ基に置換したもの**を**芳香族カルボン酸**,**カルボキシ基以外にヒドロキシ基$-OH$をもつカルボン酸**を**ヒドロキシ酸**といいます。あとで出てくる化合物ばかりですが,今ここで名称と構造式を記憶しておくとよいでしょう。

入試攻略への必須問題1

文中の［　　］に入る適当な語句を記せ。

分子中に［ア］基をもつ化合物をカルボン酸という。また，乳酸のように［ア］基と［イ］基をもつ化合物をヒドロキシ酸という。

ギ酸は最も簡単なカルボン酸で，構造中に［ア］基の他に［ウ］基に相当する部分を含むので［エ］性を示す。酢酸は食酢中にも含まれ，純粋なものは冬季に凍結するので［オ］とよばれる。

カルボン酸には，上に述べた1価カルボン酸の他に，シュウ酸，フマル酸，フタル酸やマレイン酸のように同一分子内に［ア］基を2個もつ2価カルボン酸がある。このうち，フマル酸とマレイン酸は互いに立体異性体の一種である［カ］異性体であり，シス形は［キ］である。

乳酸は［ク］原子が1つ存在するため，互いに鏡像の関係にある2通りの立体構造がある。これらを互いに［ケ］異性体という。　　（立命館大）

解説

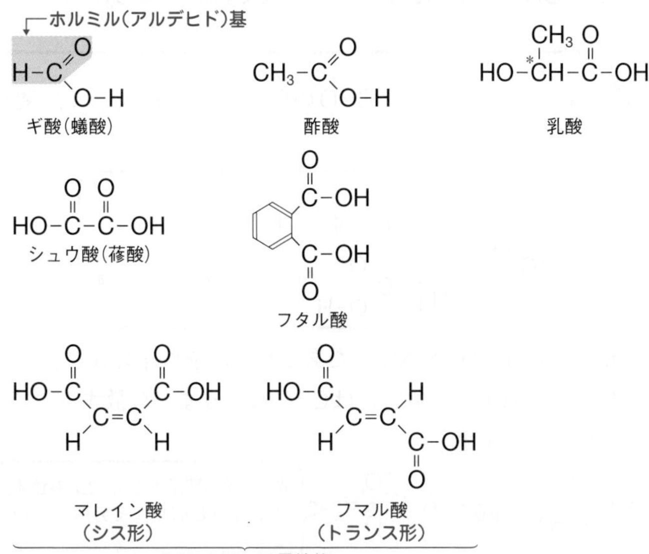

答え　ア：カルボキシ　イ：ヒドロキシ　ウ：ホルミル(または アルデヒド)
エ：還元　オ：氷酢酸　カ：シス-トランス(または 幾何)
キ：マレイン酸　ク：不斉炭素　ケ：鏡像(または 光学)

STAGE

2 カルボン酸の反応

カルボン酸は水に溶けるとわずかに電離し，水溶液は弱い酸性を示します。酸性を示す代表的な有機化合物です。

これを覚えよう！ 38

◆ **弱酸** → 説明 1

(1) **電離平衡**

$$\mathrm{R{-}\underset{\underset{O}{\|}}{C}{-}O{-}H} + \mathrm{H_2O} \rightleftarrows \mathrm{R{-}\underset{\underset{O}{\|}}{C}{-}O^-} + \mathrm{H_3O^+}$$

(2) **中和反応** 別冊 p.13

$$\mathrm{R{-}\underset{\underset{O}{\|}}{C}{-}O{-}H} + \mathrm{OH^-} \longrightarrow \mathrm{R{-}\underset{\underset{O}{\|}}{C}{-}O^-} + \mathrm{H_2O}$$

◆ **炭酸水素ナトリウム水溶液との反応** → 説明 2 別冊 p.16

$$\mathrm{RCOOH} + \mathrm{NaHCO_3} \longrightarrow \mathrm{RCOONa} + \mathrm{CO_2}\uparrow + \mathrm{H_2O}$$

説明 1 (1)カルボキシ基は $\overset{\delta+}{\mathrm{C}}{=}\overset{\delta-}{\mathrm{O}}$ のCの正電荷が大きく，隣の$-\ddot{\mathrm{O}}-$Hの O原子の非共有電子対を引きつけています。

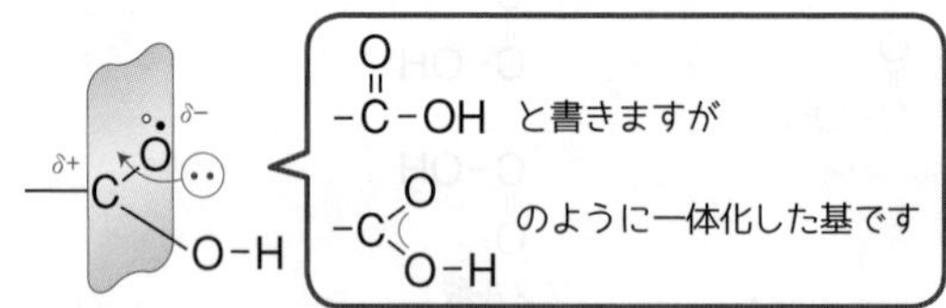

カルボキシ基は，$\mathrm{H^+}$が電離したあともO原子の非共有電子対をC=OのCが引き寄せ，O原子上の負電荷はC=Oのほうまで分散するので，エネルギー的に安定となります。

$$\mathrm{R{-}C(=O){-}O^-{\vdots}H^+} \xrightarrow{\text{電離}} \mathrm{R{-}C(O)(O)}\ominus$$

カルボン酸　　　カルボン酸イオン

酸素の負電荷が狭い所に集中せず，フンワリと広がって分散しているよ

そこでカルボン酸の−COOHは，水H−O−Hより$\mathrm{H^+}$を出しやすく，ブレンステッド酸として強くなっています。水に溶かすと，次ページに示す反応によってオキソニウムイオンが生じ，酸性を示すので，アレニウスの定義で酸に分類される物質なのです。

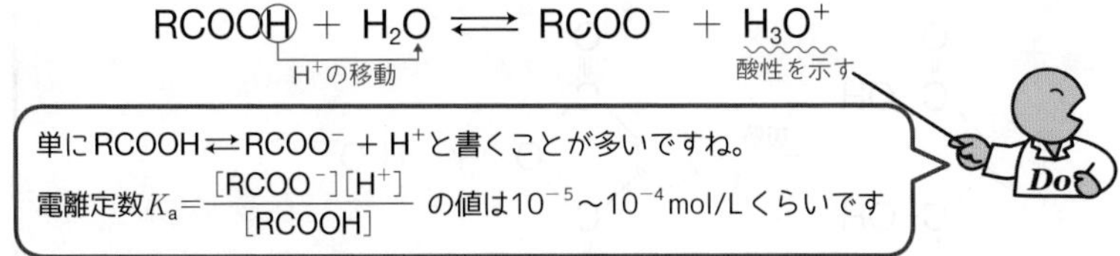

この反応は平衡状態で少し右に傾いているレベルの可逆反応です。

(2) カルボン酸に水酸化物イオンOH^-を十分に加えると，次の反応がほぼ完全に右に進みます。アレニウス酸なので塩基で中和できるのですね。

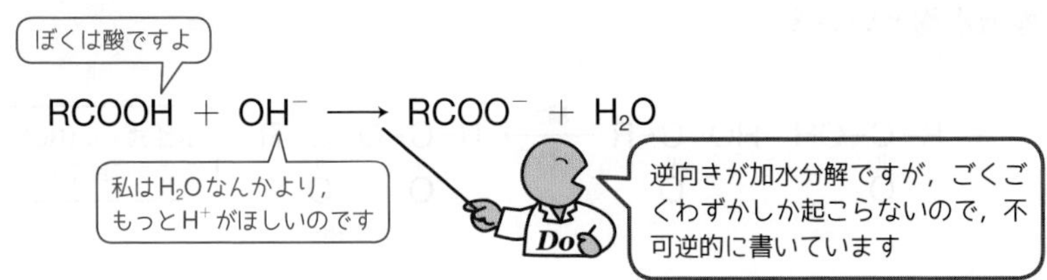

ぼくは酸ですよ
RCOOH + OH⁻ ⟶ RCOO⁻ + H2O
私はH2Oなんかより，
もっとH⁺がほしいのです
逆向きが加水分解ですが，ごくごくわずかしか起こらないので，不可逆的に書いています
Do

説明 2 カルボン酸は，HClやH_2SO_4よりは弱い酸ですが，**炭酸よりは強い酸**です。そこでカルボン酸に炭酸水素ナトリウム水溶液を加えると，カルボン酸が炭酸水素イオンHCO_3^-に対してH^+を渡し，次の反応が右に進みます。弱酸遊離反応ですね。

$$RCOOH + HCO_3^- \longrightarrow RCOO^- + CO_2 + H_2O$$

私のほうが強いのでH⁺やる　　くれ　　H_2CO_3はすぐ分解してCO_2とH_2Oになる

これを覚えよう! 39

◆ **酸無水物の生成 → 説明 1**

① **無水酢酸の合成 → 説明 2**

$$2CH_3-\overset{\overset{\displaystyle O}{\|}}{C}-OH \xrightarrow[\text{加熱}]{P_4O_{10}\text{など}} CH_3-\overset{\overset{\displaystyle O}{\|}}{C}-O-\overset{\overset{\displaystyle O}{\|}}{C}-CH_3 + H_2O$$

酢酸　　無水酢酸

② **分子内脱水による酸無水物の合成 → 説明 3**

マレイン酸 $\xrightarrow{\text{加熱}}$ 無水マレイン酸 $+ H_2O$

(マレイン酸: H–C(–COOH)=C(–COOH)–H（シス形）、無水マレイン酸: 2つのC=Oが O で結ばれた五員環)

マレイン酸　　無水マレイン酸

フタル酸 —加熱→ 無水フタル酸 + H_2O

説明 1 2つのカルボキシ基からH_2Oが1分子とれて縮合した化合物を**酸無水物**といいます。
acid anhydride

$$\mathrm{R{-}\underset{\underset{O}{\|}}{C}{-}OH \;\; HO{-}\underset{\underset{O}{\|}}{C}{-}R \xrightarrow[-H_2O]{\text{縮合}} R{-}\underset{\underset{O}{\|}}{C}{-}O{-}\underset{\underset{O}{\|}}{C}{-}R}$$

酸無水物

示性式では$(RCO)_2O$のように書くよ

酸無水物は反応性が高く，水に加えると加水分解してカルボン酸に戻ってしまいます。

$$\mathrm{R{-}\underset{\underset{O}{\|}}{C}{-}O{-}\underset{\underset{O}{\|}}{C}{-}R + H_2O \longrightarrow 2R{-}\underset{\underset{O}{\|}}{C}{-}OH}$$

酸無水物　　カルボン酸

説明 2 酢酸を十酸化四リンP_4O_{10}などとともに強く加熱すると，**無水酢酸**が得られます。無水酢酸はアルコール性やフェノール性のヒドロキシ基，アミノ基のアセチル化試薬としてあとで出てきます。

p.146参照

説明 3 ジカルボン酸のうち，-COOHが分子内で隣接しており，得られる酸無水物の環構造が結合角にひずみの小さい五員環や六員環の場合は，**加熱するだけ**で酸無水物が得られます。マレイン酸やフタル酸が代表例です。

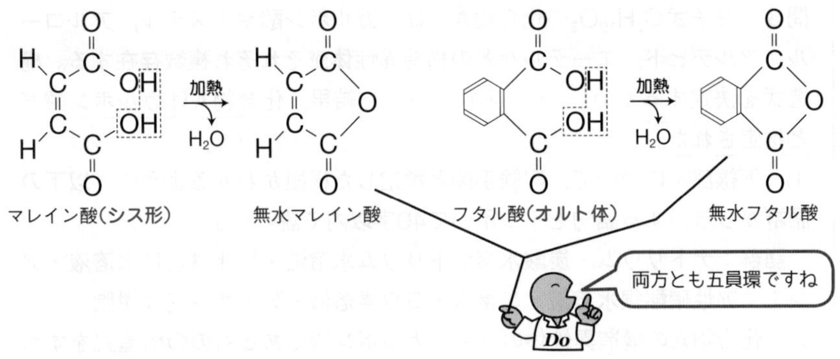

この反応で，分子式がマレイン酸の場合$C_4H_4O_4$から$C_4H_2O_3$に，フタル酸の場合$C_8H_6O_4$から$C_8H_4O_3$に変化することを知っておくと，入試問題を解くうえで便利です。

なお，次のフマル酸やテレフタル酸は，$-COOH$どうしが離れていて，マレイン酸やフタル酸のような分子内脱水は起こりません。しっかり区別して覚えておきましょう。

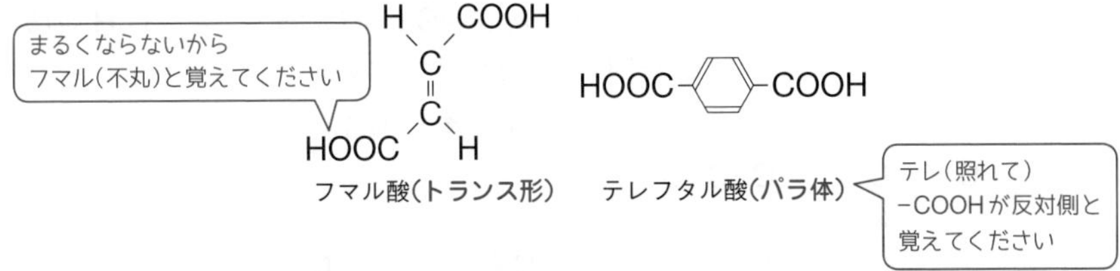

入試攻略への必須問題2

カルボン酸は，カルボキシ基$-COOH$をもつ化合物である。カルボキシ基が鎖状炭化水素に結合したものを脂肪酸，ベンゼン環に結合したものを芳香族カルボン酸とよび，分子中のカルボキシ基の数によって，モノカルボン酸，ジカルボン酸などに分類される。分子量が最も小さいモノカルボン酸である［①］や，分子量が最も小さいジカルボン酸である［②］は還元性をもち，(ア)酸化されると二酸化炭素が生成する。

問1　［①］，［②］にあてはまる化合物名を答えよ。

問2　下線部(ア)について，［②］が酸化されるときの反応を，電子e^-を用いたイオン反応式で答えよ。

問3　分子式$C_5H_{10}O_2$の化合物Aには，カルボン酸やエステル，アルコール，アルデヒド，エーテルなどの構造異性体がそれぞれ複数存在する。構造式を決定するため，(イ)ある実験を行った結果，化合物Aはカルボン酸だと推定された。

(1)　下線部(イ)について，実験手順と推定した根拠がわかるように，以下の語群から該当する語句を1つ用いて40字以内で説明せよ。

語群：ナトリウム・炭酸水素ナトリウム水溶液・塩化鉄(Ⅲ)水溶液・アンモニア性硝酸銀水溶液・臭素水・ヨウ素溶液・陽イオン交換樹脂

(2)　化合物Aの構造異性体のうち，カルボン酸であるものの構造式をすべて答えよ。ただし，不斉炭素原子がある場合は，その炭素原子に＊をつけて示せ。

（滋賀医科大）

解説　**問1**　分子量が最も小さいモノカルボン酸はギ酸①HCOOH，ジカルボン酸はシュウ酸②$(COOH)_2$である。

問2　シュウ酸は還元剤として働くと，二酸化炭素が生じる。

問3　(1)カルボン酸が炭酸より強い酸であることを利用すればよい。

(2)分子式$C_5H_{10}O_2$は不飽和度1なので，カルボキシ基に含まれるπ結合を除けば鎖状飽和である。$C_5H_{10}O_2$＝C_4H_9COOHとして，C_4H_{10}の炭化水素のH原子を1つ−COOHに換えればよい。

```
                        C○        （↑は−COOHに換える位置）
 ○  ×  ×  ○          ○  |× ○
 C−C−C−C            C−C−C
       ↑  ↑             ↑  ↑
       ②  ①             ④  ③

①                ②                ③  C            ④  C
                                      |                |
C−C−C−C          C−C−C*−C         C−C−C           C−C−C
        |                |              |                |
        COOH             COOH           COOH             COOH
```

答え　**問1**　①ギ酸　②シュウ酸

問2　$(COOH)_2 \longrightarrow 2CO_2 + 2H^+ + 2e^-$

問3　(1)炭酸より強い酸なので，炭酸水素ナトリウム水溶液に加えると二酸化炭素が生じる。(38字)

(2)
```
CH3−CH2−CH2−CH2                CH3−CH2−C*H−CH3
                |                            |
                C                            C
              //  \                        //  \
             O     OH                     O     OH

        CH3                             CH3
        |                               |
CH3−CH−CH2                      CH3−C−CH3
          |                             |
          C                             C
        //  \                         //  \
       O     OH                      O     OH
```

入試攻略への必須問題3

分子式$C_4H_4O_4$の不飽和ジカルボン酸には化合物A，化合物B，化合物Cの３種の異性体が存在する。これらのうち，化合物Aと化合物Bはシス-トランス異性体であり，ともに無色の結晶である。(a)化合物Aを160℃で加熱すると化合物Dが生成する。この反応は可逆的で，化合物Dを加水分解すると化合物Aに変化する。また，(b)化合物A，Bの融点はそれぞれ133℃，300℃（封管中）である。

(1) 化合物A，B，Cの構造式を書き，化合物A，Bについてはその名称を記せ。

(2) 下線部(a)で起こる反応を構造式を含む化学反応式を書いて示し，化合物Dの名称を書け。

(3) 下線部(b)に示す融点のちがいを，化合物A，Bのそれぞれの分子間に生じる結合のちがいから説明せよ。（山梨大）

解説 (1)，(2) 分子式$C_4H_4O_4$の不飽和ジカルボン酸は，次の３つである。ただし，メチレンマロン酸は不安定な化合物である。A，Bはシス-トランス異性体なので，Cがメチレンマロン酸である。

H　　　H
　C=C
HOOC　　COOH
マレイン酸
（シス形）

HOOC　　H
　C=C
H　　　COOH
フマル酸
（トランス形）

H　　COOH
　C=C
H　　COOH
メチレンマロン酸
（不安定）

加熱すると分子内脱水によって酸無水物に変化するのは，シス形のマレイン酸である。これがAである。よって，残ったBがフマル酸となる。

$$\text{マレイン酸（H–C(–COOH)=C(–COOH)–H）} \xrightarrow{\text{加熱}} \text{無水マレイン酸（五員環 C(=O)–O–C(=O)）} + H_2O$$

よって，A＝マレイン酸，B＝フマル酸，C＝メチレンマロン酸，D＝無水マレイン酸　である。

(3) 一般に，トランス形の分子はシス形より融点が高い（p.45参照）。この問題では設問指示から，分子間に生じる水素結合の有無から説明すればよい。

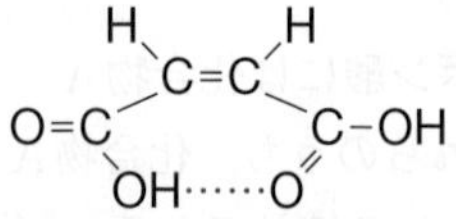

マレイン酸
（分子内水素結合）

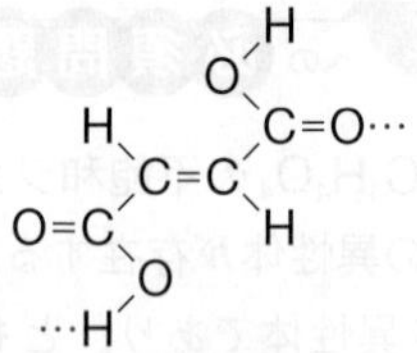

フマル酸
（分子間水素結合）

マレイン酸は分子内で水素結合を形成するが，分子内水素結合は融点に影響を及ぼさない。フマル酸は分子間で水素結合を形成するので，マレイン酸よりも融点が高い。

答え

(1) A マレイン酸　B フマル酸　C

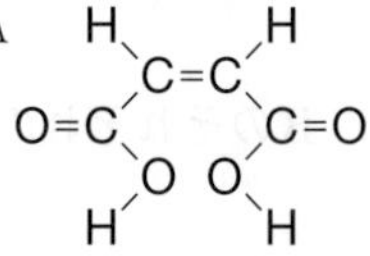

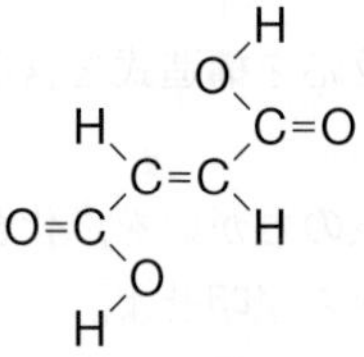

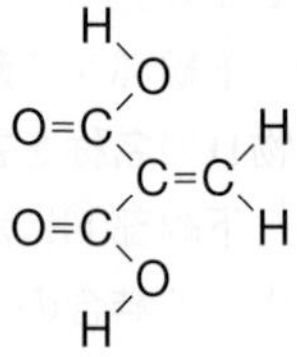

(2) マレイン酸 ⟶ 無水マレイン酸 ＋ H_2O

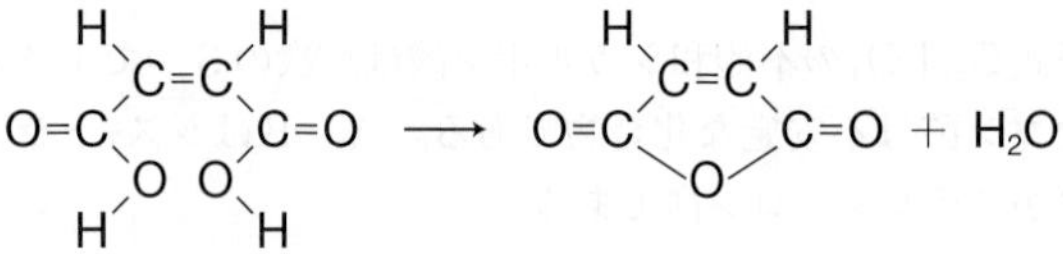

D：無水マレイン酸

(3) Aが分子間ではなく分子内で水素結合を形成するのに対して，Bは分子間で水素結合を形成するから。

補足 マレイン酸は**フマル酸より第一電離が起こりやすく，酸として強い**ことが知られています。これも分子内水素結合による効果です。

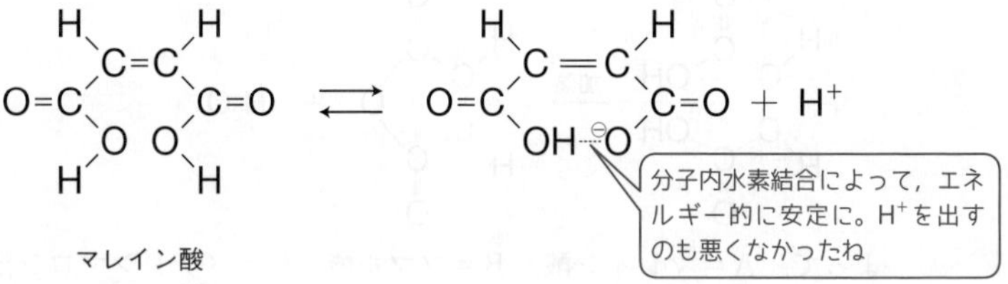

マレイン酸 ⇄ ＋ H^+

分子内水素結合によって，エネルギー的に安定に。H^+を出すのも悪くなかったね

これを覚えよう! 40

◆ **カルボン酸塩の熱分解** → 説明 1

(1) **アルカンの生成** 別冊 p.37

$$\underset{\text{カルボン酸ナトリウム塩}}{RCOONa(固)} + NaOH(固) \xrightarrow{加熱} \underset{\text{アルカン}}{R-H} + Na_2CO_3$$

(2) **ケトンの生成**

$$(RCOO)_2Ca(固) \xrightarrow{加熱} \underset{\text{ケトン}}{R-\underset{\underset{O}{\|}}{C}-R} + CaCO_3$$

説明 1 この反応は，炭酸イオンCO_3^{2-}が抜けるような形で起こり，脱炭酸ともよばれています。構造の変化を，次のように形式的に覚えておけばよいでしょう。

(1) **アルカンの生成**

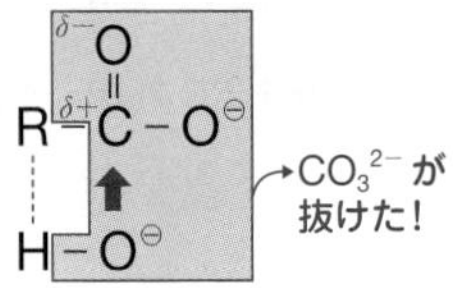
CO₃²⁻が
抜けた!

(2) **ケトンの生成**

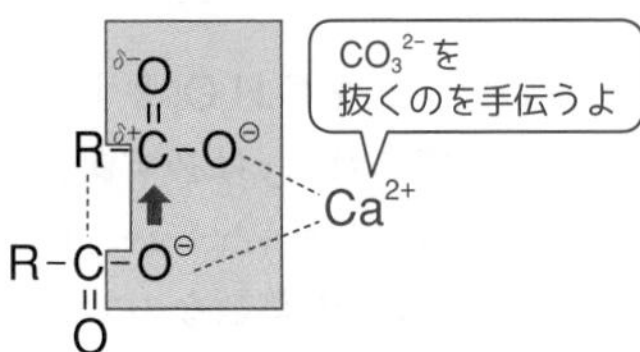
CO₃²⁻を
抜くのを手伝うよ
Ca²⁺

実験室でのメタンやアセトンの製法は，この反応を利用します。

例1 酢酸ナトリウムに水酸化ナトリウムを混ぜて加熱する。

$$CH_3COONa + NaOH \longrightarrow \underset{\text{メタン}}{CH_4} + Na_2CO_3$$

例2 酢酸カルシウムを乾留する。

$$(CH_3COO)_2Ca \longrightarrow \underset{\text{アセトン}}{CH_3-\underset{\underset{O}{\|}}{C}-CH_3} + CaCO_3$$

化学反応式を書けるようにしましょう。
例1 と 例2 は(1)，(2)の$R=CH_3$の場合です。例2 の乾留とは，空気を遮断して加熱することです。生成物のアセトンが引火しやすいので，空気を遮断して加熱します

入試攻略への必須問題4

次の文章は代表的な酸である化合物Bに関連する種々の反応を記述したものである。原子量はH=1.0，C=12，O=16とし，化合物[A]～[E]について該当する示性式を記せ。また，波線で示した部分の化学反応式を書け。

炭素，水素および酸素からなる分子量44の[A]を酸化して得られる[B]は，刺激臭のある無色の液体で，水によく溶けるが電離度は小さい弱酸である。(i)化合物Bのナトリウム塩はソーダ石灰を加えて加熱すると，ソーダ石灰中の水酸化ナトリウムと反応して炭酸ナトリウムと[C]を生じる。化合物Cは，酸，塩基，酸化剤等とは反応しにくいが，塩素との混合物に光を照射すると化合物C中の水素原子が塩素原子に置き換わる反応が起こる。一方，(ii)化合物Bのカルシウム塩を乾留すると炭酸カルシウムと[D]を生成する。化合物Dは化合物Aと同様に，塩基性溶液中でヨウ素と反応して[E]の黄色沈殿を生じる。

（琉球大）

解説　Aの分子式を$C_xH_yO_z$とする。このときyの最大値は$2x+2$であり，不飽和度がいくつであれ，yは必ず偶数である。（p.39参照）

分子量$=44=12x+y+16z$

x，y，zは正の整数なので，$z=1$または2　である。

〈$z=1$ なら〉　$12x+y=28$　であり，
$x=2$，$y=4$のみ分子式として可能である。

〈$z=2$ なら〉　$12x+y=12$　であり，
$x=1$，$y=0$だからCO_2となり，
水素をもっていないので，
問題の条件を満たさない。

$x=1$，$y=16$
$CH_{16}O$なんていうH数の
分子はありえないですね
Do

よって，Aの分子式はC_2H_4O，不飽和度$I_u=\dfrac{2\times2+2-4}{2}=1$　であり，π結合あるいは環構造を1つもつ。Aは刺激臭のある無色の液体で，酸化すると弱酸ができることから，Aはアセトアルデヒド，Bは酢酸が条件を満たす。

$$\underset{\text{アセトアルデヒド}}{\overset{\text{A}}{CH_3-\underset{\underset{O}{\|}}{C}-H}} \xrightarrow[+O]{\text{酸化}} \underset{\text{酢酸}}{\overset{\text{B}}{CH_3-\underset{\underset{O}{\|}}{C}-OH}}$$

Bが酢酸なので，(i)，(ii)の反応式は，

(i) $CH_3COONa + NaOH \longrightarrow CH_4 + Na_2CO_3$

(ii) $(CH_3COO)_2Ca \longrightarrow CH_3\text{-}\underset{\underset{\displaystyle O}{\|}}{C}\text{-}CH_3 + CaCO_3$

となり，Cはメタン，Dはアセトンである。

メタンは光照射下でCl_2と反応するので条件を満たす(p.62参照)。

$$CH_4 + Cl_2 \longrightarrow CH_3Cl + HCl$$

アセトアルデヒドやアセトンは，アセチル基をもち，ヨードホルム反応に対し陽性なので，Eはヨードホルムである。

$$\overset{D}{CH_3\text{-}\underset{\underset{\displaystyle O}{\|}}{C}\text{-}CH_3} + 3I_2 + 4NaOH$$

$$\longrightarrow \overset{E}{CHI_3}\downarrow + CH_3\text{-}\underset{\underset{\displaystyle O}{\|}}{C}\text{-}ONa + 3H_2O + 3NaI$$

答え A：CH_3CHO　B：CH_3COOH　C：CH_4　D：CH_3COCH_3

E：CHI_3

(i) $CH_3COONa + NaOH \longrightarrow CH_4 + Na_2CO_3$

(ii) $(CH_3COO)_2Ca \longrightarrow CH_3COCH_3 + CaCO_3$

09 エステルとアミド

学習項目
❶ エステルとアミドの性質
❷ エステルやアミドの合成方法と加水分解

STAGE 1 エステルとアミドの性質

アルコールやフェノール類とカルボン酸から水分子がとれ，縮合したものを**エステル**，同様に**アミンとカルボン酸が縮合したもの**を**アミド**といいます。ここでは，これらの性質や反応を学びましょう。

これを覚えよう！ 41

	エステル → 説明 1 ester	アミド amide
構造	$R_1-\overset{\overset{\Large O}{\parallel}}{C}-O-R_2$ エステル ↑ 水分子がとれる ($R_1-\overset{\overset{\Large O}{\parallel}}{C}-$OH H$-O-R_2$) カルボン酸　アルコールやフェノール類	$R_1-\overset{\overset{\Large O}{\parallel}}{C}-\underset{}{\overset{\overset{\Large H}{\vert}}{N}}-R_2$ アミド ↑ 水分子がとれる ($R_1-\overset{\overset{\Large O}{\parallel}}{C}-$OH H$-\overset{\overset{\Large H}{\vert}}{N}-R_2$) カルボン酸　アミン
名称	R_1COOH の H を R_2 という炭化水素基に置換した構造をもつことから， 「**カルボン酸名 ＋ R_2**」と命名する。 例 $CH_3-\overset{\overset{\Large O}{\parallel}}{C}-O-CH_2CH_3$ 酢酸エチル	アニリンと酢酸のアミドであるアセトアニリドだけ名前を覚えよう。 $CH_3-\overset{\overset{\Large O}{\parallel}}{C}-\overset{\overset{\Large H}{\vert}}{N}-C_6H_5$ アセトアニリド
性質	水には溶けにくいが，有機溶媒にはよく溶ける。中性物質である。低分子量のエステルは揮発性の油状物質で，果物や花のような芳香をもつものが多い。 例 $CH_3-CH_2-CH_2-\overset{\overset{\Large O}{\parallel}}{C}-O-CH_2-CH_3$ 酪酸エチル（パイナップルの香り）	エステル同様，水に溶けにくいものが多い。中性物質である。 → 説明 2

説明 1　エステル結合は，p.132で紹介したカルボキシ基と同様に，カルボニル基が隣接した酸素の非共有電子対を引きつけています。

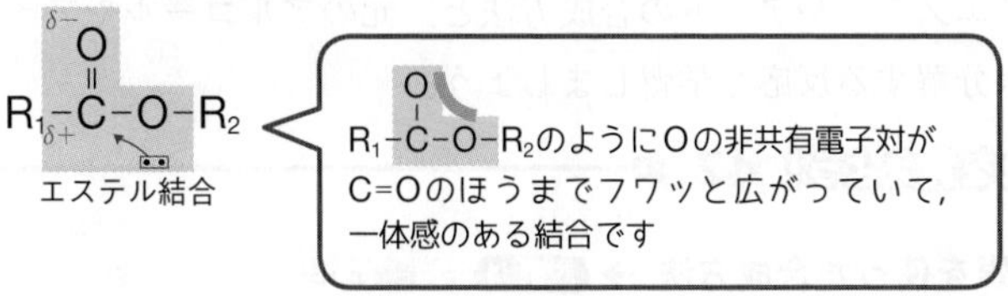

$$\underset{\text{エステル結合}}{R_1-\overset{\overset{\delta-}{O}}{\overset{\|}{\underset{\delta+}{C}}}-\ddot{O}-R_2}$$

$R_1-\overset{O}{\overset{|}{C}}-O-R_2$ のようにOの非共有電子対がC=Oのほうまでフワッと広がっていて，一体感のある結合です

説明 2　アミン(amine)はアンモニアのH原子を炭化水素基で置き換えた有機化合物です。アンモニアと同様に，窒素原子の非共有電子対がH^+と配位結合するので，塩基性物質です。

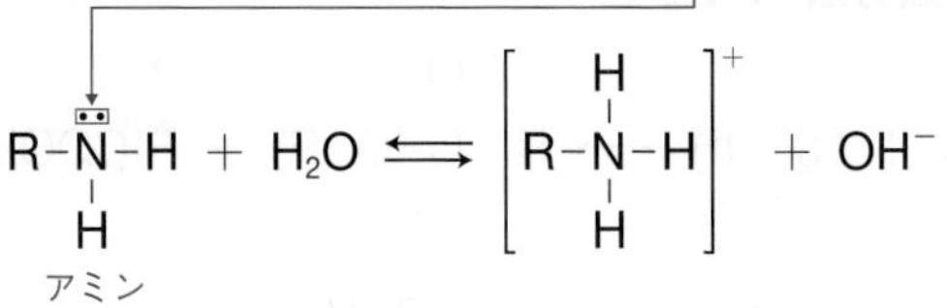

$$\underset{\text{アミン}}{R-\underset{H}{\underset{|}{\ddot{N}}}-H} + H_2O \rightleftarrows \left[R-\underset{H}{\underset{|}{\overset{H}{\overset{|}{N}}}}-H\right]^+ + OH^-$$

アミドは，アミド結合のカルボニル基の正に帯電した炭素原子が，隣の窒素原子の非共有電子対を引きつけて負電荷が広がって分布するので，アミンのように配位結合によって塩基として働きにくく，中性物質です。

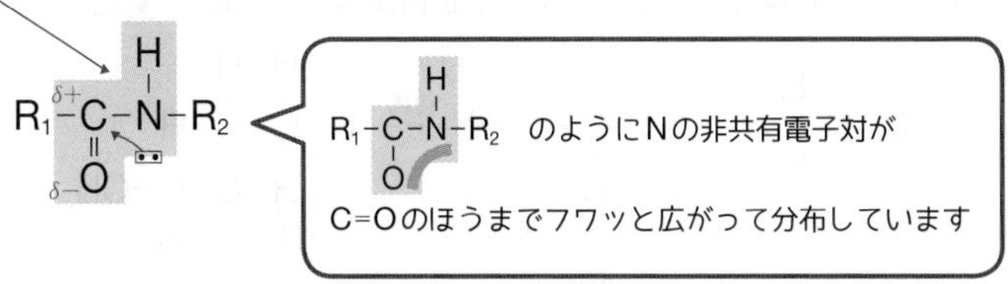

$$R_1-\underset{\underset{\delta-}{O}}{\underset{\|}{\overset{\delta+}{C}}}-\overset{H}{\overset{|}{\ddot{N}}}-R_2$$

$R_1-\underset{O}{\underset{|}{C}}-\overset{H}{\overset{|}{N}}-R_2$ のようにNの非共有電子対がC=Oのほうまでフワッと広がって分布しています

補足　アミドは，酸または塩基の水溶液とともに加熱すると，カルボン酸とアミンに加水分解されます。p.150から説明するエステルの加水分解と同様の反応です。

別冊 p.14

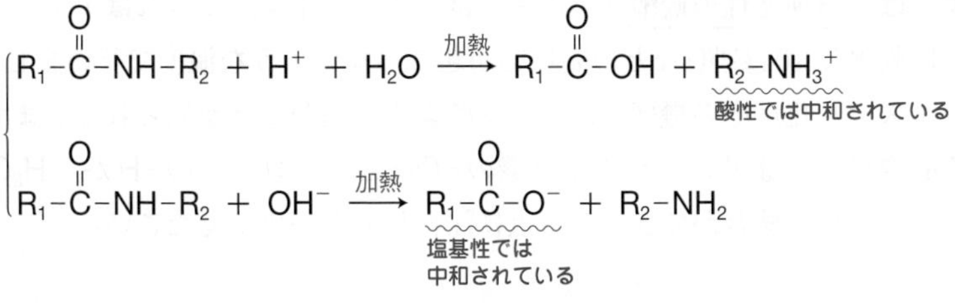

$$R_1-\overset{O}{\overset{\|}{C}}-NH-R_2 + H^+ + H_2O \xrightarrow{\text{加熱}} R_1-\overset{O}{\overset{\|}{C}}-OH + \underset{\text{酸性では中和されている}}{R_2-NH_3^+}$$

$$R_1-\overset{O}{\overset{\|}{C}}-NH-R_2 + OH^- \xrightarrow{\text{加熱}} \underset{\text{塩基性では中和されている}}{R_1-\overset{O}{\overset{\|}{C}}-O^-} + R_2-NH_2$$

STAGE 2 エステルやアミドの合成方法と加水分解

ここではエステルやアミドの合成方法と，元のアルコールやアミンとカルボン酸に加水分解する反応を学習しましょう。

これを覚えよう！ 42

◆ **酸触媒を使った合成方法** → 説明 1 別冊 p.15

$$R_1-\overset{\overset{O}{\|}}{C}-O-H + R_2-OH \xrightleftharpoons{\text{酸触媒}} R_1-\overset{\overset{O}{\|}}{C}-O-R_2 + H_2O$$

カルボン酸　　アルコール　　エステル

◆ **酸無水物を使った合成方法** → 説明 2 別冊 p.16

$$R_1-\overset{\overset{O}{\|}}{C}-O-\overset{\overset{O}{\|}}{C}-R_1 + R_2-OH \longrightarrow R_1-\overset{\overset{O}{\|}}{C}-O-R_2 + R_1COOH$$

カルボン酸無水物　　アルコールやフェノール類　　エステル

$$R_1-\overset{\overset{O}{\|}}{C}-O-\overset{\overset{O}{\|}}{C}-R_1 + R_2-\overset{\overset{H}{|}}{N}-H \longrightarrow R_1-\overset{\overset{O}{\|}}{C}-\overset{\overset{H}{|}}{N}-R_2 + R_1COOH$$

カルボン酸無水物　　アミン　　アミド

◆ **アルケンやアルキンにカルボン酸を付加する方法** → 説明 3

$$CH_2=CH_2 + CH_3-\underset{\underset{O}{\|}}{C}-O-H \xrightarrow{\text{付加}} H-\overset{\overset{H}{|}}{\underset{\underset{H}{|}}{C}}-\overset{\overset{H}{|}}{\underset{\underset{O-\underset{\underset{O}{\|}}{C}-CH_3}{|}}{C}}-H$$

エチレン　　酢酸　　酢酸エチル

説明 1　一般には，反応速度を上げるために加熱します。そのため，酸触媒には，<u>不揮発性の硫酸</u>を実験室ではよく使います。できればアルコールの分子間脱水(p.104参照)などの副反応が起こらないような温度で行いましょう。

エステル化反応の機構は次ページのように進むことが知られています。覚える必要はありません。カルボン酸の−OHとアルコールの−HからH_2Oがとれて，エステル結合ができている点に注目してながめてください。

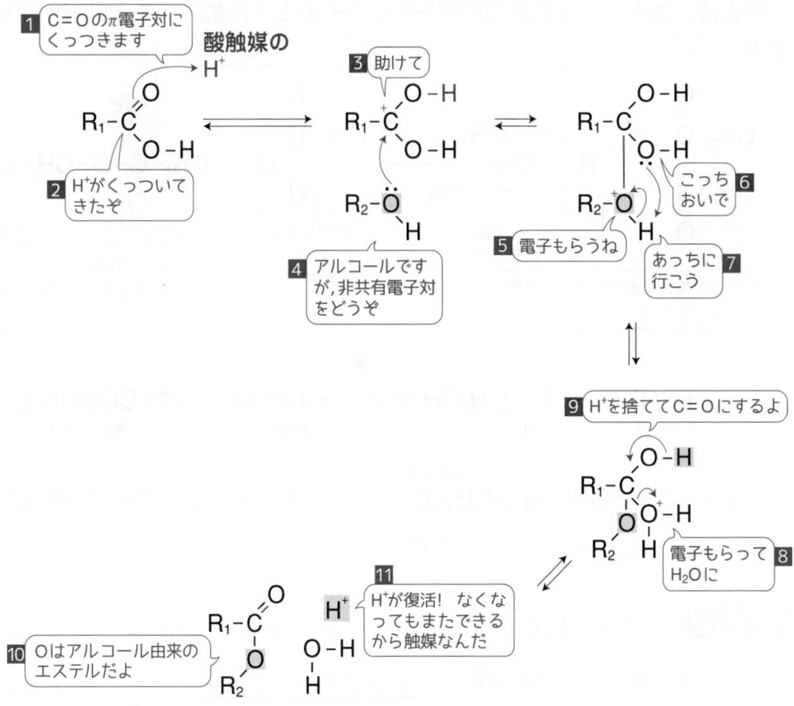

なお，上の反応は可逆的です。最終的には平衡状態になります。エステルを多く手に入れるためには，**H_2Oを少なくして平衡を右へ移動させる必要**があるので，触媒として**濃硫酸**がよく用いられます。

また，アルコールを過剰に加えることで平衡を右に移動させることができます。アルコールを過剰に加えることが多いのは，アルコールのほうがカルボン酸より沸点が低いので，あとで蒸留などを用いてとり除きやすいからです。

説明 2 カルボン酸より反応性が高い酸無水物を用いると，速やかにエステルやアミドが生じます。反応によってH_2Oができず，不可逆的に進みます。

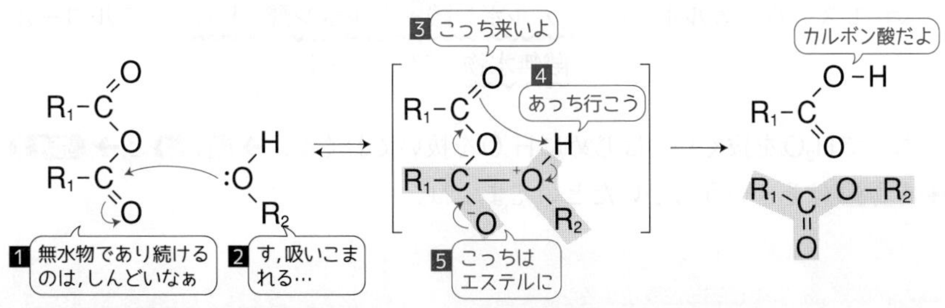

例えば，エタノールに無水酢酸を作用させると，酢酸エチルと酢酸が生成します。

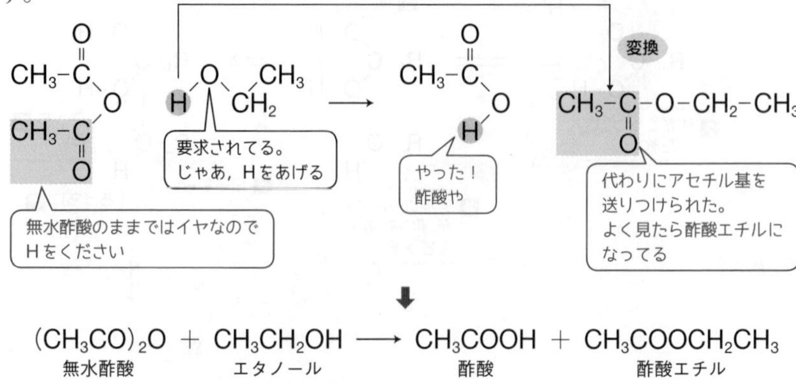

$$(CH_3CO)_2O + CH_3CH_2OH \longrightarrow CH_3COOH + CH_3COOCH_2CH_3$$

無水酢酸　エタノール　酢酸　酢酸エチル

エタノールの$-OH$のHが$CH_3-\underset{\underset{O}{\|}}{C}-$（アセチル基）に置き換わりました。この基の変化は**アセチル化**といいます。

説明 3　次のように考えると，エステルができるのは納得できるでしょう。

$$\text{エステル} = \text{カルボン酸} + \text{アルコール} - H_2O$$
$$= \text{カルボン酸} + \text{アルケン}$$

p.104の分子内脱水を思い出そう！

アルコール $\xrightarrow[\text{分子内脱水}]{-H_2O}$ アルケン $\xrightarrow{\text{付加}}$ エステル

$H-O-\underset{\underset{O}{\|}}{C}-R$（カルボン酸）

同様に考えると，→**説明 2**も次のように理解できます。

$$\text{エステル} = \text{カルボン酸} + \text{アルコール} - H_2O$$
$$\Leftrightarrow \text{エステル} + \text{カルボン酸} = (\text{カルボン酸} + \text{カルボン酸} - H_2O) + \text{アルコール}$$
$$= \text{酸無水物} + \text{アルコール}$$

あとでH_2Oを抜くか，はじめにH_2Oを抜いておくか，→**説明 1**と→**説明 2**，→**説明 3**はそういうちがいだといえますね。

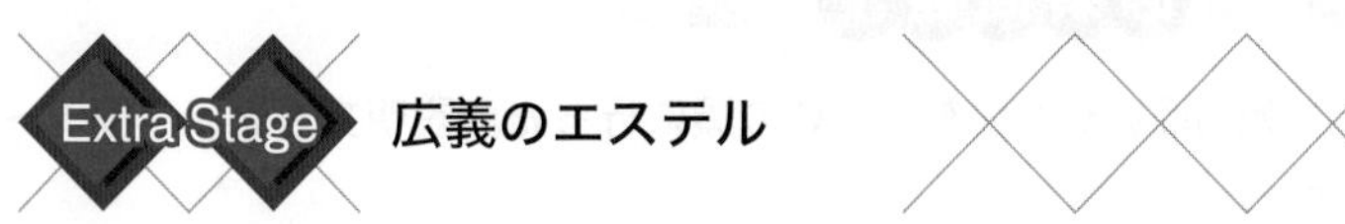

広義のエステル

カルボン酸ではなく，硫酸・硝酸・リン酸といったオキソ酸とアルコールが脱水縮合してできた有機化合物も広い意味でエステルとよんでいます。

$$\underset{\text{アルコール}}{R{-}OH} + \underset{\text{硫酸}}{HO{-}SO_2{-}OH} \xrightarrow{-H_2O} \underset{\text{硫酸エステル}}{R{-}O{-}SO_2{-}OH}$$

$$\underset{\text{アルコール}}{R{-}OH} + \underset{\text{硝酸}}{HO{-}NO_2} \xrightarrow{-H_2O} \underset{\text{硝酸エステル}}{R{-}O{-}NO_2}$$

$$\underset{\text{アルコール}}{R{-}OH} + \underset{\text{リン酸}}{HO{-}PO(OH){-}OH} \xrightarrow{-H_2O} \underset{\text{リン酸エステル}}{R{-}O{-}PO(OH){-}OH}$$

硫酸エステルはナトリウム塩が合成洗剤(p.287)，リン酸エステルは核酸(p.290)で登場するので，ここでは代表的な硝酸エステルを1つ紹介しましょう。

グリセリンの3つの$-OH$をHNO_3と縮合させると，ニトログリセリンという硝酸トリエステルが得られます。

$$\underset{\text{グリセリン}}{\begin{matrix}CH_2{-}OH\\ CH{-}OH\\ CH_2{-}OH\end{matrix}} + \underset{\text{濃硝酸}}{3HO{-}NO_2} \xrightarrow{\text{濃硫酸}} \underset{\text{ニトログリセリン}}{\begin{matrix}CH_2{-}O{-}NO_2\\ CH{-}O{-}NO_2\\ CH_2{-}O{-}NO_2\end{matrix}} + 3H_2O$$

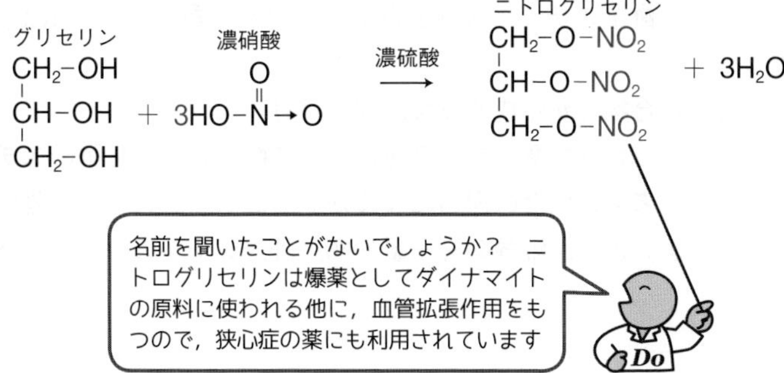

名前を聞いたことがないでしょうか？　ニトログリセリンは爆薬としてダイナマイトの原料に使われる他に，血管拡張作用をもつので，狭心症の薬にも利用されています
Do

入試攻略への必須問題1

別冊 p.41

有機化合物に関する実験を(A)～(C)の順に行った。説明文を読み，**問1～5**に答えよ。

(A) 丸底フラスコに酢酸30.0gとエタノール100mL(約1.7mol)を入れて，少量の濃硫酸と沸騰石を加え，還流冷却器をつけて140℃程度で2時間加熱した。室温になるまで放置してから，丸底フラスコ内の溶液を氷冷した純水に注ぐと，水層と有機層の2層に分離した。有機層の主成分は，酢酸エチルであった。

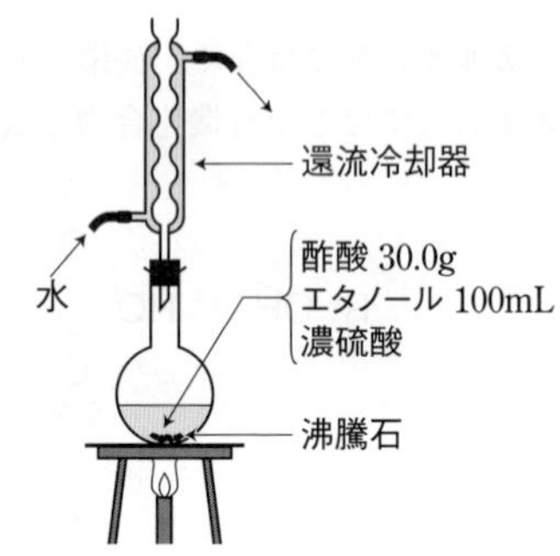

問1 酢酸エチルが生成する反応の反応式を書け。

問2 脱水作用の他に濃硫酸が果たす役割を述べよ。

(B) (A)の有機層を分液ろうとに移し，炭酸水素ナトリウム水溶液を加えて振り混ぜながら，発生する気体を放出させた。水層が弱塩基性であることを確認してから水層を除いた。有機層に粒状の塩化カルシウムを加えて残存する少量の水分を除去し，ろ過して有機層をとり出した。

問3 有機層に炭酸水素ナトリウム水溶液を加える理由と，そのときに起こる反応の反応式を書け。

(C) (B)で得られた有機層には，酢酸エチルの他に有機化合物Xが含まれていた。また，Xは(A)の実験で酢酸を入れない場合にも生成した。そこで，蒸留によって酢酸エチルとXを分離して，純粋な酢酸エチル18.0gをとり出した。

問4 有機化合物Xが生成する反応式を書け。

問5 (C)で得られた酢酸エチルの量は，(A)で酢酸がすべて酢酸エチルに変化したと考えた場合の何%になるかを計算せよ。答えは有効数字3桁で求めよ。また，酢酸の分子量を60，酢酸エチルの分子量を88とする。

(早稲田大)

解説 (A)では，反応容器を密閉すると内圧が高くなって危ないので，容器内の圧力を外圧と同じにするために口をあけておく。すると，容器内から蒸気が逃げるので，冷やして凝縮し，下に落とすために還流冷却器を付けている。

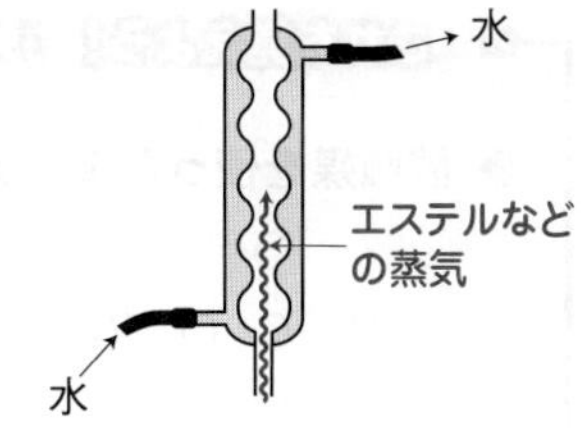

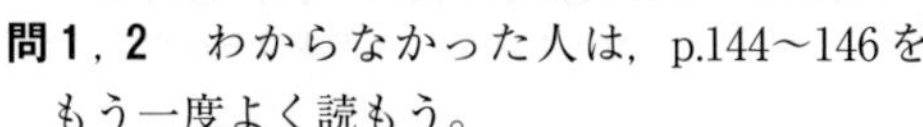
問1，2　わからなかった人は，p.144～146をもう一度よく読もう。

問3，4　酸触媒を使って，カルボン酸とアルコールからエステルを生成する反応は可逆反応である。よって，平衡状態で反応物である酢酸やエタノールも残っている。

CH_3COOHは水によく溶けるが，酢酸エチルにもよく溶けるため，有機層にも混入している。そこでCH_3COOHを水によく溶ける塩にして完全に水層へと移す。今回は，$NaHCO_3$を使って酢酸ナトリウムにしている。

$$CH_3COOH + NaHCO_3 \longrightarrow CH_3COONa + H_2O + CO_2\uparrow$$

水層が弱塩基性になったら，もはや，余分なCH_3COOHは残っていない。

今回，濃硫酸を加えて140℃に加熱しているから，CH_3CH_2OHの分子間脱水反応(p.104参照)も起こって，ジエチルエーテル$CH_3CH_2OCH_2CH_3$が副生成物として生じる。なお，ジエチルエーテルの生成を防ぐには70℃くらいの湯浴で反応を行えばよい。

問5　理論上は酢酸1 molから酢酸エチルが1 mol生じる。

$$\frac{30.0\,g}{60\,g/mol} \times 88\,g/mol = 44.0\,g$$

CH_3COOHの物質量〔mol〕＝酢酸エチルの物質量〔mol〕　理論的に得られる酢酸エチルの質量〔g〕

よって，

$$収率〔\%〕= \frac{実際に得られた量}{理論的に得られる量} \times 100 = \frac{18.0}{44.0} \times 100 \fallingdotseq 40.9\,\%$$

となる。

答え
問1　$CH_3COOH + CH_3CH_2OH \longrightarrow CH_3COOCH_2CH_3 + H_2O$
問2　触媒
問3　理由：有機層に含まれる酢酸を塩にして，完全に水層へと移すため。
反応式：$CH_3COOH + NaHCO_3 \longrightarrow CH_3COONa + H_2O + CO_2$
問4　$2CH_3CH_2OH \longrightarrow CH_3CH_2OCH_2CH_3 + H_2O$
問5　40.9％

これを覚えよう! 43

◆ **酸触媒を使ったエステルの加水分解** → 説明 1 別冊 p.15

$$R_1-\overset{\overset{O}{\|}}{C}-O-R_2 + H_2O \xrightleftharpoons{\text{酸触媒}} R_1-\overset{\overset{O}{\|}}{C}-O-H + R_2-OH$$

エステル　　　　カルボン酸　　アルコールやフェノール類

◆ **塩基を使ったエステルの加水分解(けん化)** → 説明 2 別冊 p.13

$$R_1-\overset{\overset{O}{\|}}{C}-O-R_2 + NaOH \xrightarrow{\text{加熱}} R_1-\overset{\overset{O}{\|}}{C}-ONa + R_2-OH$$

エステル　　　　カルボン酸ナトリウム塩　アルコール

※　アミドでも同様(p.143参照)

説明 1　エステル合成のときと逆向きの反応です。今度は**希硫酸**のような**水を多く含む酸触媒**を使えば，p.144の➔ 説明 1 の平衡が左へ傾きます。

説明 2　エステルをNaOHのような塩基とともに加熱すると，不可逆的に加水分解します。塩基を使った加水分解はセッケンをつくるとき(p.285参照)に利用されるので，**けん化**とよんでいます。

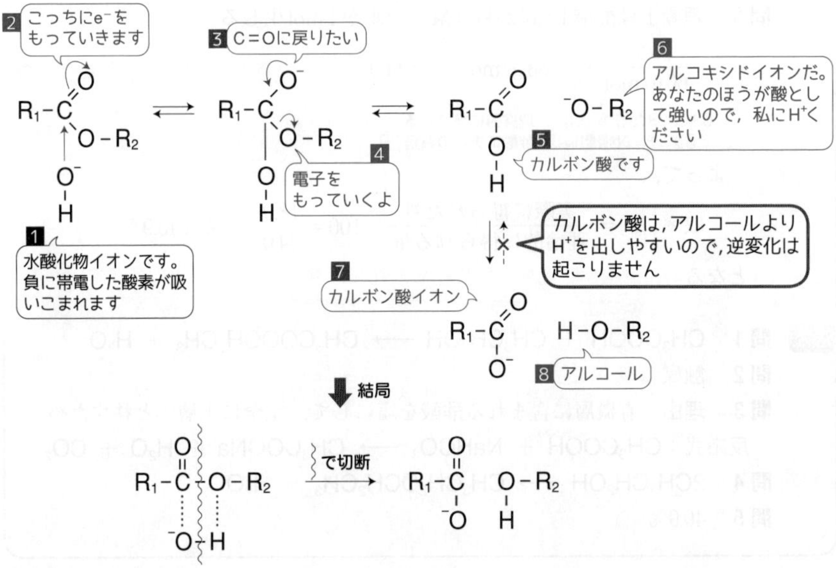

2 こっちにe^-をもっていきます

3 C=Oに戻りたい

6 アルコキシドイオンだ。あなたのほうが酸として強いので，私にH^+ください

$$R_1-C(=O)-O-R_2 + {}^-O-H \rightleftarrows R_1-C(-O^-)(-OH)-O-R_2 \rightleftarrows R_1-C(=O)-O-H + {}^-O-R_2$$

5 カルボン酸です

4 電子をもっていくよ

1 水酸化物イオンです。負に帯電した酸素が吸いこまれます

カルボン酸は，アルコールよりH^+を出しやすいので，逆変化は起こりません

7 カルボン酸イオン

$$R_1-C(=O)-O^- \quad H-O-R_2$$

8 アルコール

⬇ 結局

$$R_1-\overset{\overset{O}{\|}}{C}-O-R_2 \xrightarrow{\text{§で切断}} R_1-\overset{\overset{O}{\|}}{C}-O^- \quad H-O-R_2$$
$${}^-O-H$$

と変化したわけですね。**エステル結合1つあたりOH^-が1つ消費**されている

点に注意しましょう。今回OH^-は触媒ではありません。化学反応式がつくりにくいという人は，次のように2つに分けて書くとよいでしょう。

$$R_1COOR_2 + H_2O \rightleftarrows R_1COOH + R_2OH \quad \text{(まず加水分解)}$$
$$+)\ R_1COOH + NaOH \longrightarrow R_1COONa + H_2O \quad \text{(次に中和)}$$
$$R_1COOR_2 + NaOH \xrightarrow{\text{加熱}} R_1COONa + R_2OH \quad \text{(けん化)}$$

入試攻略への必須問題2

ある酢酸エステルを穏やかに加水分解したところ，アセトアルデヒドも得られた。この酢酸エステルの構造式を記せ。 （名古屋大）

解説 ビニルアルコールのようなエノールのエステルを加水分解すると，次のように変化してカルボン酸とカルボニル化合物が得られる。

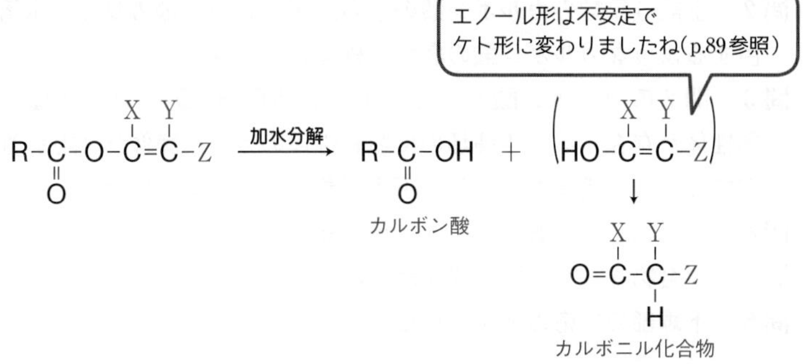

エノール形は不安定で
ケト形に変わりましたね(p.89参照)

$$R-\underset{\underset{O}{\|}}{C}-O-\overset{X}{\overset{|}{C}}=\overset{Y}{\overset{|}{C}}-Z \xrightarrow{\text{加水分解}} R-\underset{\underset{O}{\|}}{C}-OH + \left(HO-\overset{X}{\overset{|}{C}}=\overset{Y}{\overset{|}{C}}-Z\right)$$

カルボン酸

$$\downarrow$$
$$O=\overset{X}{\overset{|}{C}}-\underset{\underset{H}{|}}{\overset{Y}{\overset{|}{C}}}-Z$$

カルボニル化合物

そこで，アセトアルデヒドが生じる酢酸エステルは，酢酸ビニルである。

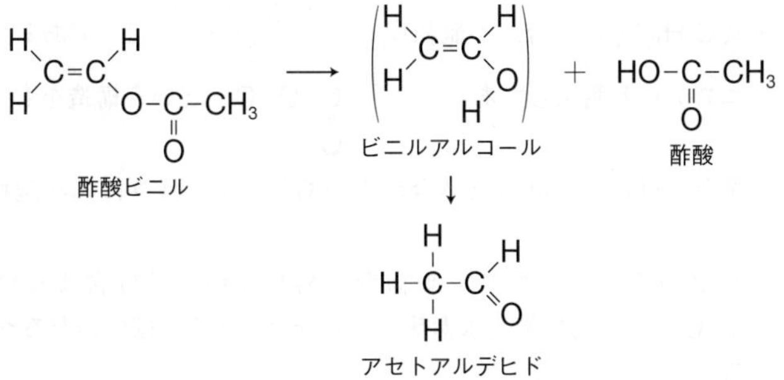

$$CH_2=CH-O-\underset{\underset{O}{\|}}{C}-CH_3 \longrightarrow (CH_2=CH-OH) + HO-\underset{\underset{O}{\|}}{C}-CH_3$$

酢酸ビニル　　ビニルアルコール　　酢酸

$$\downarrow$$
$$H-\underset{\underset{H}{|}}{\overset{H}{\overset{|}{C}}}-CHO$$

アセトアルデヒド

答え

$$CH_2=CH-O-\overset{\overset{O}{\|}}{C}-CH_3$$

入試攻略への必須問題3

分子式$C_5H_{10}O_2$で表されるエステル化合物A，Bがある。化合物A，Bにそれぞれ水酸化ナトリウム水溶液を加えて加熱し，十分に反応させた後，希塩酸を加えると，化合物Aからは酢酸とアルコールCが生じ，化合物Bからは化合物DとアルコールEが生じた。アルコールCおよびEをそれぞれ過マンガン酸カリウム水溶液で酸化すると，Cはケトンである化合物Fになり，Eはアセトアルデヒドを経て酢酸になった。化合物Fにヨウ素と水酸化ナトリウム水溶液を加えて加熱すると，黄色の沈殿を生じた。化合物D，Fにそれぞれアンモニア性硝酸銀水溶液を加えたところ，いずれも銀の析出は見られなかった。

問1　分子式$C_5H_{10}O_2$で表されるエステル化合物の加水分解によって，5種類のカルボン酸が生じる可能性がある。5種類のカルボン酸の構造式を示せ。

問2　上記5種類のカルボン酸のうち，過マンガン酸カリウム水溶液を脱色するようなカルボン酸の名称と構造式を記せ。

問3　**問2**のカルボン酸を生じるエステル$C_5H_{10}O_2$には，4種類の構造異性体が存在する。4種類の構造異性体のうち，鏡像(光学)異性体が存在するものの構造式を示し，不斉炭素原子に＊印をつけよ。

問4　化合物C，EおよびFの名称を記せ。

問5　化合物A，Bの構造式を示せ。

問6　下線部の反応の名称を記せ。　(名城大)

解説　分子式$C_5H_{10}O_2$の場合，不飽和度$I_u=\frac{2\times5+2-10}{2}=1$　である。今回，問題文にエステルと明記してあるから，$-\underset{\underset{O}{\|}}{C}-O-C-$ という構造をもつことがわかる。また，$-\underset{\underset{O}{\|}}{C}-$ の部分にπ結合が1つあるので，残りは鎖状飽和である。

O原子は2つなので，エステル結合以外にはO原子は含まない。次のように $-\underset{\underset{O}{\|}}{C}-O-$ の左右に炭化水素基をふり分けて数えればいいだろう。

(Ⅰ) $H-\underset{\underset{O}{\|}}{C}-O-\boxed{C_4}$　　(Ⅱ) $\boxed{C_1}-\underset{\underset{O}{\|}}{C}-O-\boxed{C_3}$　　(Ⅲ) $\boxed{C_2}-\underset{\underset{O}{\|}}{C}-O-\boxed{C_2}$

(Ⅳ) C_3−C(=O)−O−C_1　　(Ⅴ) C_4−C(=O)−O−H（×）

これはカルボン酸です

すると，分子式$C_5H_{10}O_2$をもつエステルには，次の9種類が存在することがわかる。

(Ⅰ) H−C(=O)−O− ―①～④へ→ C−C−C−C（①②） または C−C(−C)−C（③④）

(Ⅱ) C−C(=O)−O− ―⑤，⑥へ→ C−C−C（⑤⑥）

(Ⅲ) C−C−C(=O)−O−C−C　⑦

(Ⅳ) C−C−C（⑧⑨） ←⑧，⑨へ― −C(=O)−O−C

今回の問題ではエステルをけん化したあと，希塩酸をろ液に加えることによってアルコールとカルボン酸を得ている。

$$\begin{cases} R\text{−}C(=O)\text{−}O\text{−}R' + NaOH \xrightarrow{\text{加熱}} RCOONa + R'OH \\ RCOONa + HCl \longrightarrow RCOOH + NaCl \quad (\text{弱酸遊離反応}) \end{cases}$$

問1　(Ⅰ)，(Ⅱ)，(Ⅲ)，(Ⅳ)のエステルを加水分解して得られるカルボン酸である。

問2　ギ酸やシュウ酸のように還元剤として働くカルボン酸であれば，強い酸化剤であるMnO_4^-と反応し，赤紫色を脱色する。(Ⅰ)はギ酸エステルだから，今回はギ酸HCOOHが答えとなる。

問3　(Ⅰ)の①～④のうち，C^*をもつのは②である。

H−C(=O)−O−C*H(−CH_3)−CH_2−CH_3

問4～6　Aからは酢酸とアルコールCが得られ，Cを酸化するとケトンFが得られることから，Cは第二級アルコールである。よって，A=⑥である。

$$\underset{\text{A}}{CH_3-\overset{\overset{\large O}{\|}}{C}-O-\overset{\overset{\large CH_3}{|}}{C}H-CH_3} \xrightarrow{\text{加水分解}} CH_3COOH + \underset{\text{C}}{CH_3-\underset{\underset{\large OH}{|}}{C}H-CH_3} \ \text{(2-プロパノール)}$$

$$\downarrow \text{酸化}(-2H)$$

$$\text{F}\quad CH_3-\underset{\underset{\large O}{\|}}{C}-CH_3 \ \text{(アセトン)}$$

次に，Bからはカルボン酸DとアルコールEが得られるが，Eを酸化するとアセトアルデヒドを経て酢酸になることから，Eがエタノールとわかる。よって，B=⑦である。

$$\underset{\text{B}}{CH_3-CH_2-\overset{\overset{\large O}{\|}}{C}-O-CH_2-CH_3} \xrightarrow{\text{加水分解}} \underset{\text{D}}{CH_3-CH_2-\overset{\overset{\large O}{\|}}{C}-OH} + \underset{\text{E}}{CH_3CH_2OH}$$

$$CH_3CH_2OH \xrightarrow{\text{酸化}} CH_3CHO \xrightarrow{\text{酸化}} CH_3COOH$$

また，Fのアセトンはヨードホルム反応陽性である。

$$CH_3-\underset{\underset{\large O}{\|}}{C}-CH_3 \xrightarrow[NaOH]{I_2} \underset{\text{ヨードホルム}}{CHI_3} + CH_3COONa$$

さらに，D，Fはアルデヒドではないので銀鏡反応をしない。

答え

問1 $H-\overset{\overset{O}{\|}}{C}-OH$　$CH_3-\overset{\overset{O}{\|}}{C}-OH$　$CH_3-CH_2-\overset{\overset{O}{\|}}{C}-OH$

$CH_3-CH_2-CH_2-\overset{\overset{O}{\|}}{C}-OH$　$CH_3-\overset{\overset{CH_3}{|}}{C}H-\overset{\overset{O}{\|}}{C}-OH$

問2 名称：ギ酸　構造式：$H-\overset{\overset{O}{\|}}{C}-OH$

問3 $H-\overset{\overset{O}{\|}}{C}-O-\overset{\overset{CH_3}{|_*}}{C}H-CH_2-CH_3$

問4 C：2-プロパノール　E：エタノール　F：アセトン

問5 A：$CH_3-\overset{\overset{O}{\|}}{C}-O-\overset{\overset{CH_3}{|}}{C}H-CH_3$　B：$CH_3-CH_2-\overset{\overset{O}{\|}}{C}-O-CH_2-CH_3$

問6 ヨードホルム反応

さらに演習！『鎌田の化学問題集 理論・無機・有機 改訂版』「第11章 脂肪族化合物 22 アルコール・カルボニル化合物・カルボン酸・エステルとアミド」

第3章

芳香族化合物

10 ベンゼン

学習項目
1 ベンゼンとその安定性
2 ベンゼンの付加反応と酸化

STAGE 1 ベンゼンとその安定性

私たちがベンゼンとよんでいる炭化水素は，1825年に鯨油から発見され，1834年には分子式がC_6H_6と決まりました。ベンゼンの不飽和度は$I_u = \frac{2\times6+2-6}{2} = 4$です。π結合と環が合わせて4個あるのにアルケンのような付加反応は起こりにくく，とても安定な化合物だったので，その分子構造に化学者たちは悩まされました。まず，STAGE 1 でベンゼンの分子構造について説明しましょう。

これを覚えよう！ 44

◆ **ベンゼンの構造式** → 説明 1

C_6H_6（分子量78）：⬡ ⟷ ⬡ （⬡は正六角形）

◆ **ベンゼンの仲間** → 説明 2

$C_{10}H_8$：ナフタレン　　$C_{14}H_{10}$：アントラセン

説明 1 1865年にドイツの化学者ケクレは，ベンゼンの構造式として次の（図1）のような単結合と二重結合が交互に並んだ六員環構造を提唱しました。

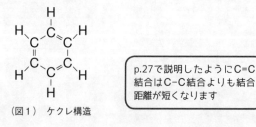

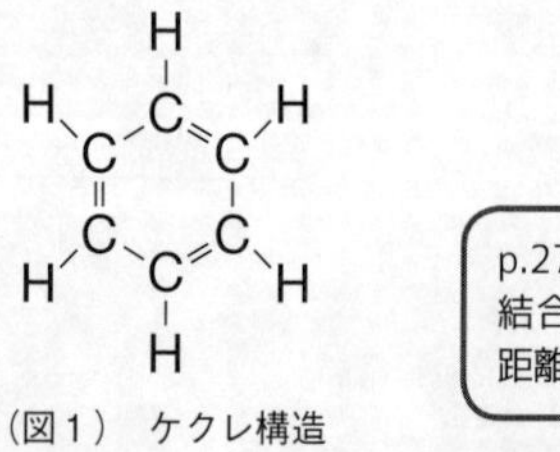

（図1） ケクレ構造

p.27で説明したようにC=C結合はC−C結合よりも結合距離が短くなります

ただし，この構造式ではアルケンのような臭素Br_2の付加反応が起こりにくいことだけでなく，1930年代に明らかにされたベンゼン分子の6個の炭素原子が正六角形の頂点に位置しているという事実を説明できません。

そこで，次の(図2)のように，2つのケクレ構造式を両矢印 ↔ でつないで，これらの中間的な構造(共鳴混成体といいます)が考えられました。

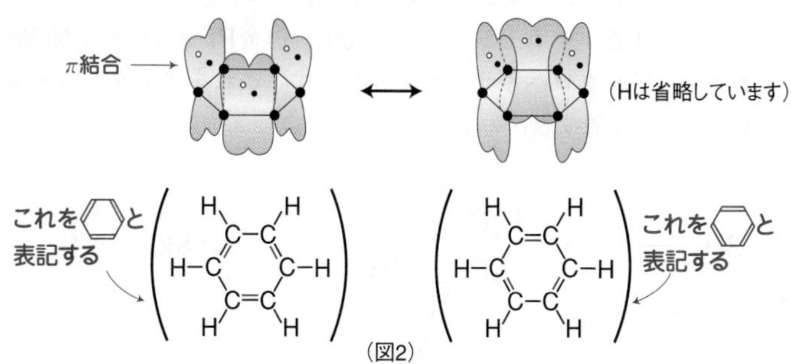

(図2)

ベンゼン分子の炭素原子間は**C−C結合とC=C結合の中間的な状態で，6個の炭素原子間の長さや性質はすべて同じ**というわけです。

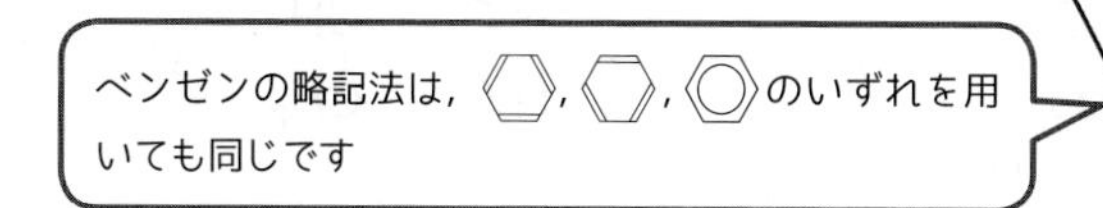

ベンゼンの略記法は，, , のいずれを用いても同じです
Do

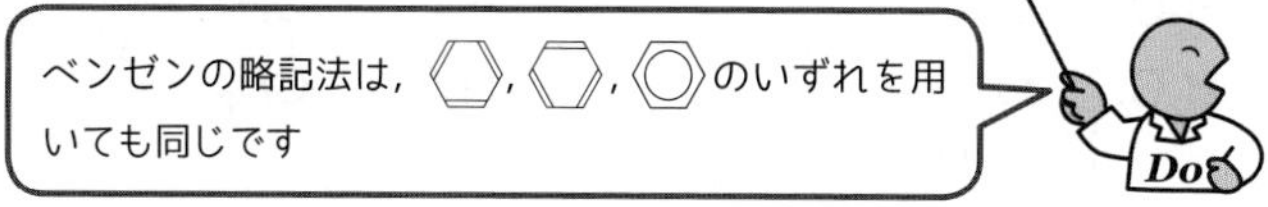

この構造はベンゼンのπ電子が次のように分布していることも表しています。

環内のπ電子は，炭素原子からなる正六角形の表面に雲のように広がり，非局在化(ひきょくざいか)している。

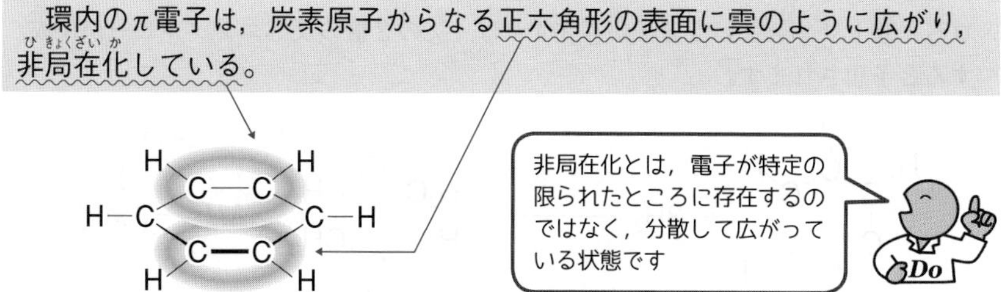

非局在化とは，電子が特定の限られたところに存在するのではなく，分散して広がっている状態です
Do

この非局在化した電子がベンゼンのもつ特別なエネルギー的安定性につながっていて，同様の環構造をもつ化合物を**芳香族化合物**(ほうこうぞく / aromatic compound)といいます。必ずしも“芳香がある”(いい香りがする)わけではないので注意してください。

説明 2 ナフタレンやアントラセンもベンゼンと同様に芳香族化合物です。この2つも名称，分子式，構造式を記憶してください。

芳香族性について

(1) ベンゼン環とその安定性

ベンゼンの安定性をエンタルピー変化から考えてみましょう。

p.162で紹介しますが，ベンゼンは高温・高圧，白金Ptやニッケル Ni 触媒のもとで水素と反応してシクロヘキサンが生成します。これをエンタルピー変化ΔHを付した化学反応式で表すと次のようになります。

ベンゼン $+ \ 3H_2 \longrightarrow$ シクロヘキサン　$\Delta H = -208\,\mathrm{kJ}$　…①

同じように，シクロヘキセンに水素を付加したときの化学反応式を表すと，

シクロヘキセン $+ \ H_2 \longrightarrow$ シクロヘキサン　$\Delta H = -120\,\mathrm{kJ}$　…②

もし仮に，ベンゼンの二重結合が特定の炭素原子間に固定された1,3,5－シクロヘキサトリエンという分子が存在すれば，②の3倍の反応エンタルピーが生成すると予想されます。

1,3,5-シクロヘキサトリエン（仮想分子） $+ \ 3H_2 \longrightarrow$ シクロヘキサン　$\Delta H = -360\,\mathrm{kJ}$　…③

（$(-120) \times 3$より）

①，③を比べると，ベンゼンはπ電子の非局在化によって152 kJ/molだけエンタルピーが小さくなっていて，エネルギー的に安定化しているとわかります。このようなエネルギー的安定性を**芳香族性**とよんでいます。

(大)
+ $3H_2$
1,3,5-シクロヘキサトリエン
（仮想分子）
エンタルピー
152kJだけ小さいところにいるんだ
$\Delta H = -152\,kJ$
+ $3H_2$
ベンゼン
$\Delta H = -360\,kJ$
$\Delta H = -208\,kJ$
シクロヘキサン
(小)

(2) ベンゼン環以外に芳香族性を示す環

芳香族性を示す環には次のような特徴があります。
芳香環という

> ①環は平面で，それぞれの原子はp軌道をもつ
> ②p軌道の環状配列に$4n+2$（nは整数）個のπ電子をもつ

次の例で確認してください。環にあるπ電子は・で表しています。

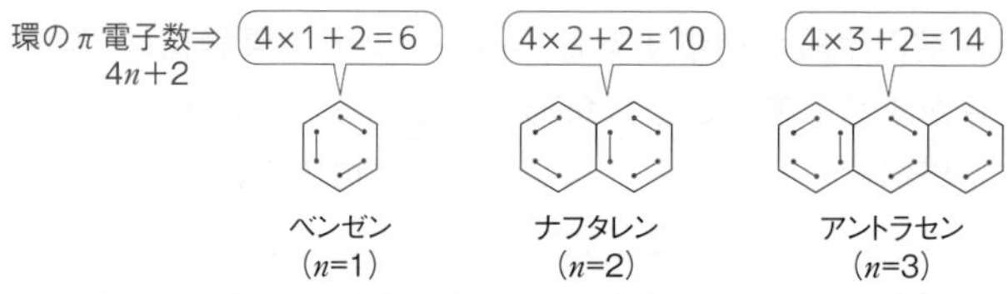

他にもさまざまな芳香環があります。詳しくは大学で学ぶことになりますが，複数のπ電子をもつ環のすべてが芳香環ではない！　という点だけ，頭の片隅に留めておいてください。

入試攻略への必須問題1

次の文章を読み，下の**問**に答えよ。なお，A～Dの構造式は下に示してある。

ベンゼンは1825年に発見された化合物である。その分子式がC_6H_6であることは比較的容易にわかったが，その構造が決まるまでには長い時間を必要とした。1865年，ケクレはベンゼンの構造として，単結合と二重結合を交互にもつ環状の構造式Aを提案した。しかし，この構造式Aは，発表当時すぐには受け入れられなかった。この構造だとすると，ベンゼンは不飽和化合物の性質を示すはずである。ところが，実際にはベンゼンは(a)不飽和化合物が容易に起こす付加反応が起こりにくく，代わりに置換反応を起こすことが知られていたからである。

構造式Aに対する反論は，構造異性体の研究からも出された。構造式Aが正しいとすると，例えば2個の臭素が隣り合った*o*-ジブロモベンゼンには，2種の構造異性体BとCが存在するはずである。しかし，(b)実際には1種類しか見つからなかった。

後になって構造決定の手段が進歩すると，ベンゼンの炭素骨格は(c)炭素原子間の結合の長さがすべて等しい正六角形をしていることが明らかになった。これを示した構造式がDである。ベンゼンのこのように特殊な性質や構造は，20世紀になって誕生した量子力学にもとづいて説明された。

ケクレの提案した構造式Aには単結合と二重結合の区別があり，厳密には正しい構造とはいえないが，便利な面もある。このため，実際の構造を示していないことを認めたうえで，構造式Dとともに現在でも用いられている。

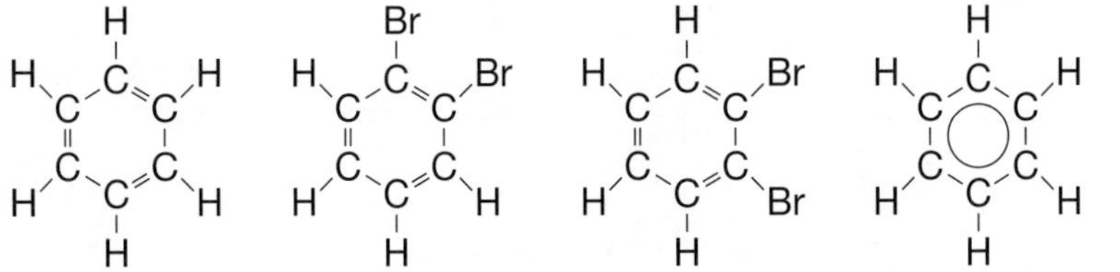

A　　B　　C　　D

問　下線部((a)，(b)，(c))の原因を述べよ。なお，下線部について別々に答える必要はない。

(東北大)

解説 (a) ベンゼン環には，エネルギー的に特別な安定性があるので，ベンゼン環が壊れる反応は起こりにくい。このことが付加反応より置換反応が起きやすいことにつながっている。

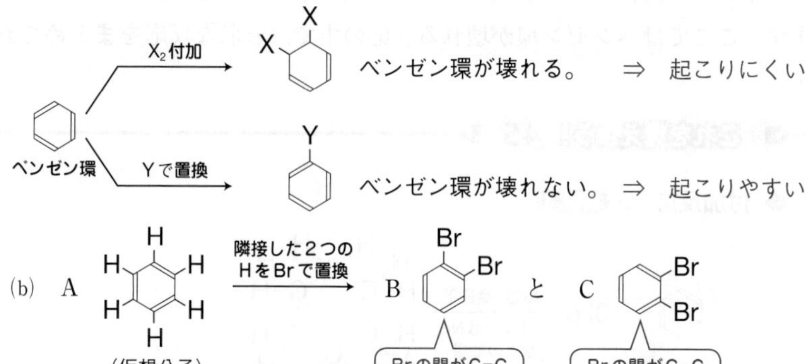

実際のベンゼンは と の2つのケクレ構造(共鳴構造)の共鳴混成体で， と表すこともあるように，BとCは同じ*o*-ジブロモベンゼンを指していて，区別できない。

(c) ベンゼン環は炭素の原子価を明確にするために単結合と二重結合を構造式では交互に描くが，二重結合の位置が固定されているわけではない。

ベンゼン環の炭素原子間の距離は，単結合と二重結合の中間的な値となっている。

C−C（0.154 nm） ＞ ベンゼン環 全辺 0.140 nm ＞ C=C（0.134 nm）

答え ベンゼンの炭素原子間の結合は，二重結合と単結合の中間的な結合である。またベンゼン環は非局在化によって特別なエネルギー的安定性をもつ。そこで，ベンゼンは付加反応が起こりにくい。また，炭素原子間の距離や性質は等しいので，ベンゼン環は正六角形であり，ベンゼンの二置換体である*o*-ジブロモベンゼンは1種類しかない。

STAGE

2 ベンゼンの付加反応と酸化

エネルギー的に非常に安定なベンゼン環でも，条件しだいでは壊れてしまいます。ここではベンゼン環が壊れる反応の中で，有名な反応をまとめておきます。

これを覚えよう！ 45

◆ 付加反応 → 説明 1

(ベンゼン) + $3H_2$ —高温・高圧下 / Ptまたは Ni などの触媒→ シクロヘキサン

p.74です！

(ベンゼン) + $3Cl_2$ —光(紫外線)→ 1, 2, 3, 4, 5, 6-ヘキサクロロシクロヘキサン（ベンゼンヘキサクロリド：略称BHC）

p.62です！

H ← ベンゼンにはじめからついていたHです

別冊 p.12

かつては殺虫剤BHCとして農薬に使われていました。現在は使用が禁止されています

◆ 空気酸化を利用した酸無水物の合成 → 説明 2　別冊 p.16

(ベンゼン) —O_2 / (V_2O_5触媒)，加熱→ 無水マレイン酸

C_6H_6　$C_4H_2O_3$

ナフタレン —O_2 / (V_2O_5触媒)，加熱→ 無水フタル酸

$C_{10}H_8$　$C_8H_4O_3$

説明 1 エネルギー的に安定なベンゼン環でも，大量のH・やCl・のようなラジカル(p.63参照)の攻撃を受けると，付加反応が進み，ベンゼン環が壊れます。

ベンゼン

H・×6 （ ←触媒― $3H_2$）

Cl・×6 （ ←紫外線― $3Cl_2$）

↓はH・やCl・が攻撃するところ

説明 2 酸化バナジウム(Ⅴ)V_2O_5を触媒として用い，400℃くらいで空気中のO_2と反応させると，**ベンゼンやナフタレンからマレイン酸やフタル酸の酸無水物が生じます**。無水マレイン酸や無水フタル酸の合成方法として，覚えておきましょう。

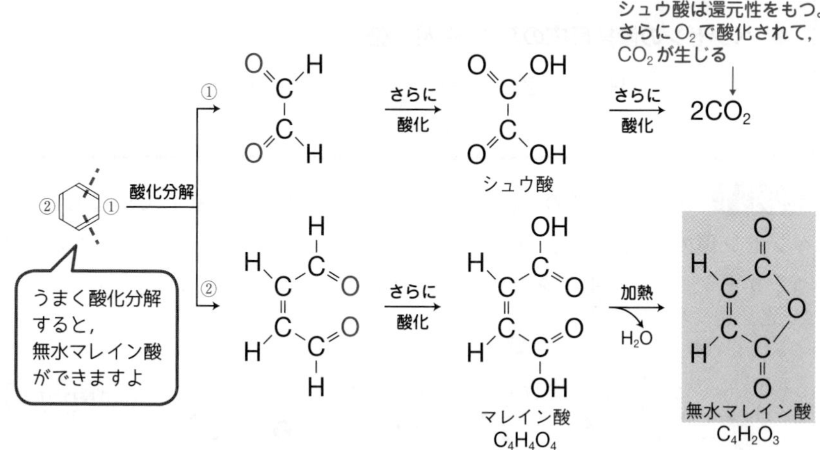

ナフタレンからは無水フタル酸が生じます。無水フタル酸に水を加えると加水分解して，フタル酸が生じます。

p.134参照

ナフタレン
$C_{10}H_8$
―O_2 / V_2O_5，加熱→
無水フタル酸
$C_8H_4O_3$
―水→
フタル酸
$C_8H_6O_4$

ナフタレンからフタル酸ですね

11 ベンゼンの置換反応

学習項目
❶ ベンゼンの置換反応
❷ 置換基と配向性

STAGE
1 ベンゼンの置換反応

ベンゼンは付加反応よりも**置換反応が起こりやすい**という性質があります。ニトロベンゼン，ベンゼンスルホン酸，クロロベンゼン，トルエンなどが，置換反応によってベンゼンから直接得られます。

これを覚えよう！ 46

◆ **ベンゼンの置換反応の基本** → 説明 ❶

$$\text{C}_6\text{H}_5\text{–H} + \text{Z}^+ \longrightarrow \text{C}_6\text{H}_5\text{–Z} + \text{H}^+$$

説明 ❶ ベンゼン環の表面には，電子が雲のように存在していましたね。ベンゼン環のH原子を別の原子団Zで置換するときは，一般に陽イオンZ^+をつくります。これが電子を求めてベンゼン環に接近し，反応が起こります。

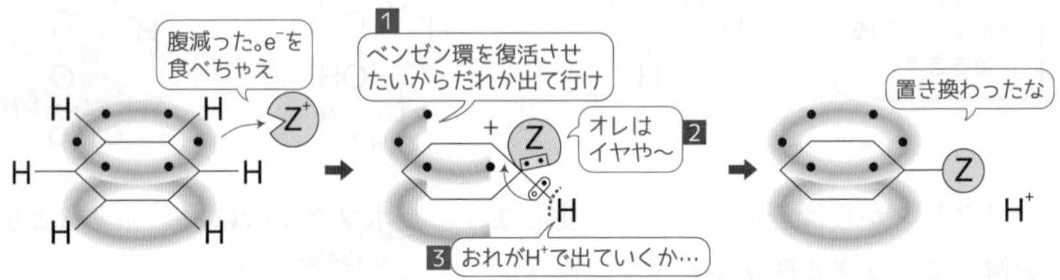

ベンゼン環が保たれたまま，まるでビリヤード(玉突き)のように反応が進むのですね。

1 ぶつかったら
2 とんでった

$$\text{C}_6\text{H}_5\text{–H} + \text{Z}^+ \longrightarrow \text{C}_6\text{H}_5\text{–Z} + \text{H}^+$$

これを覚えよう! 47

◆ ベンゼンの置換反応の具体例①

(1) **ニトロ化** → 説明 1 別冊 p.14, 42

$$C_6H_6 + HNO_3 \xrightarrow[\text{加熱}]{\text{濃硫酸}} C_6H_5\text{-}NO_2 + H_2O$$

ベンゼン　濃硝酸　ニトロベンゼン

(2) **スルホン化** → 説明 2 別冊 p.15

$$C_6H_6 + H_2SO_4 \xrightarrow[\text{加熱}]{} C_6H_5\text{-}SO_3H + H_2O$$

ベンゼン　濃硫酸　ベンゼンスルホン酸

説明 1 **分子内のH原子がニトロ基$-NO_2$で置換される反応**を**ニトロ化**といいます。ベンゼンを**濃硝酸と濃硫酸の混合物**(混酸(こんさん)とよぶ)と反応させると，**淡黄色油状物質のニトロベンゼン**が生じます。

純粋なものは無色だが，黄色を帯びていることが多い

H_2SO_4はHNO_3よりも強い酸で，HNO_3にH^+を与えて次のような反応が起こります。生成したニトロニウムイオン$NO_2{}^+$がベンゼンと反応します。

$$H_2SO_4 + H\text{-}O\text{-}NO_2 \longrightarrow HSO_4{}^- + {}^+NO_2 + H_2O$$

H⁺をぶつけられて OH⁻がとれちゃうよ

H⁺をHNO₃の -OHに与えるよ～

→は配位結合です

ニトロニウムイオンと申します。私がベンゼンを攻撃します

$$C_6H_5\text{-}H + {}^+NO_2 \longrightarrow C_6H_5\text{-}NO_2 + H^+$$

ニトロベンゼン

H₂SO₄が与えたのに再生した

H_2SO_4のH^+は，まずHNO_3に与えられましたが，再びH^+が生じていますね。H_2SO_4は元に戻るので，**濃硫酸は触媒**です。

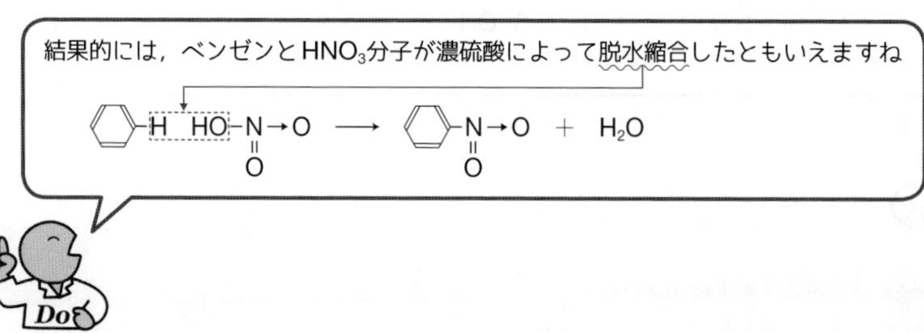

結果的には，ベンゼンとHNO₃分子が濃硫酸によって脱水縮合したともいえますね
H　HO-N→O
N→O　+　H₂O
O
Do

ニトロベンゼンは，甘い香りをもつ液体で，水に溶けにくい中性物質です。**密度は**約1.2 g/mL と，**水より重い**ことも知っておくとよいでしょう。

説明 2 **分子内のH原子がスルホ基 $-SO_3H$ で置換される反応**を**スルホン化**といいます。ベンゼンを濃硫酸や発煙(はつえん)硫酸と反応させると，ベンゼンスルホン酸が生じます。

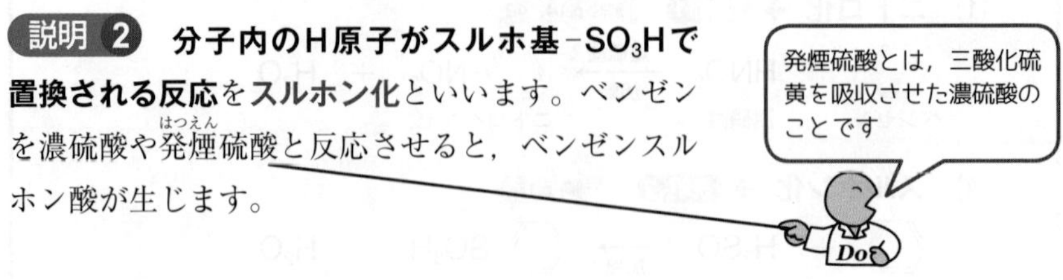

発煙硫酸とは，三酸化硫黄を吸収させた濃硫酸のことです

ぶつけたら，切れるよ

$$\left\{\begin{array}{l} H_2SO_4 + H{-}O{-}S(=O)_2{-}O{-}H \longrightarrow HSO_4^- + H_2O + {}^+S(=O)_2{-}O{-}H \\ C_6H_5{-}H + {}^+S(=O)_2{-}O{-}H \longrightarrow C_6H_5{-}S(=O)_2{-}OH + H^+ \end{array}\right.$$

自分たちでH^+のキャッチボールでもするかな

$HO{-}S(\uparrow O)(\downarrow O){-}OH$ とも描きます

ベンゼンを攻撃だ

ベンゼンスルホン酸は常温では無色の結晶で，芳香族化合物としては珍しく，次のように電離して**水によく溶け**ます。

$$C_6H_5{-}SO_3H + H_2O \xrightarrow{\text{電離}} C_6H_5{-}SO_3^- + H_3O^+$$

（H_3O^+：オキソニウムイオン）

硫酸同様，**強酸性**を示す物質なので注意しましょう。

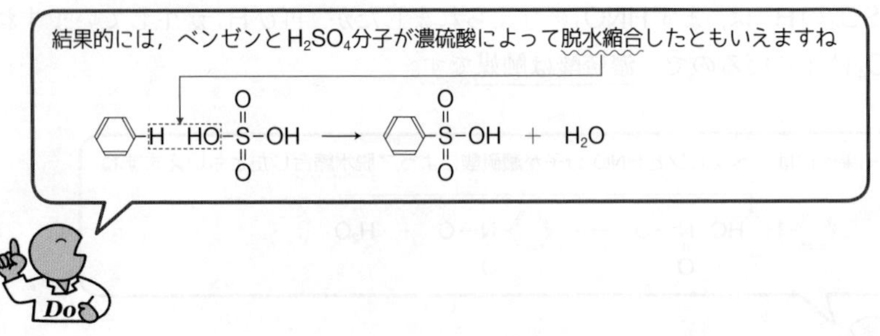

これを覚えよう！ 48

◆ **ベンゼンの置換反応の具体例②**

(1) **アルキル化** ➔ 説明 1

$$C_6H_6 + CH_3Cl \xrightarrow{AlCl_3} C_6H_5\text{-}CH_3 + HCl$$

塩化メチル　　　トルエン

(2) **ハロゲン化** ➔ 説明 2 別冊 p.12

$$C_6H_6 + Cl_2 \xrightarrow{Fe} C_6H_5\text{-}Cl + HCl$$

塩素　　　クロロベンゼン

説明 1 塩化メチルのようなハロゲン化アルキルは，塩化アルミニウム$AlCl_3$の助けで次のように解離し，生じたCH_3^+がベンゼンと反応します。

$$H_3C\text{-}Cl + AlCl_3 \longrightarrow H_3C^+ + [AlCl_4]^-$$

Cl⁻を引っこぬくよ

ベンゼンを攻撃にいこう

Cl⁻となって出ていくよ

錯イオンになりました

$$C_6H_5\text{-}H + {}^+CH_3 \longrightarrow C_6H_5\text{-}CH_3 + \underline{H}^+$$

$\underline{H}^+$は$[AlCl_4]^-$と反応し，HClと$AlCl_3$が生じます。$AlCl_3$は元に戻るので，触媒ですね。

$$H^+ + [AlCl_4]^- \longrightarrow HCl + AlCl_3$$

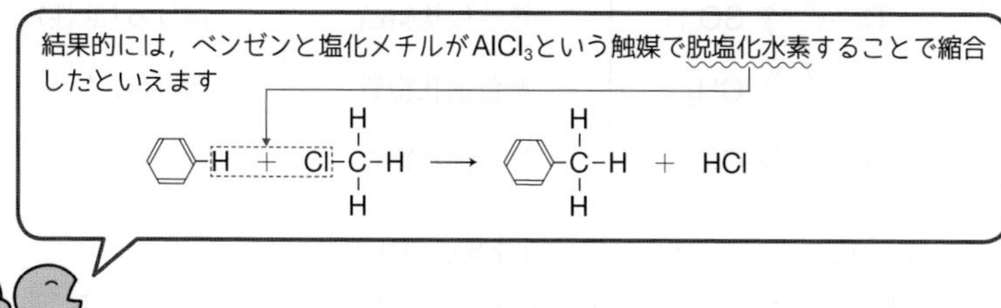

結果的には，ベンゼンと塩化メチルがAlCl₃という触媒で脱塩化水素することで縮合したといえます
H + Cl-C-H
C-H + HCl
Do

塩化メチルのメチル基を他のアルキル基に変えると，いろいろなアルキルベンゼンをベンゼンから合成できます。

説明 2　ベンゼンのH原子をClに置換するときは，鉄粉Feと塩素Cl_2を用います。両者が反応して，塩化鉄(Ⅲ)が生じます。

$$2Fe + 3Cl_2 \longrightarrow 2FeCl_3$$

$FeCl_3$は，(1)のアルキル化での$AlCl_3$と同様に触媒として働き，Cl_2からCl^-を引き抜いてCl^+をつくり，ベンゼンと反応しクロロベンゼンが生成します。

Cl^-を引っこ抜くよ
ベンゼンを攻撃にいこう
元に戻った。触媒です

$$Cl\text{-}Cl + FeCl_3 \longrightarrow Cl^+ + [FeCl_4]^-$$

$$C_6H_5\text{-}H + Cl^+ \longrightarrow C_6H_5\text{-}Cl + H^+$$

クロロベンゼン

$$H^+ + [FeCl_4]^- \longrightarrow HCl + FeCl_3$$

ベンゼンからブロモベンゼンをつくるときも同様で，Br_2とFeが反応して生じる$FeBr_3$が触媒として働いてくれます。

$$C_6H_6 + Br_2 \xrightarrow{Fe} C_6H_5\text{-}Br + HBr$$

ブロモベンゼン

別冊 p.12

入試攻略への必須問題1

次の①～④のうち，無色で酸性を示す物質をすべて選べ。

①　ニトロベンゼン　　②　ベンゼンスルホン酸　　③　トルエン

④　クロロベンゼン

解説

構造式	外見(常温・常圧)	水に
① $C_6H_5\text{-}NO_2$	淡黄色油状物質	溶けにくい
② $C_6H_5\text{-}SO_3H$	無色板状結晶	溶ける(酸性)
③ $C_6H_5\text{-}CH_3$	無色油状物質	溶けにくい
④ $C_6H_5\text{-}Cl$	無色油状物質	溶けにくい

ベンゼンスルホン酸は，水に溶け強い酸性を示す。

ニトロベンゼン，トルエン，クロロベンゼンは，すべて水に溶けにくく，酸でも塩基でもない中性物質である。

答え　②

STAGE

2 置換基と配向性

ベンゼンの一置換体に，さらに置換反応を行って，二置換生成物(オルト，メタ，パラ)をつくるとします。

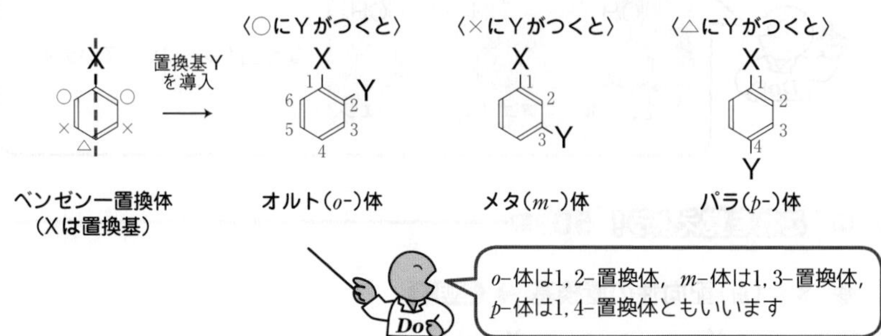

○，×，△印をつけた炭素原子の数は2：2：1なので，二置換体の生成量の比は2：2：1になりそうですが，実際はそうなりません。先に導入されている置換基Xがベンゼン環の反応性に影響を与えていて，どの場所で反応しやすいかが変わっているのです。これを置換基の**配向性**とよんでいます。

これを覚えよう！ 49

◆ **オルト・パラ(*o*, *p*)配向性の置換基** → 説明 1

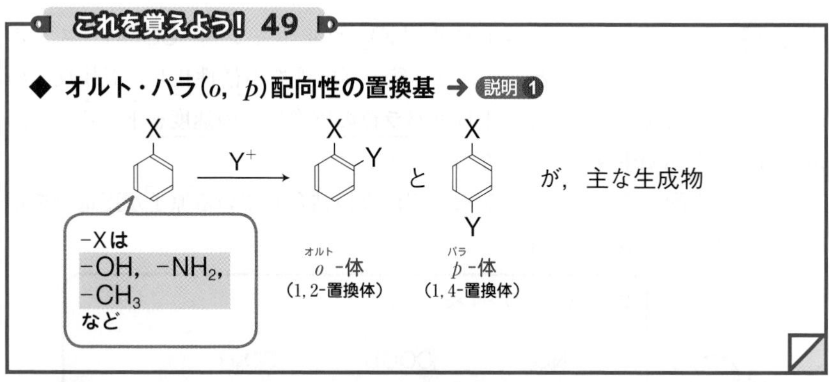

説明 1　ベンゼン環に，ヒドロキシ基$-OH$，アミノ基$-NH_2$，$-CH_3$のようなアルキル基が結合していると，ベンゼン環の反応性を**活性化**し，置換反応の速度を増加させます。特に**オルト位とパラ位の置換反応の速度を上げる**ため，オルト体やパラ体の生成量が多くなるのです。

一般にオルト・パラ配向性の基は，ベンゼン環に直接結合している原子が**負**電荷を帯びているという特徴があります。

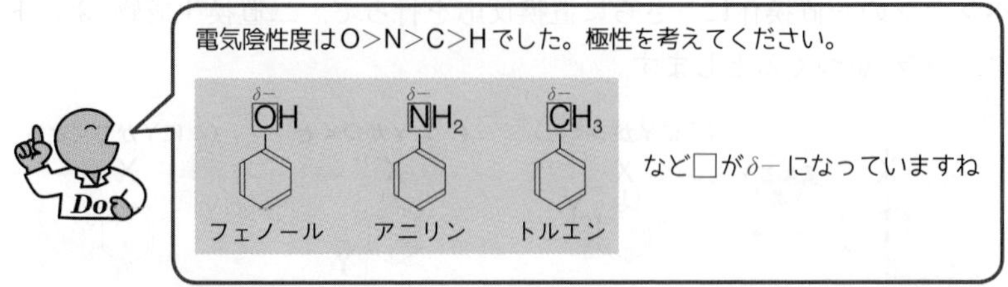

電気陰性度はO>N>C>Hでした。極性を考えてください。
δ− OH
δ− NH2
δ− CH3
フェノール
アニリン
トルエン
など□がδ−になっていますね
Do

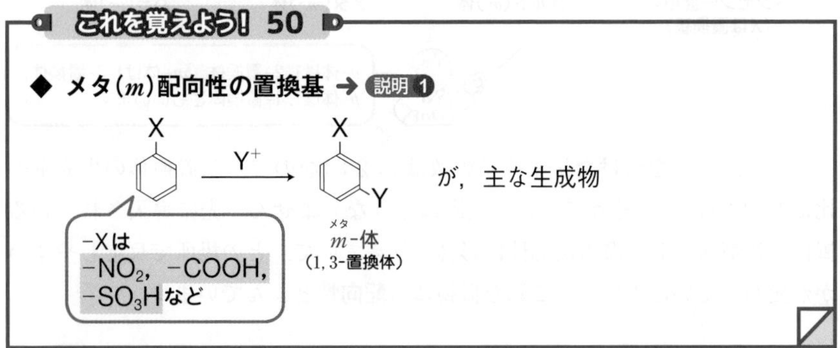

これを覚えよう! 50
◆ メタ(m)配向性の置換基 → 説明 1
X
Y+
X
Y
が，主な生成物
-Xは
-NO2，-COOH，
-SO3Hなど
メタ
m-体
(1, 3-置換体)

説明 1 ベンゼン環に，ニトロ基$-NO_2$, カルボキシ基$-COOH$, スルホ基$-SO_3H$が結合していると，ベンゼン環の反応性を**不活性化**し，置換反応の速度を減少させます。特に**オルト位とパラ位の置換反応の速度を下げる**ため，相対的にメタ体の生成量が多くなるのです。

一般にメタ配向性の基は，ベンゼン環に直接結合している原子が**正**電荷を帯びているという特徴があります。

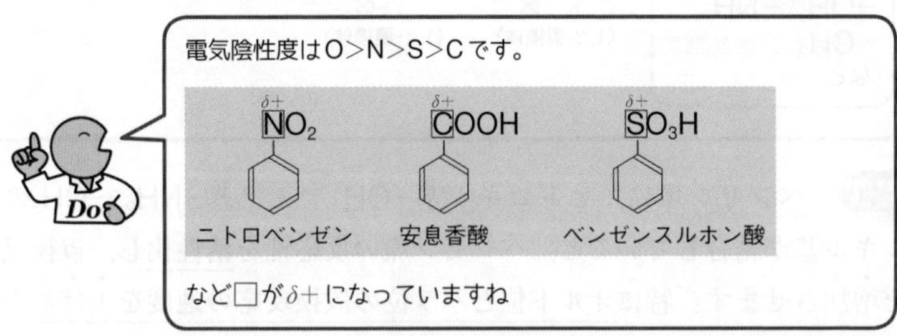

電気陰性度はO>N>S>Cです。
δ+ NO2
δ+ COOH
δ+ SO3H
ニトロベンゼン
安息香酸
ベンゼンスルホン酸
など□がδ+になっていますね
Do

Extra Stage 置換基の配向性とベンゼン環の電子密度

置換基は，ベンゼン環の電子密度に影響を与えます。ベンゼン環の電子密度が大きくなると，新たに導入したい基の陽イオンY^+が接近しやすくなり，反応速度が上がります。逆に，ベンゼン環の電子密度が小さくなると，Y^+は接近しにくくなり，反応速度は下がるのです。では，置換基とベンゼン環の電子密度の関係を見ていくことにします。

(1) オルト・パラ配向性

$-OH$，$-NH_2$，$-CH_3$は，ベンゼン環に**電子を与える性質**があります。これを**電子供与性**といいます。$-\ddot{O}H$，$-\ddot{N}H_2$ では非共有電子対，$-CH_3$では$-C:H$結合の共有電子対の電子の一部が，ベンゼン環に流れ込んでいます。

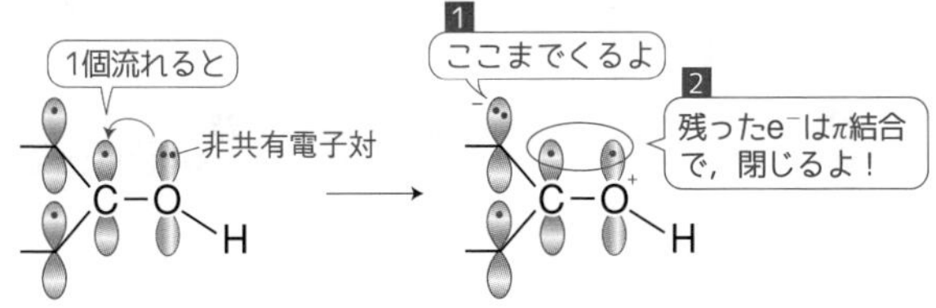

例えば，フェノールでは酸素の非共有電子対の電子の一部が上図のようにベンゼン環に流れ込んでいます。さらに電子はベンゼン環の表面を移動するので，次のような構造式の混成体がフェノールです。

(i) ↔ (ii) ↔ (iii) ↔ (iv) ↔ (v) ↔ (vi)

ただし，(iii)と(v)はベンゼン環の内部にC=C結合が1つしかできず，不対電子が残る不安定な構造で，すぐに(ii)，(iv)，(vi)の構造となります。そこで，ベンゼン環の電子密度は，特にオルト位またはパラ位で大きくなっているのです。

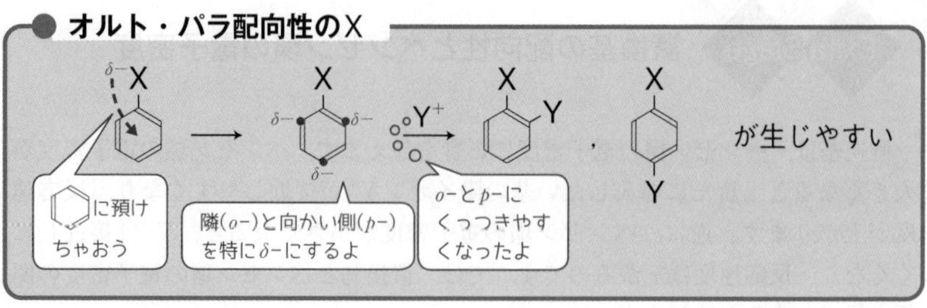

(2) **メタ配向性**

$-NO_2$，$-COOH$，$-SO_3H$ は，ベンゼン環の**電子を引きつける性質**があります。これを**電子吸引性**(きゅういんせい)といいます。$-\overset{\delta+}{N}\rightarrow O$（N=O）や $-\overset{\delta+}{C}-OH$（C=O），$-\overset{\delta+}{S}-OH$（S=O, S=O）では，ベンゼン環に直接結合しているN，C，SがOと結合しているために正電荷をもち，ベンゼン環の電子の一部を引きつけます。

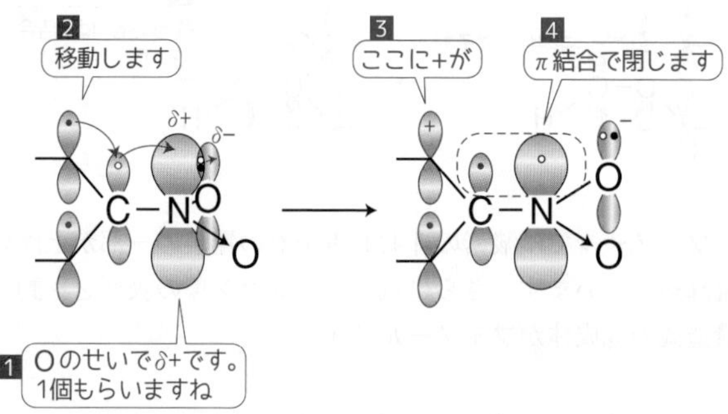

例えば，ニトロベンゼンでは上図のようにベンゼン環からニトロ基のほうへと電子が吸い出されています。さらに電子がベンゼン環の表面を移動するので，次のような構造式の混成体がニトロベンゼンです。

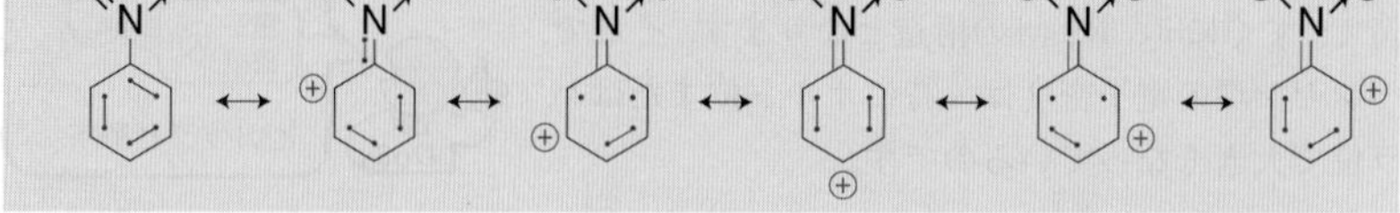

(i) ↔ (ii) ↔ (iii) ↔ (iv) ↔ (v) ↔ (vi)

先と同様に，(iii)と(v)は不安定な構造で，すぐに(ii)，(iv)，(vi)の構造となります。そこで，ベンゼン環の電子密度は，特にオルト位またはパラ位で小さくなっているのです。

NO_2
電子密度(小)
δ+
δ+
δ+
Do
ということです

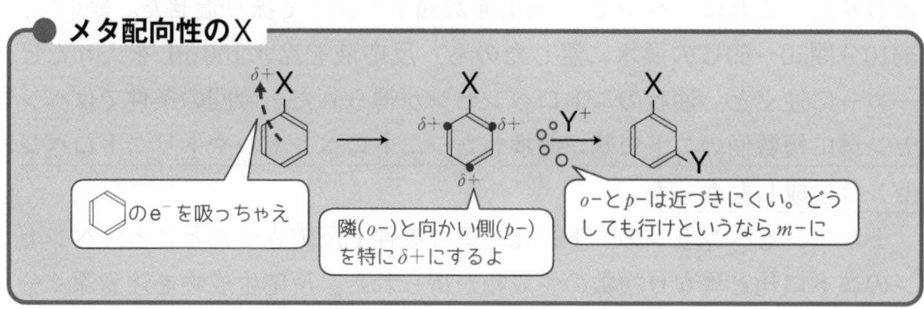

ちょっと面倒でしたね。入試ではヒントつきで出題されますが，考え方に慣れておいたほうがよいでしょう。

最後にイメージ図だけ残しておきます。電子をお菓子，ベンゼン環をテーブルに見立てています。置換基の効果は“隣”と“向かい側”と覚えておいてください。

〈オルト・パラ配向性のイメージ〉

私のお菓子をおいてあげたわよ
迷うなあ。でも特に隣(o)か向かい側(p)がいい
お菓子
o
m
p
o
m

〈メタ配向性のイメージ〉

だいぶ食べてもうた
お菓子が少ないなあ。隣と向かい側は特に。あえて座るならm？
o
m
p
o
m

入試攻略への必須問題2

次の文章を読み，下の**問1～3**に答えよ。ベンゼンの構造式は⌬で示すこと。

ベンゼンのニトロ化の実験を次のようにして行った。

試験管に濃硝酸を2mLとり，これに濃硫酸2mLを少しずつ加えて混ぜ合わせた。これに，ベンゼン2mLを数滴ずつ加えて振り混ぜた。続いて，約10分間50～60℃の温水に浸したのち，反応液を冷水100mLを入れたビーカーに注ぐと，油状のニトロベンゼンが得られた。今回の条件ではベンゼン環に複数個のニトロ基が置換したジニトロベンゼンやトリニトロベンゼンは生成しなかった。

トルエンをベンゼンのニトロ化と同じ条件で反応させたところ，ベンゼンのニトロ化と異なり複数の生成物が得られた。反応生成物を注意深く分析したところ，主な生成物は異性体であるAとBであったが，AとB以外に異性体Cおよびニトロ基が2個入った2, 4-ジニトロトルエンも少量生成していることがわかった。

問1　ベンゼンのニトロ化の反応式を書け。

問2　下線部について，ベンゼンのニトロ化ではモノニトロ化で反応が停止する理由を述べよ。

問3　A，B，Cの構造式を書け。ただし，A，Bは区別しなくてよい。

（愛媛大）

解説

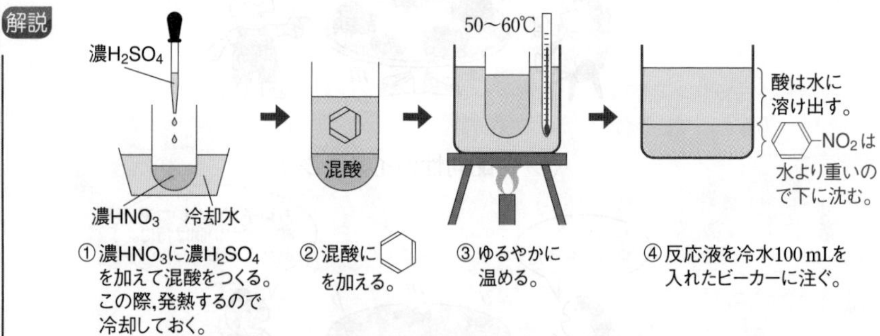

濃H_2SO_4
濃HNO_3
冷却水
混酸
50～60℃
酸は水に溶け出す。
⌬-NO_2は水より重いので下に沈む。
①濃HNO_3に濃H_2SO_4を加えて混酸をつくる。この際,発熱するので冷却しておく。
②混酸に⌬を加える。
③ゆるやかに温める。
④反応液を冷水100mLを入れたビーカーに注ぐ。

問1　p.165参照のこと。濃硫酸は触媒なので，化学反応式に含めない。

問2 ベンゼン →($^+NO_2$)→ ニトロベンゼン （→($^+NO_2$)→ さらに高温にすれば m-ジニトロベンゼン（主））

ニトロ基はベンゼン環の電子を吸引し，置換に対するベンゼン環の反応性を低下させます

ニトロ基$-NO_2$は電子吸引性の基でベンゼン環の電子密度が減少するので，ニトロベンゼンはベンゼンよりも置換反応が起こりにくい。そのためニトロベンゼンのニトロ化は起こりにくい。

さらに高温にするとニトロベンゼンがニトロ化され，ニトロ基はメタ配向性なのでm-ジニトロベンゼン(2,4-ジニトロトルエン)が主生成物として得られる。

問3 メチル基$-CH_3$は電子供与性の基でベンゼン環の電子密度が増加するので，トルエンはベンゼンよりも反応性が高い。

$-CH_3$はオルト・パラ配向性なので，o-体とp-体が主生成物であり，m-体は少量しか得られない。

トルエン（オルト・パラ配向性です） → o-体，p-体：主生成物 → A，B　m-体：少量 → C

答え

問1 ベンゼン ＋ HNO_3 ⟶ ニトロベンゼン ＋ H_2O

問2 ニトロ基は電子吸引性の基で，ベンゼン環の電子密度が減少するため，ニトロベンゼンはベンゼンよりもニトロ化が起こりにくいから。

問3 A，B：o-ニトロトルエン，p-ニトロトルエン　C：m-ニトロトルエン

入試攻略への必須問題３

次の①～④のベンゼンの二置換体に，もう１つ別の置換基を導入し，三置換体とすると，何種類の構造異性体が生じるか。なお，置換基の配向性を考慮する必要はない。

① 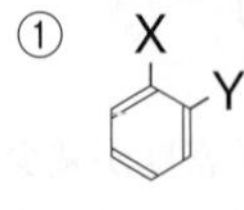

② 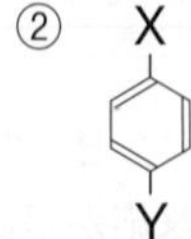

③ 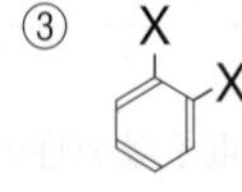

④ 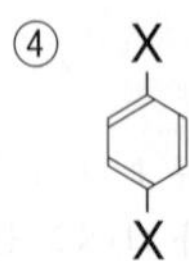

解説 二置換体をさらに置換すると，何種類の構造異性体が生じるかによって，元の二置換体がオルト体かメタ体かパラ体かわかる。覚えるくらいやりこもう。

二置換体	Z を導入	種類
① X, Y（○ △ □ ×）	Z →	4種
X, Y（× ○ △ □）	Z →	4種
② X, Y（○ ×）	Z →	2種
③ X, X（○ ×）	Z →	2種
X, X（× △ ×）	Z →	3種
④ X, X（○）	Z →	1種

╎ の軸に対して対称だから，気をつけてくださいね

答え ① 4種　② 2種　③ 2種　④ 1種

12 芳香族炭化水素とその誘導体

学習項目
1. 芳香族炭化水素
2. 芳香族炭化水素の反応

STAGE

1 芳香族炭化水素

ベンゼン，ナフタレン，アントラセン以外の芳香族炭化水素をいくつか紹介します。慣用名でよぶものが多いので，構造式とともに正確に名称を記憶しましょう。

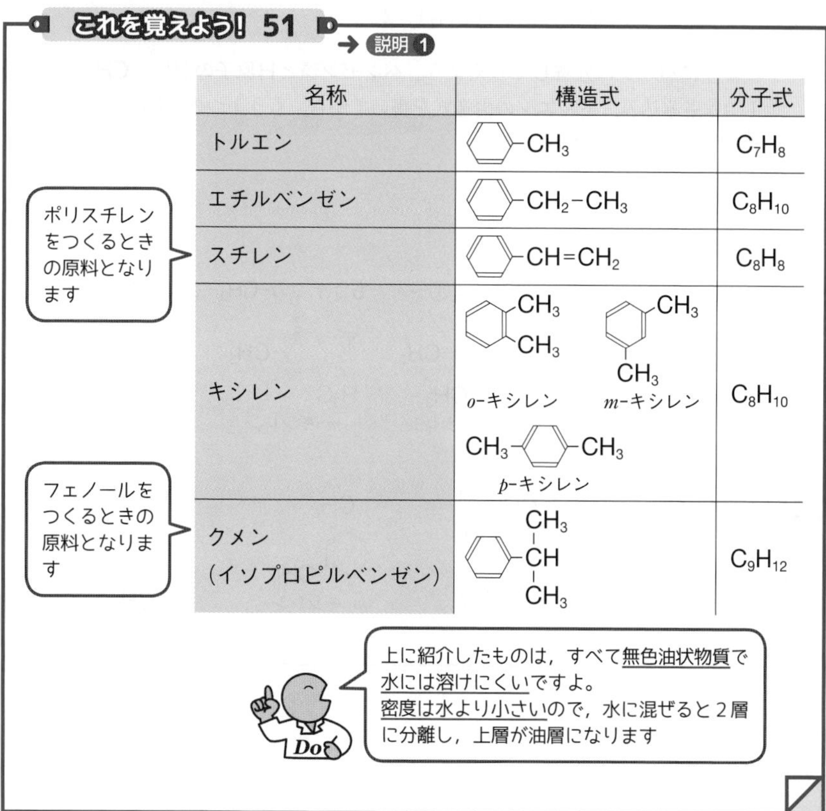

これを覚えよう！ 51 → 説明 1

名称	構造式	分子式
トルエン	⌬$-CH_3$	C_7H_8
エチルベンゼン	⌬$-CH_2-CH_3$	C_8H_{10}
スチレン	⌬$-CH=CH_2$	C_8H_8
キシレン	*o*-キシレン（CH_3，CH_3）　*m*-キシレン（CH_3，CH_3）　CH_3-⌬$-CH_3$ *p*-キシレン	C_8H_{10}
クメン（イソプロピルベンゼン）	⌬$-CH(CH_3)-CH_3$	C_9H_{12}

ポリスチレンをつくるときの原料となります
フェノールをつくるときの原料となります
上に紹介したものは，すべて無色油状物質で水には溶けにくいですよ。密度は水より小さいので，水に混ぜると２層に分離し，上層が油層になります
Do

説明 1 トルエン，スチレン，キシレンは名前が思い出しにくく，クメンは構造式が思い出しにくい人が多いようです。構造式と名称が正確に結びつくまで，表をくり返しながめて覚えてください。

入試攻略への必須問題1

芳香族化合物C_8H_{10}について，考えられる構造異性体の化合物名と構造式をすべて書け。（滋賀医科大）

解説 不飽和度$I_u = \dfrac{2\times8+2-10}{2} = 4$ である。これはベンゼン環が環1つとπ結合3つ，すなわち不飽和度4に対応するので，ベンゼン環以外は鎖状飽和である。そこで，分子式からベンゼンC_6H_6を抜いて，

$$C_8H_{10} = C_6H_6 \cdot C_2H_4$$ 
$$= \text{(ベンゼン環)} + (CH_2) \times 2$$

のようにパーツに分解して考えよう。ベンゼン環とH原子の間に $-CH_2-$ をまず1つはさみ込み，トルエンの構造式を書いてから，もう1つの $-CH_2-$を入れる位置を決めていけばよい。

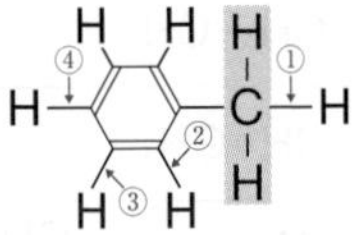

↓①～④：もう1つの$-CH_2-$を入れる位置

① $C_6H_5-CH_2-CH_3$ エチルベンゼン
② o-キシレン
③ m-キシレン
④ $H_3C-C_6H_4-CH_3$ p-キシレン

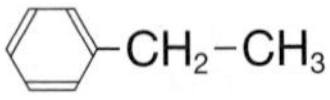

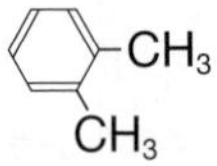

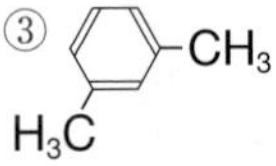

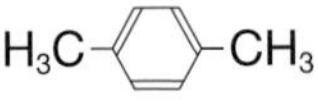

答え

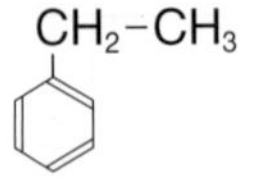

エチルベンゼン（$C_6H_5-CH_2-CH_3$）
o-キシレン
m-キシレン 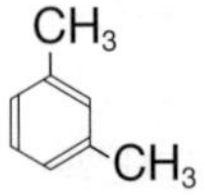
p-キシレン

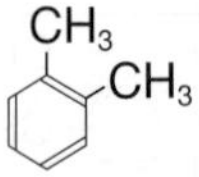

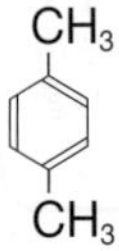

STAGE

2 芳香族炭化水素の反応

基本的にはアルカンやアルケンと同様の反応です。芳香族炭化水素は脂肪族炭化水素と比べて炭素の含有率が高く，空気中では，不完全燃焼により大量のすすが発生します。また，→説明2，→説明3のように⌬の影響で特徴的な反応も起こるので，注意しましょう。

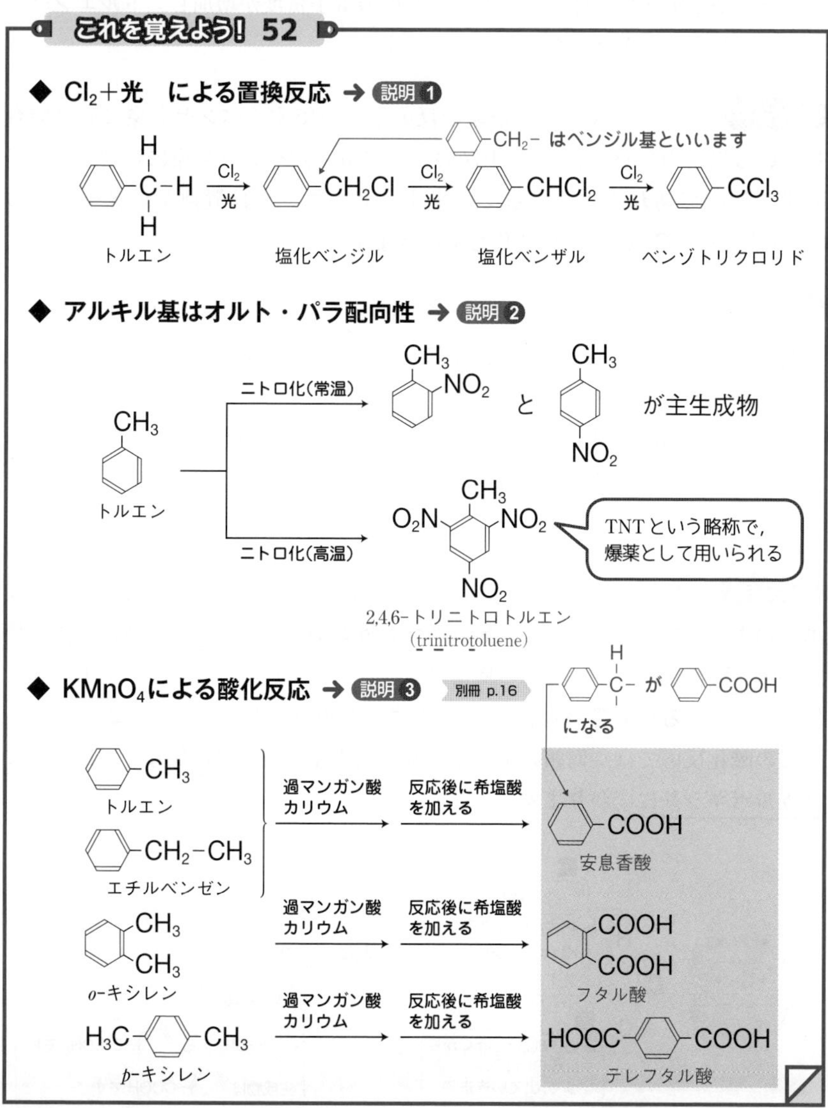

トルエンは，メチル基$-CH_3$のC−H結合の共有電子対が一部，ベンゼン環へ流れ込んでいて，次のような構造式の混成体です。

メチル基は電子供与性なのでベンゼン環の電子密度が増加し，トルエンはベンゼンより反応性が高くなっているのです。

説明 1 p.62のアルカンと塩素の反応と同じです。ベンゼン環に直接結合している炭素のC−H結合は，上図のように電子がベンゼン環に移動するので，通常に比べて切れやすくなっています。トルエンでは置換基のメチル基のC−H結合からC−Cl結合に変化していきます。

説明 2 メチル基はオルト・パラ配向性を示し，トルエンに常温で濃硝酸と濃硫酸(混酸)を作用させると，主に*o*−ニトロトルエンと*p*−ニトロトルエンが生成します。

トルエンを高温で混酸と反応させると，オルト位とパラ位すべてにニトロ基が導入されて，爆薬として有名な2,4,6−トリニトロトルエン(略称TNT)が得られます。
trinitrotoluene

説明 3 アルカンは過マンガン酸カリウムで酸化されにくいですが，トルエンのようなアルキルベンゼン類は**過マンガン酸カリウムで酸化され，芳香族カルボン酸**になります。反応の機構はよくわかっていませんが，ベンゼン環と結びついているCのC−H結合が切れやすいためだと考えられています。

この酸化反応では，側鎖のアルキル基の**炭素鎖の長さに関係なく，最終的にはカルボキシ基**に変わります。

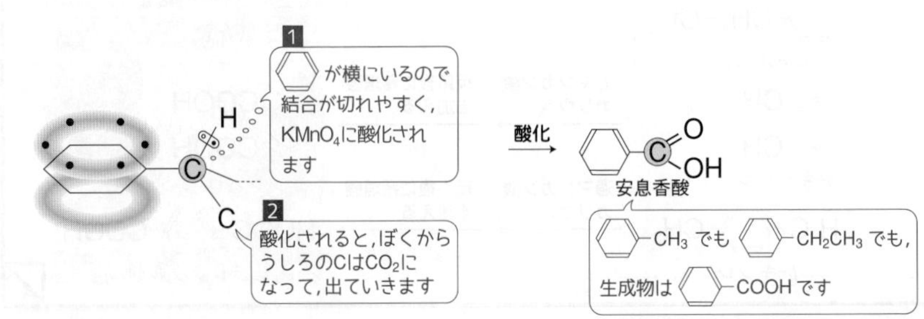

参考 トルエンを穏やかに酸化するとベンズアルデヒドを得ることができます。ベンズアルデヒドのホルミル基を水素で還元(p.117参照)するとベンジルアルコールを合成できます。

$$C_6H_5\text{-}CH_3 \xrightarrow[\text{酸化}]{\text{穏やかに}} C_6H_5\text{-}C(=O)\text{-}H \xrightarrow[\text{[Pt]}]{H_2} C_6H_5\text{-}CH_2\text{-}OH$$

トルエン　　ベンズアルデヒド　　ベンジルアルコール

ベンジルアルコールはトルエンよりも酸化されやすいので，空気中に放置すると徐々にベンズアルデヒドや安息香酸に変わっていきます。

$$C_6H_5\text{-}CH_2\text{-}OH \xrightarrow[-2H]{\text{酸化}} C_6H_5\text{-}C(=O)\text{-}H \xrightarrow[+O]{\text{酸化}} C_6H_5\text{-}C(=O)\text{-}OH$$

ベンジルアルコール（第一級アルコール）　　ベンズアルデヒド（アルデヒド）　　安息香酸（カルボン酸）

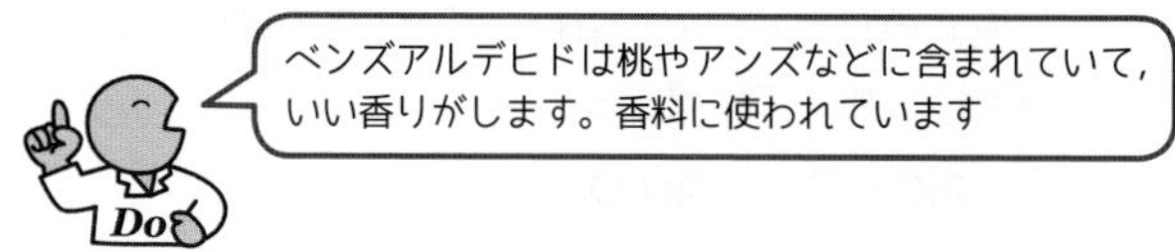

ベンズアルデヒドは桃やアンズなどに含まれていて，
いい香りがします。香料に使われています
Do

入試攻略への必須問題2

トルエンを過マンガン酸カリウム水溶液(中性条件下)とともに加熱して酸化するときの変化を化学反応式で記せ。

解説 中性条件では，MnO_4^- は酸化マンガン(Ⅳ)MnO_2 になる。有機化合物の酸化数を求めるのは手間がかかるので，Oの数をH_2Oで合わせて，Hの数をH^+で，最後に両辺の電荷をe^-で合わせて，下のように半反応式をつくるとよい。

$$\begin{cases} \text{酸化剤}: MnO_4^- + 3e^- + 4H^+ \longrightarrow MnO_2 + 2H_2O & \cdots(\text{i}) \\ \text{還元剤}: C_6H_5\text{-}CH_3 + 2H_2O \longrightarrow C_6H_5\text{-}COOH + 6e^- + 6H^+ & \cdots(\text{ii}) \end{cases}$$

(i)式×2+(ii)式でe^-を消去する。

$$2MnO_4^- + \underset{2}{\cancel{8}}H^+ + C_6H_5\text{-}CH_3 + \cancel{2H_2O}$$
$$\longrightarrow 2MnO_2 + \underset{2}{\cancel{4}}H_2O + C_6H_5\text{-}COOH + \cancel{6H^+}$$

左辺のH^+は，中性条件なのでH_2Oの電離によるものと考え，両辺に$2K^+$，$2OH^-$を加えて整理する。

$$2KMnO_4 + \cancel{2H_2O} + C_6H_5\text{-}CH_3$$
$$\longrightarrow 2MnO_2 + \cancel{2H_2O} + \underbrace{C_6H_5\text{-}COOH + 2KOH}_{\text{中和されます}}$$

右辺の安息香酸がKOHに中和されることを考慮すると，次式となる。

$$2KMnO_4 + C_6H_5\text{-}CH_3 \longrightarrow 2MnO_2 + C_6H_5\text{-}COOK + H_2O + KOH$$

答え $2KMnO_4 + C_6H_5\text{-}CH_3 \longrightarrow 2MnO_2 + C_6H_5\text{-}COOK + H_2O + KOH$

注意 トルエンを$KMnO_4$水溶液とともに酸化すると，反応に伴って溶液が塩基性になるため，生成する安息香酸は塩となり水に溶けている。また，水に難溶なMnO_2も生成するので，溶液は黒褐色に濁り，やがてこれが沈殿する。

反応後の溶液から安息香酸をとり出すためには，溶液に塩酸などの強酸を加えて弱酸遊離反応により析出させる必要がある。

$$\underset{\substack{\text{安息香酸カリウム} \\ \text{(水によく溶ける)}}}{C_6H_5\text{-}COOK} + \underset{\text{強酸}}{HCl} \longrightarrow \underset{\text{弱酸}}{C_6H_5\text{-}COOH}\downarrow + KCl$$

入試攻略への必須問題3

芳香族炭化水素は，次の２種類の反応を利用すると，いろいろな化合物に変換することができる。

反応Ⅰ：芳香環に直接結合したアルキル基をカルボキシ基に変換

$$C_6H_5\text{-}CH_2CH_3 \longrightarrow C_6H_5\text{-}COOH$$

反応Ⅱ：芳香環に直接結合した水素を塩素に置換

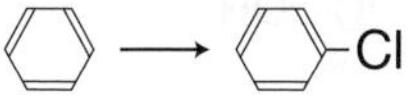

$$C_6H_6 \longrightarrow C_6H_5\text{-}Cl$$

化合物A，B，C，D，EはいずれもC_9H_{12}の分子式をもつ芳香族炭化水素である。化合物A，Bは，**反応Ⅰ**により，いずれも安息香酸になる。化合物Aは，フェノールを工業的に合成するための原料として，ベンゼンとプロペン(プロピレン)から合成される。**反応Ⅱ**を利用して，化合物Bを塩素化すると，３種類の構造異性体が生じる。これらの構造異性体のうち，２つの置換基がパラ位にある化合物は，**反応Ⅰ**を利用すると芳香族カルボン酸になる。この芳香族カルボン酸に硫酸を触媒としてメタノールを反応させると，エステルが生成する。

反応Ⅰを利用して，化合物C，D，Eを酸化すると，いずれも分子式$C_8H_6O_4$の化合物になる。これらの中で，Cから生成した化合物は，急速に加熱すると分子式$C_8H_4O_3$の化合物Fになる。

反応Ⅱを利用して，化合物Dを塩素化すると，分子式$C_9H_{11}Cl$をもつ２種類の構造異性体G，Hが生成する。また，化合物Eを塩素化すると，分子式$C_9H_{11}Cl$をもつ４種類の構造異性体が生成する。

問1　化合物A，B，C，D，E，F，G，Hを構造式で示せ。

問2　下線で示した部分の反応式を示せ。　(鳥取大)

解説　C_9H_{12}は不飽和度4で，ベンゼン環以外は鎖状飽和なので，

$$C_9H_{12} = C_6H_6\cdot C_3H_6 = C_6H_6 + (CH_2)\times 3$$

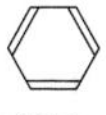

と分けて数える。構造異性体は次の通り(ベンゼン環とC以外は省略している)。

◀一置換体▶

① C−C−C（ベンゼン環に末端Cが結合）

② C−C−C（ベンゼン環に中央Cが結合）
(クメン)

◀二置換体▶

③ C−C と C（オルト位）
(o-体)

④ C−C と C（メタ位）
(m-体)

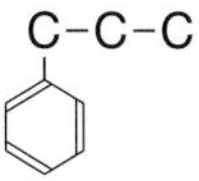

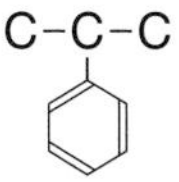

⑤ C−C と C（パラ位）
(p-体)

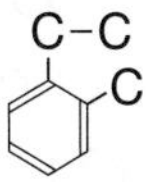

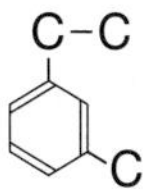

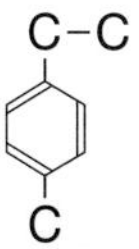

◀三置換体▶

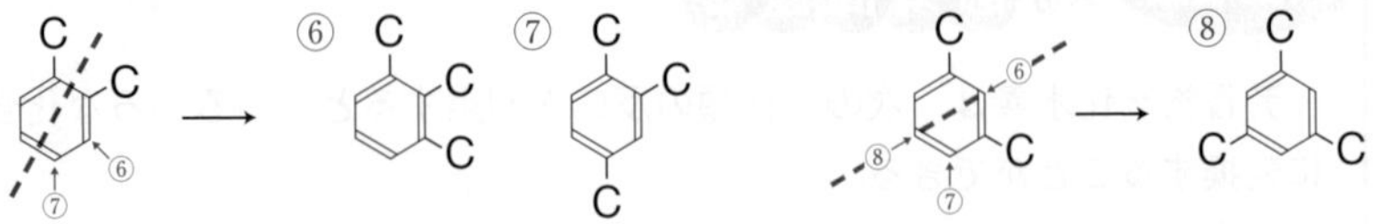

まず，A，Bは**反応Ⅰ**によって安息香酸が生じることから，①，②の一置換体とわかる。

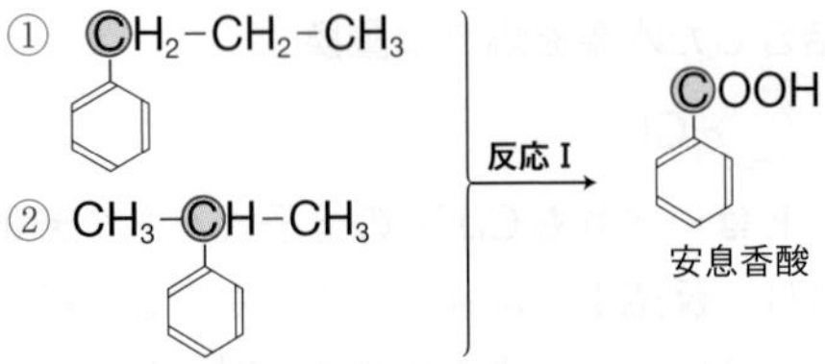

反応Ⅰ

安息香酸

フェノールを工業的に製造するための原料となるのはクメン(p.193参照)なので，A＝②，B＝①と決まる。

Bをクロロ化(塩素化)すると得られる３種類の構造異性体は，オルト体，メタ体，パラ体と考えられる。

(プロピル基は，メチル基と同様にオルト・パラ配向性であり，オルト体とパラ体が主生成物となるが，メタ体が生じないわけではない。)

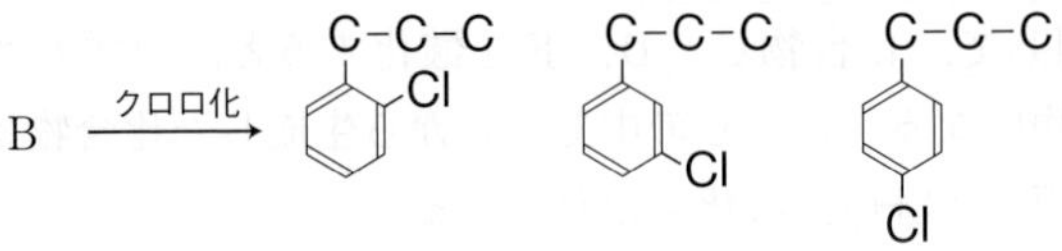

B クロロ化

o-体　*m*-体　*p*-体

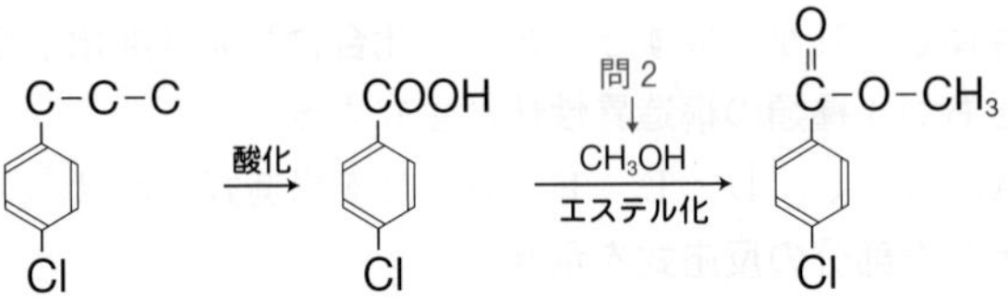

酸化　問２　CH_3OH　エステル化

C，D，Eを酸化して得られる$C_8H_6O_4$(＝C_6H_6･C_2O_4)の化合物は，分子式から，芳香族ジカルボン酸と考えられる。よって，C，D，Eは③，④，⑤のいずれかである。

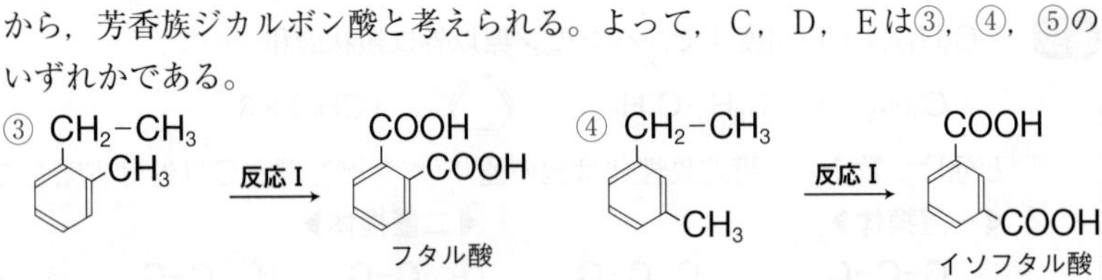

③ 反応Ⅰ フタル酸

④ 反応Ⅰ イソフタル酸

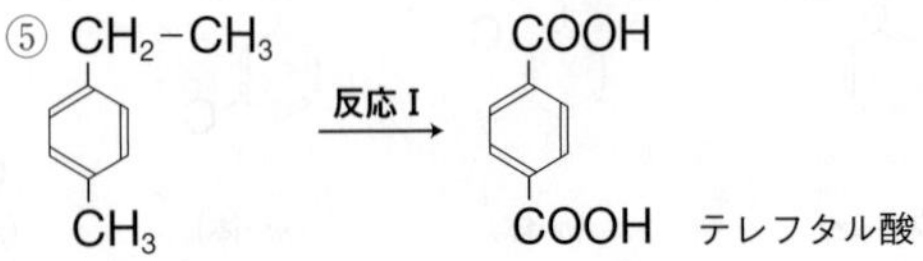

⑤ 反応Ⅰ テレフタル酸

このうち，フタル酸は加熱すると無水フタル酸に変化するので，C=③である。

反応Ⅱによって，Dから2種，Eから4種の構造異性体が得られるので，

D=⑤，E=④となる。

答え

問1 A：$C_6H_5-CH(CH_3)_2$　B：$C_6H_5-CH_2-CH_2-CH_3$　C：（o-位に CH_2-CH_3，CH_3）

D：$CH_3-C_6H_4-CH_2-CH_3$（p-）　E：（m-位に CH_3，CH_2-CH_3）　F：無水フタル酸

G，H：$CH_3-C_6H_3(Cl)-CH_2-CH_3$ ，$CH_3-C_6H_3(Cl)-CH_2-CH_3$

問2 $Cl-C_6H_4-C(=O)-OH + CH_3OH \longrightarrow Cl-C_6H_4-C(=O)-O-CH_3 + H_2O$

さらに演習！ 『鎌田の化学問題集 理論・無機・有機　改訂版』「第12章　芳香族化合物　23ベンゼン・ベンゼンの置換反応・芳香族炭化水素とその誘導体」

13 フェノール類とその誘導体

学習項目　❶ フェノール類　❷ フェノール類の反応　❸ フェノールの合成方法　❹ サリチル酸とその反応

STAGE

1 フェノール類

ベンゼンのH原子をヒドロキシ基で置換した形の化合物を**フェノール**といいます。ここでは，フェノールと類似した性質をもつ化合物も紹介します。
フェノール類

これを覚えよう！ 53

→ 説明 1

名称	構造式	融点〔℃〕	分子式	その他
フェノール phenol	$-OH$	41	C_6H_6O	石炭を加熱することで得られるコールタールから見つかったので，かつては石炭酸とよばれた。
クレゾール cresol	CH_3 OH *o*-クレゾール	31	C_7H_8O	クレゾールは消毒薬として用いられている。 構造異性体の CH_2OH ベンジルアルコール はフェノール類ではなくアルコール。中性物質で，NaOHとは反応しない。
	CH_3 OH *m*-クレゾール	12		
	CH_3 OH *p*-クレゾール	35		

説明 1　ナフタレンのH原子をヒドロキシ基で置換したナフトールも，フェノールと類似した性質をもっているので，仲間に入れておきます。

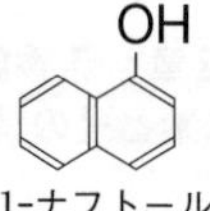

1-ナフトール

OH
2-ナフトール

○と×の位置にあるH原子をOHに置き換えたものは構造式が異なります

STAGE

2 フェノール類の反応

フェノール類はアルコールに類似していますが，弱酸であることや塩化鉄(Ⅲ)$FeCl_3$水溶液で呈色(ていしょく)するなど，アルコールとは異なる性質をもっています。

色が現われること

これを覚えよう！ 54

◆ **酸無水物でエステルをつくる** → 説明 1

$$C_6H_5\text{-OH} + (CH_3CO)_2O \longrightarrow C_6H_5\text{-O-CO-}CH_3 + CH_3\text{-CO-OH}$$

フェノール　無水酢酸　酢酸フェニル

◆ **弱酸** → 説明 2

$$C_6H_5\text{-OH} \rightleftarrows C_6H_5\text{-}O^- + H^+$$

フェノキシドイオン

◆ **塩化鉄(Ⅲ)水溶液を加えると，呈色する** → 説明 3 別冊 p.17

$$C_6H_5\text{-OH} \xrightarrow{Fe^{3+}} \text{紫に呈色}$$

説明 1　フェノール類は，アルコールと同様に**酸無水物とエステル**をつくります(p.144参照)。

$$C_6H_5\text{-OH} + R\text{-CO-O-CO-}R \longrightarrow C_6H_5\text{-O-CO-}R + R\text{-CO-OH}$$

酸無水物　フェノールのエステル

他にも，**金属ナトリウムを加えると水素が発生する**など，アルコールと類似した性質をもっています。

$$2C_6H_5\text{-OH} + 2Na \longrightarrow 2C_6H_5\text{-ONa} + H_2$$

ナトリウムフェノキシド

説明 2 フェノール類がアルコールと大きく異なる性質の1つは，水にわずかに溶けて**酸性**を示すということです。

$$C_6H_5\text{-}OH + H_2O \rightleftarrows C_6H_5\text{-}O^- + H_3O^+$$

フェノキシドイオン

これは，フェノキシドイオンがアルコキシドイオンとは異なり，O原子上の余剰な負電荷をベンゼン環に与えることによって安定化できるためです。

$$C_6H_5\text{-}O\text{-}H \rightleftarrows C_6H_5\text{-}O^- + H^+$$

フェノール　フェノキシドイオン

うわ！⊖が！ え〜い，ベンゼン環にあげちゃえ！ ふー，落ちついた。電離するのも悪くないね

$$CH_3\text{-}O\text{-}H \rightleftarrows CH_3\text{-}O^- + H^+$$

メタノール　メトキシドイオン（アルコキシドイオン）

うわ！⊖がここに居座って動かない！ H^+，帰って来て！ あまり電離しないほうがいいよね

ただし，**フェノールは弱酸で，カルボン酸や炭酸より弱い酸**です。酸の強さが，

塩酸，硫酸 ＞ カルボン酸 ＞ 炭酸（第1電離）＞ フェノール

（塩酸，硫酸：強酸　カルボン酸〜フェノール：弱酸）

となることは覚えてください。

電離定数 $K_a = \dfrac{[C_6H_5\text{-}O^-][H^+]}{[C_6H_5\text{-}OH]} \fallingdotseq 10^{-10}$ mol/L程度です

フェノールに水酸化ナトリウム水溶液を加えると中和されて，電離して水によく溶ける塩になります。

$$C_6H_5\text{-}OH + NaOH \longrightarrow C_6H_5\text{-}ONa + H_2O$$

フェノール　ナトリウムフェノキシド　別冊 p.13

フェノールは炭酸より弱い酸なので，ナトリウムフェノキシドの水溶液に二酸化炭素を吹き込むと，フェノールが遊離します。弱酸遊離反応ですね。

$$C_6H_5\text{-}ONa + \underbrace{CO_2 + H_2O}_{H_2CO_3} \longrightarrow C_6H_5\text{-}OH + NaHCO_3$$

別冊 p.16

$$C_6H_5\text{-}O^- + H_2O + CO_2 \longrightarrow C_6H_5\text{-}OH + HCO_3^-$$

（H^+）と強いほうから弱いほうへH^+の移動が起こるのですね

説明 3 フェノールに塩化鉄(Ⅲ)$FeCl_3$水溶液を加えると，溶液が**紫**に呈色します。これは，次の反応が起こりFe^{3+}にフェノキシドイオンが配位結合してできた錯体が生じるからです。

$$n\,C_6H_5OH + Fe^{3+} \rightleftarrows [Fe(C_6H_5O)_n]^{3-n} + nH^+ \cdots ①$$

紫色

配位数は不定なのでnとしておく

フェノール以外にも，クレゾールなど多くのフェノール類が同様の呈色反応を示すので，$FeCl_3$水溶液をフェノール性ヒドロキシ基の検出に利用します。
ベンゼン環に直接結合した−OH

化合物	$FeCl_3$水溶液との呈色
フェノール	紫
クレゾール	青紫
1-ナフトール	紫
2-ナフトール	緑

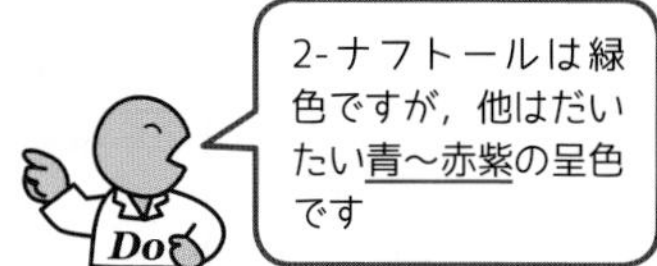
Do
2-ナフトールは緑色ですが，他はだいたい青〜赤紫の呈色です

名称	構造式	$FeCl_3$水溶液を加えると
p-クレゾール	$CH_3-C_6H_4-OH$ フェノール性ヒドロキシ基	青紫色
ベンジルアルコール	$C_6H_5-CH_2OH$	変化なし

少し細かいことですが，フェノール類と$FeCl_3$水溶液の呈色反応について注意点を２つ。はじめて学習する人は読み飛ばしてもらってかまいません。

注1 **中性**付近の溶液で行うこと。酸性が強いと①の可逆反応が左へ平衡移動し，錯体を形成しにくくなります。塩基性ではFe^{3+}が水酸化鉄(Ⅲ)として沈殿します。

注2 2,4,6-トリブロモフェノール，p-ヒドロキシアゾベンゼンのようにフェノール性ヒドロキシ基をもっていても$FeCl_3$水溶液で呈色しない化合物もあります。これらは水に難溶なうえに，フェノール性ヒドロキシ基の周辺に立体的に大きな基があり，Fe^{3+}と配位結合しにくいためと考えられます。
p.190参照 p.209参照

他に，ピクリン酸も呈色しません。ニトロ基の立体障害に加えて，
p.190参照

3つの$-NO_2$基の電子吸引効果でフェノール性ヒドロキシ基のO原子の負電荷が非局在化し，Fe^{3+}と配位結合しにくいからと考えられます。

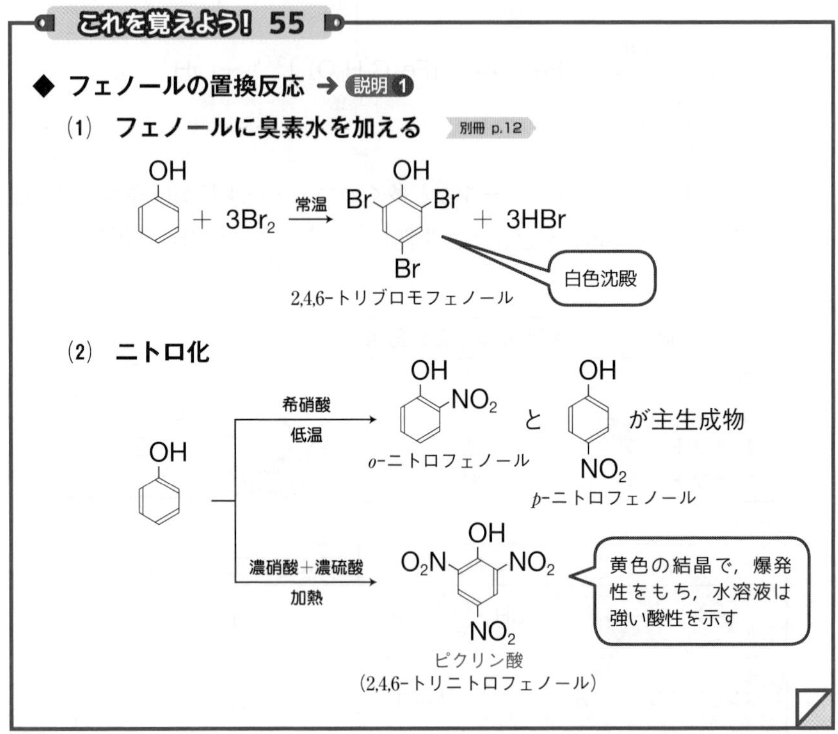

これを覚えよう! 55
◆ フェノールの置換反応 → 説明 1
(1) フェノールに臭素水を加える
別冊 p.12
OH
+ 3Br2
常温
OH
Br
Br
Br
+ 3HBr
白色沈殿
2,4,6-トリブロモフェノール
(2) ニトロ化
OH
希硝酸
低温
OH
NO2
o-ニトロフェノール
と
OH
NO2
p-ニトロフェノール
が主生成物
濃硝酸＋濃硫酸
加熱
OH
O2N
NO2
NO2
ピクリン酸
(2,4,6-トリニトロフェノール)
黄色の結晶で，爆発性をもち，水溶液は強い酸性を示す

説明 1　フェノール性ヒドロキシ基はオルト・パラ配向性で，ベンゼン環の電子密度を増加させましたね(p.171参照)。**フェノールはベンゼンより置換反応が起こりやすい**ので，(1)，(2)で，確認してみましょう。

(1)　ベンゼンをブロモ化するときは鉄Feが必要でした(p.168参照)。

(ベンゼン) + Br_2 ⟶ (ベンゼン)-Br + HBr

それに対して，フェノールをブロモ化するときはFeは不要です。オルト位やパラ位の負電荷にBr_2分子がBr^+とBr^-と解離しながら接近し，Br^+がオルト位とパラ位で，H^+と置き換わります。常温でも，2,4,6-トリブロモフェノールの**白色沈殿**が生じます。

(2) フェノールは，低温で希硝酸を作用させるだけでニトロ化が起こり，*o*-ニトロフェノールや*p*-ニトロフェノールが主生成物として得られます。濃硝酸と濃硫酸を加えて加熱すると，**ピクリン酸**(2,4,6-トリニトロフェノール)が得られます。ピクリン酸は黄色の結晶で，TNT(p.179)登場以前は爆薬として使われていました。電離定数K_aは25℃で$10^{-0.38}$ mol/Lと，フェノール類としては例外的にかなり**強い酸**です。

ピックリするほど強い酸と覚えてください。ピクリン酸では，3つのニトロ基$-NO_2$がベンゼン環の電子密度を大きく下げています。ヒドロキシ基からH^+が電離しても，酸素の負電荷が3つのニトロ基の効果でフェノール以上に非局在化されるため，酸として強くなります

入試攻略への必須問題1

分子式C_7H_8Oで表される芳香族化合物について，以下の問いに答えよ。

問1 構造異性体をすべて書け。

問2 **問1**のうち，金属ナトリウムを加えても変化が見られないものはどれか。

問3 **問1**のうち，塩化鉄(Ⅲ)水溶液を加えて呈色するものはどれか。

解説 **問1** 不飽和度$I_u = \dfrac{2\times7+2-8}{2} = 4$ である。ベンゼン環が環1つとπ結合3つ，すなわち不飽和度4に対応するので，ベンゼン環以外は鎖状飽和である。ベンゼンC_6H_6の部分を分子式から引き抜いてみると，

$C_7H_8O = C_6H_6 \cdot CH_2O =$ (ベンゼン環) $+ \text{-}(CH_2)\text{-} + \text{-}(O)\text{-}$ となる。

まずベンゼン環とH原子の間に$-CH_2-$を入れる。 $C_6H_5-CH_2-H$

次にC−HとC−Cの間に -(O)- を入れていくと，次ページの①〜⑤の5種類の構造異性体が存在する。

対称軸 H—C—H + (O) （↓はOの入るところ）

①　$-CH_2OH$　ベンジルアルコール

②　$-O-CH_3$　メチルフェニルエーテル

③　$-CH_3$, OH　*o*-クレゾール

④　$-CH_3$, HO　*m*-クレゾール

⑤　$HO-$ $-CH_3$　*p*-クレゾール

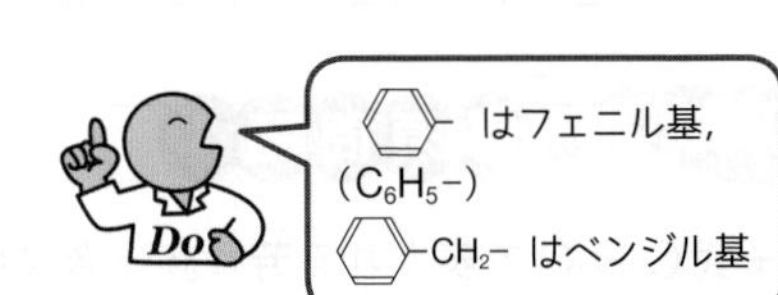

問2　②のエーテルはNaを加えてもH_2が発生しないが，他は$-OH$をもちNaを加えるとH_2が発生する。

問3　③，④，⑤のクレゾールはフェノール性ヒドロキシ基をもち，$FeCl_3$水溶液で呈色する。①のベンジルアルコールはフェノール性ヒドロキシ基をもたないので呈色しない。

答え

問1　$-CH_2OH$，$-O-CH_3$，CH_3 / OH，CH_3 / OH，
$HO-$ $-CH_3$

問2　$-O-CH_3$

問3　CH_3 / OH，CH_3 / OH，$HO-$ $-CH_3$

STAGE

3 フェノールの合成方法

フェノールをベンゼンから直接合成するのは困難です。p.164で紹介した方法でベンゼンから直接合成するには，^{+}OHというイオンをつくらなければなりません。この陽イオンをつくるのは難しいですね。そこで，フェノールはベンゼンの一置換体からつくるのが一般的です。

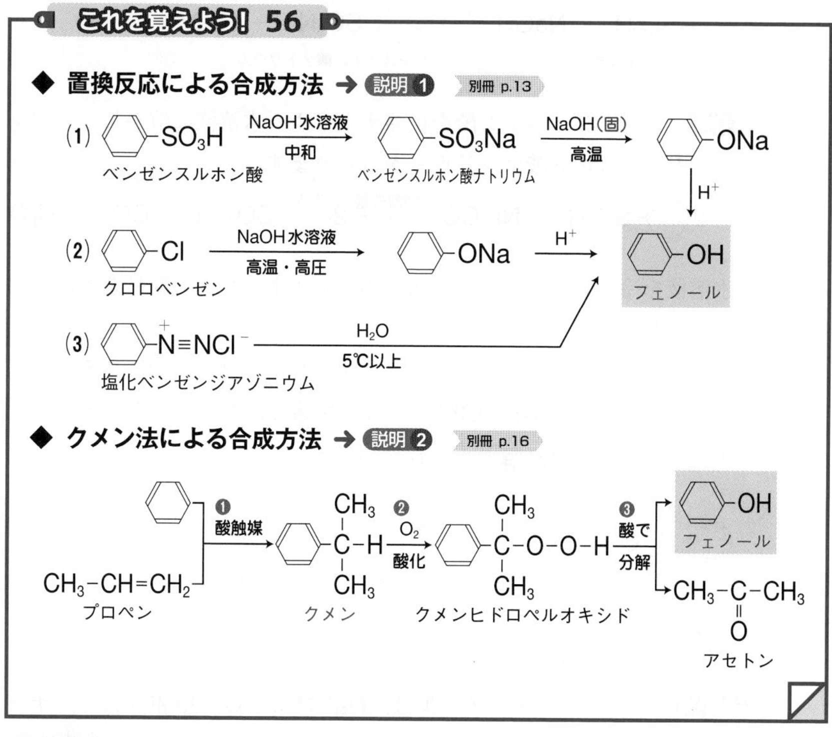

説明 1 ベンゼン環の表面は，π電子が分布し，負に帯電しています(p.157参照)。陰イオンであるOH^-は電気的な反発により，ベンゼン環に近づきにくいですね。そこで，OH^-の濃度を高くし，加熱することによってOH^-を強引にベンゼン環に接近させましょう。原料には，ベンゼン環の電子密度を下げてOH^-を接近しやすくし，そしてOH^-と交換する形で脱離できる基を導入したベンゼンの置換体を使います。これでベンゼン環にヒドロキシ基を導入できそうですね。

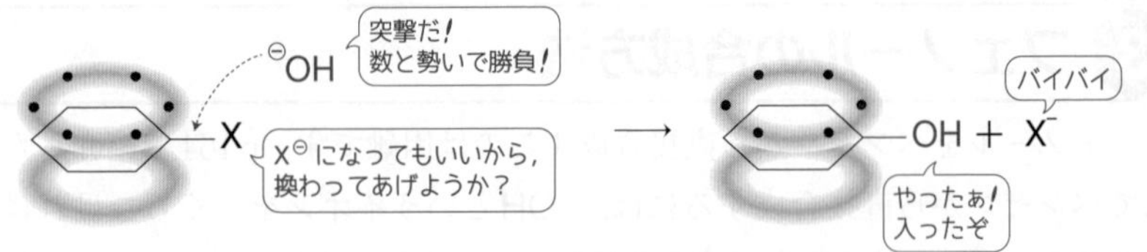

(1)　まずベンゼンスルホン酸を温かい水酸化ナトリウム（あるいは炭酸ナトリウム）水溶液に溶かします。

$$C_6H_5-SO_3H + NaOH \xrightarrow{\text{中和}} C_6H_5-SO_3Na + H_2O$$

ベンゼンスルホン酸　　　　ベンゼンスルホン酸ナトリウム

参考　ベンゼンスルホン酸を炭酸ナトリウム水溶液に溶かしてもベンゼンスルホン酸ナトリウムが得られます。

$$2C_6H_5-SO_3H + Na_2CO_3 \xrightarrow{\text{弱酸遊離}} 2C_6H_5-SO_3Na + CO_2 + H_2O$$

この水溶液を冷却して，ベンゼンスルホン酸ナトリウムの結晶を析出させたあと，ろ過して回収します。

ベンゼンスルホン酸ナトリウムの結晶と水酸化ナトリウムの固体を混ぜて約300℃に加熱すると，**固体が融解して溶融状態**で次の反応が進みます。そこでこの反応は**アルカリ融解**（ゆうかい）とよばれています。

$$C_6H_5-SO_2-O^- + OH^- \longrightarrow C_6H_5-OH + SO_3^{2-}$$

フェノール　亜硫酸イオン

ベンゼン環の電子密度を下げるうえにSO_3^{2-}として脱離できるよ

ただし酸性物質であるフェノールは，NaOHによって中和されて，ナトリウムフェノキシドとして生じます。

$$C_6H_5-OH + NaOH \longrightarrow C_6H_5-ONa + H_2O$$

そこで，フェノールより酸として強い酸（例えば，①塩酸　②希硫酸　③炭酸（二酸化炭素））を加えて，フェノールを遊離させます。

① $C_6H_5-ONa + HCl \longrightarrow C_6H_5-OH + NaCl$

② $2C_6H_5-ONa + H_2SO_4 \longrightarrow 2C_6H_5-OH + Na_2SO_4$

③ $C_6H_5-ONa + CO_2 + H_2O \longrightarrow C_6H_5-OH + NaHCO_3$

(2) クロロベンゼンを原料にしてフェノールを合成することもできます。

クロロ基−Clはオルト・パラ配向性の基ですが，ヒドロキシ基−OHと異なり，ベンゼン環の電子密度を減少させます。

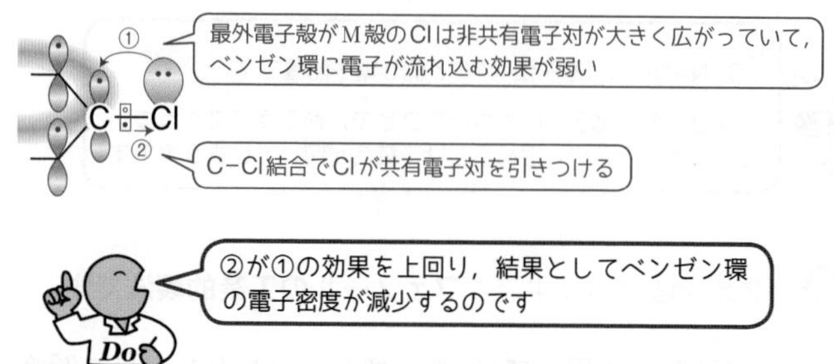

クロロベンゼンは沸点132℃の油状液体物質です。加熱すると蒸発して系から逃げていきますから，今回は約300℃に加熱するだけでなく，2×10^7 Paくらいの高圧条件でNaOHと反応させます。加圧すると水も高温であっても蒸発しにくくなるので，NaOHの水溶液を使って問題ありません。

クロロベンゼンとNaOH水溶液を混ぜて攪拌(かくはん)しながら高温・高圧条件で反応させれば，ナトリウムフェノキシドが得られます。

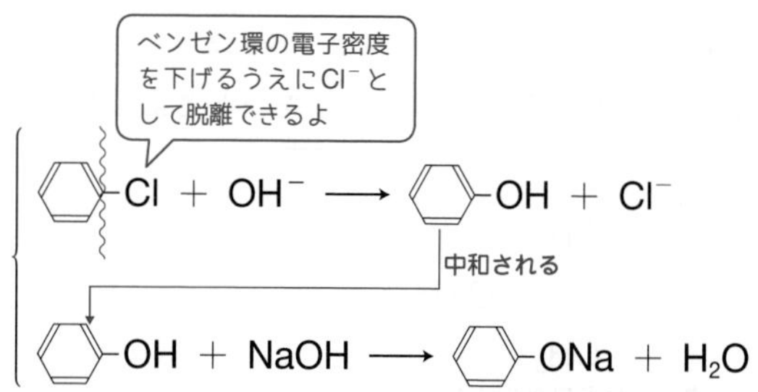

(1)と同様に，ナトリウムフェノキシドにフェノールより強い酸を加えるとフェノールが遊離します。

(3) p.210で学習する内容なので初学者の人はあとで読み直してください。

塩化ベンゼンジアゾニウムは，5℃以下の低温水溶液では安定なのですが，水温が上がると次ページのように分解してフェノールが生成します。

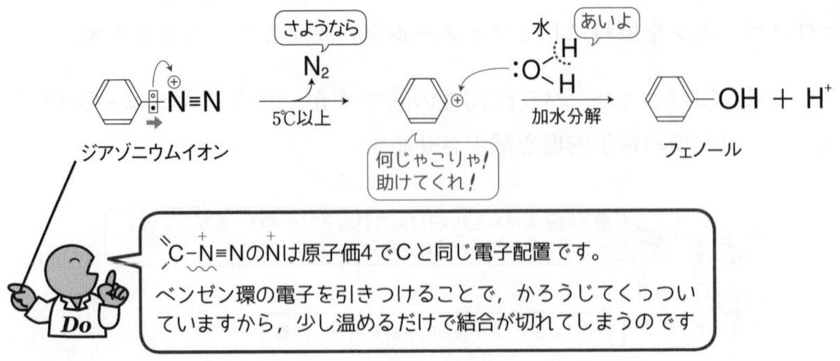

さようなら
N_2
水
あいよ
ジアゾニウムイオン
5℃以上
加水分解
何じゃこりゃ！
助けてくれ！
フェノール
$\overset{+}{N}$≡Nの$\overset{+}{N}$は原子価4でCと同じ電子配置です。
ベンゼン環の電子を引きつけることで，かろうじてくっついていますから，少し温めるだけで結合が切れてしまうのです
Do

説明 2 **クメン法**は現在主流な**フェノールの工業的製法**です。

❶ プロペンに酸触媒を用いてH^+を付加し，ベンゼンのHを置換して，クメン(イソプロピルベンゼン)をつくります。

$$CH_3-CH=CH_2 \xrightarrow{\text{付加}} CH_3-\overset{+}{C}H-CH_3$$

プロペン　p.72のマルコフニコフ則だよ

置換　ベンゼン　クメンだよ

$$C_6H_5-H \longrightarrow C_6H_5-CH(CH_3)_2 + H^+$$

❷ クメンを適切な条件で空気酸化すると，ベンゼン環に結合したC–Hの部分にO_2が入り込んだ構造をもつクメンヒドロペルオキシド(cumene hydroperoxide)とよばれる過酸化物(peroxide)が生じます。

$$C_6H_5-C(CH_3)_2-H \xrightarrow{O_2} C_6H_5-C(CH_3)_2-O-O-H$$

クメンヒドロペルオキシド

❸ 希硫酸(触媒)を用いてクメンヒドロペルオキシドの –O–O–結合 を分解すると，複雑な過程を経て，最終的にアセトンとフェノールが得られます。

$$C_6H_5-C(CH_3)_2-O-O-H \longrightarrow (CH_3)_2C=O + C_6H_5-OH$$

アセトンもできたよ！　ぼくフェノール！

クメン法は，原料のクメンが石油から合成できるベンゼンとプロペンを用いて生産できるうえ，途中も NaOH のような高価な薬品を使っていません。また，高温や高圧条件にしなくてもよいので，安価かつ大量にフェノールが生産できます。現在，フェノールのほとんどはクメン法でつくられています。

入試攻略への必須問題2

1． ベンゼンに鉄粉を触媒として塩素を反応させると，主として化合物［ A ］が得られる。ベンゼンに濃硫酸を加えて加熱すると，化合物［ B ］が生成する。化合物［ A ］を高温・高圧下で水酸化ナトリウム水溶液と反応させるか，または，化合物［ B ］のナトリウム塩を固体の水酸化ナトリウムとともに300℃前後でアルカリ［ C ］すると，ナトリウムフェノキシドが得られる。

2． ベンゼンに触媒の存在下でプロペンを反応させると化合物［ D ］が生成し，これを酸化して分解すると化合物［ E ］とアセトンが生成する。化合物［ E ］は反応性に富む化合物で，濃硝酸と濃硫酸の混合物でニトロ化すると，化合物［ F ］となる。化合物［ F ］は黄色の結晶で，爆発性がある。

問1　文中の［　　］に適当な構造式や語句を入れよ。

問2　下線部の構造式を示せ。　（岩手大）

解説　フェノールの製法について，よく問われる部分の穴うめ問題です。**1** はアルカリ融解，**2** はクメン法です。Fはピクリン酸(2,4,6-トリニトロフェノール)ですね。間違えた人はもう一度p.193〜196をよく読み直してください。

答え

問1　A：C_6H_5−Cl　B：C_6H_5−SO_3H　C：融解

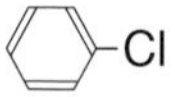

D：C_6H_5−CH(CH_3)$_2$（ベンゼン環−CH の上下に CH_3）　E：C_6H_5−OH　F：ベンゼン環に OH と，その 2,4,6 位に NO_2（O_2N，NO_2，NO_2）

問2　CH_3−CO−CH_3（CH_3 2個が結合した C=O）

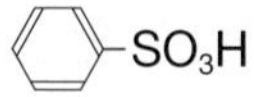

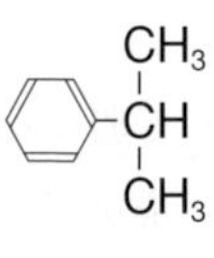

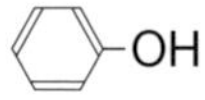

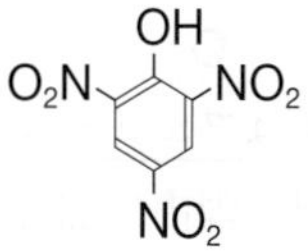

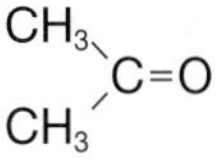

STAGE 4 サリチル酸とその反応

フェノールのオルト（o-）の位置に−COOHがついた芳香族カルボン酸を慣用名で**サリチル酸**（salicylic acid）といいます。

これを覚えよう！ 57

◆ **サリチル酸は2価の弱酸である** → 説明 1

(1) 第1電離

$$\text{C}_6\text{H}_4(\text{OH})\text{COOH} \overset{K_1}{\rightleftarrows} \text{C}_6\text{H}_4(\text{OH})\text{COO}^- + \text{H}^+$$

サリチル酸

電離定数(25℃)
$K_1 = 1.8 \times 10^{-3}$ mol/L

(2) 第2電離

$$\text{C}_6\text{H}_4(\text{OH})\text{COO}^- \overset{K_2}{\rightleftarrows} \text{C}_6\text{H}_4(\text{O}^-)\text{COO}^- + \text{H}^+$$

電離定数(25℃)
$K_2 = 4.2 \times 10^{-13}$ mol/L

説明 1 サリチル酸はカルボン酸とフェノール類の性質を合わせもった物質で，2段階で電離します。

第1電離は**安息香酸より**右に進みやすく，**酸として強く**なっています。これはカルボキシ基−COOHが電離して生じた陰イオンが，**分子内の水素結合**を形成することで，エネルギー的に安定になるからです。

（図：$\text{O-H}^{\delta+}\cdots{}^{\delta-}\text{O}^-$ の分子内水素結合）

分子内で水素結合ができるんだよ

第2電離は**フェノールより**右へ進みにくく，**酸として弱く**なっています。これは，上記の理由に加えて，フェノール性ヒドロキシ基が電離すると陰イオンのなかで負電荷どうしが近くにあり反発するので，エネルギー的に不安定になるからです。

サリチル酸には消炎鎮痛作用がありますが，酸として強いので経口薬には適していません。皮膚の角質軟化剤としてよく用いられています

これを覚えよう! 58

◆ **サリチル酸の合成方法(コルベ・シュミット反応)** → 説明 1 別冊 p.16

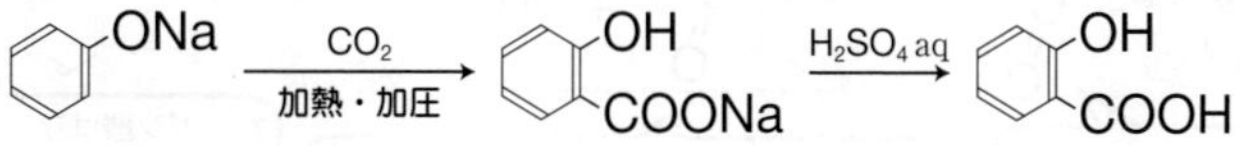

ナトリウムフェノキシドの無水物 $\xrightarrow[\text{加熱・加圧}]{CO_2}$ サリチル酸ナトリウム $\xrightarrow{H_2SO_4\,aq}$ サリチル酸

◆ **サリチル酸のエステル** → 説明 2 別冊 p.43, 44

(1) サリチル酸 + CH_3OH(メタノール) $\xrightarrow[\text{加熱}]{\text{濃硫酸}}$ サリチル酸メチル + H_2O

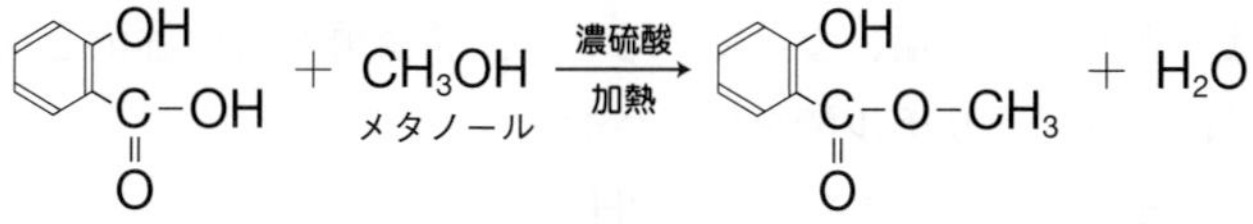

(2) サリチル酸 + 無水酢酸 ⟶ アセチルサリチル酸 + CH_3COOH

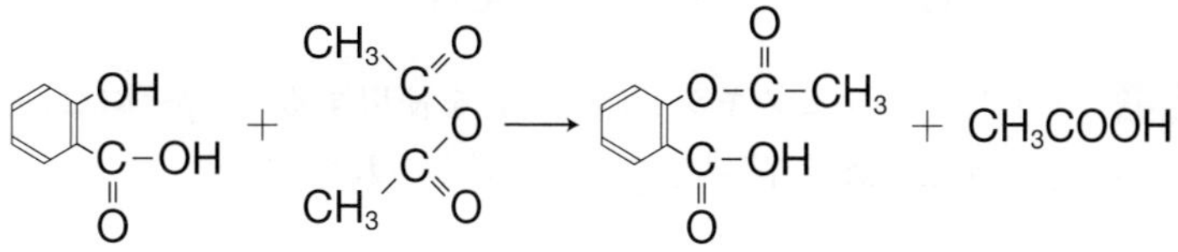

説明 1 サリチル酸は天然にも存在していますが，工業的にはコルベ・シュミット反応とよばれる方法で**ナトリウムフェノキシドの無水物**を原料として合成します。

フェノキシドイオンは，酸素の負電荷がベンゼン環に流れ込むので，ベンゼン環のオルト位やパラ位の電子密度が増大しています。

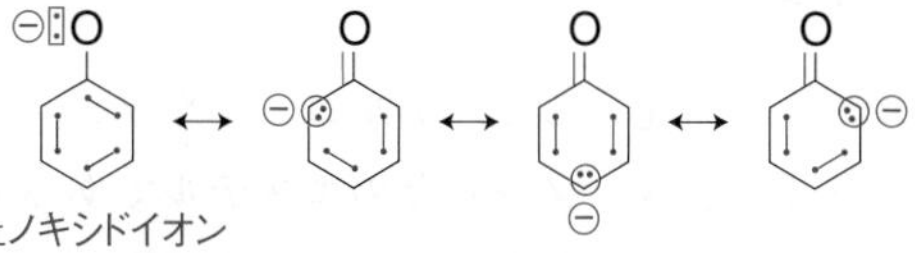

フェノキシドイオン

フェノキシドイオンはフェノールよりもベンゼン環の電子密度が大きいので，フェノールよりもさらに置換反応が進みやすくなっています。ナトリウムフェノキシドの無水物に，気体のCO_2を130℃くらいに加熱しながら$4\sim7\times10^5$ Pa程度に加圧して作用させると，次のページのような置換反応が起こります。

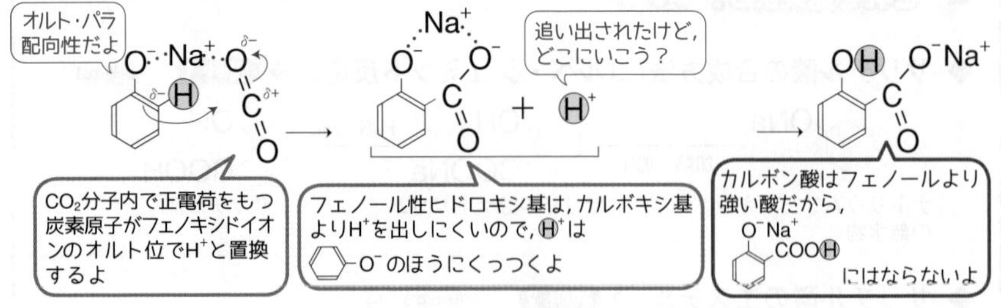

反応後は，ナトリウム塩になっているので，希硫酸などの強酸を加えて，弱酸遊離反応によってサリチル酸を析出させます。

$$\text{(OH, COO}^-\text{)} + H^+ \longrightarrow \text{(OH, COOH)}$$

補足1　ナトリウムフェノキシド(無水物)を使用すると，*p*-体はほとんど得られません。これはNa^+が関係していると考えられています。

補足2　水溶液ではなく，**固体**のナトリウムフェノキシドが原料です。フェノキシドイオンを含む水溶液にCO_2を吹き込むと，炭酸が生じ，弱酸遊離反応によってフェノールが生じるだけで，サリチル酸はできません。

$$\text{-O}^- + CO_2 + H_2O \longrightarrow \text{-OH} + HCO_3^-$$

説明 2　サリチル酸から合成されるエステルには，医薬品として広く使われている有名なものがあります。

(1)　サリチル酸は，カルボキシ基を使って，アルコールやフェノール類とエステルをつくることができます。メタノールとのエステルであるサリチル酸メチルは，サロメチールという名称でおなじみの特有の芳香をもつ無色の液体です。**消炎鎮痛剤**として湿布薬や塗り薬に使われています。

(2)　サリチル酸のフェノール性ヒドロキシ基を無水酢酸によってアセチル化すると，アセチルサリチル酸が得られます。酢酸とサリチル酸のエステルであるアセチルサリチル酸は，無色の結晶です。アスピリンともよばれ，**解熱鎮痛剤**に使われています。

「汗(あせ)が散(ち)ると熱が下がる」と覚えよう

入試攻略への必須問題3

炭素，水素，酸素から構成される針状結晶の物質Aについて(実験１)〜(実験５)を行った。原子量はH＝1.0，C＝12，O＝16とする。

(実験１)　Aを元素分析したら，炭素60.9％，水素4.3％の値を得た。また，分子量の測定結果は138であった。

(実験２)　Aの水溶液に塩化鉄(Ⅲ)水溶液の数滴を加えると，溶液は赤紫色を呈した。

(実験３)　Aの水溶液を炭酸水素ナトリウム水溶液に加えると，二酸化炭素が発生した。

(実験４)　Aを濃硫酸とともにメタノール中で加熱すると，分子式$C_8H_8O_3$で示される強い芳香をもつ油状物質Bが得られた。Bは消炎塗布剤として用いられる。

(実験５)　Aは無水酢酸と反応し，分子式$C_9H_8O_4$で示される針状結晶の物質Cが得られた。Cは解熱剤として用いられる。

問１　(実験１)の結果からAの分子式を求めよ。

問２　(実験２)の反応は，どのような化合物に特徴的であるか。その一般的な名称を記せ。

問３　(実験３)の反応は，どのような官能基によるか。その名称を記せ。

問４　A，BおよびCの化合物名を記せ。

問５　(実験３)の化学反応式を構造式を用いて記せ。　(九州大)

解説　(実験１)　$C:H:O=\frac{60.9}{12}:\frac{4.3}{1.0}:\frac{100-(60.9+4.3)}{16}$

$=5.075:4.3:2.175$

$=2.33:1.97:1$ ← $\frac{5.075}{2.175}:\frac{4.3}{2.175}:\frac{2.175}{2.175}$

$\fallingdotseq 2\frac{1}{3}:2:1$ ← 分数で近似

$=7:6:3$

p.25参照

組成式は$C_7H_6O_3$となる。分子量が138なので，分子式も$C_7H_6O_3$となる。

また，Aの不飽和度は，$I_u=\frac{2\times7+2-6}{2}=5$　である。

(実験２)　$FeCl_3$水溶液で呈色することから，Aはフェノール性ヒドロキシ基をもつことがわかる。

（実験３）　カルボン酸は炭酸より強い酸なので，

$$RCOOH + HCO_3^- \longrightarrow RCOO^- + CO_2 + H_2O$$

という反応が起こってCO_2が発生する。Aはカルボキシ基をもつことがわかる。

ベンゼン環にπ結合３つと環１つ，カルボキシ基にπ結合が１つあるので，合わせて不飽和度５に相当する。

そこでAの分子式を，$C_7H_6O_3 = C_6H_6 + (-\overset{O}{\overset{\|}{C}}-O-) + (-O-)$ と分解して，条件に当てはまる構造式を書くと，

①　サリチル酸　②　*m*-ヒドロキシ安息香酸　③　*p*-ヒドロキシ安息香酸

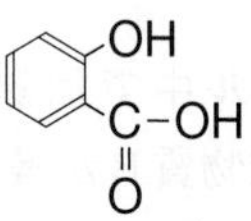

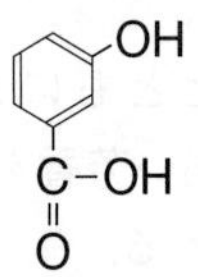

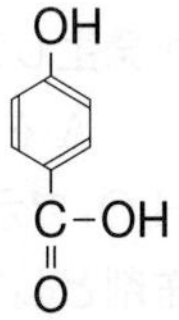

で，Aは①〜③のいずれかと考えられる。

（実験４）と（実験５）から，Aは①のサリチル酸（*o*-ヒドロキシ安息香酸）であり，BはAがメタノールと縮合したサリチル酸メチル，CはAが無水酢酸によってアセチル化されたアセチルサリチル酸である。

B　（$C_8H_8O_3$でOK）　　C　（$C_9H_8O_4$でOK）

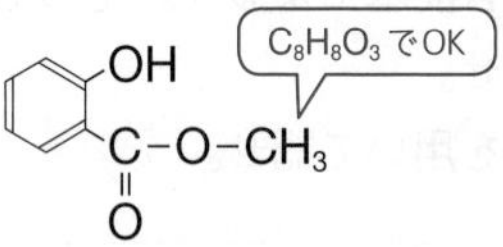

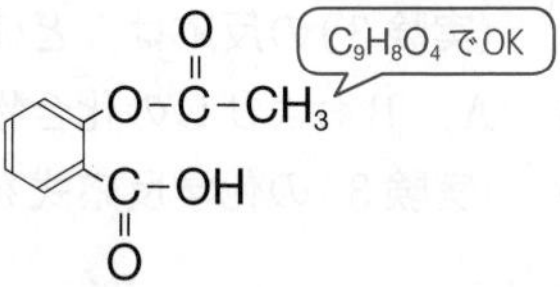

答え　**問１**　$C_7H_6O_3$　　**問２**　フェノール類　　**問３**　カルボキシ基

問４　A：サリチル酸　　B：サリチル酸メチル

C：アセチルサリチル酸

問５　$C_6H_4(OH)COOH + NaHCO_3 \longrightarrow C_6H_4(OH)COONa + CO_2 + H_2O$

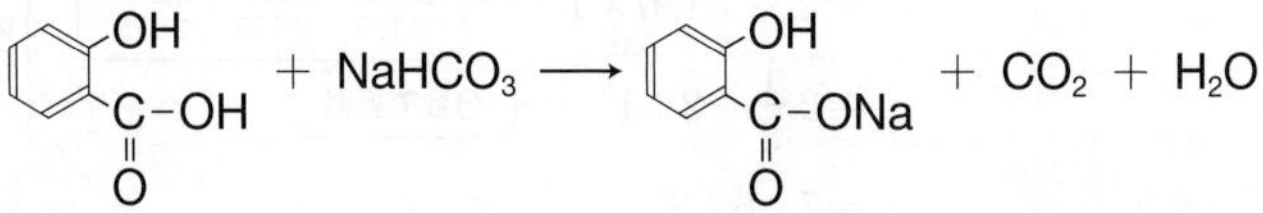

入試攻略への必須問題4

有機化合物の合成と性質に関する次の文章中の[a]に入れる化合物名と，[b]に入れる記述との組み合わせとして最も適当なものを，下の①〜⑧から1つ選べ。

試験管にサリチル酸をとり，メタノールを加えて溶かす。これに少量の濃硫酸を加えてよく振り混ぜながら，おだやかに加熱する。冷却後，反応液を，使用したサリチル酸と濃硫酸に対し過剰な物質量の[a]を含む水溶液に注ぎ，油状の化合物アを遊離させる。

この化合物アに無水酢酸と少量の濃硫酸を加え，おだやかに加熱する。冷却後，氷冷した炭酸ナトリウム水溶液を加え，固体の化合物イを得る。これらの化合物ア・イをそれぞれメタノールに溶かし，塩化鉄(Ⅲ)水溶液を加える。このとき，[b]。

	a	b
①	炭酸水素ナトリウム	ア・イとも呈色する
②	炭酸水素ナトリウム	ア・イとも呈色しない
③	炭酸水素ナトリウム	アのみ呈色する
④	炭酸水素ナトリウム	イのみ呈色する
⑤	水酸化ナトリウム	ア・イとも呈色する
⑥	水酸化ナトリウム	ア・イとも呈色しない
⑦	水酸化ナトリウム	アのみ呈色する
⑧	水酸化ナトリウム	イのみ呈色する

解説 アはサリチル酸メチル，イはサリチル酸メチルのヒドロキシ基を無水酢酸でアセチル化したアセチルサリチル酸メチルである。

ア　イ

$C_6H_4(OH)COOH$ —(CH_3OH 縮合)→ $C_6H_4(OH)COOCH_3$ —(アセチル化)→ $C_6H_4(OCOCH_3)COOCH_3$

サリチル酸　サリチル酸メチル　アセチルサリチル酸メチル

a：サリチル酸とメタノールに濃硫酸(触媒)を加えて加熱すると，サリチル酸メチルが生じる。

$$C_6H_4(OH)COOH + CH_3OH \rightleftarrows C_6H_4(OH)COOCH_3 + H_2O$$

この反応は可逆反応なので，反応後はサリチル酸やメタノールが残っている。メタノールは水によく溶ける。しかし，サリチル酸は水に少ししか溶けないので，水によく溶けるサリチル酸ナトリウムに変えて，サリチル酸メチルだけそのままの形で回収する。

反応後の溶液にNaOH水溶液を加えると，サリチル酸メチルもサリチル酸も中和されて，水に溶けてしまう。

$$C_6H_4(OH)COOCH_3 + NaOH \longrightarrow C_6H_4(ONa)COOCH_3 + H_2O$$

塩なので水によく溶ける

$$C_6H_4(OH)COOH + 2NaOH \longrightarrow C_6H_4(ONa)COONa + 2H_2O$$

塩なので水によく溶ける

$NaHCO_3$水溶液を加えると，カルボキシ基をもつ未反応のサリチル酸は反応して溶けるが，カルボキシ基をもたないサリチル酸メチルは反応しないので，油状の化合物アとして遊離する。

$$C_6H_4(OH)COOCH_3 + NaHCO_3 \not\longrightarrow \text{反応せず}$$

$$C_6H_4(OH)COOH + NaHCO_3 \longrightarrow C_6H_4(OH)COONa + CO_2 + H_2O$$

b：Fe^{3+}を加えるとフェノール性ヒドロキシ基をもつアのサリチル酸メチルは呈色するが，フェノール性ヒドロキシ基がアセチル化されたイは呈色しない。

答え ③

14 アニリンとその誘導体

学習項目 1 アニリンとその性質　2 アニリンの合成方法
3 ジアゾ化とジアゾカップリング　4 有機化合物の分離

STAGE 1 アニリンとその性質

ベンゼン環の炭素原子にアミノ基$-NH_2$が直接結合した化合物を**芳香族アミン**(厳密には芳香族第一級アミン)といいます。アニリン$C_6H_5NH_2$は代表的な芳香族アミンです。まずはアニリンの性質から確認しましょう。

これを覚えよう! 59

◆ **弱塩基** → 説明 1

$$C_6H_5-NH_2 + H_2O \rightleftarrows C_6H_5-NH_3^+ + OH^-$$

アニリン　　アニリニウムイオン

◆ **酸無水物でアミドをつくる** → 説明 2

$$C_6H_5-NH-H + (CH_3CO)_2O \longrightarrow C_6H_5-NH-CO-CH_3 + CH_3COOH$$

アニリン　　無水酢酸　　アセトアニリド

◆ **酸化されやすい** → 説明 3　別冊 p.17

$C_6H_5-NH_2$ —さらし粉水溶液→ 赤紫色 ← 検出反応に利用

$C_6H_5-NH_2$ —硫酸酸性二クロム酸カリウム水溶液→ 黒色(アニリンブラック)

説明 1　アニリンは，水にわずかに溶けて塩基性を示します。アンモニアNH_3と同じように，N原子の非共有電子対を使って，H^+と配位結合をするからです。ただし，非共有電子対がベンゼン環に流れ込んでいるので，H^+との配位結合能力がやや低下するため，アニリンはアンモニアより弱い塩基です。

$$C_6H_5-\ddot{N}H-H + H_2O \rightleftarrows [C_6H_5-NH_3]^+ + OH^-$$

アニリンは，塩酸で中和されて，水によく溶けるアニリン塩酸塩になります。

$$C_6H_5\text{-}NH_2 + HCl \xrightarrow{\text{中和}} C_6H_5\text{-}NH_3Cl$$

アニリン塩酸塩(塩化アニリニウム)

また，アニリンは弱塩基なので，アニリン塩酸塩水溶液に強塩基である水酸化ナトリウムを加えると，弱塩基遊離反応が起こり，アニリンが遊離します。

$$C_6H_5\text{-}NH_3Cl + \underbrace{NaOH}_{\text{強塩基}} \longrightarrow \underbrace{C_6H_5\text{-}NH_2}_{\text{弱塩基}} + H_2O + NaCl$$

別冊 p.13

説明 2 カルボン酸無水物とアミンから，アミドとカルボン酸が生じる反応です(p.144参照)。アセトアニリドは，構造式と名前以外に，分子式がC_8H_9NOであることも覚えておきましょう。昔はアンチフェブリンという名で解熱鎮痛剤として利用されていましたが，副作用が強いために現在は使われていません。現在は，アセトアニリドのパラ位をヒドロキシ基に変えたアセトアミノフェンなどが解熱鎮痛剤として用いられています。

$$HO\text{-}C_6H_4\text{-}NH\text{-}\overset{\overset{\large O}{\|}}{C}\text{-}CH_3$$

アセトアミノフェン

説明 3 アニリンは，非常に**酸化されやすく**，酸化されると複雑な構造をもつ化合物へと変化します。

> アニリンは無色油状物質だけど，空気中に放置すると酸素に酸化されて，徐々に赤褐色になりますよ

アニリンを**さらし粉**($CaCl(ClO)\cdot H_2O$)中の次亜塩素酸イオンClO^-で酸化すると，**赤紫色**を呈します。**アニリンの検出反応**に用いられます。

また，アニリンを硫酸酸性の二クロム酸カリウム水溶液で酸化すると，水に難溶な真っ黒な高分子化合物が生じます。これは**アニリンブラック**とよばれ，昔は木綿などの繊維を黒く染めるためによく使われていました。

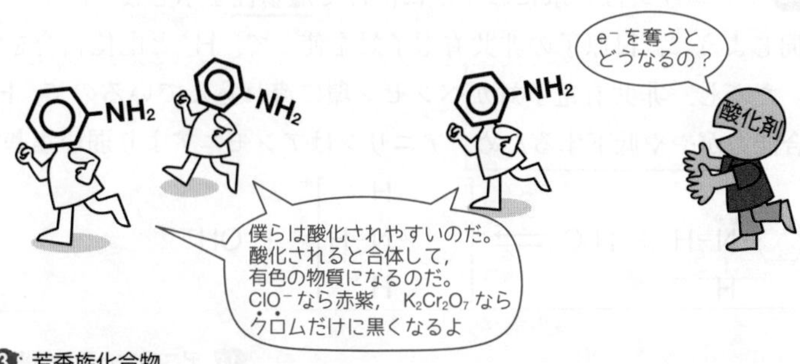

NH₂
NH₂
NH₂
e⁻を奪うとどうなるの？
酸化剤
僕らは酸化されやすいのだ。
酸化されると合体して，
有色の物質になるのだ。
ClO⁻なら赤紫，K₂Cr₂O₇なら
クロムだけに黒くなるよ

STAGE

2 アニリンの合成方法

アニリンはフェノール同様，ベンゼンから直接合成することが困難です。ニトロベンゼンを還元してつくります。

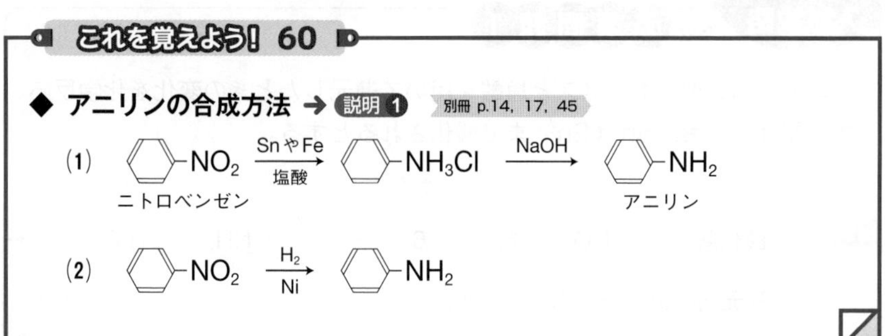

説明 1 置換基に注目してください。ニトロベンゼンからO原子をとってH原子をくっつければアニリンです。**ニトロベンゼンを還元**すればいいのです。

$$C_6H_5-NO_2 \xrightarrow{\text{還元}} C_6H_5-NH_2$$

Nの酸化数は+3から−3へと変化しています

(1) 実験室では，還元剤としてイオン化傾向が中くらいの金属である**スズSnや鉄Fe**をよく使います。

ニトロベンゼンは，**酸性条件**で酸化数−2のOが，$O^{2-}+2H^+ \longrightarrow H_2O$のような形で脱離しやすいので，還元されやすくなります。

生成物のアニリンは酸化されやすいので，強い酸化力を示さない塩酸で酸性にしてニトロベンゼンを還元すると，アニリン塩酸塩が得られます。

$$C_6H_5-\underset{+3}{N}O_2\ (\underset{-2}{O}) + 6e^- + 7H^+ \longrightarrow C_6H_5-\underset{-3}{N}\underset{+1}{H_3}{}^+ + 2\underset{+1}{H_2}\underset{-2}{O}$$

酸性　中和されている

反応後の溶液に水酸化ナトリウム水溶液を加えると，アニリンが遊離します。

$$C_6H_5-NH_3Cl + NaOH \longrightarrow C_6H_5-NH_2 + H_2O + NaCl$$

(2) 工業的には，Niなどの触媒を用いて，高温でニトロベンゼンを水素によって還元(p.74参照)して製造しています。

$$C_6H_5\text{-}NO_2 + 3H_2 \longrightarrow C_6H_5\text{-}NH_2 + 2H_2O$$

入試攻略への必須問題1

ニトロベンゼンを，スズと塩酸を用いて還元したときの変化を化学反応式で記せ。なお，SnはSn^{4+}まで酸化されるとする。

解説

酸化剤：$C_6H_5\text{-}\underset{+3}{\underline{N}}O_2 + 6H^+ + 6e^- \longrightarrow C_6H_5\text{-}\underset{-3}{\underline{N}}H_2 + 2H_2O$ …(i)

還元剤：$Sn \longrightarrow Sn^{4+} + 4e^-$ …(ii)

(i)式×2+(ii)式×3でe^-を消去する。

$$2C_6H_5\text{-}NO_2 + 12H^+ + 3Sn \longrightarrow 2C_6H_5\text{-}NH_2 + 3Sn^{4+} + 4H_2O$$

両辺に$12Cl^-$を加えて整理する。←H^+はHCl由来で，Sn^{4+}は$SnCl_4$になる

$$2C_6H_5\text{-}NO_2 + 12HCl + 3Sn \longrightarrow 2C_6H_5\text{-}NH_2 + 3SnCl_4 + 4H_2O$$

両辺に2HClを加えて整理する。←$C_6H_5\text{-}NH_2$は，中和されて塩化物になっている

$$2C_6H_5\text{-}NO_2 + 14HCl + 3Sn \longrightarrow 2C_6H_5\text{-}NH_3Cl + 3SnCl_4 + 4H_2O$$

有機反応の半反応式は，構造式から酸化数を求めるのに手間がかかるので，次のようなStepで書くとよいでしょう。

Step 1	反応物と生成物を書く。	$C_6H_5NO_2 \longrightarrow C_6H_5NH_2$
Step 2	Oの数をH_2Oで，Hの数をH^+で合わせる。	$C_6H_5NO_2 + 6H^+ \longrightarrow C_6H_5NH_2 + 2H_2O$
Step 3	両辺の電荷をe^-で合わせる。	$C_6H_5NO_2 + 6H^+ + 6e^- \longrightarrow C_6H_5NH_2 + 2H_2O$

答え

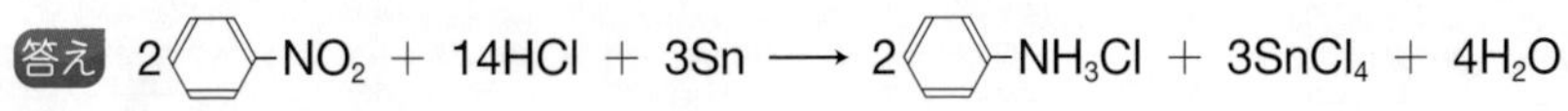

$$2C_6H_5\text{-}NO_2 + 14HCl + 3Sn \longrightarrow 2C_6H_5\text{-}NH_3Cl + 3SnCl_4 + 4H_2O$$

STAGE

3 ジアゾ化とジアゾカップリング

アニリンを原料にしてジアゾニウムイオンをつくり，これをもとに，アゾ化合物を合成することを学習しましょう。

これを覚えよう！ 61

◆ **ジアゾ化** → 説明 1 別冊 p.14

$$C_6H_5\text{-}NH_2 \xrightarrow[\text{塩酸，氷冷下}]{\text{亜硝酸ナトリウム}NaNO_2\text{水溶液}} C_6H_5\text{-}\overset{+}{N}\equiv NCl^-$$

塩化ベンゼンジアゾニウム

◆ **ジアゾカップリング** → 説明 2 別冊 p.46

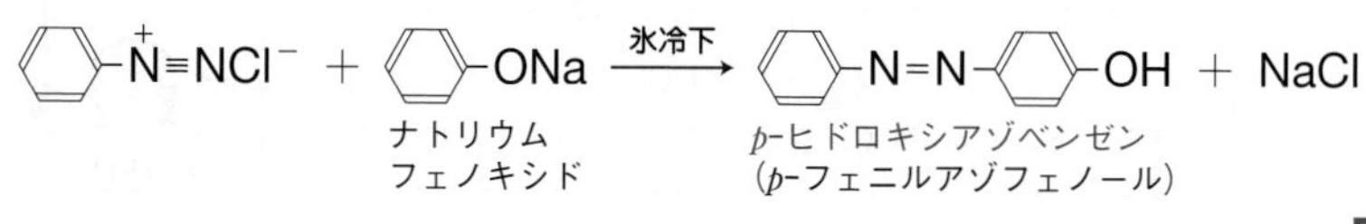

説明 1　$R\text{-}\overset{+}{N}\equiv N$の**構造**をもつジアゾニウム塩をつくる反応を**ジアゾ化**といいます。

「ジ」は「2」，
「アゾ」は「窒素N」，
「ニウム」は「陽」
イオンであること
を意味しています
Do

まず，亜硝酸ナトリウム水溶液に塩酸を加えると，次のように反応します。

$$\begin{cases} NO_2^- + H^+ \longrightarrow \underset{\text{亜硝酸}}{HNO_2} & \text{（弱酸遊離反応）} \\ \underset{\text{亜硝酸}}{O\text{=}\overset{+}{N}\text{-}\overset{-}{OH}} + H^+ \longrightarrow O\text{=}N^+ + H_2O & \text{（亜硝酸分子が酸性で分解）} \end{cases}$$

ここで生じた$O\text{=}N^+$がアニリンの$-NH_2$に結合し，複雑な中間体を経て最終的にジアゾニウムイオンが生成します。ジアゾ化は，次のように構造が変化するととらえておいてください。

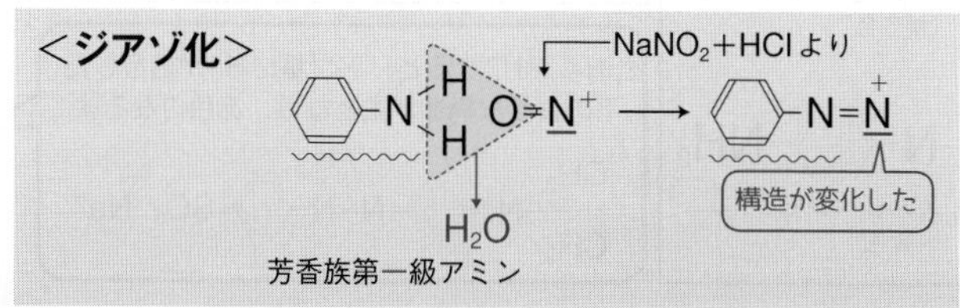

生じるジアゾニウムイオンは，次の(Ⅰ)と(Ⅱ)の構造の平衡状態になります。

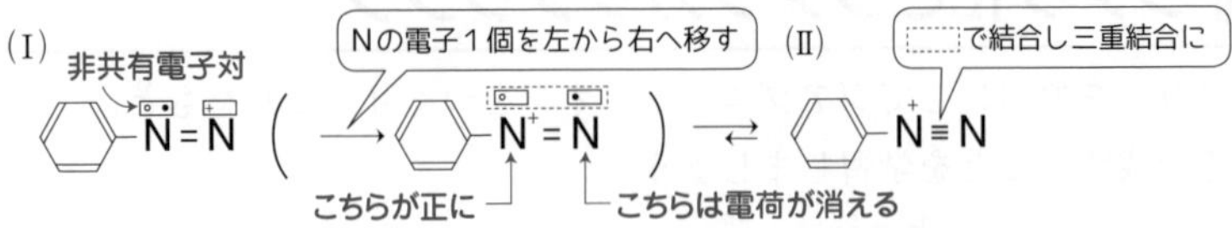

(Ⅰ)と(Ⅱ)の構造式を比べます。(Ⅱ)は$-\overset{+}{\underline{N}}\equiv N$の$\overset{+}{\underline{N}}$がベンゼン環のπ電子を引きつけて，正電荷を広くベンゼン環のほうまで分散できるので，5℃以下の低温水溶液なら何とか安定に存在できます。

よって，平衡は(Ⅰ)より(Ⅱ)のほうへと傾いていますから，一般には(Ⅱ)の構造式で表します。

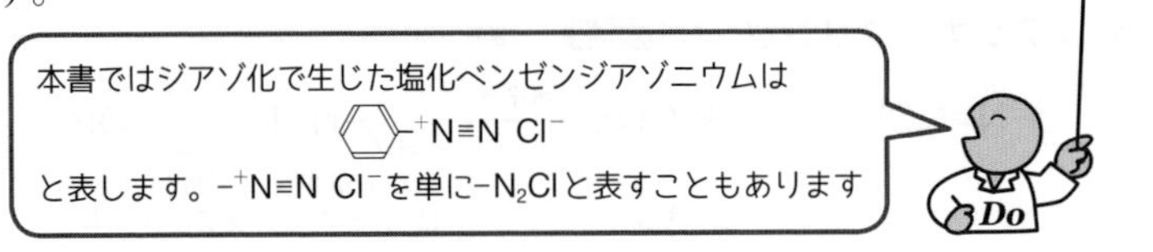

また，塩化ベンゼンジアゾニウムの水溶液を5℃以上に温度を上げると，p.193で紹介したようにフェノールと窒素に分解してしまいます。

$$C_6H_5-\overset{+}{N}\equiv N\ Cl^{-} + H_2O \xrightarrow{5℃以上} C_6H_5-OH + N_2\uparrow + HCl$$

ジアゾ化を行うときは氷で冷却し水温を0～5℃に保ちましょう

説明 2 分子内にアゾ基$-N=N-$をもつアゾ化合物のうち，芳香族アゾ化合物は黄～赤色を示すものが多く，染料(アゾ染料という)やpH指示薬に使われています。

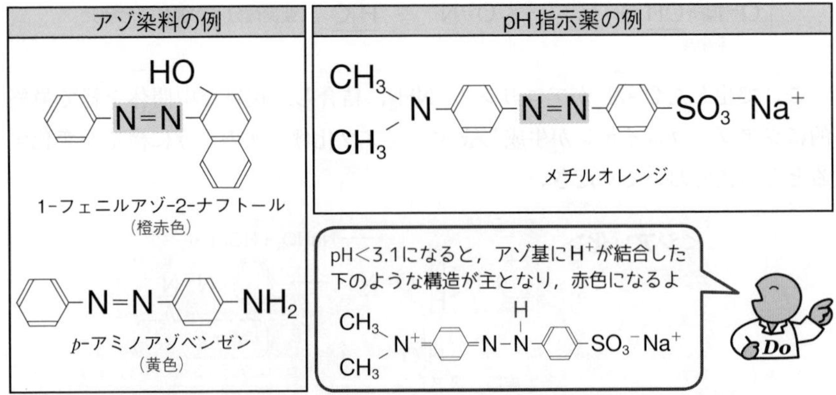

アゾ化合物をジアゾニウム塩からつくる反応を**ジアゾカップリング**（diazo coupling）といいます。

カップリングとは，２つの有機化合物の間に新しい結合が生じて１つの有機化合物を生成する反応を指しています

では，*p*-ヒドロキシアゾベンゼンというアゾ染料を合成してみましょう。

❶　まず，フェノールをNaOH水溶液に溶かしておきます。すると，フェノールが中和されてフェノキシドイオンとなり，置換反応が起こりやすくなります。

$$C_6H_5\text{-OH} + NaOH \longrightarrow C_6H_5\text{-ONa} + H_2O$$

❷　次に，氷冷した塩化ベンゼンジアゾニウム水溶液をナトリウムフェノキシド水溶液に加えると，橙赤色の*p*-ヒドロキシアゾベンゼン（*p*-フェニルアゾフェノールともいう）が得られます。

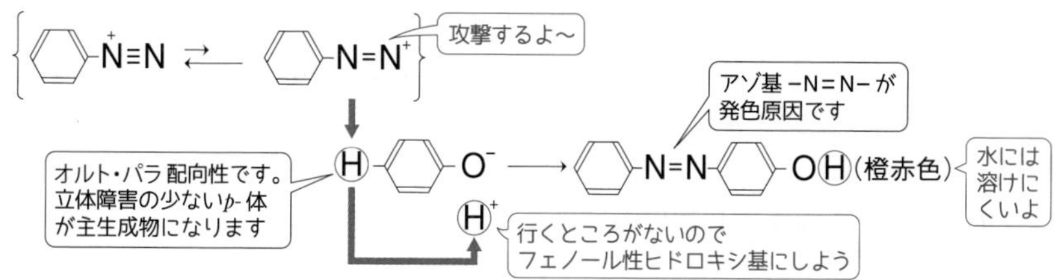

攻撃するよ～
アゾ基 −N=N− が発色原因です
オルト・パラ配向性です。立体障害の少ない*p*-体が主生成物になります
(橙赤色)
水には溶けにくいよ
行くところがないのでフェノール性ヒドロキシ基にしよう

色素とよばれる物質のうち，繊維に吸着する性質をもつものが染料に用いられます。染料には植物や動物由来の天然染料と，アゾ染料のような合成染料があります。なお，色素のうち，水や有機溶媒などの溶媒に溶けにくいものは顔料とよんでいます

入試攻略への必須問題2

濃硝酸と［ア］の混合物をベンゼンと反応させると，［イ］を得ることができる。［イ］に濃塩酸と［ウ］を作用させて還元すると［エ］が得られる。①［エ］は有機溶媒に溶けやすく水には溶けにくいが，塩酸には溶ける。

②［エ］を希塩酸に溶かし，氷で冷却しながら亜硝酸ナトリウム水溶液と反応させるとジアゾ化が起こり，塩化ベンゼンジアゾニウムが生じる。③塩化ベンゼンジアゾニウムの水溶液を冷却しながら，［オ］を溶かした水酸化ナトリウム水溶液を加えると，最終的にアゾ基をもつ*p*-ヒドロキシアゾベンゼンを得ることができる。芳香族アゾ化合物の多くは色彩豊かであるため染料や顔料，pH指示薬などとして用いられる。

問1　［ア］～［オ］にあてはまる適切な物質名を入れよ。

問2　［エ］を検出するための呈色反応で使用する試薬の名称を1つ答えよ。また，その呈色反応後の色についても答えよ。

問3　下線部①に関して，［エ］が塩酸に溶ける理由について45字以内で答えよ。

問4　下線部②および下線部③に関して，構造式を用いて，それぞれの反応の化学反応式を書け。

問5　下線部③に関して，塩化ベンゼンジアゾニウムの水溶液を冷却（5℃以下）する理由を45字以内で答えよ。　（千葉大）

解説　**問1**　問題の反応を整理すると次のようになる。

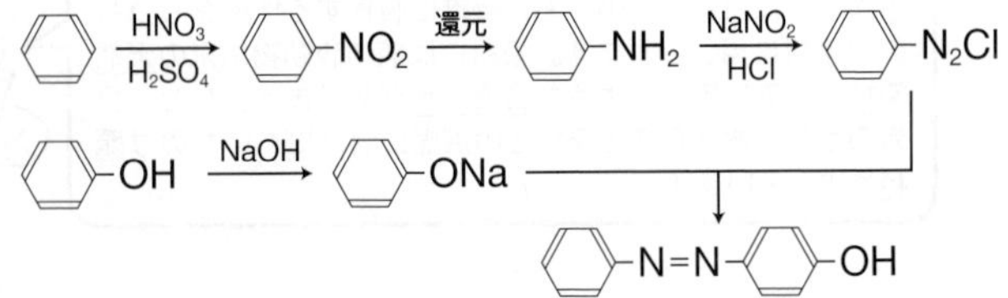

問2　アニリンは酸化されやすい。さらし粉 $CaCl(ClO)\cdot H_2O$ を加えると，次亜塩素酸イオンによってアニリンが酸化され，赤紫色を呈す。

問3　アニリンは水にわずかしか溶けないが，アニリン塩酸塩は水によく溶ける。

問 4　①
$$\ce{C6H5-N(H)(H)\ \ O=N\ \ O^-\ \ H^+\ \ H^+\ \ Cl^-\ \ Cl^-}$$
(H, H と O, および O⁻ と H⁺, H⁺ がそれぞれ H_2O となる。Na^+)

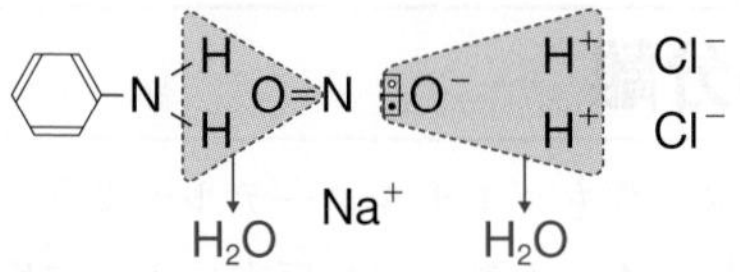

と考えて，反応式の係数をつければよい。

② p.209を参照のこと。Na^+やCl^-は反応には関係ない。

問 5　p.210を参照のこと。

答え

問 1　ア：濃硫酸　イ：ニトロベンゼン　ウ：スズ(または 鉄)

エ：アニリン　オ：フェノール

問 2　さらし粉，赤紫色

問 3　アニリンは塩基であり，塩酸で中和されて水溶性のアニリン塩酸塩となるから。(36字)

問 4　② $C_6H_5-NH_2 + NaNO_2 + 2HCl$

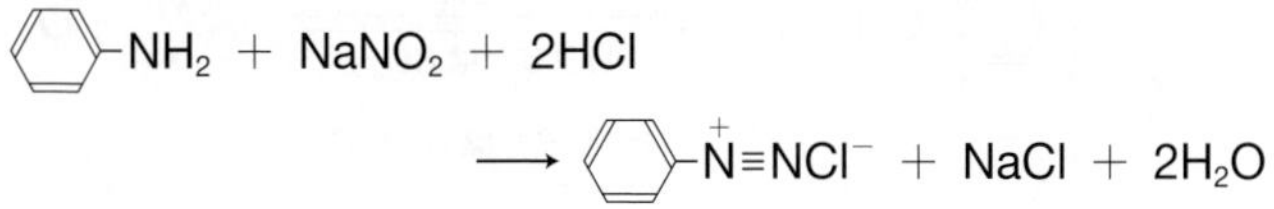

$\longrightarrow C_6H_5-N^+\equiv NCl^- + NaCl + 2H_2O$

③ $C_6H_5-N^+\equiv NCl^- + C_6H_5-ONa$

$\longrightarrow C_6H_5-N=N-C_6H_4-OH + NaCl$

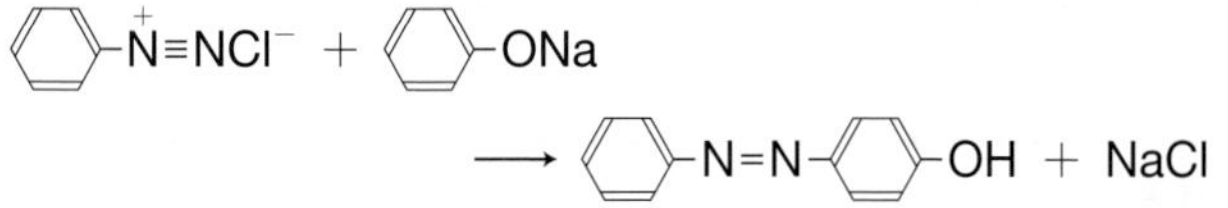

問 5　塩化ベンゼンジアゾニウム水溶液は，5℃以上でフェノールと窒素に分解してしまうから。(41字)

STAGE 4 有機化合物の分離

芳香族化合物の多くは，水よりもジエチルエーテルのような**有機溶媒によく溶けます**。ただし，芳香族化合物でも酸・塩基反応によって**塩に変えることで水によく溶ける**ようになります。

これを覚えよう！ 62

◆ **抽出による分離** ➔ 説明 1 別冊 p.14

有機溶媒　　　　　　　　　　　　　　　　　　　　**水**

❶ ⬡—NH_2　　$\xleftrightarrow[\text{NaOH}]{\text{HCl}}$　　⬡—NH_3^+　Cl^-

❷ ⬡—OH　　$\xleftrightarrow[\text{HCl または } CO_2]{\text{NaOH}}$　　⬡—O^-　Na^+

　⬡—COOH　　$\xleftrightarrow[\text{HCl}]{\text{NaOH または NaHCO}_3}$　　⬡—COO^-　Na^+

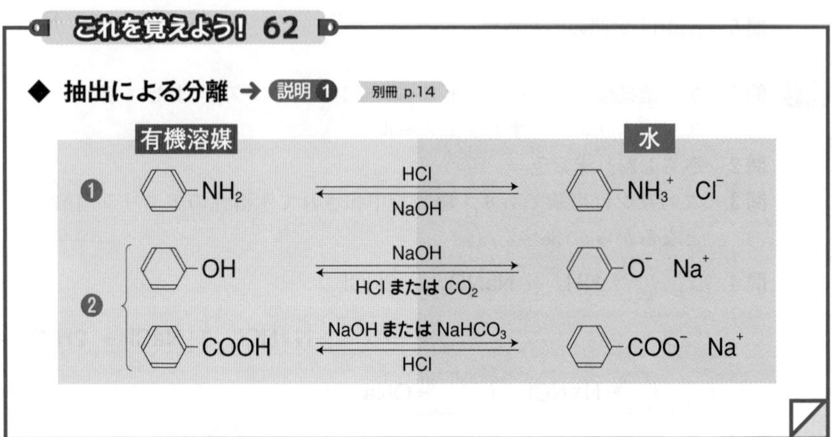

説明 1　2種類の混ざり合わない溶媒(水とエーテルのような2種類)を用意して，溶解度の差を利用すると，芳香族化合物を分離することができます。この操作を**抽出**(ちゅうしゅつ)といいます。

単にエーテルと
よぶことも多い

　僕は疎水基が大きいので
油の中にいるほうが好き
⬡—OH

水とジエチルエーテルは混ざ
り合わず，2層に分離します。
ジエチルエーテルは水より密
度が小さいので，上がエーテ
ル層です

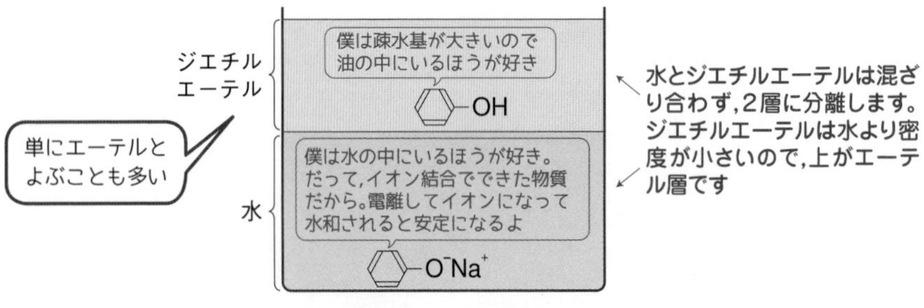

僕は水の中にいるほうが好き。
だって，イオン結合でできた物質
だから。電離してイオンになって
水和されると安定になるよ
⬡—O^-Na^+

水より密度が大きい四塩化炭素 CCl_4 やクロロホルム $CHCl_3$，ジクロロメタン CH_2Cl_2 (p.63参照)を有機溶媒に用いると，上層は水層，下層が有機溶媒層になりますよ

C_6H_5-OH（フェノール），C_6H_5-NH_2（アニリン），C_6H_5-COOH（安息香酸）の３つの分離方法を頭に入れましょう。アニリンは塩基，フェノールと安息香酸は酸だったことを思い出して読んでください。

❶ アニリンを含む有機溶媒(エーテルなど)に塩酸を加えると，アニリンは中和されて，水によく溶けるアニリン塩酸塩となり，水層へ移動して電離します。

$$C_6H_5\text{-}NH_2 + HCl \xrightarrow{\text{中和}} C_6H_5\text{-}NH_3Cl$$

C_6H_5-NH_2：水に溶けにくい　HCl：酸　C_6H_5-NH_3Cl：電離して水に溶ける

反応後，強塩基である水酸化ナトリウムの水溶液を加えると，水に溶けにくい弱塩基のアニリンが遊離して，再び有機溶媒層へ移動します。

$$C_6H_5\text{-}NH_3Cl + NaOH \xrightarrow{\text{弱塩基遊離}} C_6H_5\text{-}NH_2 + H_2O + NaCl$$

C_6H_5-NH_3Cl：水によく溶ける　NaOH：強塩基　C_6H_5-NH_2：水に溶けにくく，エーテルによく溶ける

❷ フェノールと安息香酸は両方とも酸なので，水酸化ナトリウム水溶液を加えると中和されて水によく溶けるナトリウム塩となり，水層へ移動して電離します。

$$C_6H_5\text{-}OH + NaOH \xrightarrow{\text{中和}} C_6H_5\text{-}ONa + H_2O$$

$$C_6H_5\text{-}COOH + NaOH \xrightarrow{\text{中和}} C_6H_5\text{-}COONa + H_2O$$

C_6H_5-OH，C_6H_5-COOH：水に溶けにくい　NaOH：塩基　C_6H_5-ONa，C_6H_5-COONa：電離して水に溶ける

上の反応後，強酸である塩酸を加えると，弱酸であるフェノールや安息香酸が遊離して，再び有機溶媒層へ移動します。

$$C_6H_5\text{-}ONa + HCl \xrightarrow{\text{弱酸遊離}} C_6H_5\text{-}OH + NaCl$$

$$C_6H_5\text{-}COONa + HCl \xrightarrow{\text{弱酸遊離}} C_6H_5\text{-}COOH + NaCl$$

C_6H_5-ONa，C_6H_5-COONa：水によく溶ける　HCl：強酸　C_6H_5-OH，C_6H_5-COOH：水に溶けにくく，エーテルによく溶ける

では，フェノールと安息香酸を分離するにはどうしたらよいでしょうか？p.188で学んだ**炭酸がカルボン酸より弱い酸で，フェノールより強い酸であること**を利用します。

フェノールと安息香酸を含む有機溶媒に炭酸水素ナトリウム水溶液を加えると，炭酸より強い安息香酸だけがHCO_3^-と反応して水によく溶ける塩となり，水層へ移動します。

C_6H_5-OH ＋ $NaHCO_3$ ─╳→ 反応しない

C_6H_5-COOH ＋ $NaHCO_3$ ─→（より弱い酸が遊離）C_6H_5-COONa ＋ CO_2 ＋ H_2O

水に溶けにくい　　電離して水に溶ける　　炭酸H_2CO_3が分解してCO_2とH_2O

今度は逆です。安息香酸ナトリウムとナトリウムフェノキシドの混合水溶液に二酸化炭素を通じると，炭酸より弱いフェノールが遊離して，有機溶媒層へ移動します。

C_6H_5-ONa ＋ CO_2 ＋ H_2O ─→（弱酸遊離）C_6H_5-OH ＋ $NaHCO_3$

炭酸はフェノールより強い酸　　水に溶けにくい

C_6H_5-COONa ＋ CO_2 ＋ H_2O ─╳→ 反応しない

水によく溶ける

これらの反応を利用し，下図に示した**分液ろうと**というガラス器具を用いて抽出を行うと，例えば，フェノール，アニリン，安息香酸，ベンゼンの混合物のエーテル溶液から次の手順でそれぞれを分離できます。

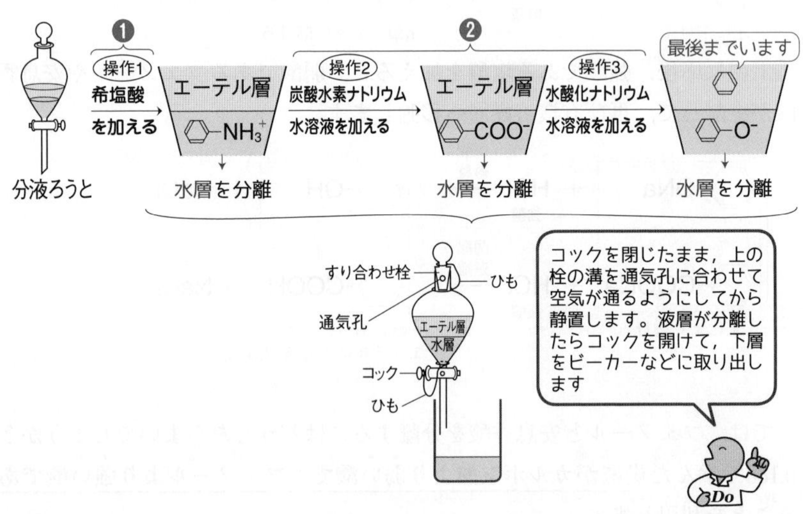

なお，分液ろうとで溶液を混ぜるときに，二酸化炭素などの気体が発生すると，ろうと内の圧力が上がり，押された液が外にもれてくるおそれがあります。栓が閉まっていることを確認して，分液ろうとを逆さまにしてコックを開き，ガス抜きをしましょう。

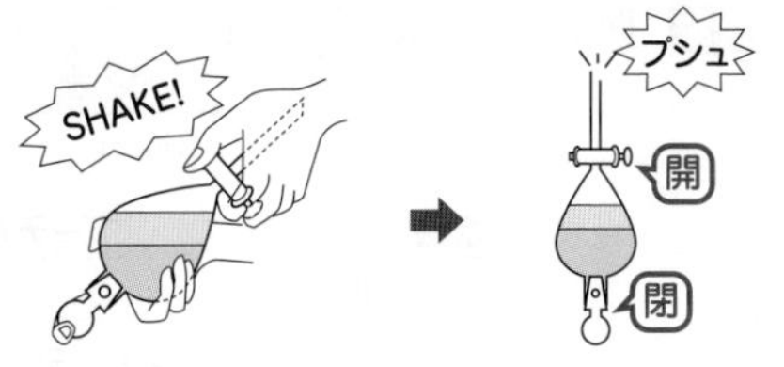

入試攻略への必須問題3

アニリン，トルエン，フェノール，サリチル酸の混合物を，以下の操作で分離することにした。次の**問1～5**に答えよ。

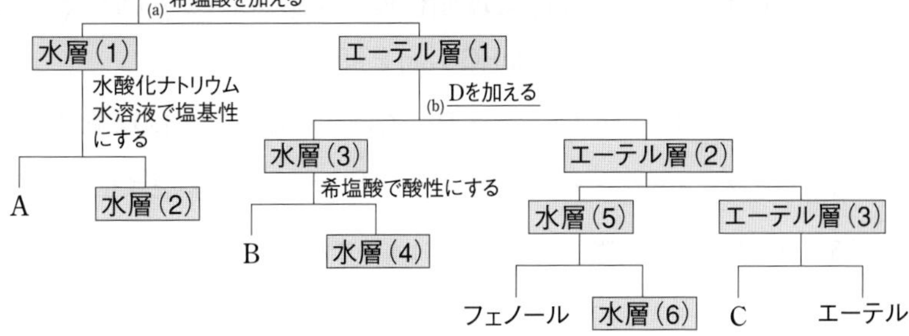

問1　A，B，Cの化合物名を答えよ。

問2　エーテル層(1)から，Bを分離する操作に必要な試薬Dを，次の㋐～㋓から選び，記号で答えよ。

㋐　炭酸ナトリウム水溶液　　㋑　炭酸水素ナトリウム水溶液

㋒　水と二酸化炭素　　㋓　水酸化ナトリウム水溶液

問3　下線部(b)におけるBとDとの反応式を示せ。また，実際にこの操作を行う上での注意点を述べよ。

問4　エーテル層(2)からフェノールをとり出すまでの操作を，順を追って述べよ。

問5　混合物中のAを完全に分離するため，下線部(a)では過剰量の希塩酸が用いられている。もし，希塩酸の量がAに対して不十分であったとき，Aは最終的にどの水層または物質に主に混入すると考えられるか。水層の番号，物質名または記号で答えよ。

（大阪教育大）

解説 **問1**

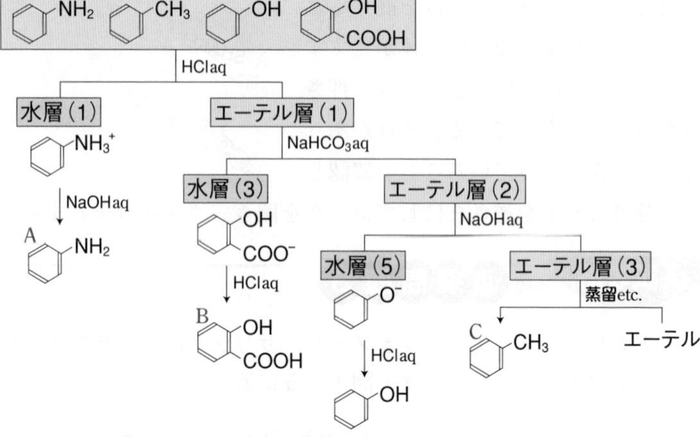

問2 Na_2CO_3aqやNaOHaqは，塩基性が強すぎるため，C_6H_5-OHも$C_6H_5-O^-$となってしまう。そこで，$NaHCO_3$aqを使う。

問3 $R-COOH + HCO_3^- \longrightarrow R-COO^- + CO_2 + H_2O$が起こる。

問4 フェノールとエーテルを分けるときは，エーテルを蒸発させればよい。

問5 酸性にならない限り，アニリンは水層に移動しないので，最後までエーテル層に残る。

答え **問1** A：アニリン　B：サリチル酸　C：トルエン

問2 ㋑

問3 $C_6H_4(OH)COOH + NaHCO_3 \longrightarrow C_6H_4(OH)COONa + H_2O + CO_2$

注意点：炭酸水素ナトリウム水溶液を加えて，ガス抜きをしながらよく振り混ぜる。

問4 ① エーテル層(2)に水酸化ナトリウム水溶液を加えて，よく振り混ぜる。

② このとき生じた水層(5)とエーテル層(3)のうち，水層(5)を分液ろうとによってとり出し，ここに希塩酸を加える。

③ 油状物が生じるので，エーテルを加える。

④ エーテル層をスポイトなどで蒸発皿にとり，風通しのよい所でエーテルを蒸発させるとフェノールが残る。

問5 C

Extra Stage

核磁気共鳴(NMR)と原子の環境

有機化合物の構造式を決める手段として，現在は機器を用いた方法があります。分子式や所有する官能基といった情報が，専用の装置を利用して得られるのです。

いくつかある分析手法のうち，**核磁気共鳴(NMR)**分光法という有機化学の研究者がよく使う方法を紹介します。

nuclear magnetic resonance

Do

特定の磁場をかけて，試料に電磁波を照射します。分子内で環境が異なる位置にある原子核はちがう波長の電磁波を吸収するという現象(核磁気共鳴という)を利用しています。
詳しいことは大学の研究室などで使うときに勉強してください。ここではおおまかなことだけを説明します

この方法では，分子内での炭素原子や水素原子の種類や構成に関する情報が得られます。例えば，エタノールの水素原子をNMR分光法で調べると，次のようなデータが手に入ります。

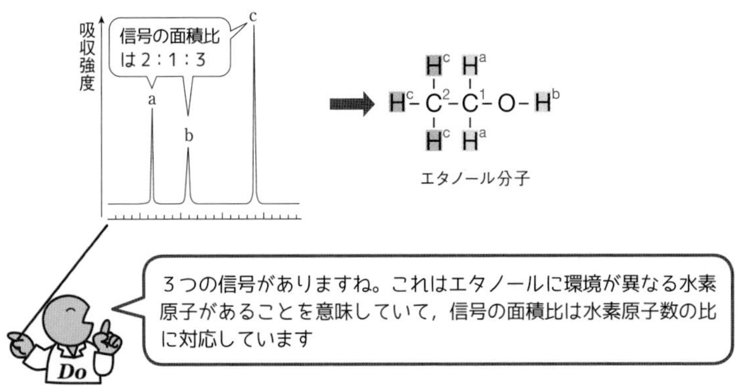
吸収強度
信号の面積比は2：1：3
a
b
c
H^c H^a
H^c-C^2-C^1-O-H^b
H^c H^a
エタノール分子
3つの信号がありますね。これはエタノールに環境が異なる水素原子があることを意味していて，信号の面積比は水素原子数の比に対応しています
Do

エタノール1分子には6個のH原子があります。1位のCに結合している2つのH原子は同じ環境にあり，区別できません。化学的には等価なH原子として，H^aとします。ヒドロキシ基-OHのH原子は，H^aとは異なった環境ですね。H^bとしましょう。

2位のCに結合している3つのH原子は同じ環境で等価です。H^aとH^bとはちがう環境なので，H^cとします。これらの原子数の比は，$H^a：H^b：H^c$＝2：1：3で，信号a，b，cの面積比に対応しているというわけです。

炭素原子も同じようにNMR分光法で環境の異なる炭素原子の種類や数を調べ

ることができます。データの読み方を知らないと解けない問題が，大学入試で出題されることはありませんが，「化学的な環境の異なる炭素原子や水素原子の種類や数」といった表現を用いた入試問題は出題されています。次の例で表現に慣れておきましょう。

水素原子の環境

例1

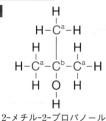

ベンゼン

6個の水素原子が存在し，**すべて同じ環境**にあり，**等価**である。

例2

クロロベンゼン

5個の水素原子のうち，化学的な環境が異なるものが**3**種類存在する。（H^a 2個，H^b 2個，H^c 1個）

炭素原子の環境

例3

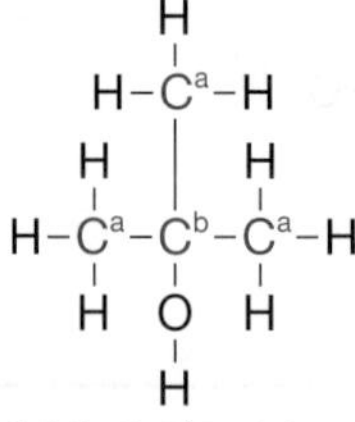

2-メチル-2-プロパノール

4個の炭素原子のうち，化学的な環境が異なるものが**2**種類存在する。（C^a 3個，C^b 1個）

さらに演習！ 『**鎌田の化学問題集** **理論・無機・有機** **改訂版**』「第12章　芳香族化合物　24フェノール類とその誘導体・アニリンとその誘導体」

第4章

天然有機化合物と合成高分子化合物

15 アミノ酸とタンパク質

学習項目　❶ アミノ酸　❷ ペプチドとタンパク質
❸ タンパク質やアミノ酸の検出反応

STAGE

アミノ酸

カルボキシ基－COOHとアミノ基－NH_2をもつ化合物を**アミノ酸**(amino acid)といいます。タンパク質はアミノ酸がつながってできた天然高分子化合物です。タンパク質を構成するアミノ酸は，この**2つの官能基が同一の炭素原子についたα(アルファ)－アミノ酸**です。一般式RCH(NH_2)COOHで表します。

これを覚えよう！ 63

◆ **α-アミノ酸の一般式と具体例** → 説明 ❶

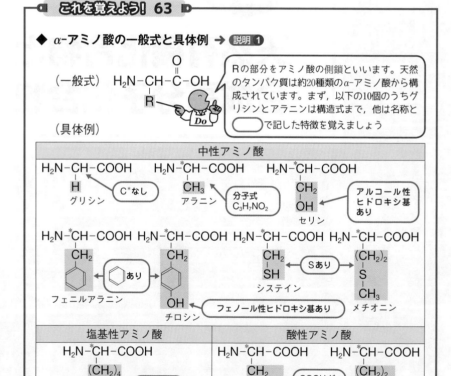

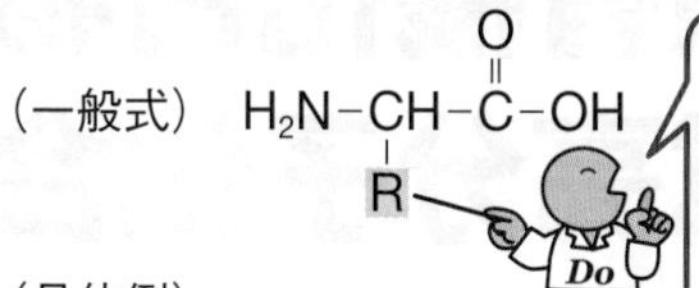

(具体例)

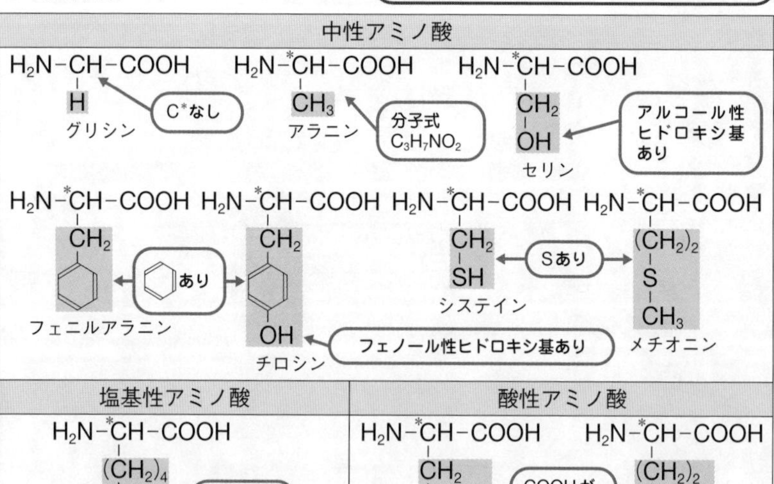

◆必須アミノ酸 → 説明 2

生体内で合成されないか，されにくいアミノ酸を**必須アミノ酸**(ひっす)という。前ページの表では，フェニルアラニン，メチオニン，リシンがヒトの必須アミノ酸で，食品から補う必要がある。

説明 1　α-アミノ酸とは，α位の炭素(α炭素)に$-NH_2$をもつカルボン酸のことです。なお，α位とは，$-COOH$が結合しているC原子の位置を表しています。ちなみに，その隣をβ位，γ位，δ位，ε位といいます。

ギリシャ文字で区別

ε δ γ β α

C−C−C−C−C−C(=O)−OH

ここにNH_2！

天然のタンパク質を加水分解すると，約20種類のα-アミノ酸が生成します。

p.224参照

α-アミノ酸は，一般に次のような構造式で表され，**グリシン以外はα位の炭素が不斉炭素原子**になっていて，L型とD型の鏡像異性体が存在します。

(R=H)

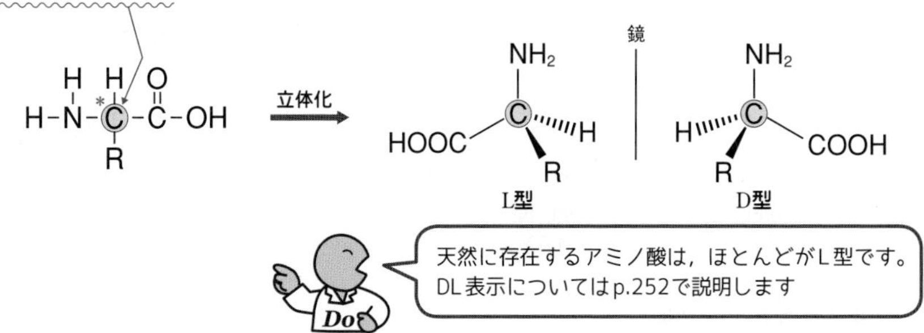

$-NH_2$と$-COOH$を同じ数もつアミノ酸を**中性アミノ酸**，**$-COOH$が多いもの**を**酸性アミノ酸**，**$-NH_2$が多いもの**を**塩基性アミノ酸**といいます。

説明 2　例えば，ヒトは体内でベンゼン環を合成できないので，ベンゼン環をもつフェニルアラニンは必須アミノ酸になります。フェニルアラニンから体内で合成できるチロシンは必須アミノ酸ではありません。

なお，ヒトの必須アミノ酸は，バリン，ロイシン，イソロイシン，メチオニン，フェニルアラニン，トレオニン，トリプトファン，リシン，ヒスチジンの**9**種類です。

タンパク質を構成するアミノ酸

大学入試では，p.222の（具体例）で紹介した10個の名称と構造式を覚えれば十分ですが，タンパク質の主な構成要素となる20種類のアミノ酸の名称と構造式を紹介します。名前の横の(　　)内のアルファベット３文字は，アミノ酸の略記号です。

(1) 中性アミノ酸

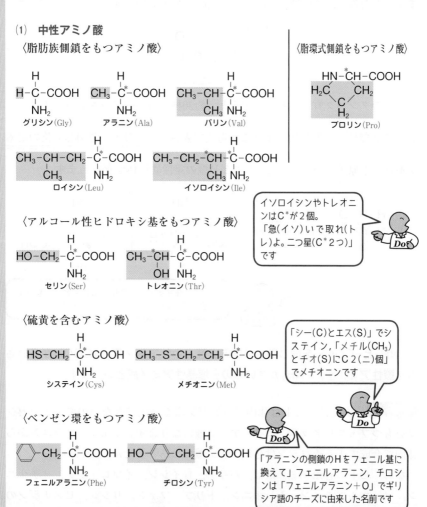

〈脂肪族側鎖をもつアミノ酸〉

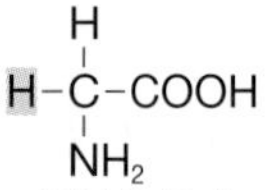

グリシン(Gly)：$H-CH(NH_2)-COOH$

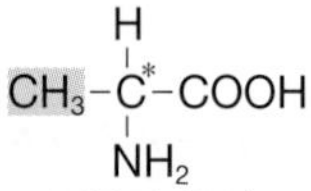

アラニン(Ala)：$CH_3-C^*H(NH_2)-COOH$

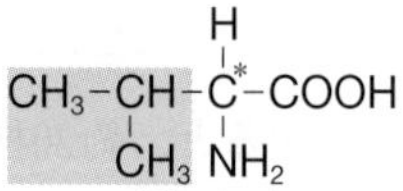

バリン(Val)：$CH_3-CH(CH_3)-C^*H(NH_2)-COOH$

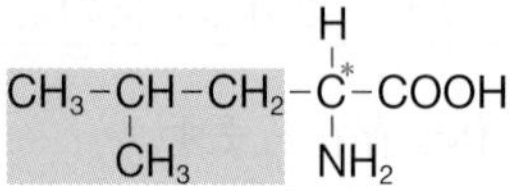

ロイシン(Leu)：$CH_3-CH(CH_3)-CH_2-C^*H(NH_2)-COOH$

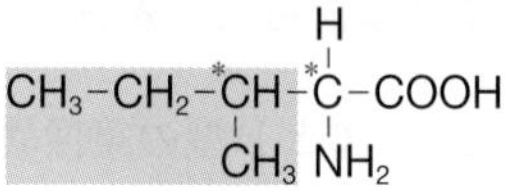

イソロイシン(Ile)：$CH_3-CH_2-C^*H(CH_3)-C^*H(NH_2)-COOH$

〈脂環式側鎖をもつアミノ酸〉

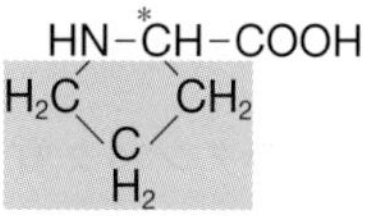

プロリン(Pro)：$HN-C^*H-COOH$（H_2C-CH_2，$C H_2$ で環を形成）

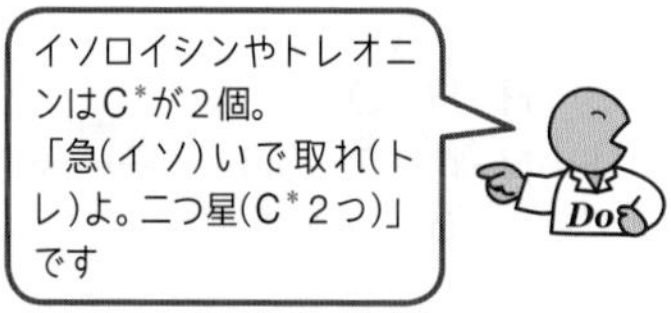

〈アルコール性ヒドロキシ基をもつアミノ酸〉

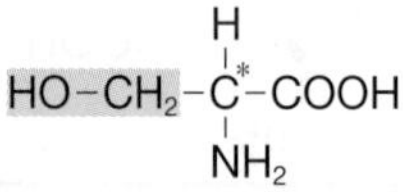

セリン(Ser)：$HO-CH_2-C^*H(NH_2)-COOH$

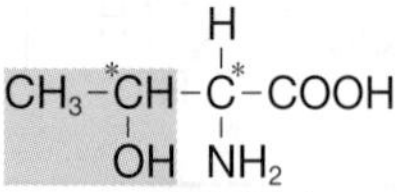

トレオニン(Thr)：$CH_3-C^*H(OH)-C^*H(NH_2)-COOH$

イソロイシンやトレオニンはC*が2個。
「急(イソ)いで取れ(トレ)よ。二つ星(C*２つ)」です

〈硫黄を含むアミノ酸〉

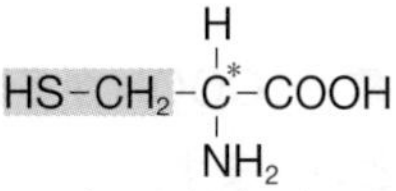

システイン(Cys)：$HS-CH_2-C^*H(NH_2)-COOH$

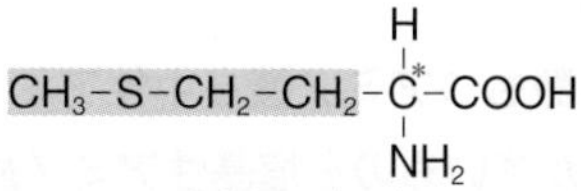

メチオニン(Met)：$CH_3-S-CH_2-CH_2-C^*H(NH_2)-COOH$

「シー(C)とエス(S)」でシステイン，「メチル(CH_3)とチオ(S)にC２(ニ)個」でメチオニンです

〈ベンゼン環をもつアミノ酸〉

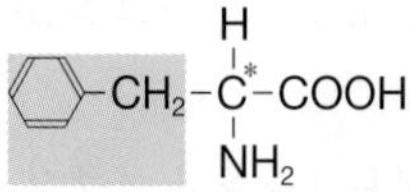

フェニルアラニン(Phe)：$C_6H_5-CH_2-C^*H(NH_2)-COOH$

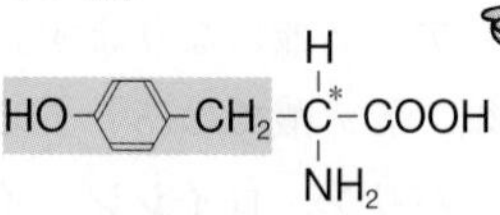

チロシン(Tyr)：$HO-C_6H_4-CH_2-C^*H(NH_2)-COOH$

「アラニンの側鎖のHをフェニル基に換えて」フェニルアラニン，チロシンは「フェニルアラニン＋O」でギリシア語のチーズに由来した名前です

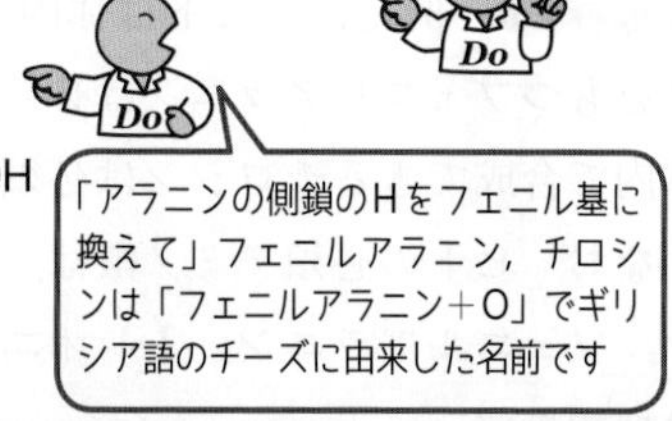

〈アミド結合をもつアミノ酸〉

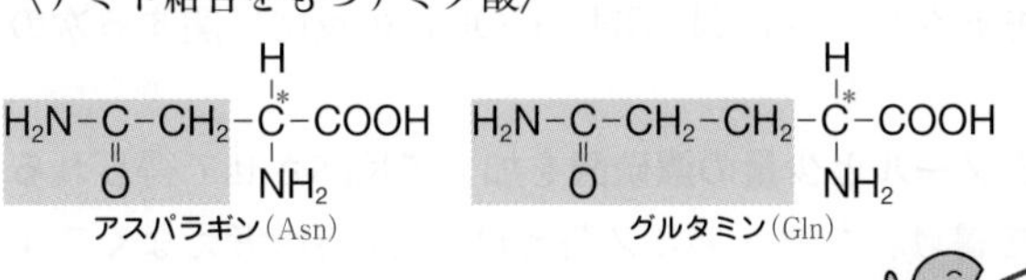

アスパラギン(Asn)　　グルタミン(Gln)

酸性アミノ酸の側鎖の $-COOH$ が NH_3 と縮合しアミドになっています。アミドは中性なので(p.142参照)，塩基性アミノ酸ではありません

〈特殊な芳香環をもつアミノ酸〉

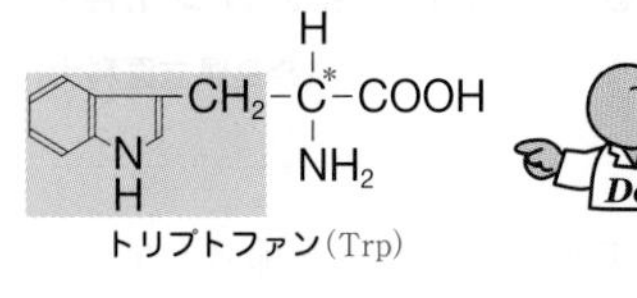

トリプトファン(Trp)

インドール環とよばれる芳香環をもつ中性アミノ酸。

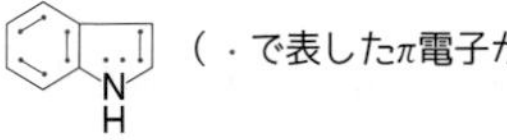

Nの非共有電子対も含めて芳香族性を示すので，側鎖は塩基として働きません

(2) 酸性アミノ酸

$$\mathrm{HOOC-CH_2-\overset{H}{\underset{NH_2}{C^*}}-COOH} \qquad \mathrm{HOOC-CH_2-CH_2-\overset{H}{\underset{NH_2}{C^*}}-COOH}$$

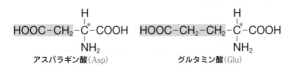

アスパラギン酸(Asp)　　グルタミン酸(Glu)

分子式を覚えておくと便利です。どちらも酸素原子を４個含んでいます。

{アスパラギン酸 $C_4H_7NO_4$
{グルタミン酸 $C_5H_9NO_4$

４時４分にアスパラガス。$-CH_2-$だけ増えたら，うま味成分のグルタミン酸です

(3) 塩基性アミノ酸

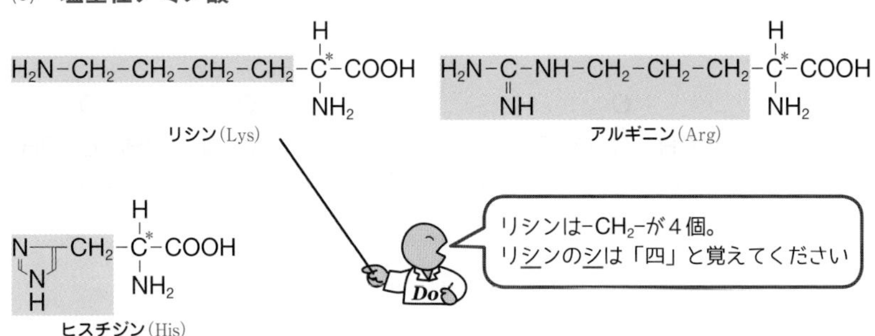

入試攻略への必須問題 1

アミノ酸の1種であるグリシンH_2N-CH_2-COOHの反応に関する次の問いに答えよ。

問1 グリシンにエタノールと少量の濃硫酸を加えて反応させて得られるエステルの構造式を書け。なお，アミノ基とH^+の反応は考えなくてよい。

問2 グリシンと無水酢酸との反応で得られる，アミド結合をもつ化合物の構造式を書け。

（奈良県立医科大）

解説 **問1** アミノ酸はカルボキシ基をもつので，アルコールと脱水縮合してエステルをつくる。

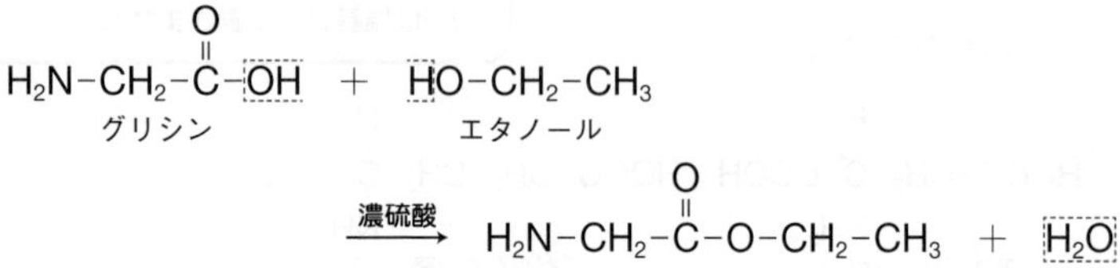

$$\underset{\text{グリシン}}{H_2N-CH_2-\overset{\overset{\displaystyle O}{\|}}{C}-\boxed{OH}} + \underset{\text{エタノール}}{\boxed{H}O-CH_2-CH_3}$$

$$\xrightarrow{\text{濃硫酸}} H_2N-CH_2-\overset{\overset{\displaystyle O}{\|}}{C}-O-CH_2-CH_3 + \boxed{H_2O}$$

問2 アミノ酸はアミノ基をもつので，酸無水物と反応し，アミドをつくる。

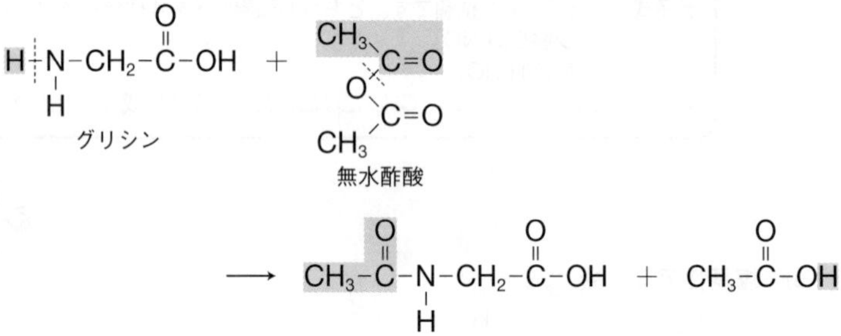

$$\underset{\text{グリシン}}{H-\underset{\underset{\displaystyle H}{|}}{N}-CH_2-\overset{\overset{\displaystyle O}{\|}}{C}-OH} + \underset{\text{無水酢酸}}{(CH_3-CO)_2O}$$

$$\longrightarrow CH_3-\overset{\overset{\displaystyle O}{\|}}{C}-\underset{\underset{\displaystyle H}{|}}{N}-CH_2-\overset{\overset{\displaystyle O}{\|}}{C}-OH + CH_3-\overset{\overset{\displaystyle O}{\|}}{C}-OH$$

答え

問1 $H_2N-CH_2-\overset{\overset{\displaystyle O}{\|}}{C}-O-CH_2-CH_3$ **問2** $CH_3-\overset{\overset{\displaystyle O}{\|}}{C}-NH-CH_2-\overset{\overset{\displaystyle O}{\|}}{C}-OH$

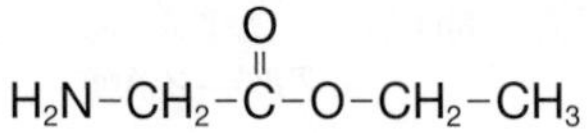

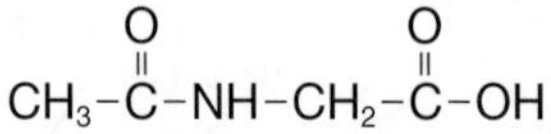

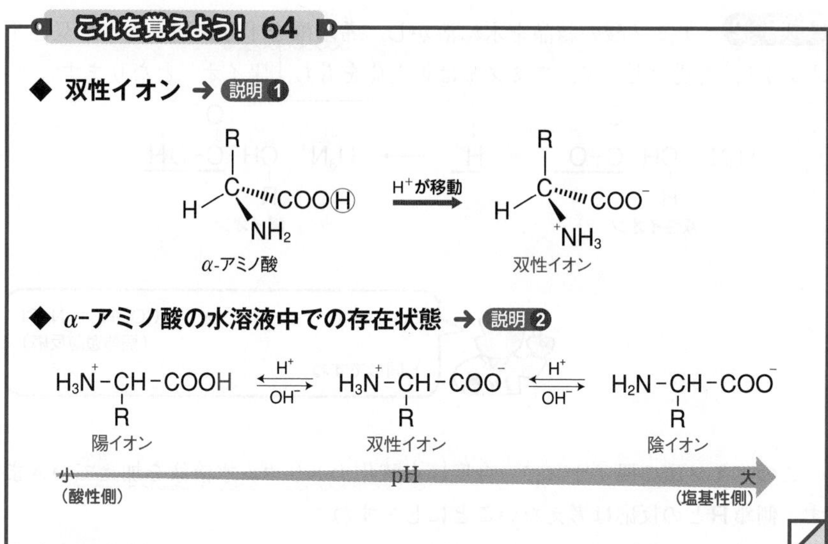

説明 1 アミノ酸は，分子内に酸性を示す$-COOH$と，塩基性を示す$-NH_2$をもっていて，酸と塩基の両方の性質を示します。結晶では$-COOH$から$-NH_2$にH^+が移動して，H^+がNの非共有電子対に結合したイオンとして存在しています。

このようにして生じた**正電荷$-\overset{+}{N}H_3$と負電荷$-COO^-$の両方の電荷をもつイオン**を**双性イオン**（そうせい／zwitterion）といいます。

ぼく，酸
あっちに行くよ〜
ぼく，塩基
分子内でH^+が移動して，双性イオンになっています
双性イオン

アミノ酸の結晶は，双性イオンが静電気的な引力で集まった<u>**イオン結晶**</u>と見なすことができます。そのため，<u>**水に溶けやすく，融点が高い**</u>（融点で分解してしまう）という特徴をもっているのです。

説明 2 アミノ酸の結晶を水に溶かし，希塩酸を十分に加えると，双性イオンがH^+を受けとって，アミノ酸は正電荷をもち，陽イオンとなります。

$$\underset{\text{双性イオン}}{H_3N^+{-}\underset{\underset{R}{|}}{CH}{-}\overset{\overset{O}{\|}}{C}{-}O^-} + H^+ \longrightarrow \underset{\text{陽イオン}}{H_3N^+{-}\underset{\underset{R}{|}}{CH}{-}\overset{\overset{O}{\|}}{C}{-}OH}$$

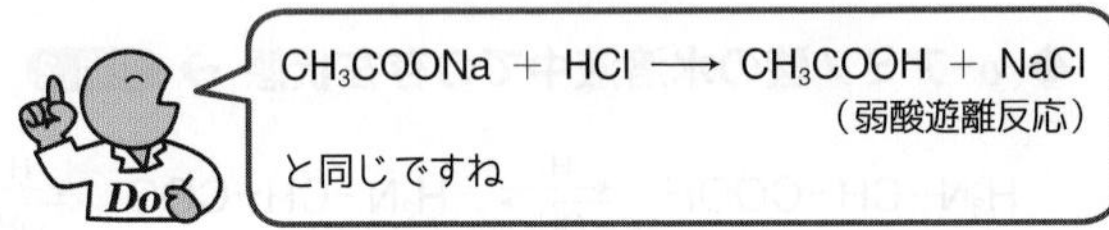

$CH_3COONa + HCl \longrightarrow CH_3COOH + NaCl$
（弱酸遊離反応）
と同じですね
Do

このアミノ酸の陽イオンに，今度は水酸化ナトリウム水溶液を加えていきます。側鎖Rとの反応は考えないことにしますね。

$CHR(NH_3^+)COOH$ を2価の弱酸と見なして，次のように二段階で中和反応が進みます。最終的にアミノ酸は負電荷をもつ陰イオンとなります。

①
$$\underset{\text{陽イオン}}{H_3N^+{-}\underset{\underset{R}{|}}{CH}{-}COOH} + OH^- \longrightarrow \underset{\text{双性イオン}}{H_3N^+{-}\underset{\underset{R}{|}}{CH}{-}COO^-} + H_2O$$

（酸性の官能基です）

②
$$H_3N^+{-}\underset{\underset{R}{|}}{CH}{-}COO^- + OH^- \longrightarrow \underset{\text{陰イオン}}{H_2N{-}\underset{\underset{R}{|}}{CH}{-}COO^-} + H_2O$$

（弱塩基遊離反応と同じように，$-NH_3^+$ が $-NH_2$ に）

つまり，アミノ酸は，**強酸性にすると正電荷をもつ陽イオン**，**強塩基性にすると負電荷をもつ陰イオン**になるのですね。

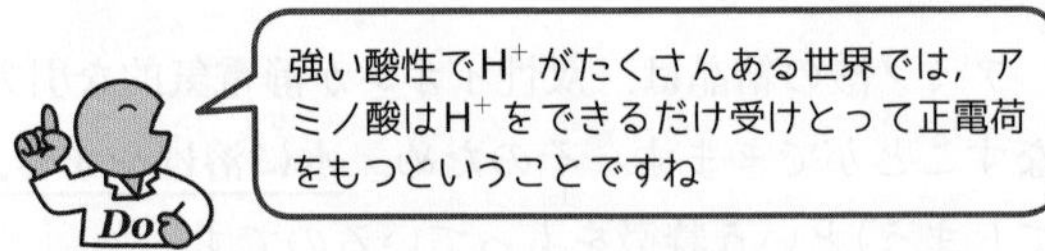

強い酸性でH^+がたくさんある世界では，アミノ酸はH^+をできるだけ受けとって正電荷をもつということですね
Do

これを覚えよう！ 65

◆ 等電点 → 説明 1

アミノ酸の平衡混合物の**電荷の総和が，全体として0（ゼロ）となるときの**pHをそのアミノ酸の**等電点**（とうでんてん）という。

アミノ酸の種類	例	等電点
中性アミノ酸	グリシン	5.97
酸性アミノ酸	グルタミン酸	3.22
塩基性アミノ酸	リシン	9.74

中性アミノ酸の等電点は約6，
酸性アミノ酸は約3，
塩基性アミノ酸は約10
と覚えておきましょう

◆ 電気泳動 → 説明 2

アミノ酸を含む水溶液のpH	アミノ酸全体の電荷	電気泳動すると
pH＜等電点	正	陰極側に移動
pH＝等電点	0（ゼロ）	移動しない
pH＞等電点	負	陽極側に移動

説明 1 アミノ酸の電荷は，溶液のpHに応じて変化しましたね(p.227参照)。どこかのpHでアミノ酸は正負の電荷がつり合って，**アミノ酸全体として電荷の総和が0になります。**そのpHをアミノ酸の**等電点**（isoelectric point）といいます。

等電点では，ほとんどのアミノ酸が双性イオンであり，わずかに存在する陽イオンと陰イオンを含めて，**電荷の総和が全体で0（ゼロ）**になっています。

等電点は，アミノ酸の種類によって異なります。**中性アミノ酸は約6**，**酸性アミノ酸は約3**，**塩基性アミノ酸は約10**と知っておくとよいでしょう。

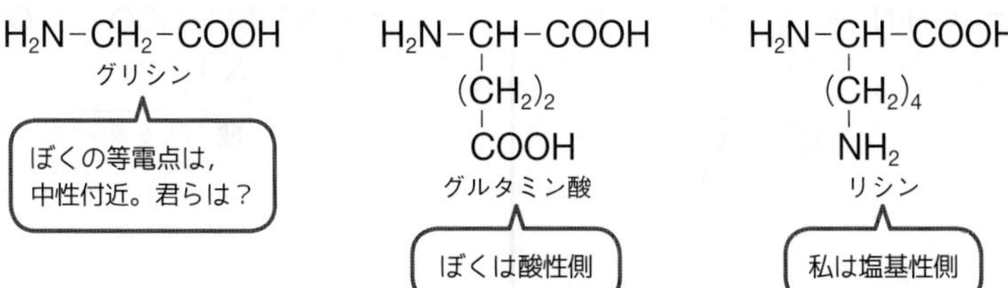

等電点の求め方は，p.232のExtra Stageで説明します。中性アミノ酸の等電点の求め方だけは全員読んでください

酸性アミノ酸，塩基性アミノ酸の等電点は次のように考えるとよいでしょう。

酸性アミノ酸の場合

酸性アミノ酸の側鎖には，カルボキシ基がありましたね。

$$H_3N^+-\underset{\substack{|\\ C(=O)-O-H}}{\square}-C(=O)-O^-$$

酸性アミノ酸の双性イオンです

この部分の電離を考えます。

$$H_3N^+-\underset{\substack{|\\ C(=O)-OH}}{\square}-C(=O)-O^- \rightleftarrows H_3N^+-\underset{\substack{|\\ C(=O)-O^-}}{\square}-C(=O)-O^- + H^+$$

陰イオンです

ほとんどを双性イオンにするには，H^+ 濃度を大きくして，電離平衡を左へ移動させなくてはなりません。

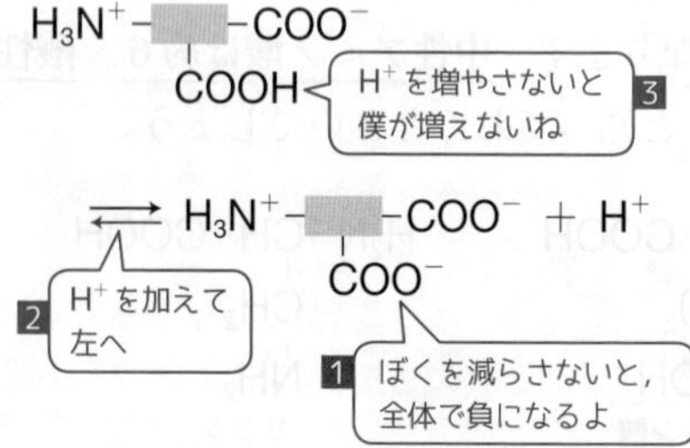

よって，**酸性アミノ酸の等電点は酸性側にある**というわけです。

塩基性アミノ酸の場合

塩基性アミノ酸にはアミノ基が余分にありましたね。

$$H_3N^+-\underset{\substack{|\\ NH_2}}{\square}-C(=O)-O^-$$

塩基性アミノ酸の双性イオンです

この部分の電離を考えます。

$$H_3N^+-\underset{\substack{|\\ NH_2}}{\square}-C(=O)-O^- + H_2O \rightleftarrows H_3N^+-\underset{\substack{|\\ NH_3^+}}{\square}-C(=O)-O^- + OH^-$$

陽イオンです

ほとんどを双性イオンにするには，OH^- 濃度を大きくして，電離平衡を左へ移動させなくてはなりません。

$$H_3N^+-\underset{\substack{|\\ NH_2}}{\square}-COO^- + H_2O \rightleftarrows H_3N^+-\underset{\substack{|\\ NH_3^+}}{\square}-COO^- + OH^-$$

3 OH^- を増やさないと 僕が増えないね

2 OH^- を加えて 左へ

1 ぼくを減らさないと，全体で正になるよ

よって，**塩基性アミノ酸の等電点は塩基性側にある**というわけです。

説明 2 アミノ酸は**等電点より小さいpH**の溶液では**正電荷**，**等電点より大きいpH**の溶液では**負電荷**をもっています。そこで，種類の異なるアミノ酸の混合物を，等電点の違いを利用して分離することができます。例えば，一定のpHをもった水溶液(緩衝液)でろ紙を湿らせ，中央にアミノ酸混合物を含ませて電気泳動を行うとしましょう。

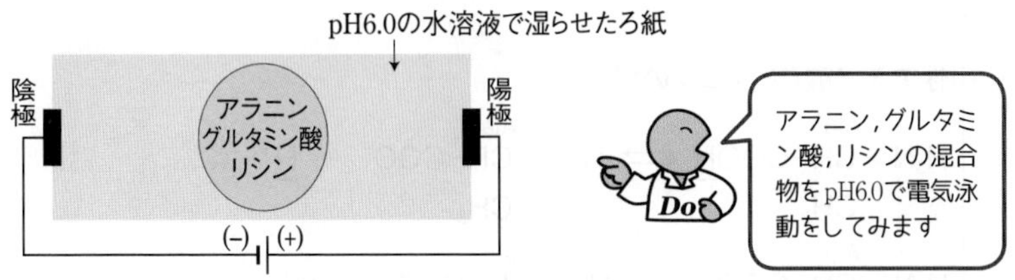
pH6.0の水溶液で湿らせたろ紙
陰極
陽極
アラニン
グルタミン酸
リシン
(−)
(+)
アラニン，グルタミン酸，リシンの混合物をpH6.0で電気泳動をしてみます
Do

水溶液のpHと等電点が等しいアミノ酸は，全体として電荷をもたないため，電流を流しても移動しません。水溶液のpHよりも大きい等電点をもつアミノ酸は，双性イオンにH^+が結合し正電荷をもつ陽イオンの割合が増えるので陰極へ移動します。水溶液のpHよりも小さい等電点をもつアミノ酸は，双性イオンがH^+を奪われて負電荷をもつ陰イオンの割合が増えるので陽極へ移動していきます。

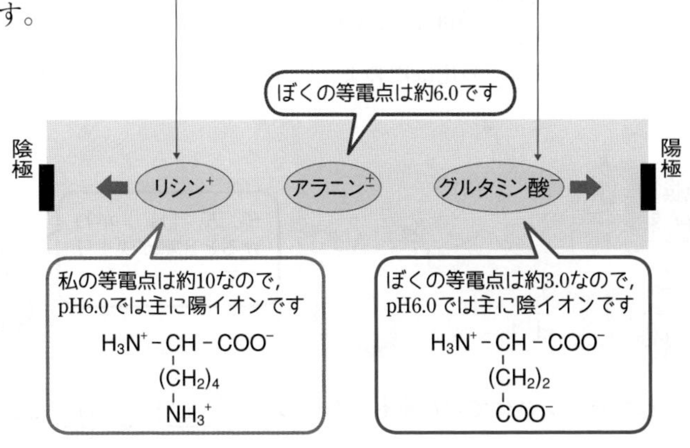
ぼくの等電点は約6.0です
陰極
陽極
リシン⁺
アラニン±
グルタミン酸⁻
私の等電点は約10なので，pH6.0では主に陽イオンです
$H_3N^+-CH(-(CH_2)_4-NH_3^+)-COO^-$
ぼくの等電点は約3.0なので，pH6.0では主に陰イオンです
$H_3N^+-CH(-(CH_2)_2-COO^-)-COO^-$

イオンの電荷と反対符号の電極へ動くので，リシンは陰極へ，グルタミン酸は陽極へ移動します。アラニンは移動しません
Do

ろ紙上でアミノ酸を異なる位置に分離できるのですね。

アミノ酸と等電点

アミノ酸の等電点は，酸性型の陽イオンを多価の弱酸と見なして電離定数を利用して求めることができます。

⑴ 中性アミノ酸（アラニンの場合）

$$\begin{cases} \underset{\text{Ala}^+}{H_3N^+\text{-}CH(CH_3)\text{-}COO\underline{H}} \rightleftarrows \underset{\text{Ala}^\pm}{H_3N^+\text{-}CH(CH_3)\text{-}COO^-} + \underline{H}^+ & \cdots\cdots① \\ \underset{\text{Ala}^\pm}{\underline{H}_3N^+\text{-}CH(CH_3)\text{-}COO^-} \rightleftarrows \underset{\text{Ala}^-}{H_2N\text{-}CH(CH_3)\text{-}COO^-} + \underline{H}^+ & \cdots\cdots② \end{cases}$$

①，②の電離定数を，それぞれK_1，K_2とおく。

$$K_1=\frac{[\text{Ala}^\pm][H^+]}{[\text{Ala}^+]}\quad\cdots\cdots③,\quad K_2=\frac{[\text{Ala}^-][H^+]}{[\text{Ala}^\pm]}\quad\cdots\cdots④$$

③，④を変形すると，

$$[\text{Ala}^+]=\frac{[H^+]}{K_1}[\text{Ala}^\pm],\quad [\text{Ala}^-]=\frac{K_2}{[H^+]}[\text{Ala}^\pm]$$

$[\text{Ala}^+]:[\text{Ala}^\pm]:[\text{Ala}^-]$の比は次のように$[H^+]$と$K_1$，$K_2$だけで決まることがわかります。

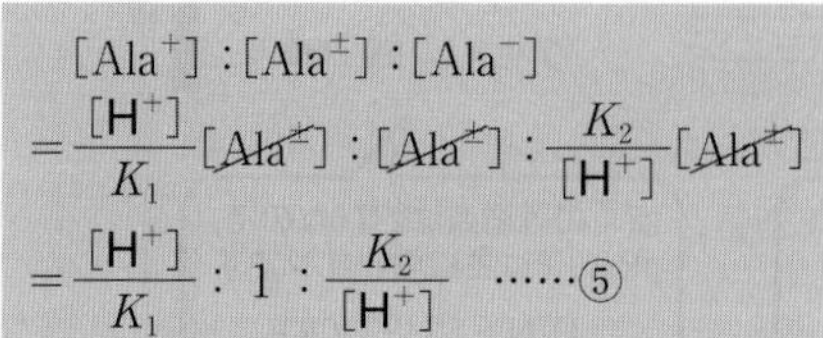

$$[\text{Ala}^+]:[\text{Ala}^\pm]:[\text{Ala}^-]$$
$$=\frac{[H^+]}{K_1}[\cancel{\text{Ala}^\pm}]:[\cancel{\text{Ala}^\pm}]:\frac{K_2}{[H^+]}[\cancel{\text{Ala}^\pm}]$$
$$=\frac{[H^+]}{K_1}:1:\frac{K_2}{[H^+]}\quad\cdots\cdots⑤$$

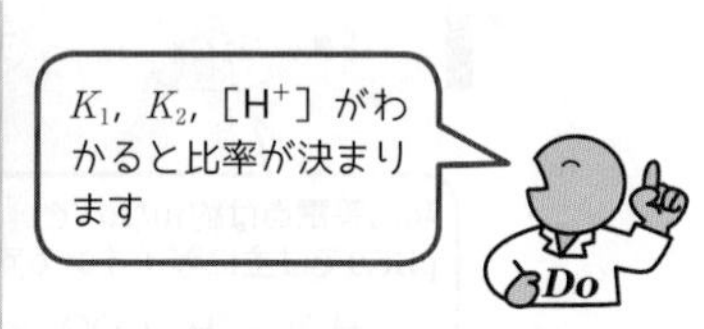

K_1，K_2，$[H^+]$ がわかると比率が決まります
Do

等電点ではアラニン全体で電荷をもたないので，$[\text{Ala}^+]=[\text{Ala}^-]$だから，⑤より，

$$\frac{[H^+]}{K_1}=\frac{K_2}{[H^+]}\qquad \text{よって，}[H^+]^2=K_1K_2$$

Do
2つのKをかけてルートをとるだけだね

ここで，$[H^+]>0$なので，

$$[H^+]=\sqrt{K_1K_2}\quad\cdots\cdots⑥$$

⑥の常用対数をとってから，－１倍すると，

$$-\log_{10}[\mathrm{H}^+]=\frac{(-\log_{10}K_1)+(-\log_{10}K_2)}{2}$$

等電点をpI，$-\log_{10}K_1$をpK_1，$-\log_{10}K_2$をpK_2と表すと，
isoelectric point

等電点
$$\mathrm{pI}=\frac{\mathrm{p}K_1+\mathrm{p}K_2}{2}\quad\cdots\cdots⑦$$

$-\log_{10}$をとったら，
足して２で割るだけですよね
Do

アラニンは25℃でpK_1＝2.3，pK_2＝9.7なので，等電点は⑦より，

$$\mathrm{pI}=\frac{2.3+9.7}{2}=6.0$$

と求められます。

次図は0.10mol/Lのアラニン塩酸塩(すべてAla^+)水溶液10mLを，0.10mol/LのNaOH水溶液で滴定したときの滴定曲線です。点BはpH＝pK_1＝2.3，点DはpH＝pK_2＝9.7であり，点CのpHがアラニンの等電点です。CはBとDの真ん中にありますね。BとDはpHに大きな差があるので，10mL付近で滴定曲線が大きくジャンプしています。

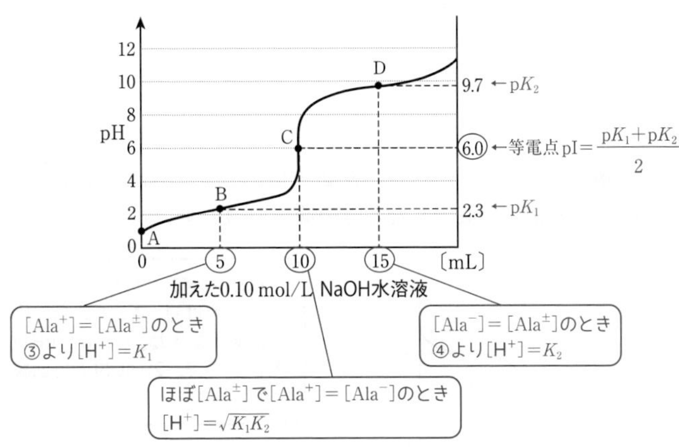

(2) 酸性アミノ酸（アスパラギン酸の場合）

Asp^{+}		$Asp^{\pm}$		Asp^{-}		Asp^{2-}
$H_3N^{+}-CH-COOH$		$H_3N^{+}-CH-COO^{-}$		$H_3N^{+}-CH-COO^{-}$		$H_2N-CH-COO^{-}$
CH_2	$\rightleftarrows$	CH_2	$\rightleftarrows$	CH_2	$\rightleftarrows$	CH_2
$COOH$	H^{+}	$COOH$	H^{+}	COO^{-}	H^{+}	COO^{-}
		（双性イオン）				

酸性陽イオン型のアスパラギン酸(Asp^{+})を３価の弱酸と見なします。酸としての強さはα位のCOOH＞側鎖のCOOH＞α位のNH_3^{+}の順です。α位のCOOHはH^{+}が電離すると酸素の負電荷をα位のNH_3^{+}が引きつけて分散できるので側鎖のCOOHより電離しやすくなっています

$$\begin{cases} Asp^{+} \rightleftarrows Asp^{\pm} + H^{+} : 電離定数K_1(pK_1=2.0) & \cdots\cdots① \\ Asp^{\pm} \rightleftarrows Asp^{-} + H^{+} : 電離定数K_2(pK_2=3.9) & \cdots\cdots② \\ Asp^{-} \rightleftarrows Asp^{2-} + H^{+} : 電離定数K_3(pK_3=9.8) & \cdots\cdots③ \end{cases}$$

酸性水溶液中ではAsp^{2-}はほとんど存在していませんから，等電点を求めるときには①と②の電離平衡だけを考えて，③は無視します。

ここで，中性アミノ酸のときと同じように式を変形すると，等電点では，

$$[H^{+}]=\sqrt{K_1K_2}$$

となり，

$$\underset{Aspの等電点}{pI}=\frac{pK_1+pK_2}{2}=\frac{2.0+3.9}{2}\fallingdotseq 3.0$$ と求められます。

下図は，0.10 mol/Lのアスパラギン酸塩酸塩(すべてAsp^{+})水溶液10 mLを0.10 mol/LのNaOH水溶液で滴定したときの滴定曲線です。

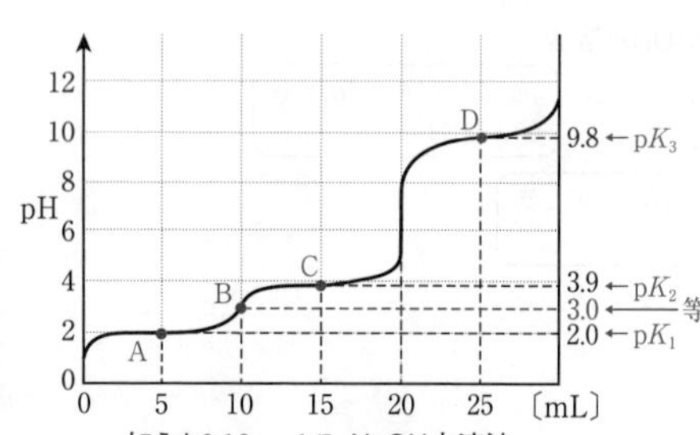

点BのpHがアスパラギン酸の等電点です。やはり，AとCの真ん中の位置にありますね。CとDのpHは差が大きいので，20mL付近で曲線は大きくジャンプしています

(3) 塩基性アミノ酸(リシンの場合)

$$\underset{Lys^{2+}}{H_3N^+-CH(COOH)-(CH_2)_4-NH_3^+} \underset{H^+}{\rightleftarrows} \underset{Lys^{+}}{H_3N^+-CH(COO^-)-(CH_2)_4-NH_3^+} \underset{H^+}{\rightleftarrows} \underset{Lys^{\pm}}{H_2N-CH(COO^-)-(CH_2)_4-NH_3^+} \underset{H^+}{\rightleftarrows} \underset{Lys^{-}}{H_2N-CH(COO^-)-(CH_2)_4-NH_2}$$

(双性イオン)

酸としての強さはα位の$-COOH$>α位の$-NH_3^+$>側鎖の$-NH_3^+$です。カルボニル基の影響を受けるα位の$-NH_2$よりも，側鎖の$-NH_2$のほうが塩基として強いので，逆に側鎖の$-NH_3^+$はα位の$-NH_3^+$より酸として弱いのです

$$\begin{cases} Lys^{2+} \rightleftarrows Lys^{+} + H^{+} : \text{電離定数} K_1 (pK_1 = 2.18) & \cdots\cdots ① \\ Lys^{+} \rightleftarrows Lys^{\pm} + H^{+} : \text{電離定数} K_2 (pK_2 = 8.95) & \cdots\cdots ② \\ Lys^{\pm} \rightleftarrows Lys^{-} + H^{+} : \text{電離定数} K_3 (pK_3 = 10.53) & \cdots\cdots ③ \end{cases}$$

塩基性側ではLys^{2+}はほとんど存在していないので，等電点を求めるときは②，③のみを考えます。

すると，中性アミノ酸のときと同様に，等電点では，

$$[H^+] = \sqrt{K_2K_3}$$

となり，

$$\underset{\text{Lysの等電点}}{pI} = \frac{pK_2 + pK_3}{2} = \frac{8.95 + 10.53}{2} = 9.74 \quad \text{と求められます。}$$

下図は，0.10 mol/Lのリシン塩酸塩(すべてLys^{2+})水溶液10mLを，0.10 mol/LのNaOH水溶液で滴定したときの滴定曲線です。

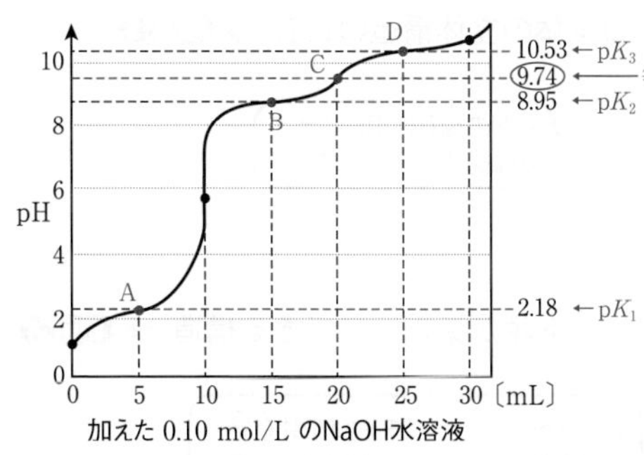

点CのpHがリシンの等電点です。BとDの真ん中にあります。AとBはpHに差があるので，10mL付近で曲線が大きくジャンプしていますね

STAGE
2 ペプチドとタンパク質

タンパク質(protein)は，**アミノ酸がアミノ基とカルボキシ基の間の縮合によって多数つながったポリペプチドからなる高分子化合物**です。生命活動を支える重要な物質です。

これを覚えよう！ 66

◆ タンパク質の構造

(1) **一次構造**：アミノ酸の配列順序のこと ➜ 説明 1

$$H-N(H)-CH(R_1)-C(=O)-\boxed{OH}\quad \boxed{H}-N(H)-CH(R_2)-C(=O)-\boxed{OH}\cdots\cdots$$

⬇ペプチド結合

$$H-N(H)-CH(R_1)-C(=O)-N(H)-CH(R_2)-C(=O)-N(H)\cdots\cdots C(=O)-OH$$

ポリペプチド

(2) **二次構造**：特定部位の部分的な立体構造のこと ➜ 説明 2

(a) α-ヘリックス　　(b) β-シート

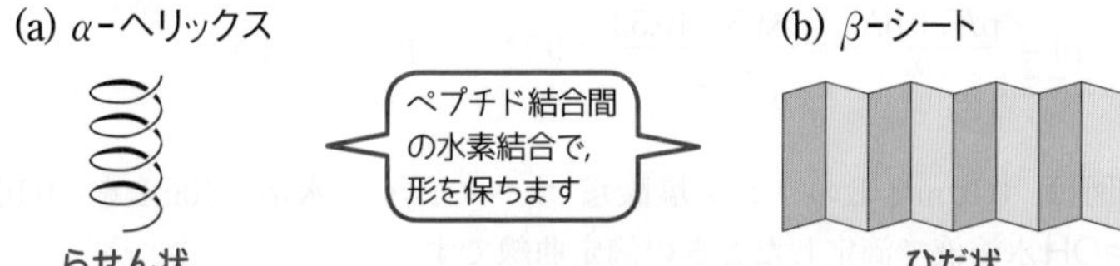

(3) **三次構造**：ポリペプチド鎖全体の立体構造のこと ➜ 説明 3

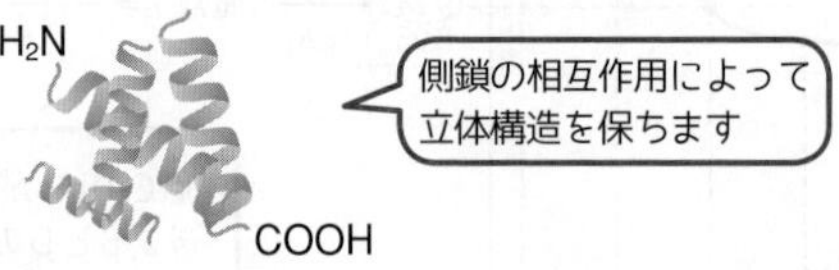

H₂N
COOH
側鎖の相互作用によって立体構造を保ちます

(4) **四次構造**：複数のポリペプチド鎖が集まってできる構造 ➜ 説明 4

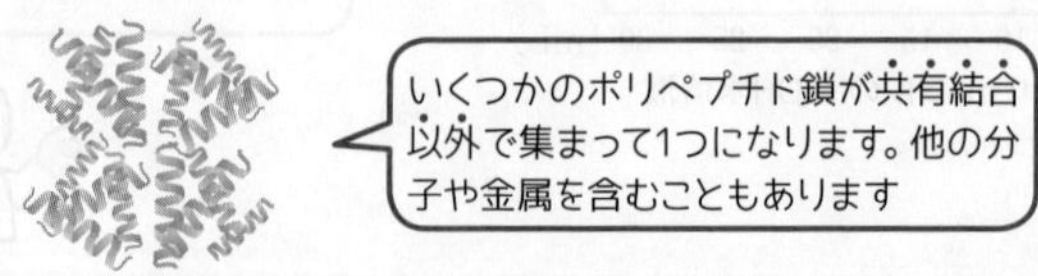

いくつかのポリペプチド鎖が共有結合以外で集まって1つになります。他の分子や金属を含むこともあります

アミノ酸どうしはカルボキシ基とアミノ基との間で縮合し，アミド結合によってつながります。**アミノ酸どうしのアミド結合**を**ペプチド結合**，**ペプチド結合でつながったアミノ酸の縮合体**を**ペプチド**(peptide)といいます。

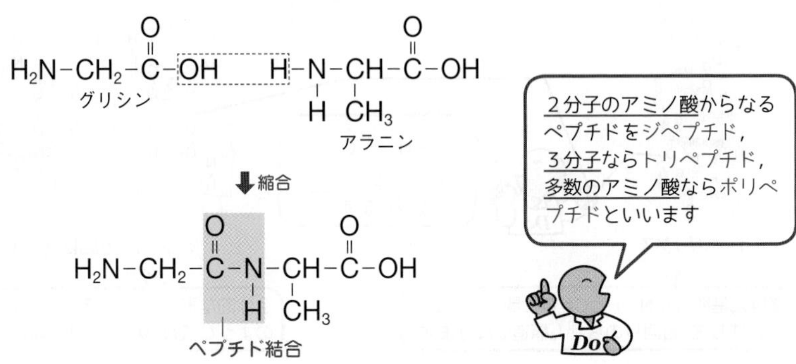

$H_2N-CH_2-C(=O)-OH$　$H-N(H)-CH(CH_3)-C(=O)-OH$
グリシン
アラニン
縮合
$H_2N-CH_2-C(=O)-N(H)-CH(CH_3)-C(=O)-OH$
ペプチド結合
2分子のアミノ酸からなるペプチドをジペプチド，3分子ならトリペプチド，多数のアミノ酸ならポリペプチドといいます
Do

ペプチド結合は，Nの非共有電子対がC=OのCのほうへと引き寄せられていて，C−Nまわりには回転しにくく，▒▒の部分が同一平面上にあります。

タンパク質は通常，50個以上のアミノ酸が縮合したポリペプチドからなります。例えば，20種類のアミノ酸が50個縮合すると，$20^{50} \fallingdotseq 10^{65}$種類のポリペプチドができます。とんでもない数ですね。

説明 1　タンパク質の一次構造とは，構成するポリペプチド鎖の<u>アミノ酸の配列順序</u>のことを指します。

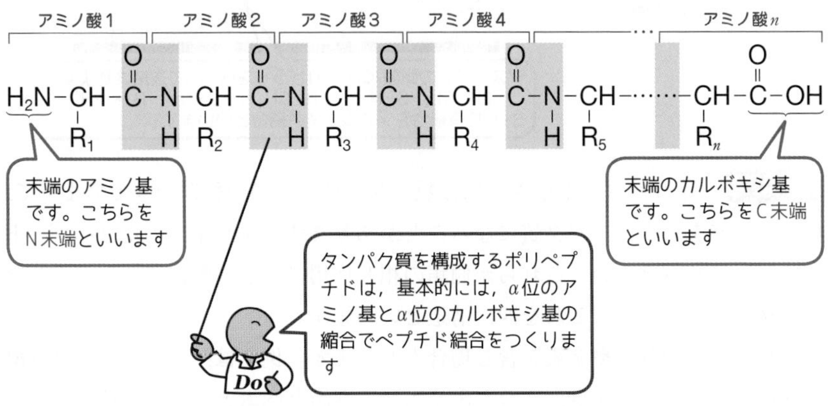

アミノ酸1
アミノ酸2
アミノ酸3
アミノ酸4
アミノ酸n
$H_2N-CH(R_1)-C(=O)-N(H)-CH(R_2)-C(=O)-N(H)-CH(R_3)-C(=O)-N(H)-CH(R_4)-C(=O)-N(H)-CH(R_5)-\cdots\cdots-CH(R_n)-C(=O)-OH$
末端のアミノ基です。こちらをN末端といいます
末端のカルボキシ基です。こちらをC末端といいます
タンパク質を構成するポリペプチドは，基本的には，α位のアミノ基とα位のカルボキシ基の縮合でペプチド結合をつくります
Do

説明 2　ポリペプチド鎖の内部には，ペプチド結合間の水素結合を利用して部分的な立体構造が形成される場合があります。これを二次構造といい，**<u>らせん構造</u>**の α（アルファ）**-ヘリックス**（α-helix）や**<u>ひだ状</u>**の β（ベータ）**-シート**（β-sheet）などが知られています。

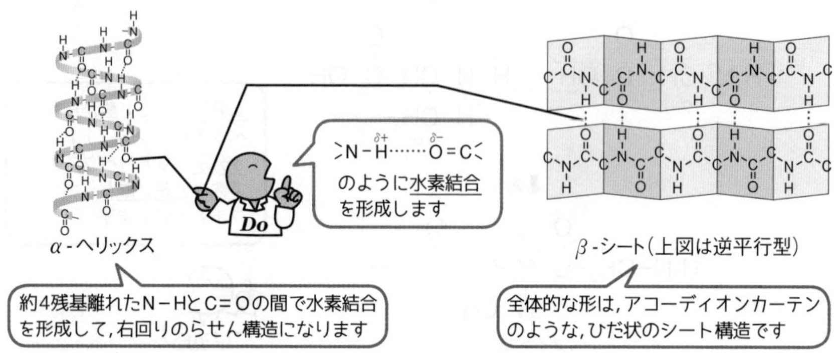

N－H……O＝C
のように水素結合を形成します
Do
α-ヘリックス
β-シート（上図は逆平行型）
約4残基離れたN－HとC＝Oの間で水素結合を形成して，右回りのらせん構造になります
全体的な形は，アコーディオンカーテンのような，ひだ状のシート構造です

説明 3　1本のポリペプチド鎖は，側鎖どうしの間の相互作用によって折りたたまれ，分子全体で複雑な立体構造をとります。これを三次構造といいます。側鎖間の相互作用には，次のようなものがあります。

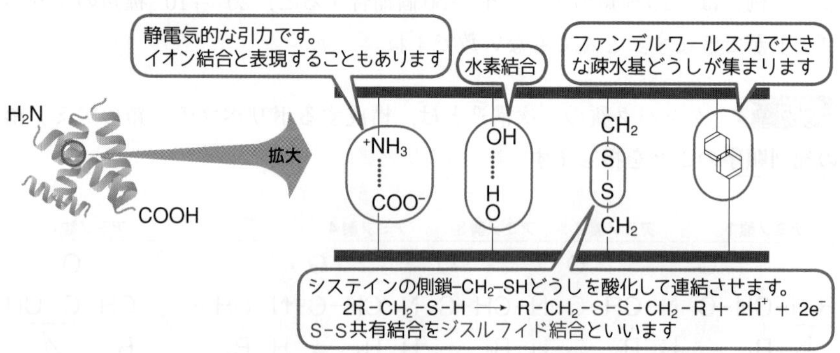

静電気的な引力です。
イオン結合と表現することもあります
水素結合
ファンデルワールス力で大きな疎水基どうしが集まります
H₂N
COOH
拡大
⁺NH₃
COO⁻
OH
H
O
CH₂
S
S
CH₂
システインの側鎖-CH₂-SHどうしを酸化して連結させます。
2R-CH₂-S-H ⟶ R-CH₂-S-S-CH₂-R + 2H⁺ + 2e⁻
S-S共有結合をジスルフィド結合といいます

説明 4　ポリペプチドがさらに複数，共有結合以外の結びつきで集まって，特定の機能をもつタンパク質になることがあります。1つ1つのポリペプチドをサブユニットといい，これらが側鎖の相互作用によって配置され，1つのタンパク質となるとき，これを四次構造といいます。

さらに，他の分子や金属を含む場合もあります。例えば，赤血球に含まれ酸素を運ぶヘモグロビンは，4つのポリペプチド鎖とヘムとよばれる鉄を含む有機化合物からなるタンパク質です。

なお，二次〜四次構造をまとめて，タンパク質の高次構造といいます。

ポリペプチド鎖①
ポリペプチド鎖③
■は，ヘム(鉄プロトポルフィリンIX)とよばれる鉄を含む有機化合物
ヘモグロビンは，4つのポリペプチド鎖とヘムからなる複合体です
ポリペプチド鎖②
ポリペプチド鎖④

これを覚えよう! 67

◆ **タンパク質の分類**

(1) **成分による分類** → 説明1

単純タンパク質	加水分解すると，アミノ酸だけが生じるタンパク質
複合タンパク質	加水分解すると，アミノ酸以外に糖類，色素，脂質などを生じるタンパク質

(2) **形成による分類** → 説明2

	概　形	水溶性	例
球状タンパク質		水に溶けやすい	アルブミン(卵白，血清中) アミラーゼ(だ液中)
繊維状タンパク質		水には溶けない	コラーゲン(皮膚) ケラチン(爪や毛髪) フィブロイン(絹)

説明1 **アミノ酸のみからなるタンパク質**を**単純**(たんじゅん)**タンパク質**，**アミノ酸以外に糖類，色素，脂質，リン酸，核酸などを含むタンパク質**を**複合**(ふくごう)**タンパク質**といいます。次のような例があります。

単純タンパク質	複合タンパク質
※卵白や血清に含まれる { アルブミン …水に可溶 グロブリン …食塩水に可溶 } グルテニン …小麦グルテンの主成分 コラーゲン ケラチン フィブロイン …繊維状タンパク質	ムチン(糖タンパク質) ※だ液に含まれる ヘモグロビン(色素タンパク質) ※p.238参照 カゼイン(リンタンパク質) ※牛乳に含まれる

説明 2 ポリペプチド鎖が折りたたまって，球状に丸まったタンパク質である**球状タンパク質**は，親水基を外側に，疎水基を内側に向けた構造をとります。水に溶けて親水コロイドになるものが多く，主に生命活動の維持に働いています。

繊維状タンパク質は，何本かのポリペプチド鎖が束になっています。水に溶けにくく，毛髪や皮膚のような生体組織を形成するタンパク質です。

毛髪成分のケラチンという繊維状タンパク質は，分子間に多くのジスルフィド結合−S−S−が形成されていて，形を保っています。

還元剤を含むパーマ液で毛髪を処理すると−S−S−が−S−H H−S−になり，切断されます。この状態で形をつけて酸化剤水溶液で処理すれば，元と異なる場所で−S−S−結合が再生されて，毛髪の形が変わります。これがパーマネントウェーブの原理です

これを覚えよう！ 68

◆ タンパク質の変性 → 説明 1

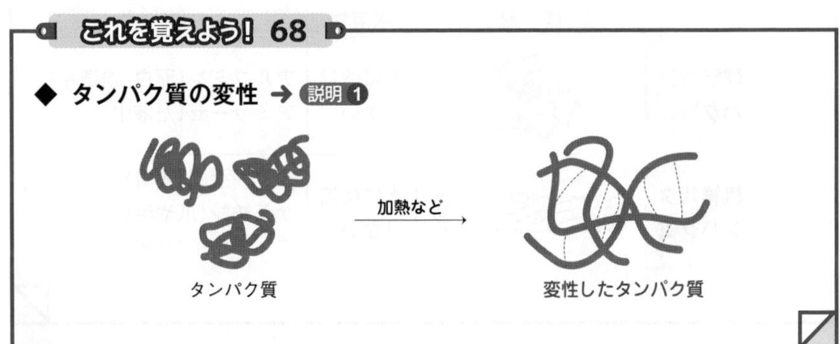

説明 1 タンパク質に熱，強酸や強塩基，重金属イオン(Pb^{2+}，Hg^{2+}など)，有機溶媒を加えると，水素結合が切れたり，側鎖の相互作用が変化したりすることによって，立体構造が不可逆的に変化し，**タンパク質が本来の機能を失います**。これをタンパク質の**変性**といいます。ゆで卵や目玉焼きなんかが，いい例ですね。

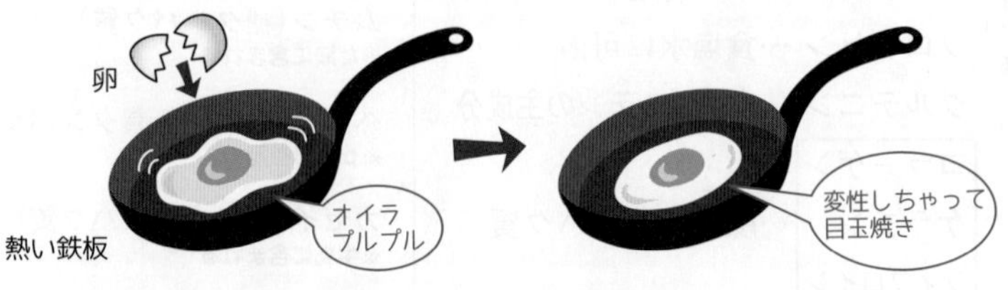

これを覚えよう! 69

◆ **酵素** → 説明 1

生体内で起こる化学反応に対して，触媒作用を示すタンパク質

（基質特異性，最適温度，最適pHがあるのが特徴）

酵素名	触媒として働く化学反応	所　在
マルターゼ	マルトース ⟶ グルコース	腸液など
インベルターゼ（スクラーゼ）	スクロース ⟶ グルコース ＋ フルクトース	腸液など
アミラーゼ ※アミラーゼにはいくつかの種類がある	デンプン ⟶ デキストリン，マルトース	だ液，すい液
リパーゼ ※リパーゼにはいくつかの種類がある	脂質を構成するエステル結合の加水分解	すい液など
ペプシン（一般にプロテアーゼという）	タンパク質 ⟶ ペプチド	胃液
トリプシン（一般にプロテアーゼという）	タンパク質 ⟶ ペプチド	すい液
カタラーゼ	$2H_2O_2 \longrightarrow O_2 + 2H_2O$	血液や肝臓

説明 1 酵素（enzyme→Eとする）の特定部位（**活性部位**（かっせいぶい）という）は適合する基質（きしつ）（substrate→Sとする）をとり込み，まず酵素-基質複合体（E・Sとする）を形成します。その後，酵素の活性部位で，基質（S）が生成物（product→Pとする）へと変化します。

酵素が作用する物質が基質です

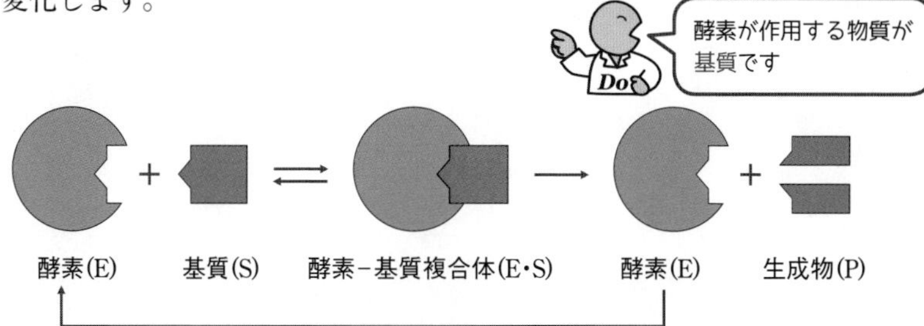

酵素は白金Ptのような無機触媒とは異なり，**決まった構造をもつ基質にしか作用しません**。これを酵素の**基質特異性**（きしつとくいせい）といいます。

酵素の主成分はタンパク質なので，熱やpHによって変性し，触媒作用を失う場合があります。これを酵素の**失活**といいます。酵素は，最も盛んに働く**最適温度**と**最適pH**をもっているのですね。例えば，胃液に含まれるタンパク質分解酵素であるペプシンは，最適pHが約２で酸性側にあります。同じタンパク質分解酵素でも，トリプシンは最適pHが約８です。働く場所によって異なるのですね。なお，どちらも最適温度は35～40℃で，体温付近です。

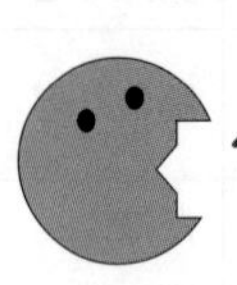

補足　酵素反応と阻害剤

基質によく似た分子構造をもつ物質は，酵素の活性部位に結合して，本来の基質を酵素にとり込まれなくさせ，酵素反応を阻害します。このような物質を酵素阻害剤といいます。いろいろな酵素の阻害剤が医薬品として使われています。

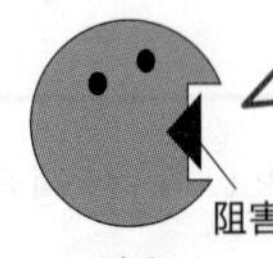

似たような形 をしたやつがくっついて，とれなくなっちゃった
阻害剤
酵素

酵素反応の反応速度

酵素反応の反応速度を調べて，酵素の性質を考えてみましょう。まず酵素反応を次のようにとらえます。

一般に酵素反応においては，まず酵素(E)中の活性部位に基質(S)がとり込まれることで，反応性の高い酵素-基質複合体(ES)が形成される。次いで，酵素-基質複合体(ES)は反応生成物(P)を与え，同時に酵素(E)が再生する。酵素-基質複合体(ES)から酵素(E)と基質(S)に戻る逆向きの反応も存在する。これら一連の反応は，反応①，②のように表すことができる。ただし，k_1，k_{-1}，k_2は，各反応過程の反応速度定数である。

$$\mathrm{E} + \mathrm{S} \underset{k_{-1}}{\overset{k_1}{\rightleftarrows}} \mathrm{ES} \quad \cdots ① \qquad \mathrm{ES} \xrightarrow{k_2} \mathrm{E} + \mathrm{P} \quad \cdots ②$$

酵素，基質，酵素-基質複合体，反応生成物の濃度をそれぞれ[E]，[S]，[ES]，[P]としたとき，反応①におけるESの生成速度は$v_1=k_1[\mathrm{E}][\mathrm{S}]$，反応①および反応②におけるESの分解速度はそれぞれ$v_{-1}=k_{-1}[\mathrm{ES}]$，$v_2=k_2[\mathrm{ES}]$で表される。酵素反応進行時において[ES]は変わらないものとし，[E]と[ES]をあわせた酵素濃度を$[\mathrm{E_T}]$，$K=\dfrac{k_{-1}+k_2}{k_1}$とおく。

上記の内容から，反応速度についてまとめると，以下のようになります。

$$\begin{cases} \mathrm{E} + \mathrm{S} \underset{v_{-1}}{\overset{v_1}{\rightleftarrows}} \mathrm{ES} \quad \cdots ① \\ \mathrm{ES} \xrightarrow{v_2} \mathrm{E} + \mathrm{P} \quad \cdots ② \end{cases}$$

Pの生成速度：$v_2=k_2[\mathrm{ES}]$ …③

ESの見かけ上の生成速度：$v=\underbrace{v_1}_{①の正反応}-\underbrace{v_{-1}}_{①の逆反応}-\underbrace{v_2}_{②の正反応}$

ESはv_1で増えてもv_{-1}とv_2で減るからだね

[ES]が変わらないときは $v=0$ なので，$v_1-v_{-1}-v_2=0$ です。よって，

$$k_1[\mathrm{E}][\mathrm{S}]-k_{-1}[\mathrm{ES}]-k_2[\mathrm{ES}]=0 \quad \cdots(\mathrm{a})$$

酵素の初期濃度$[\mathrm{E_T}]$は全酵素濃度であり，

$$[\mathrm{E_T}]=[\mathrm{E}]+[\mathrm{ES}] \quad \cdots(\mathrm{b})$$

最初にあった酵素は，反応中では基質がくっついているか，いないかのどちらかですね

STEP1 Pの生成速度v_2をk_2, K, [S], [E_T] で表すことを目標にします。[ES] をK, [S], [E_T] で表して，③に代入しましょう。

(a), (b)より，[E]を消去すると，

$$k_1([E_T]-[ES])[S]-k_{-1}[ES]-k_2[ES]=0$$

よって，$[E_T]=\left(\dfrac{k_{-1}+k_2}{k_1}\right)\times\dfrac{[ES]}{[S]}+[ES]=\dfrac{K+[S]}{[S]}[ES]$

これをKとします

すなわち，$[ES]=\dfrac{[S]}{K+[S]}[E_T]$

③に代入して，

$$v_2=k_2[ES]=\frac{k_2[S]}{K+[S]}[E_T] \quad \cdots④$$

STEP2 式④の意味を考えてみましょう。

(i) [S]がKよりも十分に小さいとき

$K+[S]\fallingdotseq K$ と近似できるので，$v_2\fallingdotseq\dfrac{k_2[E_T]}{K}[S]$ …⑤

酵素の初期濃度[E_T]は一定なので，v_2は[S]に比例する。

(ii) [S]がKよりも十分に大きいとき

$K+[S]\fallingdotseq[S]$ と近似できるので，$v_2\fallingdotseq k_2[E_T]$ …⑥

v_2は基質の濃度によらず一定となる。

⑥より，Pの生成速度の最大値はk_2[E_T] なので，これをv_{max}とおいて④を次のように表します。

$$v_2=\left(\frac{k_2[S]}{K+[S]}[E_T]\right)=\frac{[S]}{K+[S]}v_{max} \quad \cdots⑦$$

(k_2[S]の[E_T]の部分 → v_{max}，括弧内 → ④)

⑦は，ミカエリス・メンテンの式，Kはミカエリス定数とよばれています

STEP3 定数Kの意味を考えてみましょう。

⑦より，[S]$=K$のとき，

$$v_2=\frac{K}{K+K}v_{max}=\frac{1}{2}v_{max}$$

Kとは，Pの生成速度v_2が最大速度v_{max}の半分になるときの基質濃度［S］に相当します

STEP4 ⑦の両辺の逆数をとってみましょう。

$$\frac{1}{v_2}=\frac{K+[S]}{[S]}\cdot\frac{1}{v_{max}}$$ を整理して，

$$\frac{1}{v_2}=\frac{K}{v_{max}}\times\frac{1}{[S]}+\frac{1}{v_{max}} \quad \cdots⑧$$

⑧は直線の方程式$y=mx+n$と見なすことができますね。縦軸を$\frac{1}{v_2}$，横軸を$\frac{1}{[S]}$とすると，次のような直線になります。傾きと切片に注目してください。

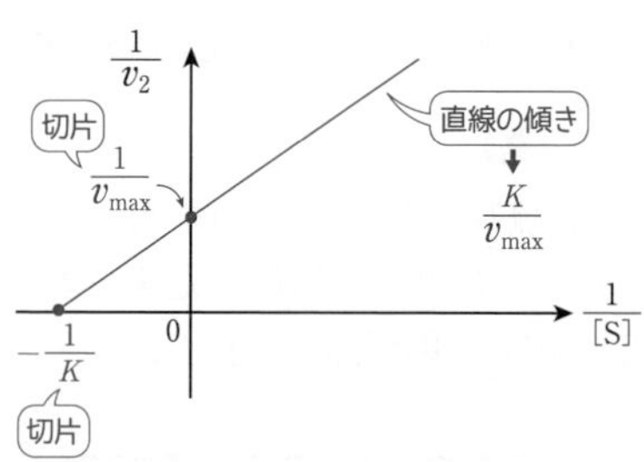

このグラフを利用すると基質濃度とPの生成速度のデータからKやv_{max}が求められるのです

STAGE 3
タンパク質やアミノ酸の検出反応

ここでは，タンパク質やアミノ酸の代表的な検出反応を学びましょう。名前，使用する試薬，色の変化をしっかり覚えましょう。

これを覚えよう！ 70

◆ **ニンヒドリン反応** → 説明 1

α-アミノ酸やタンパク質に，ニンヒドリン水溶液を加えて加熱すると，赤紫色～青紫色に発色する。

◆ **ビウレット反応** → 説明 2 別冊 p.17

ペプチド結合が２つ以上あるトリペプチド以上のペプチドに，水酸化ナトリウム水溶液を加え，次に硫酸銅(Ⅱ)水溶液を加えると，赤紫色になる。

◆ **キサントプロテイン反応** → 説明 3 別冊 p.14

チロシンやフェニルアラニンのようなベンゼン環などの芳香環をもつアミノ酸や，これを含むペプチドに，濃硝酸を加えて加熱すると黄色になる。さらに，アンモニア水などを加えると橙黄色になる。

◆ **硫黄の検出反応** → 説明 4 別冊 p.16

システインのような硫黄を含むアミノ酸や，これを含むペプチドに，水酸化ナトリウム水溶液を加えて加熱した後，酢酸鉛(Ⅱ)水溶液を加えると，硫化鉛(Ⅱ)PbSの黒色沈殿が生じる。

説明 1 ニンヒドリンは，アミノ酸のアミノ基$-NH_2$と反応し，最終的に紫色の化合物が生じます。ニンヒドリン反応は，簡便にアミノ酸やタンパク質の位置を可視化でき，指紋の検出などにも利用されています。なお，これらの構造式を覚える必要はありません。

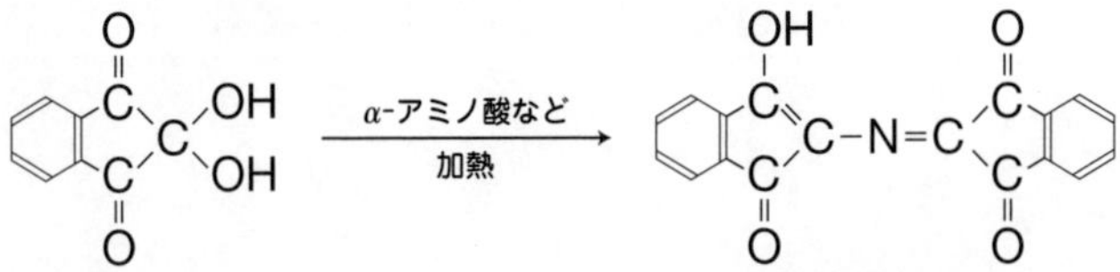

ニンヒドリン (ninhydrin) —[α-アミノ酸など / 加熱]→ 紫色を呈する生成物（ルーエマン紫という）

説明 2 塩基性下でH^+を引き抜かれたペプチド結合がCu^{2+}と錯体を形成し，**赤紫色**を示します。これを**ビウレット反応**(biuret reaction)といいます。

OH^- Cu^{2+}

赤紫色を示す錯体だよ

この反応は，隣接したペプチド結合が２つ必要なので，**α-アミノ酸やジペプチドでは反応が起こりません**。トリペプチド以上のペプチドならビウレット反応を示します。

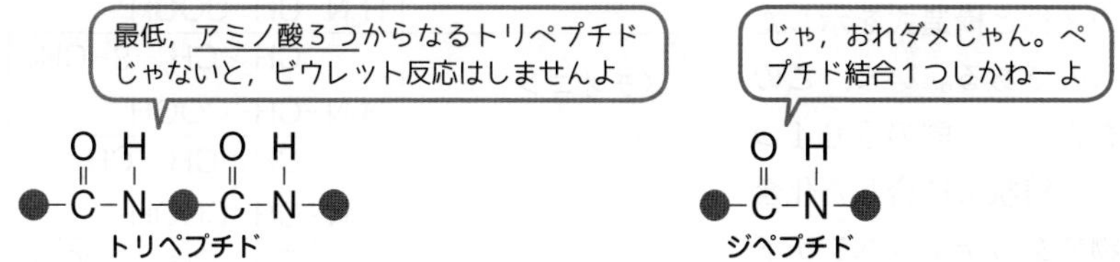

なお，ビウレットとは次の構造式をもつ尿素２分子の縮合化合物の名称で，この反応で同じように呈色します。

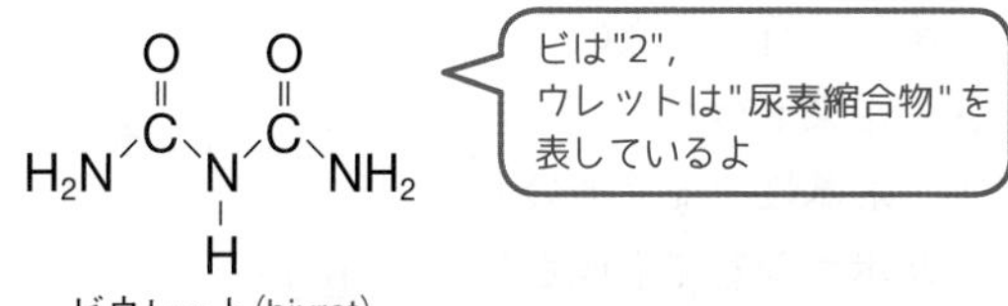

ビウレット(biuret)

説明 3 チロシンやフェニルアラニンなどの芳香族アミノ酸の側鎖にあるベンゼン環が，濃硝酸によってニトロ化され黄色を呈します。さらにアンモニア水などによって塩基性にして，側鎖の電離状態を変化させると，橙黄色になります。

例えば，チロシンの側鎖では次のように変化します。

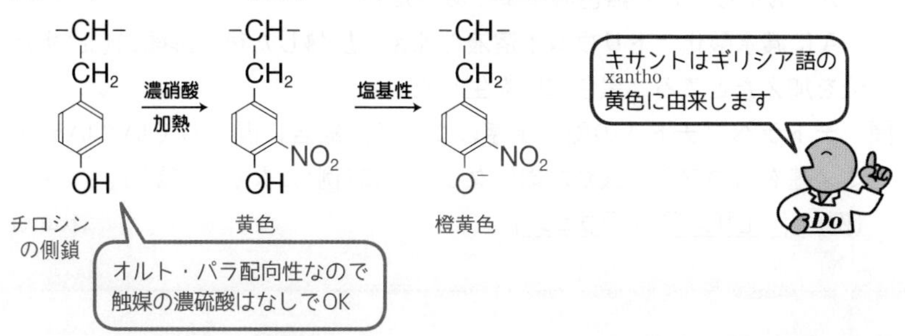

これを**キサントプロテイン反応**といいます。
xanthoprotein reaction

説明 4 タンパク質にNaOH水溶液を加えて加熱すると，システインなどの硫黄を含むアミノ酸の側鎖が分解して，硫化物イオンS^{2-}が生じます。ここにPb^{2+}を含む水溶液を加えると，硫化鉛(Ⅱ)PbSの黒色沈殿が生じます。

入試攻略への必須問題2

右表は，タンパク質を構成する8種の代表的なα-アミノ酸について，その名称と構造式を示したものである。いま，この表のアミノ酸のうち4つが直鎖状に結合した化合物であるテトラペプチドAがある。このアミノ酸配列順序を決定するために実験を行い，次の①～③の結果を得た。

名　称	構造式
グリシン	H_2N-CH_2-COOH
アラニン	$H_2N-CH(CH_3)-COOH$
メチオニン	$H_2N-CH(CH_2-CH_2-S-CH_3)-COOH$
ロイシン	$H_2N-CH(CH_2-CH-(CH_3)_2)-COOH$
グルタミン酸	$H_2N-CH(CH_2-CH_2-COOH)-COOH$
リシン	$H_2N-CH(CH_2-(CH_2)_3-NH_2)-COOH$
フェニルアラニン	$H_2N-CH(CH_2-C_6H_5)-COOH$
セリン	$H_2N-CH(CH_2-OH)-COOH$

① 塩基性アミノ酸のカルボキシ基で形成されるペプチド結合のみを加水分解する酵素でAを処理したところ，α-アミノ酸が3個結合したトリペプチドBと不斉炭素原子をもたないα-アミノ酸Cに分解された。

② Bを酸により部分的に加水分解したところ，DとEの2種類のジペプチドが得られた。このうちDは濃硝酸とともに加熱すると黄色に変化したが，Eはほとんど無色のままであった。

③ Aに濃水酸化ナトリウム水溶液を加えて加熱した後，酢酸鉛(Ⅱ)水溶液を加えたところ，黒色沈殿を生じた。

問 テトラペプチドAの配列順序について，結合に関与していないα-アミノ基をもつアミノ酸が左端になるように(例)にならって記せ。

(例) [セリン]—[アラニン]

(秋田大)

解説 テトラペプチドとは，４つのアミノ酸が縮合したペプチドである。

① 塩基性アミノ酸は，表中でリシンだけである。①で，トリペプチドBとともに生じたアミノ酸Cは不斉炭素原子をもたないことから，グリシンとわかる。そこで，直鎖状テトラペプチドAは次のように表せる。

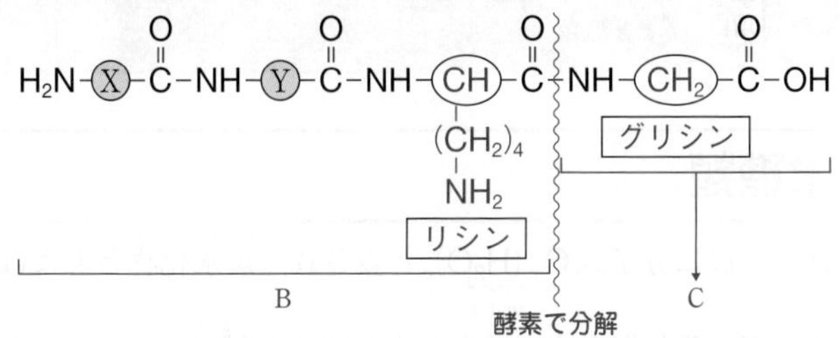

② トリペプチドBを部分的に加水分解すると生じるジペプチドには，次の２通りが考えられる。

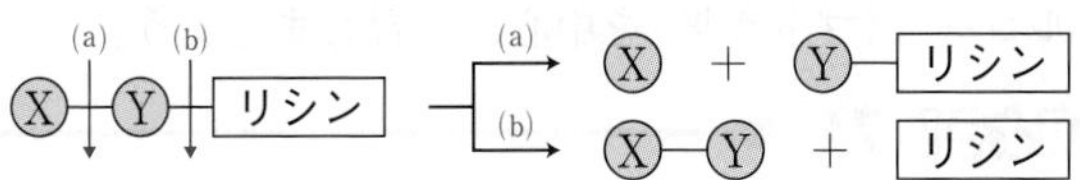

(a)で分解を受けると，Y—リシン，(b)で分解を受けると，X—Yとなる。これらがDとEであり，共通してYを含む。

Dはキサントプロテイン反応を示すので，フェニルアラニンを含むが，Eは示さないので，フェニルアラニンを含まない。よって，一方にしか含まれないXがフェニルアラニンである。

③ Aは硫黄を含むことがわかる。残ったYがメチオニンとなる。

そこでAのアミノ酸配列が答えのように決定される。

答え フェニルアラニン—メチオニン—リシン—グリシン

さらに演習！ 『鎌田の化学問題集 理論・無機・有機 改訂版』「第13章 天然有機化合物と合成高分子化合物 25アミノ酸とタンパク質」

16 糖類

学習項目 ❶ 単糖類 ❷ 二糖類 ❸ 多糖類

STAGE

1 単糖類

糖類は，一般に分子式$C_m(H_2O)_n$（$m≧3$）と表され，炭水化物（たんすいかぶつ）ともよばれます。**加水分解によって，それ以上小さくならない糖**を**単糖**（たんとう）といいます。分子式$C_6H_{12}O_6$（分子量180）で表される六炭糖（ヘキソース）（hexose（ose は糖類を表す語尾））のうち，自然界に最も広く分布する単糖であるグルコース（ブドウ糖）を中心に学習しましょう。

これを覚えよう！ 71

◆ **単糖$C_6H_{12}O_6$の鎖状構造式** → 説明❶

❶アルデヒド型（アルドース）	❷ケトン型（ケトース）
H–C⁶(H)(OH)–*C⁵(H)(OH)–*C⁴(H)(OH)–*C³(H)(OH)–*C²(H)(OH)–C¹(=O)–H	H–C⁶(H)(OH)–*C⁵(H)(OH)–*C⁴(H)(OH)–*C³(H)(OH)–C²(=O)–C¹(H)(OH)–H
C 2～C 5が不斉炭素原子である。グルコースやガラクトースは立体異性体のうちの一種。	C 3～C 5が不斉炭素原子である。フルクトースは立体異性体のうちの一種。

説明 1 分子式$C_6H_{12}O_6$の単糖類は，鎖状構造となったとき，直鎖で❶ホルミル基–CHOをもつアルデヒド型の**アルドース**（aldose），❷カルボニル基C=Oをもつケトン型の**ケトース**（ketose）の２つに分類されます。❶の不斉炭素原子はC 2～C 5の４つ，❷の不斉炭素原子はC 3～C 5の３つですから，❶には$2^4=16$種類，❷には$2^3=8$種類の立体異性体があります。

天然のグルコースやガラクトースは❶の立体異性体，フルクトース（果糖）は❷の立体異性体の１つです。

天然の(1)グルコース，(2)ガラクトース，(3)フルクトースの鎖状構造を立体的に描くと，次のようになります。

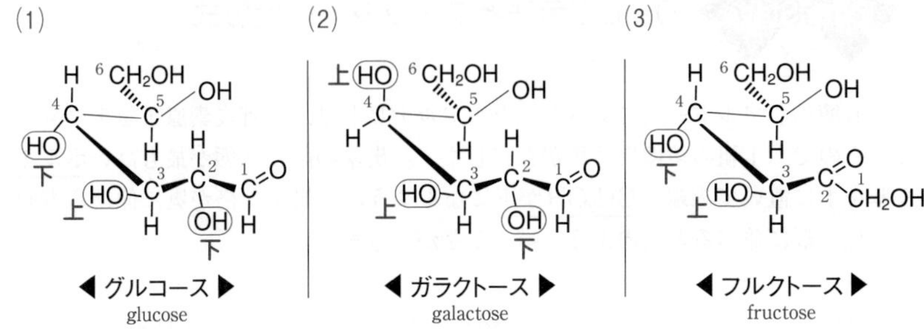

C５に結合している基の立体配置は共通しています。この配置になる単糖類をD型といいます。天然に存在する単糖類はすべてD型なので，D－を省くことも多いです。

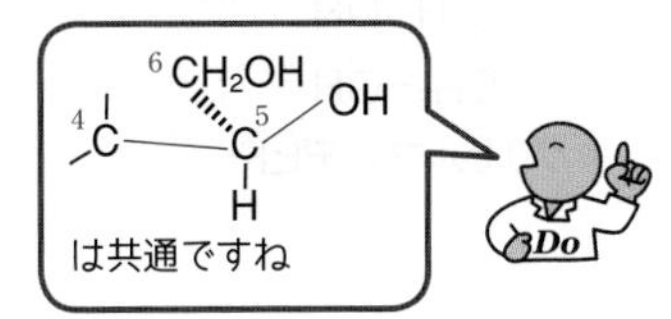

(1)～(3)のように立体的に構造式を描くのは面倒ですから，次のⓐ～ⓒのような構造式で表すことが多いです。

ⓐ グルコース

ⓑ ガラクトース

ⓒ フルクトース

グルコースはC４～C２の－OHが下，上，下となっていて，C５～C２までHが下と上の交互に配置されていることがよくわかります。

ちなみに，ガラクトースは**C４のHとOH**がグルコースと上，下が入れ換わった構造，フルクトースは，**グルコースのC=OをC１からC２へ**動かした構造です。

フルクトースやガラクトースの構造は，グルコースを一部変更しただけです。まずはグルコースの立体配置(ⓐ)を記憶しましょう

D，L表示法とフィッシャー投影式

最も簡単なアルドースであるグリセルアルデヒドは，不斉炭素原子を1つもっているので，1組の鏡像異性体が存在します。炭素の酸化状態が最も高い**ホルミル基を上**に置いて末端の**CH_2OHが下**になるように，炭素骨格が奥に伸びる方向から見て縦に並べると次のように描くことができます。

H
C=O
C*H−OH
CH_2−OH
グリセルアルデヒド

こちらから見る
CHO
HO C CH_2OH
H
回転
CHO
左側
HO C H
CH_2OH
L-グリセルアルデヒド

こちらから見る
CHO
H C CH_2OH
HO
回転
CHO
右側
H C OH
CH_2OH
D-グリセルアルデヒド

不斉炭素原子の左側に−OHがあるものを**L型**，右側に−OHがあるものを**D型**といいます。

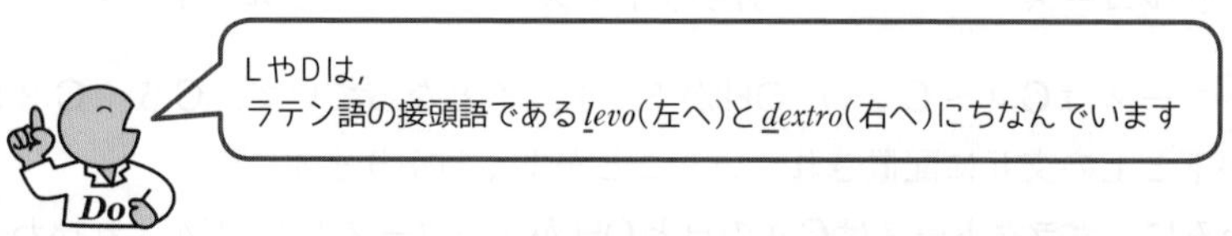

LやDは，
ラテン語の接頭語である*levo*(左へ)と*dextro*(右へ)にちなんでいます
Do

アミノ酸のD，L表示は，これに準じて−CHOを−COOH，−OHを−NH_2にして決定します。

CHO / H — C — OH / CH_2OH ⟷ COOH（上に） / H — C — NH_2（右） / R

D-グリセルアルデヒド　　D-アミノ酸

CHO / HO — C — H / CH_2OH ⟷ COOH（上に） / （左）H_2N — C — H / R

L-グリセルアルデヒド　　L-アミノ酸

天然のアミノ酸はL型です（p.223参照）

糖類は複数の不斉炭素原子をもつので，立体表示が面倒ですね。そこで，ドイツの化学者フィッシャーが正四面体配置を平面上に投影して表す方法を考案しました。糖類の立体配置を描くときによく使われています。

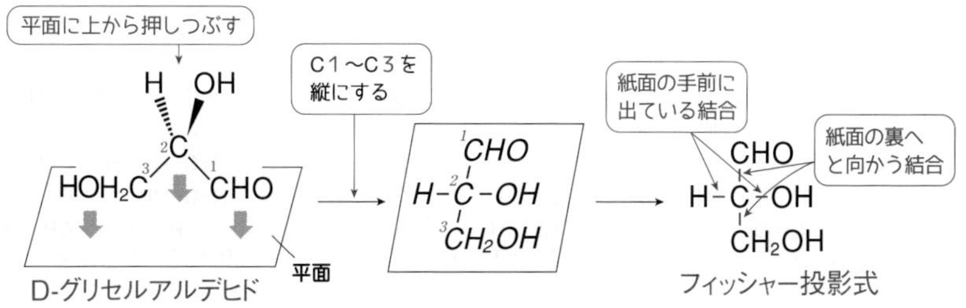

ページ左上のD-グリセルアルデヒドの立体構造式と見比べてください。
大学入試でも，このフィッシャー投影式が問題文で紹介された上で出題されることがあるので，慣れておくとよいでしょう

天然の糖類はすべてD型です。D-グリセルアルデヒドを出発点にして，四炭糖，五炭糖，六単糖と，CH(OH)構造を一つずつ挿入して立体配置を描いていくと次のようになります。なお，すべてが天然に存在する糖ではありません。

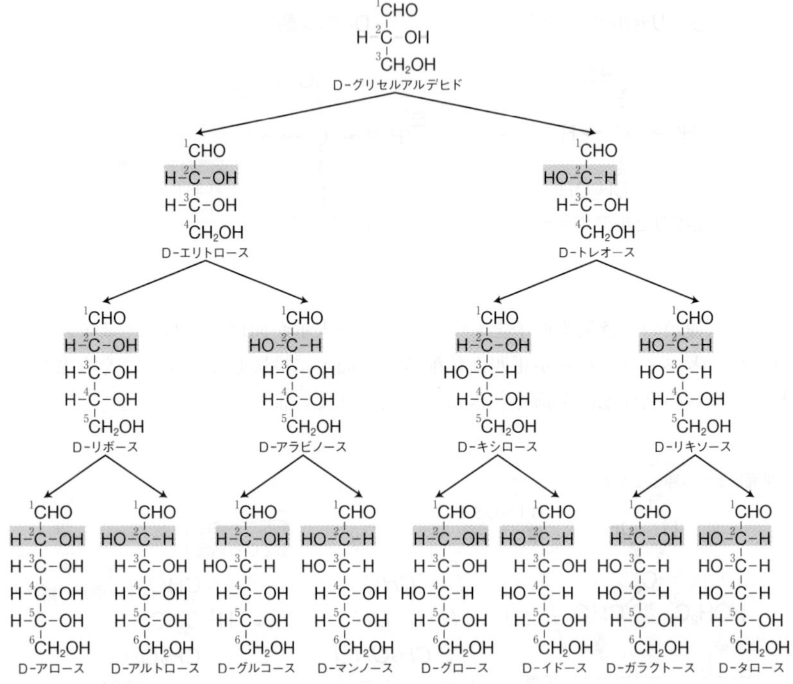

ケトースのD，L表示は，次のエリトルロースをもとに，グリセルアルデヒドと同様に決めます。

C=Oが上にくるように描く

左 L-エリトルロース：CH_2OH–C=O–C(HO)(H)–CH_2OH（OHが左）

右 D-エリトルロース：CH_2OH–C=O–C(H)(OH)–CH_2OH（OHが右）

これを基準にして先と同様にCH(OH)を挿入して構造を描いていきます。天然に広く分布するケトースの代表例であるD-フルクトースの構造式は次のように表されます。

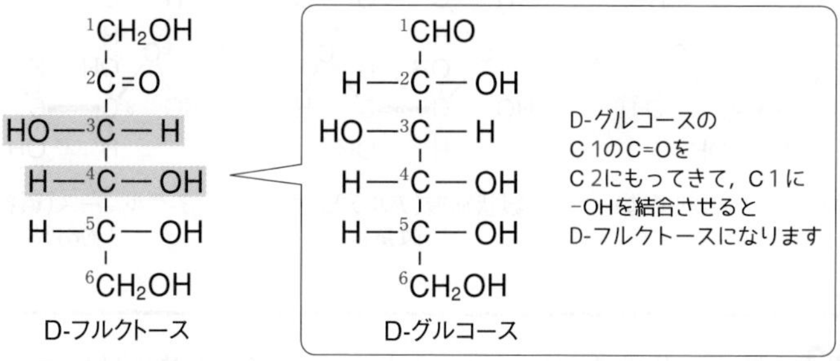

$$
\begin{array}{rcl}
 & {}^{1}CH_2OH & \\
 & | & \\
 & {}^{2}C{=}O & \\
 & | & \\
HO- & {}^{3}C & -H \\
 & | & \\
H- & {}^{4}C & -OH \\
 & | & \\
H- & {}^{5}C & -OH \\
 & | & \\
 & {}^{6}CH_2OH &
\end{array}
$$

D-フルクトース

$$
\begin{array}{rcl}
 & {}^{1}CHO & \\
 & | & \\
H- & {}^{2}C & -OH \\
 & | & \\
HO- & {}^{3}C & -H \\
 & | & \\
H- & {}^{4}C & -OH \\
 & | & \\
H- & {}^{5}C & -OH \\
 & | & \\
 & {}^{6}CH_2OH &
\end{array}
$$

D-グルコース

D-グルコースの
C 1のC=Oを
C 2にもってきて，C 1に
-OHを結合させると
D-フルクトースになります

フィッシャー投影式で描くとp.251で紹介した立体配置と景色が違って見えるかもしれませんが，まったく同じ立体配置であることを確認しておいてくださいね。

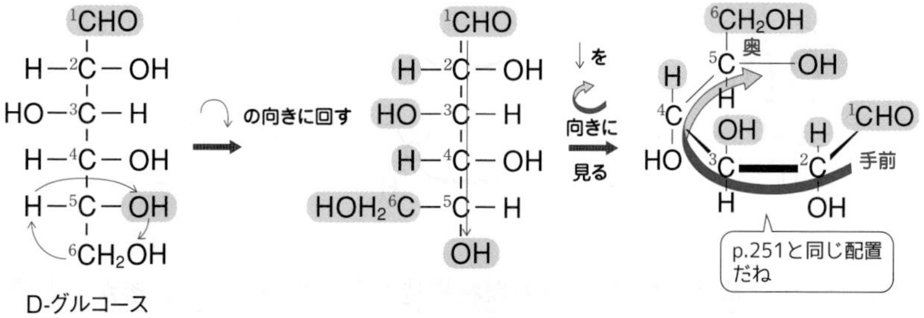

$$
\begin{array}{rcl}
 & {}^{1}CHO & \\
 & | & \\
H- & {}^{2}C & -OH \\
 & | & \\
HO- & {}^{3}C & -H \\
 & | & \\
H- & {}^{4}C & -OH \\
 & | & \\
H- & {}^{5}C & -OH \\
 & | & \\
 & {}^{6}CH_2OH &
\end{array}
$$

D-グルコース

の向きに回す

$$
\begin{array}{rcl}
 & {}^{1}CHO & \\
 & | & \\
H- & {}^{2}C & -OH \\
 & | & \\
HO- & {}^{3}C & -H \\
 & | & \\
H- & {}^{4}C & -OH \\
 & | & \\
HOH_2{}^{6}C- & {}^{5}C & -H \\
 & | & \\
 & OH &
\end{array}
$$

↓を
向きに
見る

${}^{6}CH_2OH$
奥
${}^{5}C$　OH
H　${}^{4}C$　HO
OH　H　${}^{1}CHO$
${}^{3}C$　${}^{2}C$
手前
H　OH

p.251と同じ配置
だね

これを覚えよう! 72

◆ **グルコースの水溶液中での平衡** → 説明 1

α-グルコース（環状構造）（約36%）　⇄　鎖状構造（アルデヒド型）（微量）　⇄　β-グルコース（環状構造）（約64%）

説明 1　糖の鎖状構造でヒドロキシ基がカルボニル基に付加すると，環状構造になります。グルコースやガラクトースでは，C５に結合している−OHがC１のC=Oに付加します。するとC１原子が不斉炭素原子となり，付加方向の違いによって，αとβと表記される２つの立体異性体が生じます。

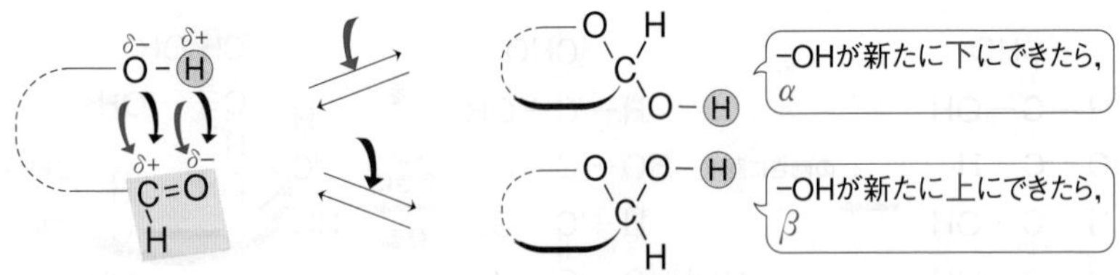

グルコースは**結晶中ではαやβの環状構造**をとっていて，**水に溶かすと開環して鎖状構造に，再び閉環して，最終的にα，鎖状，βの平衡状態**となります。

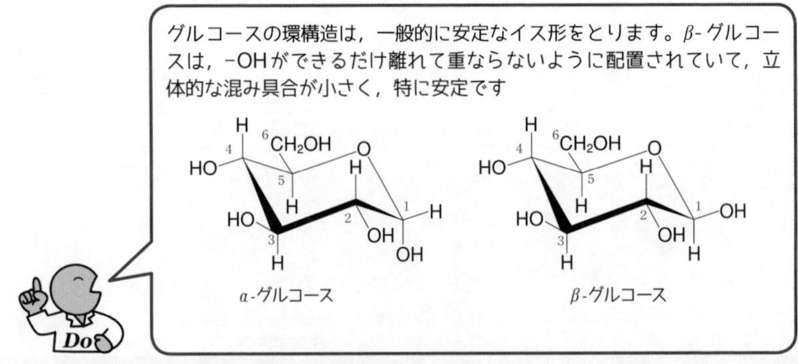

グルコースの環構造は，一般的に安定なイス形をとります。β-グルコースは，−OHができるだけ離れて重ならないように配置されていて，立体的な混み具合が小さく，特に安定です
α-グルコース
β-グルコース
Do

これを覚えよう! 73

◆ フルクトースの水溶液中での平衡 → 説明 1

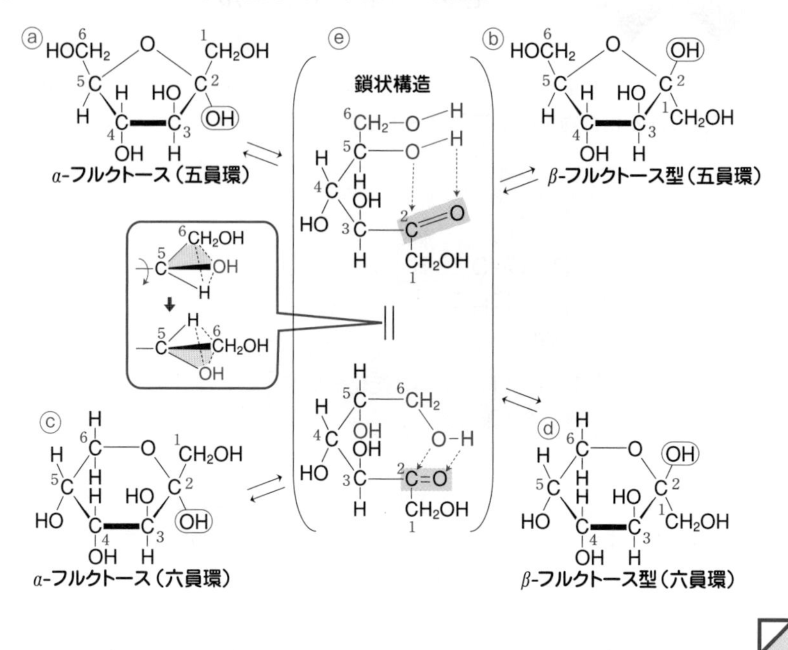

説明 1 D-フルクトースはハチミツや果実に含まれていて，天然の糖類の中で**最も強い甘味**をもっています。結晶中ではⓓの六員環構造をとっていますが，水溶液中では開環して，六員環構造だけでなく，五員環構造や鎖状構造などⓐ～ⓔの平衡状態になっています。

五員環構造の糖をフラノース，六員環構造の糖をピラノースといいます。これはフランおよびピランとよばれる環状エーテルに形が似ていることからつけられた名称です。

ⓐの五員環のα-フルクトースはα-D-フルクトフラノース，ⓓの六員環のβ-フルクトースはβ-D-フルクトピラノースとよびます。

ヘミアセタールとアセタール

一般に，アルデヒドやケトンのカルボニル基にアルコールのヒドロキシ基が付加して得られる化合物を**ヘミアセタール**(hemiacetal)といいます。

アルデヒドやケトン

$$\begin{array}{c} R^2 \\ | \\ R^1-\overset{\delta+}{C}=\overset{\delta-}{O} \\ \vdots \quad \vdots \\ R^3-\underset{\delta-}{O}-\underset{\delta+}{H} \end{array} \quad \underset{}{\overset{\text{触媒}\ H^+}{\rightleftarrows}} \quad \begin{array}{c} R^2 \\ | \\ R^1-C-O \\ | \quad | \\ R^3-O \quad H \end{array}$$

アルコール　　　ヘミアセタール

［R^1，R^2：Hあるいは炭化水素基
R^3：炭化水素基］

この反応は水溶液中などでH^+を触媒として進み，可逆的なので，最終的には平衡状態となります。一般に，ヘミアセタールは不安定なので単離することができません。ただし，グルコースのような安定な環構造をもつ環状ヘミアセタールは単離することができます。

“ヘミ”とは“半分”という意味で，強酸性で触媒となるH^+が十分にあるとヘミアセタールの–OHが脱離しやすくなり，さらに，アルコールと縮合して**アセタール**(acetal)とよばれる化合物が生成します。

$$\begin{array}{c} R^2 \\ | \\ R^1-C-\boxed{OH} \\ | \\ R^3-O \end{array} + \boxed{H}-O-R^4 \ \overset{\text{触媒}\ H^+}{\rightleftarrows} \ \begin{array}{c} R^2 \\ | \\ R^1-C-O-R^4 \\ | \\ R^3-O \end{array} + \boxed{H_2O}$$

ヘミアセタール　　アルコール　　（この反応も可逆的）　　アセタール

単糖類が縮合して二糖類が生成するときは，この反応が起こっています。くわしくはp.262で学習します

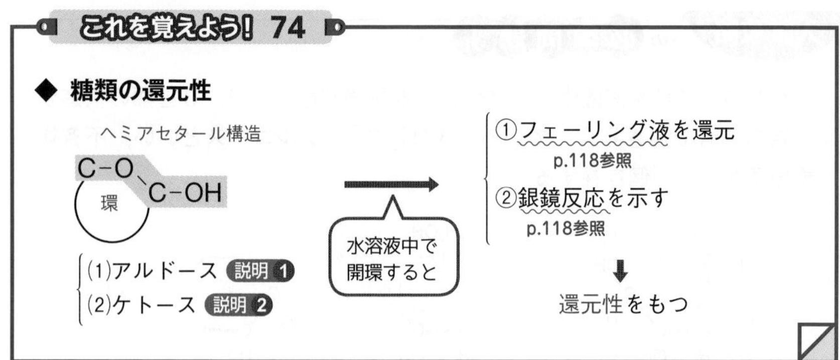

説明 1　グルコースなどのアルドースは，水溶液中でp.256のような平衡状態にありました。−CHOをもつ鎖状構造は微量しか存在しませんが，酸化剤と反応して−CHOが酸化されて−COOHに変わると，**平衡が移動して再び−CHOをもつ鎖状構造が生じる**ので，最終的にすべて反応します。したがって**還元性をもつ**と表現できます。

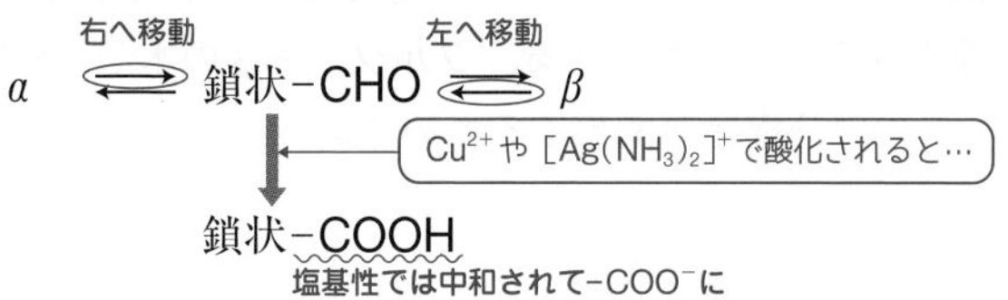

説明 2　フルクトースなどのケトースは，開環してもホルミル基がありません。ところが，フェーリング液やアンモニア性硝酸銀水溶液のような塩基性の水溶液中では，鎖状構造の末端部分が次のように可逆的に変化し，−CHOが生じるため，**還元性を示し**ます。

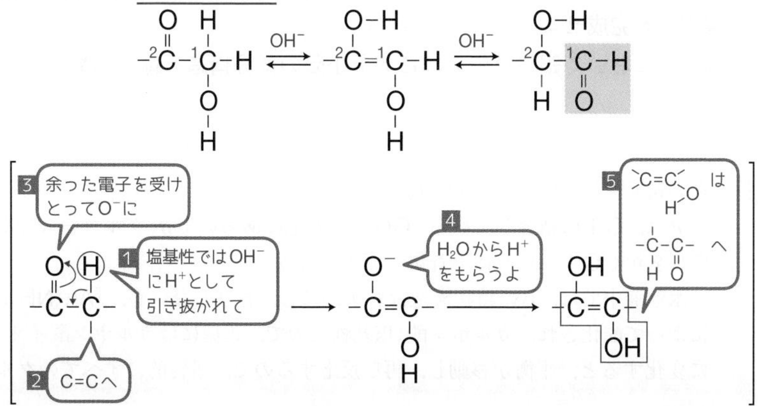

入試攻略への必須問題 1

グルコースは水溶液中で(i)式のような平衡状態になり，3種類の構造が一定の割合で混ざり合っている。Aは[ア]-グルコースといい，不斉炭素原子が[イ]個存在する。

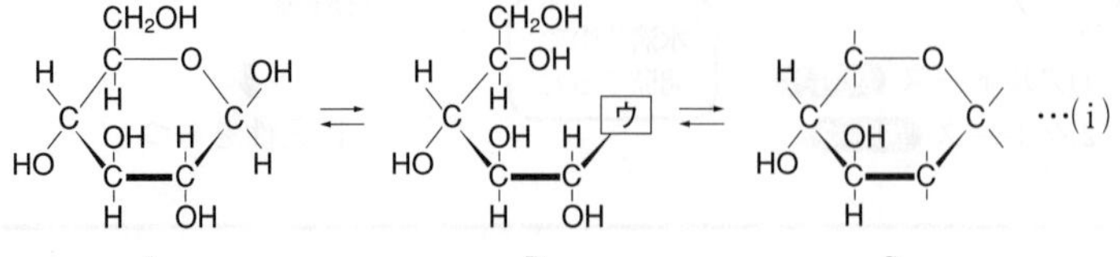

A ⇄ B ⇄ C …(i)

CはAの立体異性体である。Bは[ウ]基をもつため，アンモニア性硝酸銀水溶液が[エ]され，銀を析出する。この反応でBの[ウ]基は[オ]に変化する。

フルクトースも水溶液中で(ii)式のような平衡状態をとっている。DはEの2位の炭素原子と[カ]位のヒドロキシ基の酸素原子とでC−O結合をつくった五員環のフラノース型である。フルクトースの水溶液が銀鏡反応を起こすのは，Eの部分構造が関与するためである。

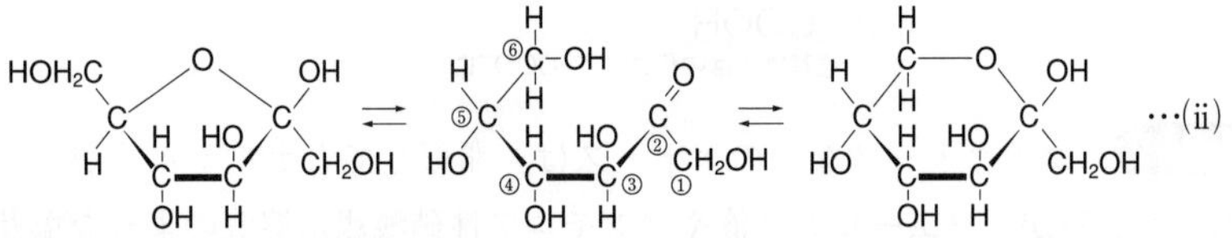

D ⇄ E ⇄ F …(ii)

(1) 文中の[ ]に適切な語句または数字を記せ。

(2) 構造Cを完成せよ。

(3) 構造Eにおいて銀鏡反応を起こす最小限の部分構造を線で囲め。

(明治薬科大)

解説 糖の還元性については，p.259を参照のこと。

(1) アは，C1に結合している−OHが環の上にあるのでβ-グルコースである。C6を除くC1〜C5は不斉炭素原子である。

水溶液中では，Bの鎖状構造はわずかにしか存在しないが，$[Ag(NH_3)_2]^+$によって酸化され，カルボン酸(塩基性なので，正確にはカルボン酸イオン)に変化すると，平衡が移動し，再び反応するので，最終的にすべてのグルコースが酸化される。このとき$[Ag(NH_3)_2]^+$は還元されてAgが析出する。また，五員環のフルクトースは，C２のカルボニル基にC５のヒドロキシ基が付加することで生じる。
（カの答え：5）

(2) α-グルコースはC１の炭素原子の−OHを下向きに描く。

(3) $-\overset{2}{C}(=O)-\overset{1}{C}H_2-OH \longrightarrow -\overset{2}{C}H(OH)-\overset{1}{C}(=O)-H$ と変化し還元性を示すので，C１だけでなく，C２まで含めて線で囲むこと。

答え (1) ア：β　イ：5　ウ：ホルミル（アルデヒド）　エ：還元
オ：カルボキシ基　カ：5

(2)

(3)

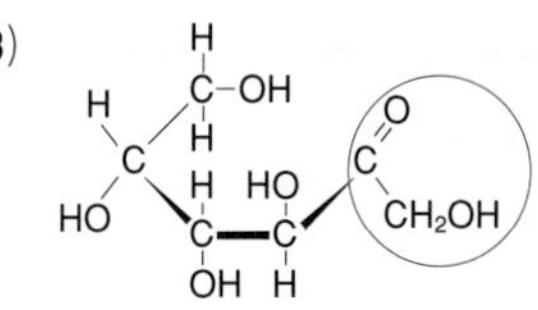

これを覚えよう！ 75

◆ **アルコール発酵** → 説明 1

$$C_6H_{12}O_6 \xrightarrow{\text{酵母}} 2CH_3CH_2OH + 2CO_2$$

グルコース　　エタノール

◆ **乳酸発酵** → 説明 2

$$C_6H_{12}O_6 \longrightarrow 2CH_3CH(OH)COOH$$

グルコース　　乳酸

説明 1 グルコースなどの単糖類は，酵母の働きで**アルコール発酵によって，エタノールと二酸化炭素**になります。お酒ができるのですね。

アルコール発酵には，何種類もの酵素が関係しており，この酵素群を**チマーゼ**とよんでいます。

説明 2 乳酸菌は，グルコースを分解してエネルギーに換えて，グルコース１分子から２分子の乳酸をつくります。ヒトの筋肉でも同じ反応が起こります。

STAGE 2 二糖類

二糖類は，**単糖類２分子からH_2Oがとれて縮合したもの**です。六炭糖の二糖類では，分子式は $2 \times C_6H_{12}O_6 - H_2O$ で $C_{12}H_{22}O_{11}$（分子量342）となります。

まず，どことどこが縮合して，どんな結合ができるかを紹介しましょう。

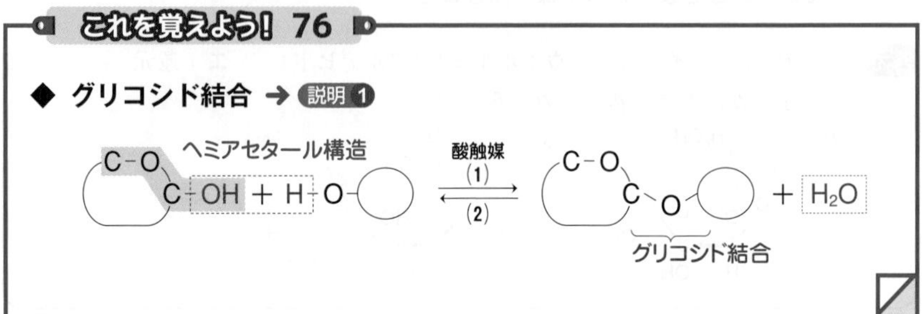

説明 1 (1) 酸触媒の存在下でヘミアセタール構造の–OHは，通常のアルコールの–OHよりも脱離しやすいという性質をもっています。下図の(I)の陽イオンは，炭素の正電荷に隣のOの非共有電子対 : が流れ込んでエネルギー的に安定にできるため，反応が進みやすいのです。

C–O
C:OH ＋ H^+ ⟶ (I) C–O C⊕ ＋ H_2O

OH⁻として脱離するよ

非共有電子対で君を安定化してあげよう!

(I)の陽イオンが別の糖類やアルコールの–OHと反応すると，C–O–Cで結びつきます。この結合を**グリコシド結合**とよんでいます。

(I) C–O C⊕ ＋ O(H)–C– ⟶ C–O C–O–C– ＋ H^+

別の糖類など

グリコシド結合

復活したので触媒です

(2)　(1)の反応は，通常のアルコールの分子間脱水反応より，活性化エネルギーが小さくなっています。そこで，逆反応である加水分解も進みます。

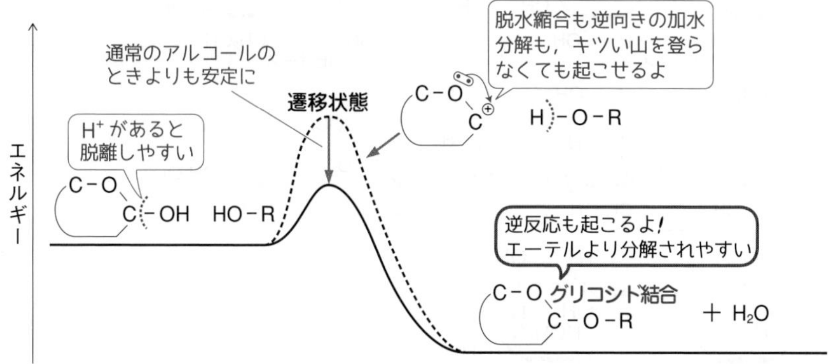

グリコシド結合は通常のエーテル結合とは異なり，**希硫酸中で加熱すると加水分解を受ける**結合なのです。

これを覚えよう！ 77

◆ 代表的な二糖類とその性質

名称	構成単糖→ 説明 1	加水分解酵素 → 説明 2	還元性 → 説明 3
マルトース(麦芽糖) maltose 麦芽	α-グルコース(C 1のOH) ＋ (α-)※グルコース(C 4のOH)	マルターゼ	あり
セロビオース cello biose セルロース 2	β-グルコース(C 1のOH) ＋ (β-)※グルコース(C 4のOH)	セロビアーゼ	あり
ラクトース(乳糖) lactose "乳"のこと	β-ガラクトース(C 1のOH) ＋ (β-)※グルコース(C 4のOH)	ラクターゼ	あり
スクロース(ショ糖) sucrose "sugar"のこと	α-グルコース(C 1のOH) ＋ β-フルクトース(C 2のOH)	インベルターゼまたはスクラーゼ	なし
トレハロース	α-グルコース(C 1のOH) ＋ α-グルコース(C 1のOH)	トレハラーゼ	なし

※水溶液中では開環して，$\alpha \rightleftarrows$ -CHO $\rightleftarrows \beta$ の平衡になります

説明 1　構造式は次ページのようになっています。まず，構成単糖とそれらが縮合している位置を確認してください。

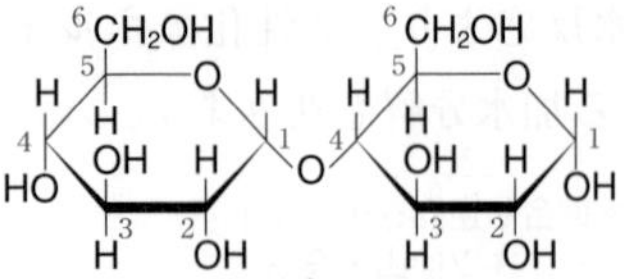

マルトース 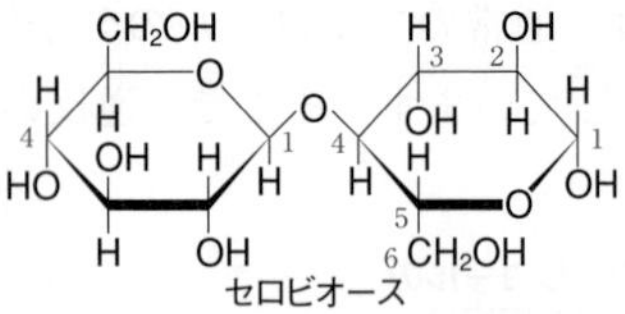　セロビオース

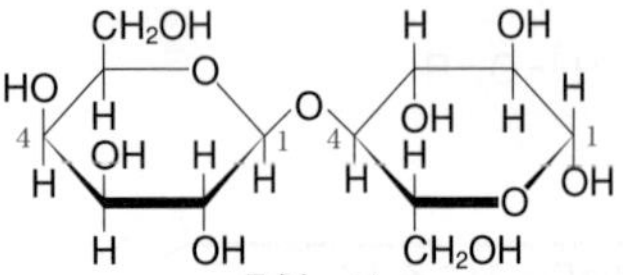

ラクトース 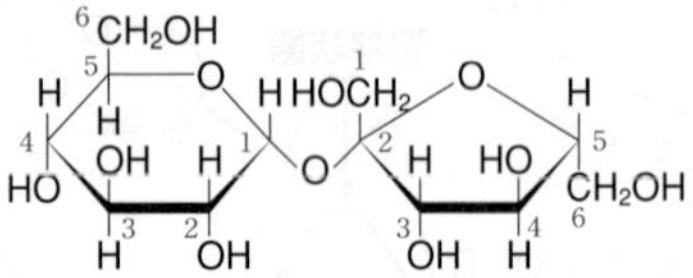　スクロース

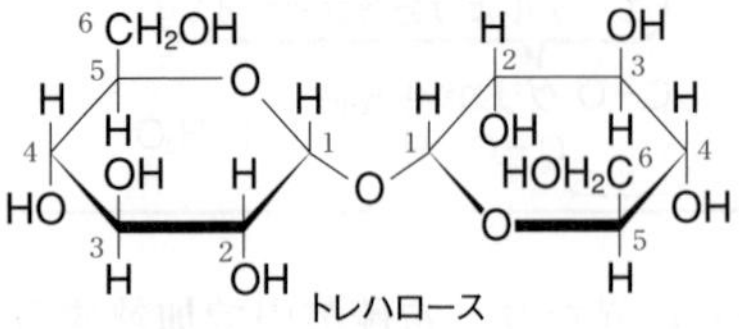

トレハロース

説明 2 糖を加水分解する酵素の名称は，糖の語尾ose（オース）を，ase（アーゼ）に換えるだけです。スクロースを加水分解すると，グルコースとフルクトースの等量混合物が得られます。この反応を**転化**（inversion），得られた混合物を**転化糖**（invert sugar）といいます。ミツバチはインベルターゼ（invertase）とよばれるスクロース分解酵素を使って，スクロースから転化糖をつくります。ハチミツですね。

説明 3 糖類には水に溶けて還元作用を示す還元糖と，示さない非還元糖があります。

(1) 還元糖である二糖類

例えば，マルトースは水に溶けると，末端の－O－¹C－OHで開環して，－CHOをもつ構造と次のような平衡状態になります。

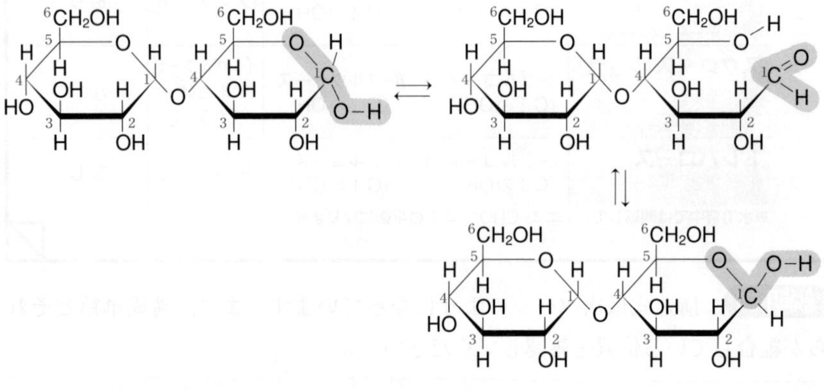

セロビオース，ラクトースも同様です。これらは還元性をもっています。末端にC–O–C–O–H構造があれば還元作用を示すのですね。

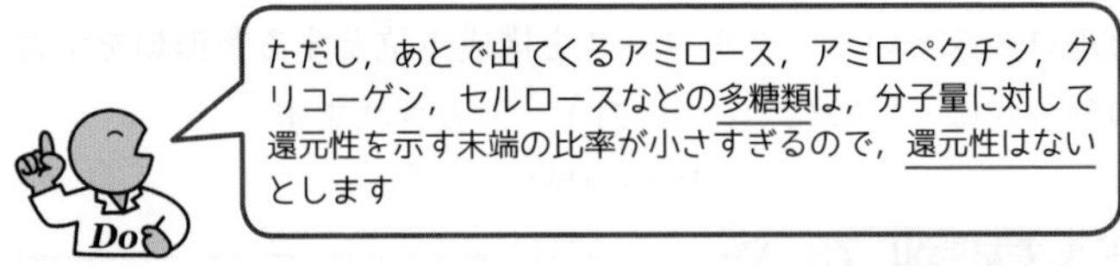

ただし，あとで出てくるアミロース，アミロペクチン，グリコーゲン，セルロースなどの多糖類は，分子量に対して還元性を示す末端の比率が小さすぎるので，還元性はないとします
Do

(2) 非還元糖である二糖類

スクロースはα-グルコースと五員環(フラノース形)のβ-フルクトースが次のように縮合してできた二糖です。

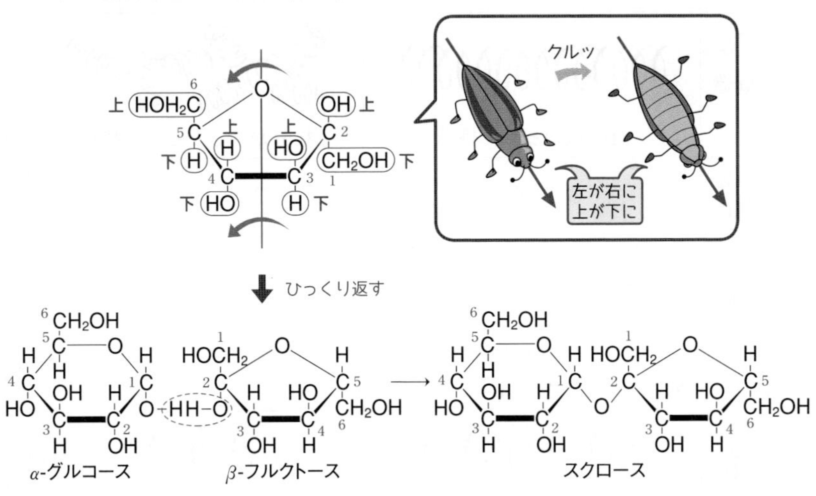

還元性を示すのに必要なC–O–C–OHの–OHどうしで縮合して，グリコシド結合を形成しています。水に溶けても開環できず，還元作用を示しません。トレハロースも同様です。α-グルコースがC 1のOHどうしで縮合していて還元性をもたない二糖です。

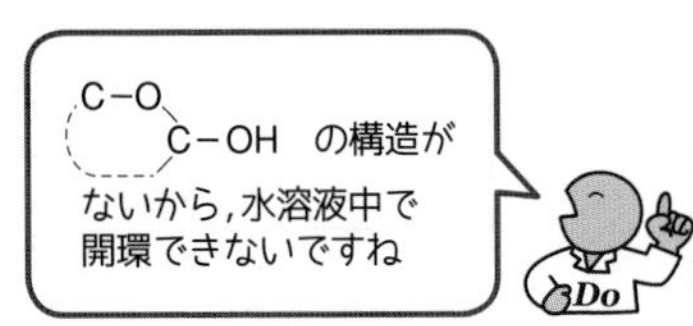

STAGE

3 多糖類

多糖類は，**多数の単糖が脱水縮合してできた高分子化合物**です。高校ではデンプンやセルロースといったグルコースを構成単位とする多糖類を学習します。

これらの分子式は，一般に $(C_6H_{10}O_5)_n$ と表されます。

$C_6H_{12}O_6-H_2O=C_6H_{10}O_5$

これを覚えよう！ 78

◆ **α-グルコースの多糖** → 説明 1

	デンプンの構成成分	
	アミロース	アミロペクチン
構造	直鎖状のらせん構造	枝分かれしたらせん構造
縮合部位	C1-C4	C1-C4 と C1-C6
水溶性	冷水には溶けにくい。熱水に溶かすと親水コロイドになる。これはらせんを形成している分子内の-OHの水素結合が切れ，水和されるからである	非常に分子量が大きいため，冷水にも熱湯にも溶けにくい
ヨウ素デンプン反応	I_2 I_2 I_2 I_2 I_2 I_2 I_2 I_2 I_2 I_2 I_2 ↓ 青（らせん構造が長いと，青くなります）	I_2 I_2 I_2 I_2 I_2 I_2 ↓ 赤紫（らせん構造が短いと，赤っぽくなります）

◆ **加水分解** → 説明 2

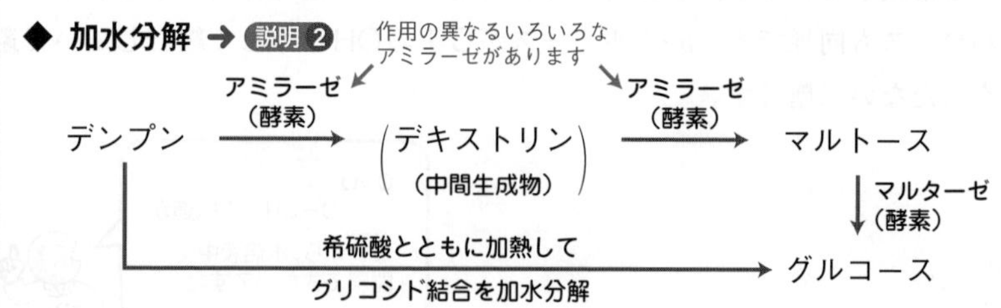

説明 1 デンプンは，<u>アミロース</u>（amylose）と<u>アミロペクチン</u>（amylopectin）という２つの成分からなります。

ふだんよく目にするお米のデンプンは20～25%がアミロース，残りがアミロペクチンです。アミがつく化合物はデンプンに関係しています。アミでモチやパンを焼くとでも覚えてください

アミロースは次の図のように，数百～数千個の<u>α-グルコースがC１とC４でα-1,4-グリコシド結合</u>を形成して，全体では左巻きの<u>**直鎖らせん構造**</u>となっています。さらに，残った−OHを用いて分子内で水素結合を形成し，直鎖らせん構造が保たれています。

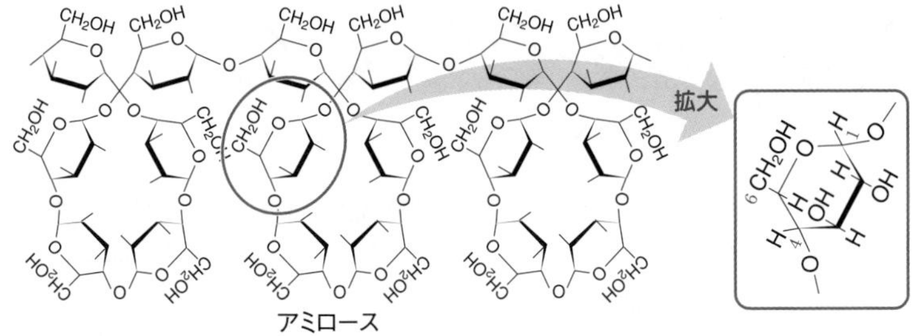

アミロース

アミロースがらせん状になるのは，α-グルコースではC１の−OHとC４の−OHの環から下へと伸びる角度が異なり，グルコース環が傾きながら縮合し糖鎖が伸長していくからです。

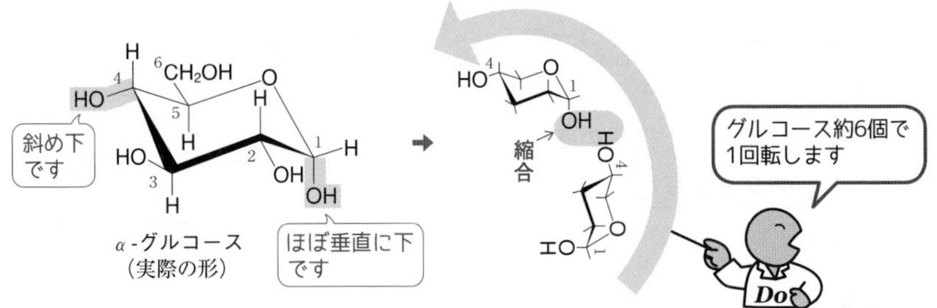

アミロペクチンは，<u>α-グルコースがα-1,4-グリコシド結合</u>でアミロースより短いらせん構造を形成し，さらに，C１とC６でも<u>α-1,6-グリコシド結合</u>を形成した<u>**枝分かれらせん構造**</u>です。数万個のグルコースからなり，約25個のグルコース単位ごとに１個の割合で枝分かれしています。

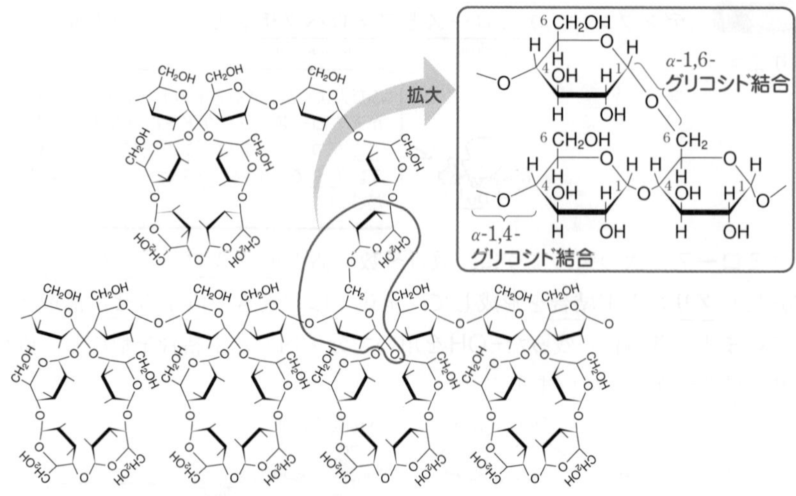

アミロペクチン

ヨウ素デンプン反応の発色は，アミロースやアミロペクチンにヨウ素ヨウ化カリウム水溶液を加え，らせん構造の中にI_2分子が入り込んで，並んでいくことによって起こります。**らせん構造が長いと青く**なり，**らせん構造が短いと赤っぽく**なります。

また，**動物デンプン**は**グリコーゲン**(glycogen)とよばれ，アミロペクチンがさらに細かく枝分かれをした構造の多糖類で，**ヨウ素デンプン反応では赤褐色**を呈します。

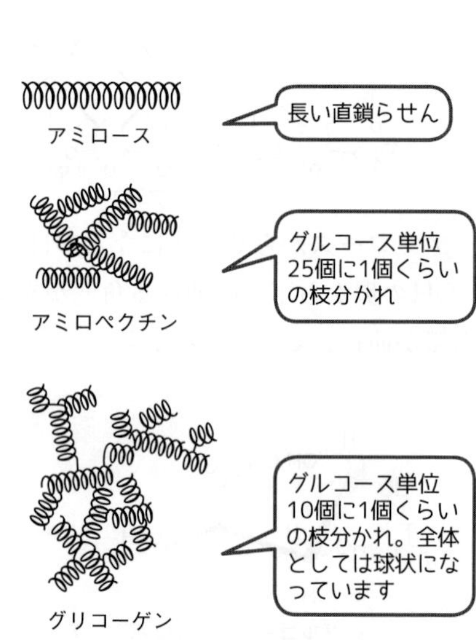

説明 2 デンプンは，生体内ではアミラーゼによって，数個のグルコースが縮合した少糖の混合物である**デキストリン**(dextrin)という中間体を経て，最終的にマルトース(麦芽糖)まで加水分解されます。さらに，酵素マルターゼによって加水分解されて，グルコースになります。

なお，希硫酸とともに長時間加熱すると，グリコシド結合がすべて加水分解されて，グルコースまで分解されます。

入試攻略への必須問題2

次の文章を読み，[　　]にあてはまる適切な語句または数字を記せ。

動物や植物のエネルギー貯蔵物質として利用される多糖は，[a]という単糖が1位と[b]位あるいは1位と[c]位で縮合重合した物質である。これらのうち動物がつくるものを[d]とよび，植物がつくるものを[e]とよぶ。[e]は比較的分子量が小さく直鎖状につながった[f]と，比較的分子量が大きく枝分かれ状につながった[g]の混合物である。[d]，[f]，[g]，それぞれの水溶液にヨウ素ヨウ化カリウム水溶液(ヨウ素溶液)を加えると特徴的な色を示し，[d]は[h]色，[f]は[i]色，[g]は[j]色となる。 (日本女子大)

解説

		α-グルコースの縮合部位	ヨウ素デンプン反応
デンプン	アミロース	1位-4位	青色
	アミロペクチン	1位-4位，1位-6位	赤紫色
グリコーゲン		1位-4位，1位-6位	赤褐色

答え a：α-グルコース　b：4　c：6　d：グリコーゲン
e：デンプン　f：アミロース　g：アミロペクチン　h：赤褐
i：青　j：赤紫　(b，cは順不同)

入試攻略への必須問題3

ヨウ素ヨウ化カリウム水溶液をデンプンに加えると青紫色を呈した。加熱した後，冷却するとどのように色が変化するか説明せよ。

解説 加熱すると分子の熱運動が激しくなり，アミロースやアミロペクチンのらせん構造が崩れて，I_2をとり込めなくなり，色が消える。冷却するとらせん構造が復活して，I_2をとり込み，再び呈色する。

答え 加熱すると青紫色が消失し，冷却すると再び青紫色を呈す。

アミロペクチンの構造の推定

アミロペクチンは，α-1, 4-グリコシド結合だけでなく，α-1, 6-グリコシド結合をもつ高分子化合物でした。ここでは，アミロペクチンの枝分かれの比率を求める方法を1つ紹介します。

アミロペクチンのグルコース単位には，

Ⅰ：C1のみ縮合している左末端，－OH 4つ

Ⅱ：C4とC1で縮合している途中単位－OH 3つ

Ⅲ：C6，C4，C1で縮合している分岐点－OH 2つ

Ⅳ：C4のみ縮合している右末端－OH 4つ

の4種類があります。

（説明のためⅡの部分を短くしている）

手順1　アミロペクチンの－OHを，すべてメトキシ基－OCH_3に換える

アミロペクチンに適当な試薬を用いて，－OHをメタノールCH_3OHの－OHと縮合させた形のメトキシ基－OCH_3に換えます。エーテル結合にするのですね。

手順2 希硫酸とともに加熱し，グリコシド結合を加水分解する

グリコシド結合

$$\text{(環)C–O–C}\wr\text{O–C–} + H_2O \underset{\text{加熱}}{\overset{H^+}{\rightleftarrows}} \text{(環)C–O–C–OH} + \text{HO–C–}$$

が起こります。

このとき注意点を2つ。

①通常のエーテル結合は加水分解を受けない。
②右末端Ⅳ由来のC１に結合した$-OCH_3$はグリコシド結合なので加水分解を受ける。

$$\text{(環)C–O–C}^{1}\wr\text{O–CH}_3 + H_2O \rightarrow \text{(環)C–O–C–OH} + \text{HO–CH}_3$$

すると次の３種の生成物が得られます。

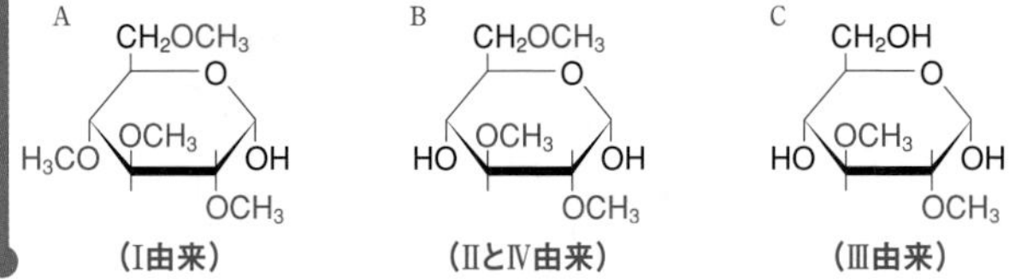

(Ⅰ由来)　(ⅡとⅣ由来)　(Ⅲ由来)

Ⅳ以外は，アミロペクチンで縮合に使われていなかった$-OH$が$-OCH_3$でマーキングされているので(Ⅳはアミロペクチン１分子に１つしかない単位なので無視してかまいません)，A，B，Cの物質量の比からⅠ，Ⅱ，Ⅲの数の比が求められるのですね。

これを覚えよう! 79

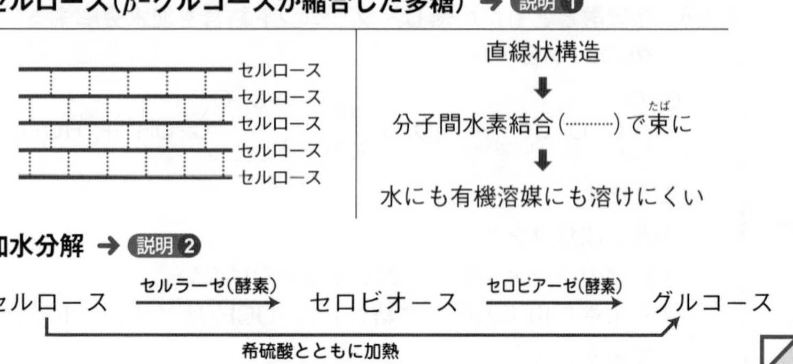

説明 1 **セルロース**(cellulose)は，植物の細胞壁の主成分の多糖で，綿や紙として使われています。数千個以上のβ-グルコースが，<u>C1とC4</u>の-OHで脱水縮合して<u>**β-1,4-グリコシド結合**</u>を形成しています。セルロース分子では，β-グルコースは交互に向きを変えて結びついています。

あお向けβ　うつぶせβ　あお向けβ

①-④軸で回転し，前後，上下をひっくり返す

軸

こうすることでβ-グルコースのC1の-OHとC4の-OHの向きがそろい，グルコース環がまっすぐに並んだ直線的な構造になります。

斜め下　斜め上

β-グルコース　β-グルコース(裏返し)

そして次図のように−OHの間で分子内水素結合を形成し，グルコース環の動きを拘束して，テープのように平面的な形を保っています。

セルロース

さらに分子間水素結合で多数のセルロース分子が強く結びついて，束のような構造をつくります。これが植物の繊維の素になるわけですね。

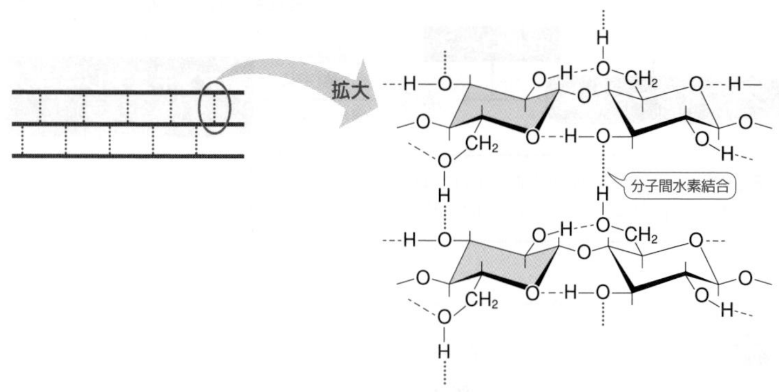

セルロースは，アミロースのようならせん構造ではなく，直線状構造なので，**ヨウ素デンプン反応を示しません**。また，直線状分子が集まって剛直な束を形成しているため，**たいていの溶媒には溶けません**。

説明 2 β-1,4-グリコシド結合でグルコースが結びついたセルロースは，希硫酸とともに加熱するとグリコシド結合が加水分解されて，最終的にグルコースになります。

セルラーゼなどの酵素でも加水分解されます。草食動物は，消化管に存在する微生物のつくる酵素により，セルロースを消化できます。ヒトはセルラーゼをもたないので，セルロースを消化できません。

これを覚えよう! 80

◆ **セルロースの再生繊維(レーヨン)** → 説明 1

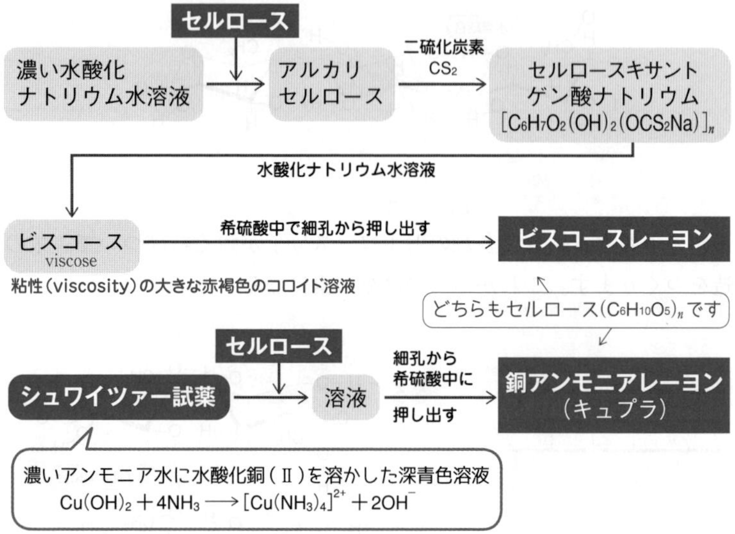

濃い水酸化ナトリウム水溶液 + **セルロース**	→	アルカリセルロース
アルカリセルロース	二硫化炭素 CS_2 →	セルロースキサントゲン酸ナトリウム $[C_6H_7O_2(OH)_2(OCS_2Na)]_n$
セルロースキサントゲン酸ナトリウム	水酸化ナトリウム水溶液 →	ビスコース (viscose)
ビスコース	希硫酸中で細孔から押し出す →	**ビスコースレーヨン**
シュワイツァー試薬 + **セルロース**	→	溶液
溶液	細孔から希硫酸中に押し出す →	**銅アンモニアレーヨン(キュプラ)**

ビスコース:粘性(viscosity)の大きな赤褐色のコロイド溶液

どちらもセルロース$(C_6H_{10}O_5)_n$です

シュワイツァー試薬:濃いアンモニア水に水酸化銅(Ⅱ)を溶かした深青色溶液

$$Cu(OH)_2 + 4NH_3 \longrightarrow [Cu(NH_3)_4]^{2+} + 2OH^-$$

説明 1 木材パルプや短い綿繊維のセルロースを化学処理して,セルロースの長さや形を調整した再生繊維を**レーヨン**(rayon)といいます。光沢のある繊維で“光(ray)”と“綿(cotton)”から名前がつけられました。

製造工程の違う2種類,**ビスコースレーヨン**(viscose rayon)と**銅アンモニアレーヨン**(cupro-ammonium rayon)(別名**キュプラ**)が有名です。

セルロースを塩基性水溶液中で-OHの一部を$-O^-$としてから,CS_2と反応させるか,Cu^{2+}と錯体をつくらせるかで工程が違います。ともに分子間水素結合をほどいて溶液としてから,酸性下でセルロースを再生させています

どちらも最終的に希硫酸中に細孔(小さい穴)から溶液を押し出すことで,再び水素結合で結びつき,向きのそろったセルロース繊維が得られます。

銅アンモニアレーヨンはビスコースレーヨンよりも高価ですが,繊維が細くて柔らかく丈夫なので,衣料だけでなく,人工透析器の細い管(中空糸(ちゅうくうし))にも使われています。

補足 ビスコースを細いスリットを用いて希硫酸中で**薄膜状に再生したセルロース**を**セロハン**(cellophane)といい,テープや包装材料に利用しています。

これを覚えよう! 81

◆ セルロースの半合成繊維 ➔ 説明 1

(1) ニトロセルロース(硝酸セルロース) 別冊 p.14

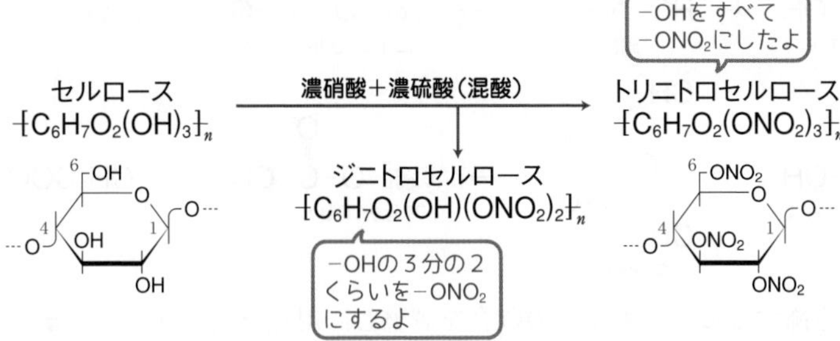

用途

- トリニトロセルロース ➡ 硝化綿(綿火薬), 無煙火薬
- ジニトロセルロース ➡ セルロイド(メガネのフレームなど), コロジオン(エタノールなどに溶かしたもの。水ばんそうこうに利用)

(2) アセチルセルロース(酢酸セルロース)

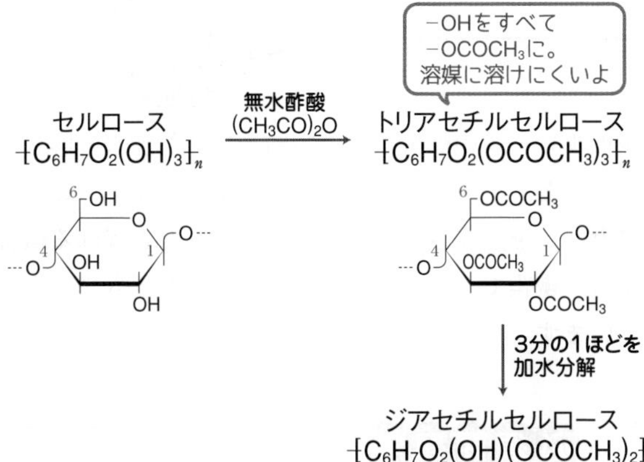

用途

- トリアセチルセルロース ➡ 映画のフィルム, 録音テープに利用
- ジアセチルセルロース ➡ アセテート(アセテート繊維)

説明 1 綿や麻はセルロースの天然繊維，レーヨンはセルロースの再生繊維です。**セルロースの−OHを化学修飾したニトロセルロース（硝酸エステル）やアセチルセルロース（酢酸エステル）**を**半合成繊維**といいます。

$$\text{Cell-OH} + \text{HO-N(=O)}\rightarrow\text{O} \xrightarrow{\text{濃硫酸}} \text{Cell-O-N(=O)}\rightarrow\text{O} + H_2O$$

セルロース　硝酸　ニトロセルロース

$$\text{Cell-OH} + (CH_3CO)_2O \longrightarrow \text{Cell-O-C(=O)-}CH_3 + CH_3COOH$$

セルロース　無水酢酸　アセチルセルロース

化学修飾するヒドロキシ基の割合を調整し，用途を使い分けています。

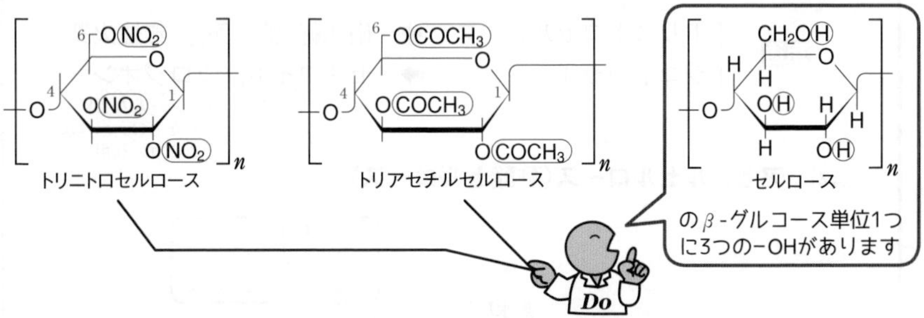
トリニトロセルロース
トリアセチルセルロース
セルロース
のβ-グルコース単位1つに3つの−OHがあります
Do

トリアセチルセルロースの酢酸エステル結合を一部加水分解して，ジアセチルセルロースとすると，アセトンに溶けるようになります。この溶液を細孔から押し出してアセトンを蒸発させると，**アセテート**とよばれる繊維ができます。絹に似た感触をもつ繊維で，銅アンモニアレーヨンとともに，人工透析器の中空糸に使われています。

入試攻略への必須問題4

セルロースは，β-グルコースが縮合重合した構造をもつ多糖で，隣り合ったグルコースの六員環部分が，互いに前後，上下が逆転して結合している。したがって，セルロースは直鎖状になっている。平行に並んだ直鎖状分子の間にはヒドロキシ基による［ A ］が働くので，セルロースは丈夫な繊維になる。セルロースを無水酢酸でエステル化（アセチル化）すると，トリアセチルセルロースができる。トリアセチルセルロースは溶媒に溶けにくいが，エステルの一部をおだやかな条件で加水分解して［ B ］にすると，アセトンに溶けるようになる。このアセトン溶液を，細かい穴から暖かい空気中に押し出して乾燥させると繊維ができ，これをアセテート繊維という。

問1　文中の［ A ］，［ B ］に，最も適する化合物名または語句を記入せよ。

問2　セルロースが二糖であるセロビオースに完全に加水分解されたとき，648 gのセルロース（分子量162n）から得られたセロビオース（分子量342）の質量は何 gか。整数で答えよ。

問3　文中の下線部の反応は，次式で示される。

$$[C_6H_7O_2(OH)_3]_n + 3n(CH_3CO)_2O \longrightarrow \boxed{\ C\ } + 3n\boxed{\ D\ }$$

左辺の書き方にならって［ C ］，［ D ］に適する化学式を記せ。

（同志社大）

解説　**問1**　間違えた人はもう一度p.272～p.276をよく読もう。

問2　セルロースの分子式を$(C_6H_{10}O_5)_n$（分子量：162n）と書く。セロビオースは六炭糖の二糖類なので分子式は$C_{12}H_{22}O_{11}$（分子量342）である。

セルロースを酵素セルラーゼで加水分解すると，セロビオースが生じる。

炭素原子数に注目すると，この加水分解反応では，

$\underset{セルロース}{(C_6H_{10}O_5)_n}$ 1 molから $\underset{セロビオース}{C_{12}H_{22}O_{11}}$ は $\frac{n}{2}$ mol

生じるとわかる。そこで，

$$\underbrace{\frac{648\,g}{162n\,[g/mol]}}_{mol\,(セルロース)} \times \underbrace{\frac{n}{2}}_{mol\,(セロビオース)} \times \underbrace{342}_{g\,(セロビオース)} = 684\,g$$

問3

$\left[C_6H_7O_2(OH)_3\right]_n$ + $3n\,(CH_3CO)_2O$ ⟶ $\left[C_6H_7O_2(OCOCH_3)_3\right]_n$ + $3nCH_3COOH$

セルロース　　無水酢酸　　トリアセチルセルロース

答え　**問1**　A：水素結合　　B：ジアセチルセルロース　　**問2**　684 g

問3　C：$[C_6H_7O_2(OCOCH_3)_3]_n$　　D：CH_3COOH

入試攻略への必須問題5

セルロースに濃硝酸と濃硫酸の混合溶液を反応させると，ヒドロキシ基の一部または全部が硝酸エステルとなってニトロセルロースが生成する。10.0gのセルロースに濃硝酸と濃硫酸の混合溶液を反応させて17.5gのニトロセルロースが得られたとき，セルロース中の全ヒドロキシ基の何%が硝酸エステルになったか，有効数字2桁で求めよ。原子量はH=1.0，C=12，N=14，O=16とし，セルロースの分子量は十分に大きいものとする。

（東京農工大）

解説　セルロースの分子式を$(C_6H_{10}O_5)_n$（分子量$162n$）とおく。分子量が大きいので末端は無視してかまわない。ヒドロキシ基を硝酸エステル化すると，

$$-O\underline{H} \longrightarrow -O\underline{NO_2}$$

原子量1　　　式量46

と変化し，式量が46−1=45　だけ増加する。

セルロース1分子の全ヒドロキシ基$3n$個（末端は無視している）のうち，x〔%〕が硝酸エステル化すると，

$[C_6H_7O_2(OH)_3]_n$　のように，β-グルコース単位あたりに3つのOHがあります

$3n\times\frac{x}{100}\times45$だけ分子量が増加する。すなわち1molあたり$3n\times\frac{x}{100}\times45$〔g〕だけ質量が増加するから，

$$\frac{10.0}{162n}\times\left(3n\times\frac{x}{100}\times45\right)=17.5-10.0$$

mol（セルロース）　g（質量増加分）　ニトロセルロースとセルロースの質量の差

よって，$x=90$%

答え　90%

さらに演習！『鎌田の化学問題集 理論・無機・有機　改訂版』「第13章　天然有機化合物と合成高分子化合物　26糖類」

17 油脂

学習項目
1 油脂
2 油脂のいろいろな用途と界面活性剤

STAGE

1 油脂

牛脂，オリーブ油など，私たちの身のまわりにはたくさんの**油脂**(ゆし)(fats and oils)があります。これらは**グリセリン(1,2,3-プロパントリオール)と高級脂肪酸のエステル**です。

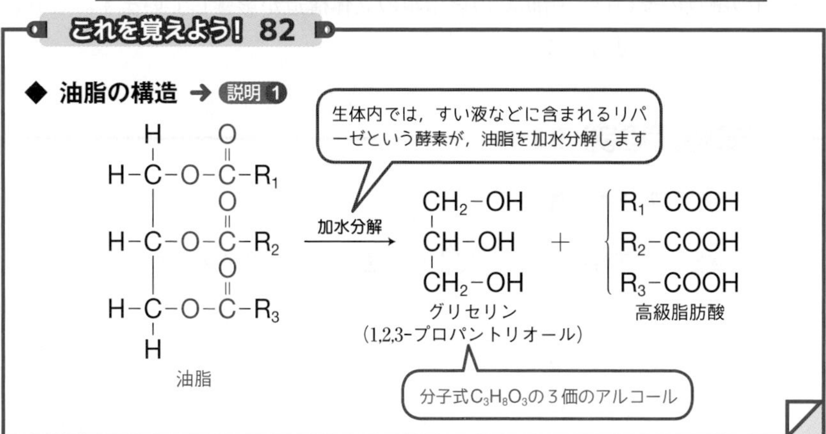

これを覚えよう! 82
◆ 油脂の構造 → 説明 1
生体内では，すい液などに含まれるリパーゼという酵素が，油脂を加水分解します
加水分解
CH_2-OH
$CH-OH$
CH_2-OH
+
R_1-COOH
R_2-COOH
R_3-COOH
油脂
グリセリン
(1,2,3-プロパントリオール)
高級脂肪酸
分子式$C_3H_8O_3$の３価のアルコール

説明 1 油脂は，**トリグリセリド**ともいわれます。３価のアルコールである**グリセリン(1,2,3-プロパントリオール)**と炭素数の多い鎖状１価のカルボン酸(**高級脂肪酸**といいます)３分子が縮合したエステルです。

$$\begin{matrix} H-C-O-H & HO-CO-R_1 \\ H-C-O-H & HO-CO-R_2 \\ H-C-O-H & HO-CO-R_3 \end{matrix} \xrightarrow{\text{エステル化}} \begin{matrix} H-C-O-CO-R_1 \\ H-C-O-CO-R_2 \\ H-C-O-CO-R_3 \end{matrix} + 3H_2O$$

グリセリン(1,2,3-プロパントリオール)　高級脂肪酸 3分子　→　トリグリセリド

R_1〜R_3の炭化水素基はいろいろあります

油脂は**水には溶けにくく**，牛脂やラードのように**常温・常圧のもとで，固体のもの**を**脂肪**（しぼう）といい，植物油や魚油のように**液体のもの**を**脂肪油**（しぼうゆ）といいます。

脂肪は高級脂肪酸の炭素骨格が鎖状飽和である**飽和脂肪酸**を多く含み，**脂肪油**は炭素骨格にC=Cをもつ**不飽和脂肪酸**を多く含みます。

油脂の融点の違いは，脂肪酸の炭素鎖の立体構造が影響しています。これについては，後ほど説明します。

これを覚えよう！ 83

◆ **高級脂肪酸** → 説明 1

全炭素数	示性式	分子内C=C数	名　称	分子量	融　点	
16	$C_{15}H_{31}COOH$	0	パルミチン酸	256	63℃	飽和脂肪酸
18	$C_{17}H_{35}COOH$	0	ステアリン酸	284	71℃	飽和脂肪酸
	$C_{17}H_{33}COOH$	1	オレイン酸	282	13℃	不飽和脂肪酸
	$C_{17}H_{31}COOH$	2	リノール酸	280	−5℃	不飽和脂肪酸
	$C_{17}H_{29}COOH$	3	リノレン酸	278	−11℃	不飽和脂肪酸

注意　分子内のC=C数が増すと，融点は低くなっている。

パルミは(和)16！　他は18！← 全炭素数
高校行くのに
パ・ス（飽和）｜がオレたらノー！　乗れん。（不飽和）

折れた定期券（パス）

参考　炭素数18の不飽和脂肪酸の構造式

オレイン酸：$\overset{18}{C}H_3(CH_2)_7CH{=}\overset{9}{C}H(CH_2)_7\overset{1}{C}OOH$

リノール酸：$\overset{18}{C}H_3(CH_2)_4CH{=}\overset{12}{C}HCH_2CH{=}\overset{9}{C}H(CH_2)_7\overset{1}{C}OOH$

リノレン酸：$\overset{18}{C}H_3CH_2CH{=}\overset{15}{C}HCH_2CH{=}\overset{12}{C}HCH_2CH{=}\overset{9}{C}H(CH_2)_7\overset{1}{C}OOH$
（α-リノレン酸）

説明 1 油脂を構成する脂肪酸は，ほとんどが**直鎖**で12～20の**偶数個の炭素原子**を含みます。このうち，存在比の大きな炭素数16と18の脂肪酸の示性式や名前は覚えてください。飽和脂肪酸のパルミチン酸やステアリン酸より，不飽和脂肪酸のオレイン酸，リノール酸，リノレン酸は**融点が低く**なっています。これは天然の不飽和脂肪酸は**シス形**であり，炭素鎖が折れ曲がっているため，密に集合して結晶になりにくいからです。

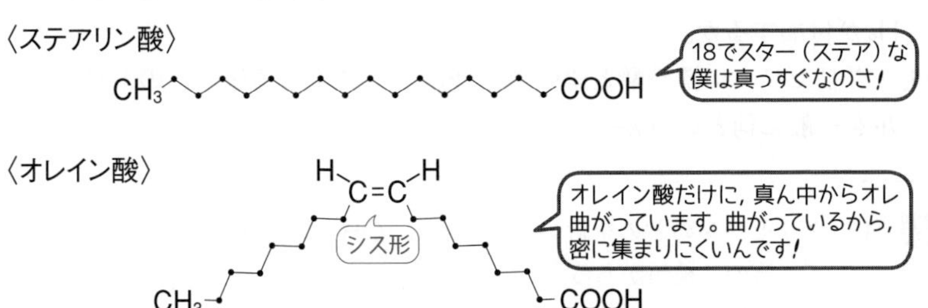
〈ステアリン酸〉
CH3
COOH
18でスター（ステア）な僕は真っすぐなのさ!
〈オレイン酸〉
H
C=C
H
シス形
CH3
COOH
オレイン酸だけに，真ん中からオレ曲がっています。曲がっているから，密に集まりにくいんです!

入試攻略への必須問題 1

ステアリン酸$C_{17}H_{35}COOH$のみからなる油脂の分子量として，最も適当なものを次の①～⑧から１つ選べ。原子量は，H＝1.0，C＝12，O＝16とする。

① 756　② 768　③ 771　④ 806　⑤ 860　⑥ 884
⑦ 888　⑧ 890

（神戸女子大）

解説 油脂の分子式 ＝ $C_3H_8O_3$（グリセリン（分子量92）） ＋ $3C_{17}H_{35}COOH$（ステアリン酸３分子（分子量284）） － $3H_2O$（縮合で除かれる水３分子）

なので，

分子量 ＝ 92（グリセリン）＋3×284（ステアリン酸）－3×18（水） ＝ 890

答え ⑧

ステアリン酸のみでできた油脂は固形で食えたものじゃない。
分子量890（ハクオー）と覚えておくとよいことがあるかも

Do

入試攻略への必須問題2

ステアリン酸1分子とオレイン酸2分子がグリセリンと縮合した油脂を考える。次の(1)~(4)に答えよ。

(1) 何種類の異性体が考えられるか。ただし，立体異性体は区別しなくてよい。

(2) この油脂1molを完全に加水分解するには，NaOHが最低何mol必要か。

(3) この油脂1molにNi触媒下で十分量のH_2を作用させると，何molのH_2が付加するか。

(4) グリセリンに濃硝酸と濃硫酸を作用させて生じる硝酸とのトリエステルを一般に何というか。

解説 (1) グリセリンのどの位置の炭素原子の−OHとエステル結合をつくるかによって，次の2種類がある。

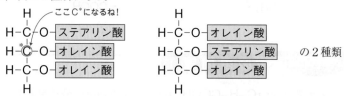

```
     H     ここC*になるね!
     |
  H−C−O−[ステアリン酸]          H−C−O−[オレイン酸]
     |                              |
  H−C*−O−[オレイン酸]           H−C−O−[ステアリン酸]     の2種類
     |                              |
  H−C−O−[オレイン酸]            H−C−O−[オレイン酸]
     |                              |
     H                              H
```

(2) エステル結合が1分子中に3つあるので，NaOHは3mol必要である。

```
     H     O
     |     ‖
  H−C−O−C−R                         H
     |     O                          |
     |     ‖                       H−C−OH        R COONa
  H−C−O−C−R′  +  3NaOH  ⟶      H−C−OH   +   R′COONa
     |     O                       H−C−OH        R″COONa
     |     ‖                          |
  H−C−O−C−R″                         H
     |
     H
```

(3) 油脂1分子中に，オレイン酸が2分子縮合している。オレイン酸はC=C結合を分子内に1つもつから，この油脂は1分子にC=C結合を2つもつ。ここに水素が付加するので，油脂1molにH_2は2mol付加する。

(4) ニトログリセリンという。ダイナマイトや心臓病の薬に利用されている。

```
     H                               H
     |                               |
  H−C−O−H                        H−C−O−NO2
     |                 濃硫酸         |
  H−C−O−H  +  3HNO3  ──────→    H−C−O−NO2  +  3H2O
     |                               |
  H−C−O−H                        H−C−O−NO2
     |                               |
     H                               H ニトログリセリン
```

答え (1) 2種類　(2) 3mol　(3) 2mol　(4) ニトログリセリン

けん化価とヨウ素価

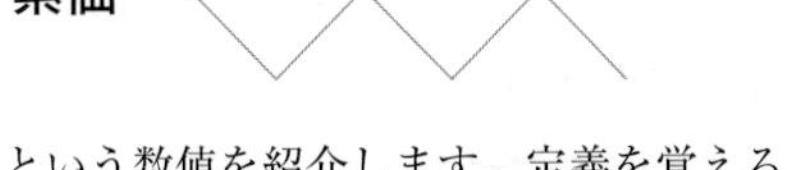

油脂の性質を表すけん化価とヨウ素価という数値を紹介します。定義を覚える必要はありませんが，入試でよく出題されるので慣れておきましょう。

(1) けん化価

油脂1gをけん化するのに必要な水酸化カリウムKOH(式量56)のミリグラム数を**けん化価**という。油脂の平均分子量をMとすると，次のように表せます。

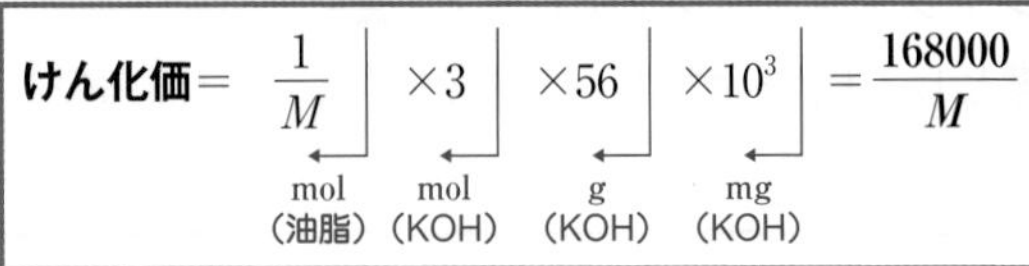

けん化価$= \frac{1}{M} \times 3 \times 56 \times 10^3 = \frac{168000}{M}$

油脂1 molをけん化するのに，KOHは3 mol必要ですね。Mが大きいほど，けん化価は小さくなります

天然の油脂の分子量は，だいたい800～900なので，けん化価が200あたりの数字になるように，KOHのmgで定義しています

(2) ヨウ素価

油脂100gに付加し得るヨウ素I_2(分子量254)のグラム数を**ヨウ素価**という。油脂1分子中に含まれるC=C結合の数をnとすると，次のように表せます。

ヨウ素価$= \frac{100}{M} \times n \times 254 = \frac{25400}{M} \times n$

mol（油脂）　mol(C=C) ‖ mol(I_2)　g(I_2)

油脂1 molにI_2がn〔mol〕付加できます。nが大きいほど，ヨウ素価は大きくなります

天然の油脂の分子量は，だいたい800～900なので，このように定義しておくと，ヨウ素価は，だいたい$30n$になります。一般にヨウ素価が130以上の油脂を乾性油とよんでいます
（p.284参照）

STAGE 2 油脂のいろいろな用途と界面活性剤

油脂を原料に，さまざまな製品がつくられています。ここでは，油脂の用途を学びましょう。

これを覚えよう！ 84

◆ **乾性油**（かんせいゆ）（➡油絵具や塗料に）➜ 説明 1

アマニ油やヒマワリ油のように，C=C結合を多く含み，空気中のO_2で分子間が架橋され固まって，乾きやすい脂肪油のこと。

◆ **硬化油**（➡マーガリンやショートニングに）➜ 説明 2

脂肪油にNiを触媒としてH_2を付加し，常温で固体にした油脂のこと。

説明 1 C=C結合を多く含む脂肪油は，長時間空気中に放置するとだんだん固まって乾いた状態になるので，**乾性油**といいます。

これは，C=C結合の周辺がO_2分子によって，−O−O−結合や−O−結合で分子間が架橋されるためです。

$$
\begin{array}{lcl}
\cdots\text{−CH=CH−CH}_2\text{−CH=CH−}\cdots & & \cdots\text{−CH=CH−CH−CH=CH−}\cdots \\
 & \xrightarrow{O_2} & \qquad\qquad\qquad\text{|} \\
 & & \qquad\qquad\qquad\text{O} \\
 & & \qquad\qquad\qquad\text{|} \\
\cdots\text{−CH=CH−CH}_2\text{−}\cdots & & \cdots\text{−CH=CH−CH−}\cdots
\end{array}
$$

特に，２つのC=C結合の間のメチレン基$-CH_2-$は光のエネルギーによってC–H結合が切断されやすく，反応性が高いので，ここから連鎖的に反応が進みます。

```
      H  光で切れるよ                       だれか結合しようよ
      ⫽·                               ·
−C=C−CH−C=C−   ──────→   −C=C−CH−C=C
 |  |     |  |              |  |     |  |
 H  H     H  H              H  H     H  H
```

リノール酸やリノレン酸の含有率が大きい脂肪油が乾性油として，油絵具や塗料に利用されています。

オリーブオイルは，オレイン酸は多いものの，リノール酸やリノレン酸の含有率が低いので固まりにくく，**不乾性油**に分類します。

説明 2 脂肪油に，ニッケル触媒下でH_2を付加すると$C=C$結合が減少し，融点が高くなるので，固体または半固体の脂肪になります。これを**硬化油**といい，マーガリンやショートニングに利用されています。

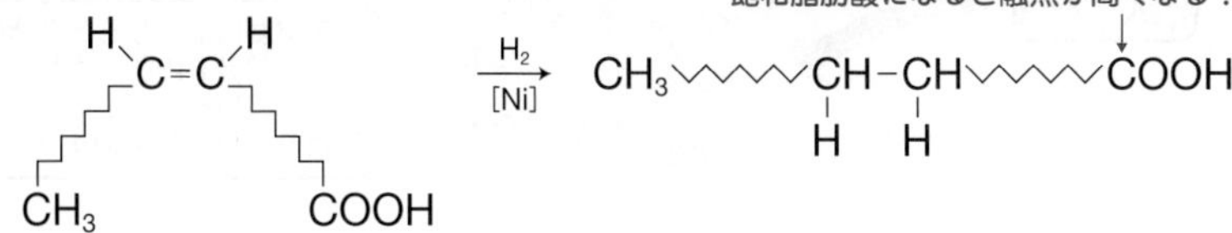

これを覚えよう！ 85

◆ **高級脂肪酸のナトリウム塩(➡セッケンに) ➔ 説明 1**

油脂をNaOH水溶液とともに加熱すると，加水分解され，セッケンとして利用できる高級脂肪酸のナトリウム塩が得られる。

◆ **セッケンの欠点 ➔ 説明 2**

(1) セッケン水は，

$$RCOO^- + H_2O \rightleftarrows RCOOH + OH^-$$

と加水分解が起こるため，弱塩基性である。そこで，タンパク質の繊維(絹・羊毛)の洗浄には，変性が起こり使用できない。

(2) 硬水・海水・強酸性の水溶液で洗浄作用が低下する。
(Ca^{2+}やMg^{2+}を多く含む)

説明 1 高級脂肪酸のナトリウム塩は水によく溶けます。高級脂肪酸の陰イオンは，次のステアリン酸イオンを見るとわかるように，疎水性(親油性)の炭化水素基と親水性の負電荷の部分が共存しています。

セッケンのように**疎水基(親油基)と親水基の両方をもつ物質**を**界面活性剤**とよんでいます。

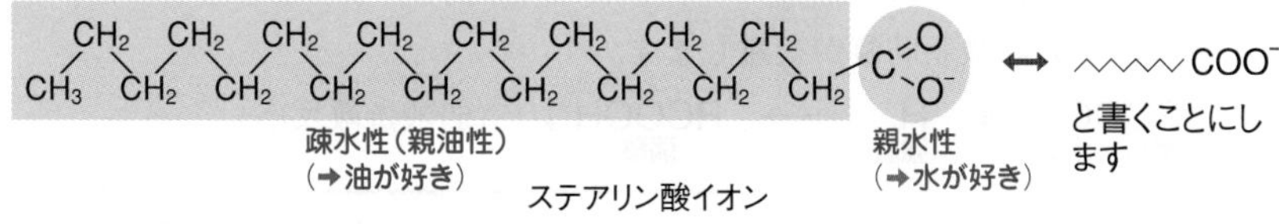

ステアリン酸イオン

セッケンを水に溶かすと次ページのように分布します。

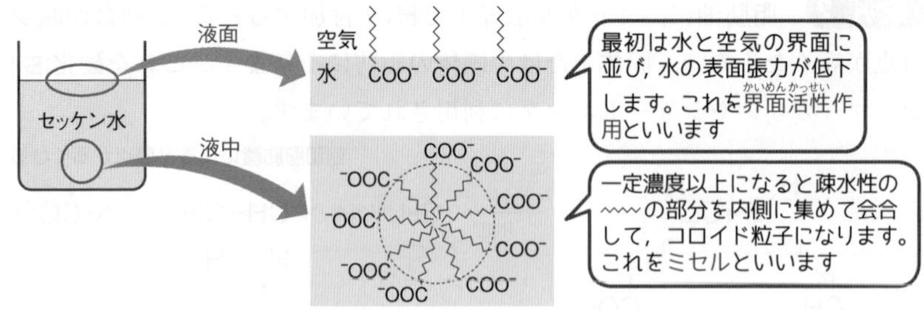

油で汚れたものにセッケン水を加えると，セッケンの疎水基が油汚れを包み込み，微粒子として水中に分散し，溶液が白濁します。これを**乳化作用**といいます。

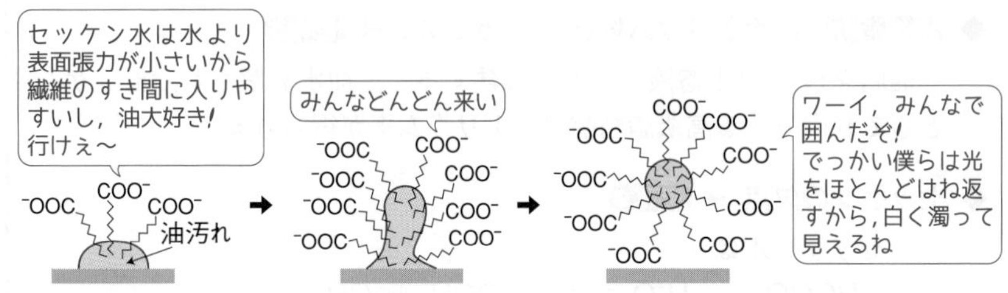

セッケン水は水より表面張力が小さいから繊維のすき間に入りやすいし，油大好き！行けぇ～
油汚れ
みんなどんどん来い
ワーイ，みんなで囲んだぞ！でっかい僕らは光をほとんどはね返すから，白く濁って見えるね

説明 2　(1)　セッケン中のカルボン酸イオンは，弱酸由来のイオンなので加水分解を起こし，セッケンの水溶液は**弱塩基性**を示します。動物性の繊維（羊毛，絹など）をセッケン水で洗うと，タンパク質が変性してしまいます。使わないほうがいいですね。

(2)　**硬水や海水では，セッケンがCa^{2+}やMg^{2+}と結びついて水に難溶な塩として沈殿**してしまいます。

$$\begin{cases} 2RCOO^- + Ca^{2+} \longrightarrow (RCOO)_2Ca\downarrow \\ 2RCOO^- + Mg^{2+} \longrightarrow (RCOO)_2Mg\downarrow \end{cases}$$

いわゆる石けんカスです

また，酸性の強い水溶液にセッケンを溶かそうとすると，次の反応が起こり，水に溶けにくい高級脂肪酸が遊離します。

$$\underset{\text{弱酸のイオン}}{RCOO^-} + \underset{\text{強酸}}{H^+} \longrightarrow \underset{\text{弱酸}}{RCOOH\downarrow} \quad \text{（弱酸遊離反応）}$$

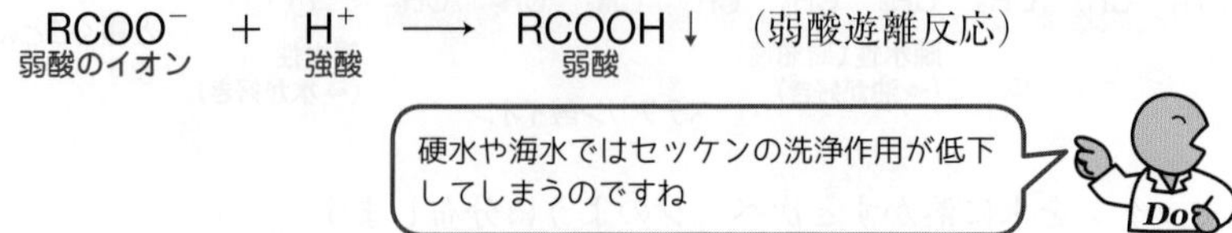

これを覚えよう！ 86

◆ **合成洗剤**（中性洗剤） → 説明 1

特徴1	水溶液は中性である
特徴2	Ca^{2+} や Mg^{2+} と沈殿をつくりにくい

(1) **アルキルベンゼンスルホン酸系洗剤**

$C_{12}H_{25}-C_6H_4-SO_3^-Na^+$　ドデシルベンゼンスルホン酸ナトリウム

(2) **高級アルコール系洗剤**

$CH_3(CH_2)_{10}CH_2-OSO_3^-Na^+$　硫酸ドデシルナトリウム

説明 1　セッケンの欠点を克服した**合成洗剤**(中性洗剤)を２つ紹介しましょう。炭素数の大きなアルキルベンゼンやアルコールに，スルホ基を導入してからNaOHで中和してつくっている点に注目してください。

(1) **アルキルベンゼンスルホン酸系洗剤**

例

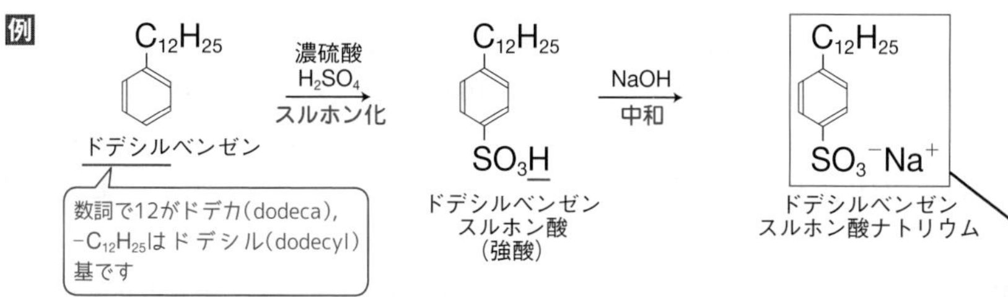

(2) **高級アルコール系洗剤**

例

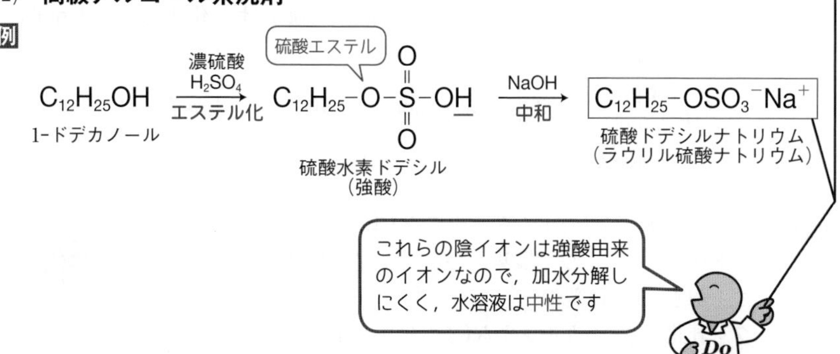

入試攻略への必須問題3

油脂に水酸化ナトリウム水溶液を加えて加熱すると，分解され，脂肪酸のナトリウム塩である［ア］と［イ］が生じる。［ア］の水溶液は，弱い［ウ］性を示し，［エ］溶液を加えると赤変する。また，［ア］の水溶液は，繊維などの固体表面を水にぬれやすくする。このような作用を示す物質を界面活性剤という。界面活性剤は，水溶液中では，油になじみやすい［オ］性部分を内側に，水になじみやすい［カ］性部分を外側にし，多数集まって集団を形成する。このような集団を［キ］という。また，油脂は水に溶けにくいが，［ア］の水溶液を加えると，［ア］の［オ］性部分に囲まれ，細かい粒子になって水の中へ分散し，一様な乳濁液になる。この作用を［ク］作用という。［ア］は［ケ］イオンなどを多く含む水の中では，難溶性の塩を生じる。

(1) ［ア］～［ケ］の中に適切な語句を記せ。

(2) ［ク］作用により，油脂は水の中でどのような形で存在するか記せ。ただし，界面活性剤の［オ］性部分を ━━ で，［カ］性部分を○で，また，油脂を●で記せ。

(3) 油脂750 gに水酸化ナトリウム水溶液を加えて完全に下線部の反応を行うのに必要な水酸化ナトリウムは100 gであった。この油脂の平均分子量を有効数字2桁で求めよ。原子量はH＝1.0，C＝12.0，O＝16.0，Na＝23.0とする。

（金沢大）

解説 (1)，(2) 間違えた人はp.285，286を参照すること。セッケン水は塩基性なので，フェノールフタレイン溶液を加えると赤くなる。

(3) 油脂の平均分子量をMとする。油脂1 molをけん化するのにNaOHが3 mol必要なので，

$$\frac{750\,\text{g}}{M[\text{g/mol}]} \times 3 \times 40\,\text{g/mol} = 100 \qquad \text{よって，} M = 900$$

（$\frac{750\,\text{g}}{M[\text{g/mol}]}$：mol(油脂)，$\times 3$：mol(NaOH)，$\times 40\,\text{g/mol}$：g(NaOH)）

答え (1) ア：セッケン　イ：グリセリン(または1,2,3‒プロパントリオール)　ウ：塩基　エ：フェノールフタレイン　オ：疎水(または親油)　カ：親水　キ：ミセル　ク：乳化　ケ：カルシウム(またはマグネシウム)

(2)

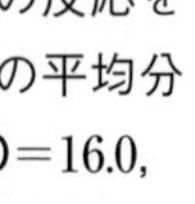

(3) 9.0×10^2

リン脂質

細胞膜などを構成するリン脂質は，通常の油脂を構成するトリグリセリドとは異なり，一部がリン酸とのエステルになっています。さらに，親水基をもつ複雑な構造のアルコールとリン酸部分がエステルを形成しています。次図は代表的なリン脂質です。

$CH_3-CH_2-\cdots\cdots-C(=O)-O-CH_2$
$CH_3-CH_2-\cdots\cdots-C(=O)-O-CH$
$CH_2-O-P(=O)(O^{\ominus})-O-CH_2-CH_2-N^{\oplus}(CH_3)_3$

高級脂肪酸の炭化水素基
グリセリン部分
リン酸部分
親水基をもつ複雑な構造のアルコール部分

高級脂肪酸の炭化水素基の部分は疎水性であり，それ以外のイオン性の部分は親水性です。この構造を単純化して，次のように表します。

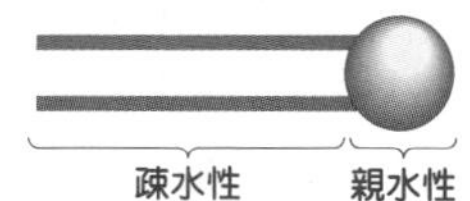

細胞膜は，疎水性の炭化水素基を内側に，親水性のイオン性部分を外側に向けて会合した二重層を形成しています。

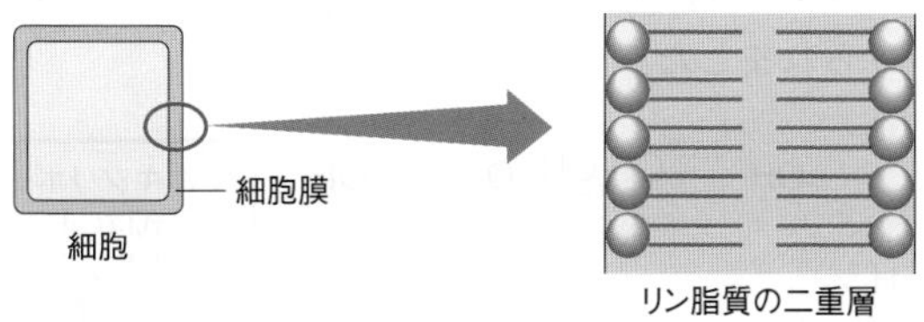

この二重層は，水やイオンなどが細胞の内外へと移動するときの壁のような役割をしています。

さらに演習！
『鎌田の化学問題集 理論・無機・有機　改訂版』
「第13章　天然有機化合物と合成高分子化合物　27油脂」

18 核酸

学習項目　❶ 遺伝子とは？　❷ 核酸の構造

STAGE
1 遺伝子とは？

生物の遺伝現象を支配する物質を，遺伝子(いでんし)といいます。遺伝子とはどのような物質なのでしょうか？　20世紀前半からこの研究が盛んになり，DNAと名付けられた高分子が遺伝子の正体であるとわかりました。

これを覚えよう！ 87

◆ **遺伝子** → 説明 1

遺伝子 ＝ DNA　(deoxyribonucleic acid：デオキシリボ核酸)

説明 1 地球上の生物のほとんどが，DNA(デオキシリボ核酸)を遺伝情報の貯蔵庫としています。DNAはいわば生物の設計図。これをもとに多様な機能をもつタンパク質を発現させて生命現象を維持しています。

DNA(デオキシリボ核酸)という名は，糖として**デオキシリボース**を含み，さらに生体内から初めてスイスのミーシャーがとり出したときに，この物質が酸性物質であったことから，**デオキシリボース**を含む細胞核内の酸性物質というところからつけられました。

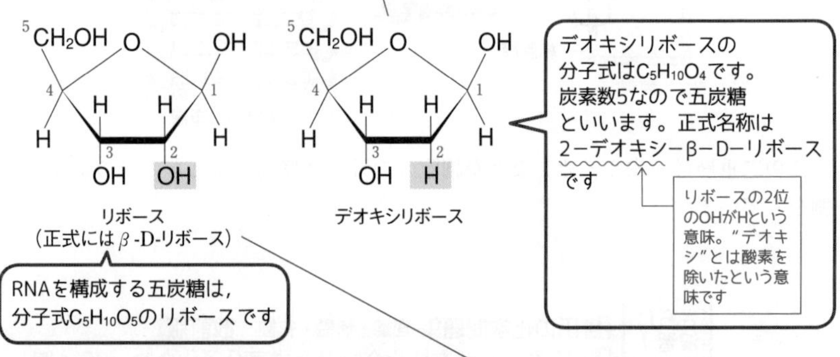

5 CH₂OH O OH
4 1
H H H H
3 2
OH OH
リボース
(正式にはβ-D-リボース)
RNAを構成する五炭糖は，
分子式$C_5H_{10}O_5$のリボースです
5 CH₂OH O OH
H H
OH H
デオキシリボース
デオキシリボースの
分子式は$C_5H_{10}O_4$です。
炭素数5なので五炭糖
といいます。正式名称は
2−デオキシ−β−D−リボース
です
リボースの2位
のOHがHという
意味。"デオキシ"とは酸素を
除いたという意味です

なお，その後，DNAに類似した構造の**RNA(リボ核酸)**も発見されました。
ribonucleic acid

現在では，ウイルスを除くほとんどの生物の細胞内に，DNAとRNAがともに存在することが知られています。一部のウイルスではRNAが遺伝子の役割をもっていますが，多くの生物では，

DNA ＝ **遺伝情報の貯蔵庫**で，細胞の核に存在する。
RNA ＝ **遺伝情報発現の実行役**で，細胞の核と細胞質に存在する。

となっています。

STAGE 2 核酸の構造

核酸は，炭素数5の五炭糖に有機塩基が縮合してできた**ヌクレオシド**（nucleoside）が，さらにリン酸とエステル結合した**ヌクレオチド**（nucleotide）からなります。ここではDNAやRNAの構造を詳しくみていきましょう。

これを覚えよう！ 88

◆ **核酸の構造** → 説明 1

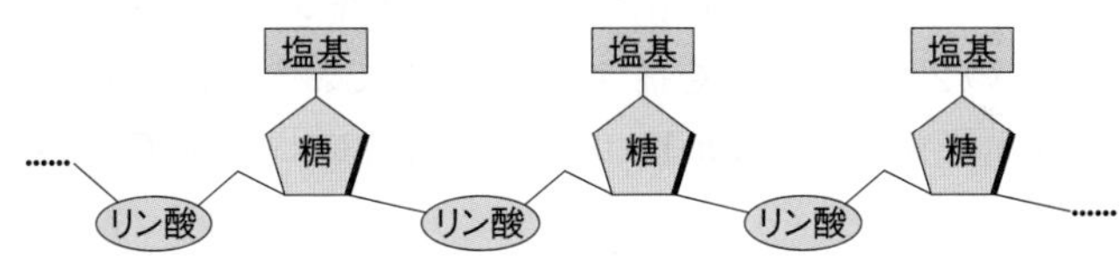

◆ **核酸構成成分** → 説明 3

	糖（説明 2）	塩基（説明 3）				リン酸
DNA デオキシリボ核酸	デオキシリボース	A アデニン	T チミン	G グアニン	C シトシン	O=P(OH)(OH)–OH H_3PO_4
RNA リボ核酸	リボース	A	U ウラシル	G	C	

説明 1 DNAは，デオキシリボース部分のC３の−OHおよびC５の−OHがリン酸と縮合重合(p.301参照)してできたポリヌクレオチドです。

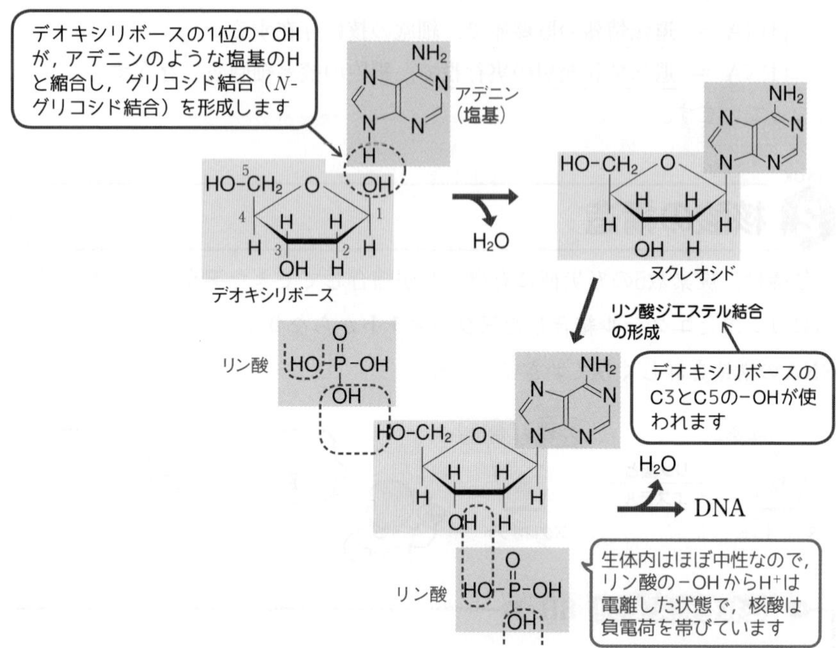

説明 2 核酸を構成する五炭糖はDNAがデオキシリボースで，RNAがリボースです。この２つは構造式を描けるようにしておきましょう。

RNAを構成するリボースはβ-D-リボースで，リボースのC２の−OHをHにしたものです。

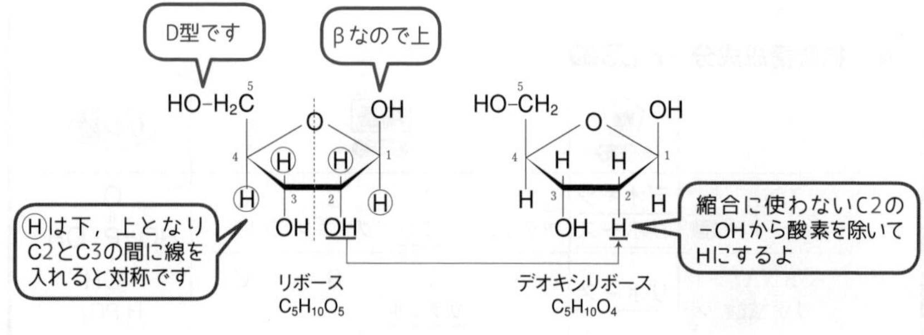

説明 3 核酸には次のような塩基が含まれています。プリンあるいはピリミジンという窒素を含む芳香環をもつアミンを骨格にしていて，プリン塩基とピリミジン塩基に分類されます。

骨格となる塩基	核酸に実際に含まれている塩基		
プリン	分子式 $C_5H_5N_5$ エース（A）の私はゴー，ゴー，ゴー！	アデニン(A) adenine	グアニン(G) guanine
ピリミジン	シトシン(C) cytosine	チミン(T) thymine (DNAに存在)	ウラシル(U) uracil (RNAに存在)

DNAに含まれる有機塩基は，アデニン(A)，グアニン(G)，シトシン(C)，チミン(T)の4種類です。アデニンが分子式$C_5H_5N_5$で，酸素を含んでいないことは覚えておくとよいでしょう。

RNAでは，**チミン(T)の代わりにウラシル(U)**が含まれています。

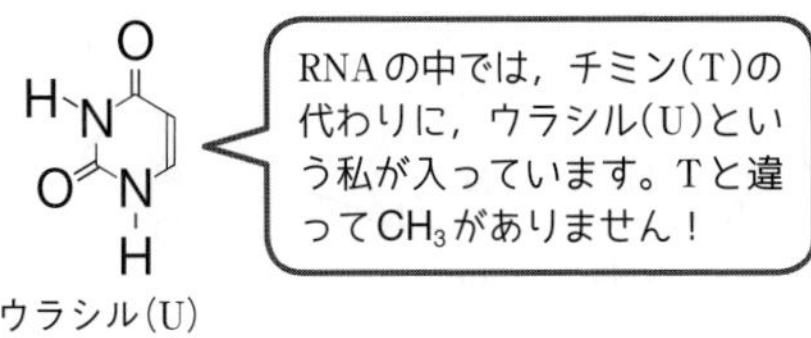

RNAの中では，チミン(T)の代わりに，ウラシル(U)という私が入っています。Tと違ってCH_3がありません！

ウラシル(U)

これを覚えよう! 89

◆ **相補的塩基対**（そうほ）→ 説明 1

① アデニン(A) と チミン(T)またはウラシル(U) の水素結合による対

A⋯⋯T または A⋯⋯U

② グアニン(G) と シトシン(C) の水素結合による対

G⋯⋯C

◆ DNAの二重らせん構造 → 説明 2

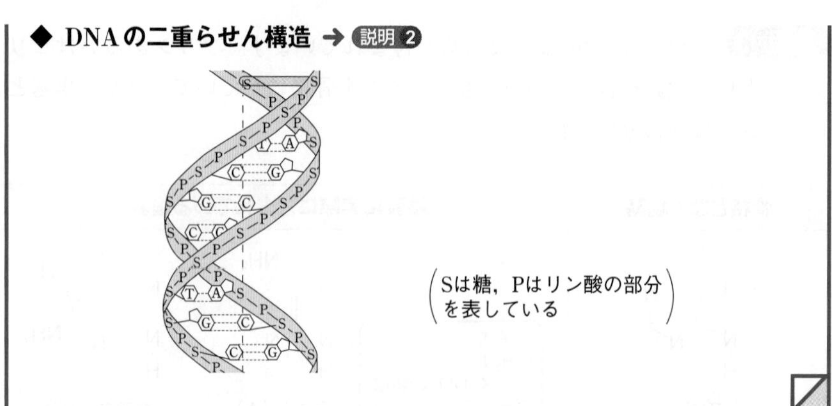

説明 1 チミン(T)やウラシル(U)はアデニン(A)と**2本の水素結合**を，グアニン(G)とシトシン(C)は**3本の水素結合**を形成します。これを利用して塩基どうしがペアをつくります。まるで鍵と鍵穴ですね。これを相補性といい，**2つの塩基のペア**を**相補的塩基対**といいます。

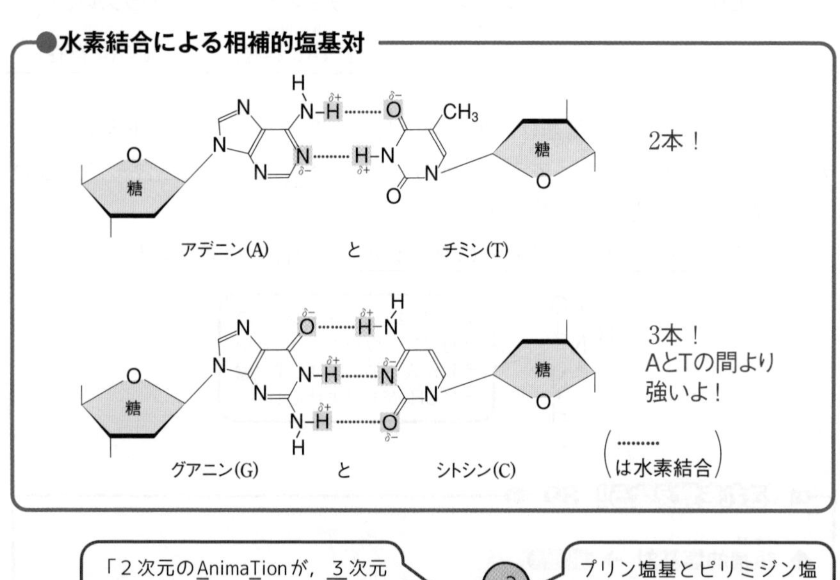

「2次元のAnimaTionが，3次元のCGに！」とでも覚えてください

プリン塩基とピリミジン塩基が水素結合で結びついています

塩基の間にできる水素結合が

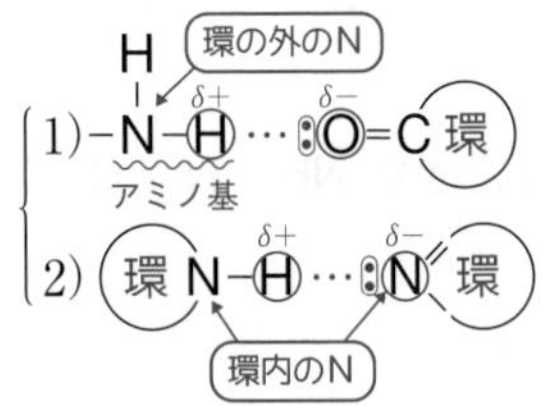

のどちらかの組合せになっている点を，左ページの図で確認しておきましょう。

説明 2 DNAを構成するヌクレオチドの塩基は，２本のポリヌクレオチド鎖がらせん状に絡みあったDNAの二重らせん構造の内側で，AとT，GとCで塩基対を形成しています。

入試攻略への必須問題 1

細胞は，生命体を構成する最小単位で，完全な生命機能をもつ。ヒトの細胞を構成する物質として，核酸，タンパク質，糖類(炭水化物)，脂質などがあげられる。

核酸には，デオキシリボ核酸(DNA)とリボ核酸(RNA)の２種類がある。遺伝子の本体といわれるDNAは，２本のDNA分子鎖が互いに巻き合って，二重らせん構造をとっている。この二重らせん構造においては，一方の分子鎖の核酸塩基が，他方の分子鎖の核酸塩基と［ア］結合を形成している。このとき，アデニンはチミンと，グアニンはシトシンとだけ［ア］結合を形成する。この関係を［イ］性といい，それぞれの核酸塩基の組み合わせは二重らせん構造を一定に保つために重要である。

(1) ［　　］に入る最も適当な語句を記せ。

(2) 下線部について，アデニンとチミンの間における結合は，右下の(例)の点線で示すように２本であるのに対し，グアニンとシトシンの間における結合は３本である。グアニンとシトシンの間における結合を，(例)にならって点線(---------)で記せ。ただし，答えは左下の図に示す，グアニンまたはシトシンを含む化合物Ⓐ，Ⓑを用いて，グアニンを含む化合物を右側に，シトシンを含む化合物を左側に配置して記せ。

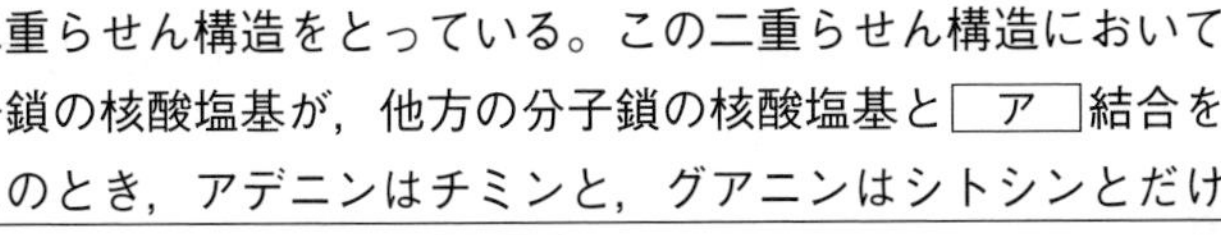

図Ⓐ　Ⓑ　(例)

(京都薬科大)

解説　(1)　A::::::::T，G::::::::Cが，水素結合によって相補的塩基対となる。

(2)　水素結合は，

$$X-\overset{\delta+}{H}\cdots\cdots\overset{\delta-}{Y}\qquad (X,\ Y は O,\ N,\ F のとき)$$

のように形成される。Ⓐの C=O，N−H，$-NH_2$，Ⓑの$-NH_2$，N⟨，C=Oをペアにする。

答え　(1)　ア：水素　　イ：相補　　(2)

DNAの複製・タンパク質の合成

生物で学ぶ内容ですが，化学でも少しだけとり上げられているので説明しておきます。

(1)　DNAの複製

遺伝子＝DNA説 が定着したのは，1953年にワトソンとクリックが提唱したDNA二重らせん構造が，自己と同じ分子をつくる自己複製能力をもつという条件を満たしたからです。ここではこれを説明しましょう。

DNAの複製

Step 1　二重らせん構造を形成している２本鎖がほどける。
↓
Step 2　それぞれのポリヌクレオチド鎖を鋳型（いがた）にして，酵素（DNAポリメラーゼといいます）の働きと相補的塩基対をつくる能力によって複製する。

細胞分裂をするときには，DNAの複製が行われます。次図に示したように２本のポリヌクレオチド鎖がほどけると，それぞれの鎖を鋳型にして，ヌクレオチドの塩基に相補的な関係にある塩基が結合し，同じ塩基配列のDNAが２組できるのです。

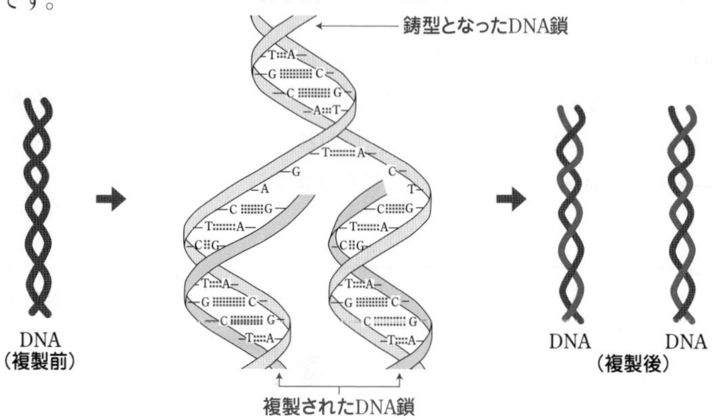

⑵　タンパク質の合成

タンパク質の合成には主に３種のRNAが関与しています。RNAはポリヌクレオチドの１本鎖です。

mRNA（伝令RNA） messenger RNA	DNAの塩基配列の一部を写しとったRNA。タンパク質のアミノ酸配列情報をもつ
tRNA（転移RNA） transfer RNA	特定のアミノ酸と結合し，mRNAの塩基配列に従ってアミノ酸を運んでくるRNA
rRNA（リボソームRNA） ribosomal RNA	タンパク質と結合し，リボソームとよばれる構造体をつくるRNA。リボソームは細胞質にあるタンパク質合成の場になる

mRNA＝タンパク質の設計図，tRNA＝アミノ酸を運ぶ作業員，rRNA＝リボソームという「タンパク質工場」をつくる柱と考えてください

タンパク質合成のプロセス

DNA $\xrightarrow{\text{転写}}$ RNAの合成 $\xrightarrow{\text{翻訳}}$ タンパク質の合成

細胞の核の中で，DNAの二重らせん構造の一部がほどけて，DNAから必要な部分をコピー(**転写**(てんしゃ))し，mRNAを合成します。これはp.297のDNAの複製の仕組みと同様な相補的塩基対形成によって行われます。ただしRNAでは，DNA上のアデニン(A)の塩基対がウラシル(U)になります。

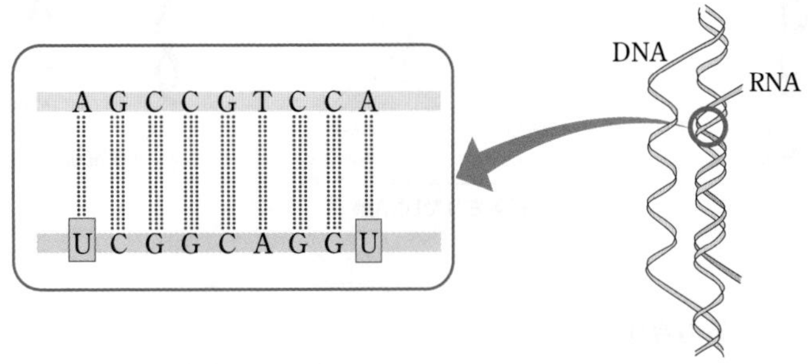

mRNA上に並んだ塩基３つの配列をコドン(codon)といい，１種類のアミノ酸に対応した暗号のようなものです。この配列に従ってタンパク質を合成することを**翻訳**とよび，次のような流れで進みます。

Step 1　核の外へ移動したmRNAがリボソームと結合する。

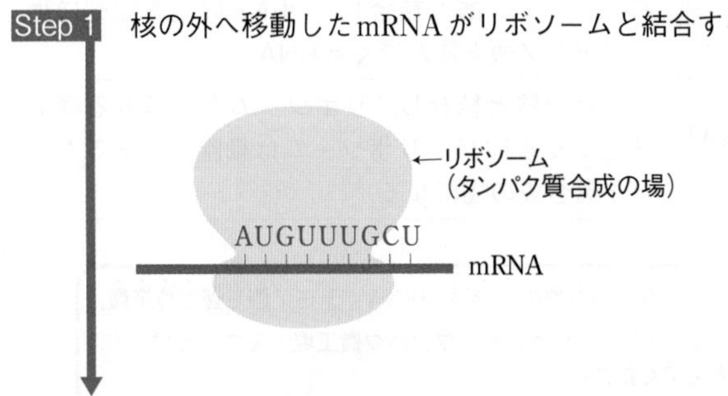

Step 2　mRNAの塩基配列に従って，対応するアミノ酸と結合したtRNAがアミノ酸を運んでくる。

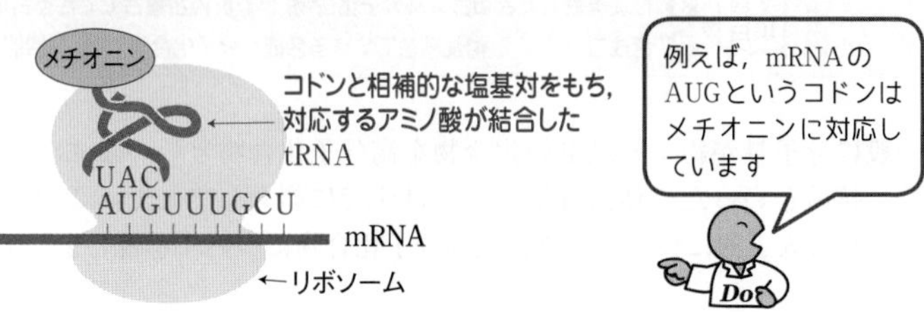

Step 3　リボソームがmRNAの上を移動しながら，tRNAが運んでくるアミノ酸はペプチド結合でつながっていく。

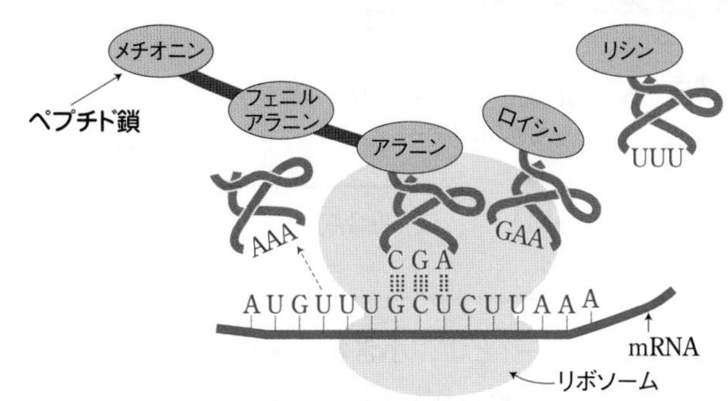

さらに演習！　『鎌田の化学問題集 理論・無機・有機　改訂版』「第13章　天然有機化合物と合成高分子化合物　28核酸」

19 合成高分子化合物

学習項目
❶ 合成高分子化合物の特徴　❷ 重合形式と合成高分子化合物の分類
❸ 付加重合でできる合成高分子化合物　❹ 縮合重合でできる合成高分子化合物
❺ 合成ゴム　❻ 付加縮合でできる合成高分子化合物　❼ 機能性高分子化合物

一般に分子量が約１万以上の化合物を高分子化合物といいます。多糖類やタンパク質，核酸といった生体高分子化合物はすでに紹介しました。この章では，主に石油を原料に人工的につくられた合成高分子化合物について学習しましょう。

STAGE 1 合成高分子化合物の特徴

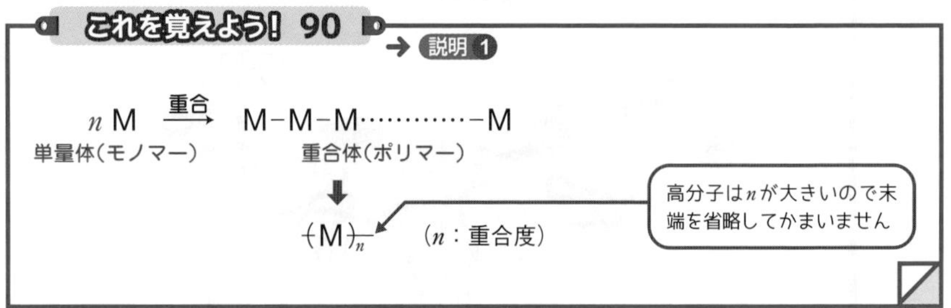

これを覚えよう！ 90
→ 説明 1
n M　重合→　M−M−M…………−M
単量体（モノマー）
重合体（ポリマー）
$\left(\text{M}\right)_n$　（n：重合度）
高分子はnが大きいので末端を省略してかまいません

説明 1　**単量体**（モノマー）とよぶ**小さな分子**が，共有結合で多数つながって高分子化合物となります。**単量体が互いにつながっていく過程**を**重合**，**重合でできた高分子化合物**を**重合体**（ポリマー），重合体１分子を構成する**くり返し単位の数**を**重合度**といいます。

（単量体 monomer，重合 polymerization，重合体 polymer）

反応条件によって重合度にはバラつきがでるため，同じ高分子化合物でも**分子量には幅**がでてしまいます。そこで，重合度や分子量は，浸透圧の測定などの実験から求めた平均重合度や平均分子量を用いて表すのが一般的です。

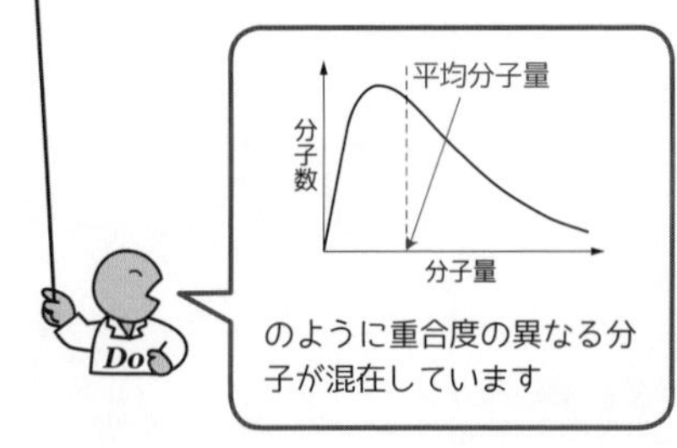

平均分子量
分子数
分子量
Do
のように重合度の異なる分子が混在しています

STAGE

重合形式と合成高分子化合物の分類

単量体の重合形式には，次のようなものがあります。具体的な例は後述します。まずは用語とイメージを記憶してください。

これを覚えよう！ 91

(1) 付加重合 addition polymerization

C=C ＋ C=C ＋ … ⟶ −C−C−C−C−

C=C結合やC≡C結合をもつ単量体が，付加をくり返しながら，つながっていく

(2) 共重合 copolymerization

C=C ＋ C=C ＋ … ⟶ −C−C−C−C−

２種類以上の単量体を混ぜ合わせて行う重合

(3) 縮合重合 condensation polymerization

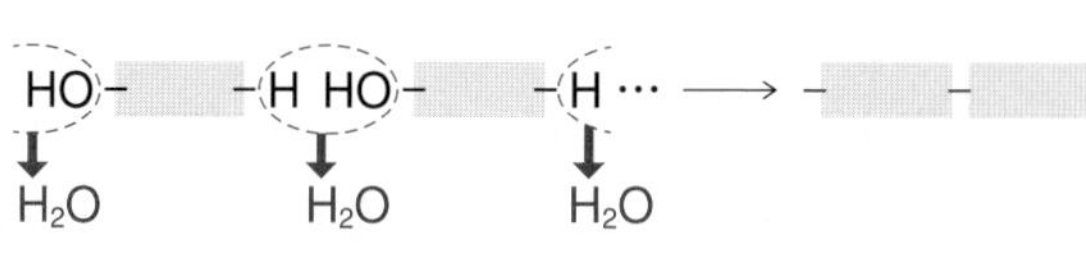

単量体の間から水のような小さい分子がとれて，縮合をくり返してつながっていく

(4) 開環重合 ring-opening polymerization

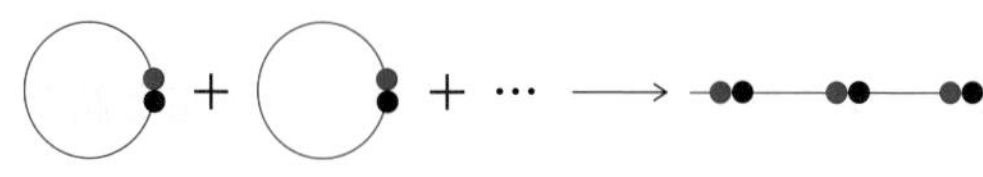

環状の単量体の環が開いて，次々とつながっていく

(5) 付加縮合 addition condensation

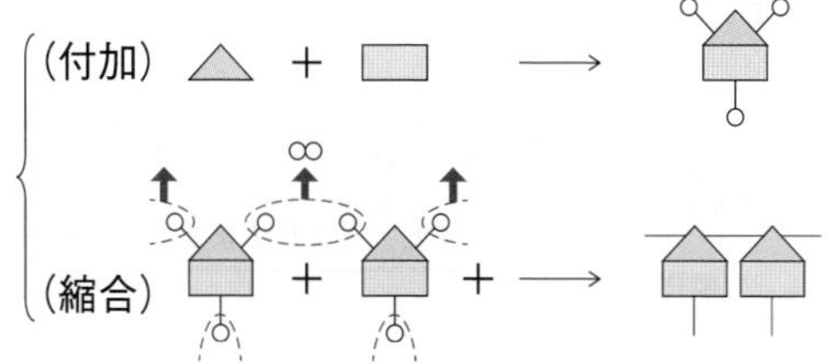

付加反応と縮合反応をくり返して，つながっていく

合成高分子化合物は，用途によって次のように分類されます。具体的な例は後述します。

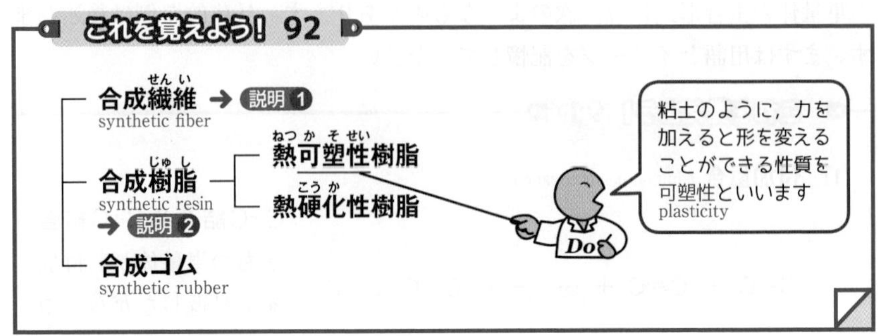

これを覚えよう! 92
合成繊維 → 説明1
synthetic fiber
合成樹脂
synthetic resin
→ 説明2
熱可塑性樹脂
熱硬化性樹脂
合成ゴム
synthetic rubber
粘土のように，力を加えると形を変えることができる性質を可塑性といいます
plasticity
Do

説明1 繊維は，次のように分類されます。合成繊維以外は学習しましたね。

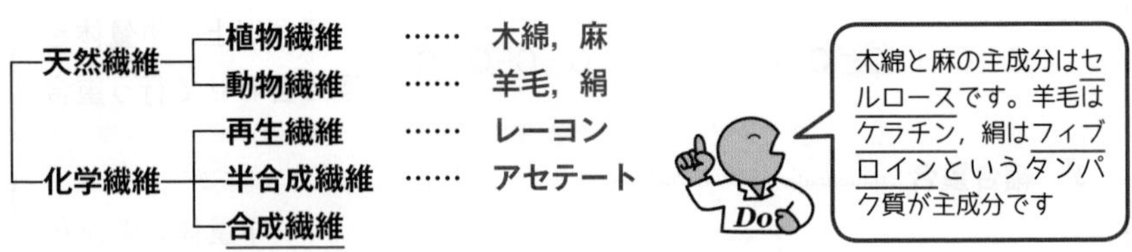

合成繊維は，鎖状の合成高分子の溶融物を細い穴から一定方向に押し出し，分子鎖の向きをそろえて束にしてつくります。アクリル繊維（p.306参照），ナイロン（p.316参照），ポリエチレンテレフタラート（p.313参照），ビニロン（p.309参照）などの合成繊維について，後ほど説明します。

説明2 合成樹脂の熱に対する性質は，ポリマーの分子構造と結びつけて理解してください。

加熱すると軟化し，冷却すると再び硬化する熱可塑性樹脂（thermoplastic resin）は，成形・加工しやすく，通常プラスチックとよんでいるものです。

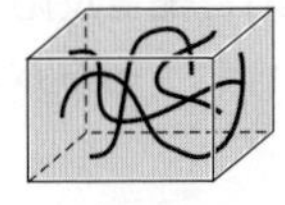
加熱 →

加熱して軟らかくすると成形・加工しやすいですよ。
冷やすと，その形のまま硬くなります

一般に，**熱可塑性樹脂は鎖状の分子構造をもつ高分子**からなります。分子鎖が**規則正しく配列した結晶領域**と**無秩序に配列した非晶質領域**が入り混じった構造をしているので，樹脂は明確な融点を示しません。加熱していくと，分子間力の作用が弱い部分から分子鎖がグニャグニャと動きはじめ，**急に軟化**します。

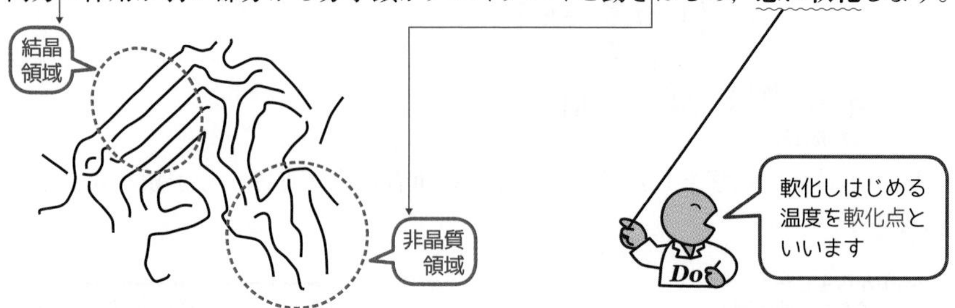

加熱すると硬化し，一度硬化すると加熱しても軟化しない**熱硬化性樹脂**（thermosetting resin）は，耐熱性や耐薬品性にすぐれています。**フェノール樹脂，尿素樹脂，メラミン樹脂，アルキド樹脂**などがあり，いずれも分子鎖は，共有結合によって架橋（かきょう）されて立体網目構造となっています。（p.328参照）

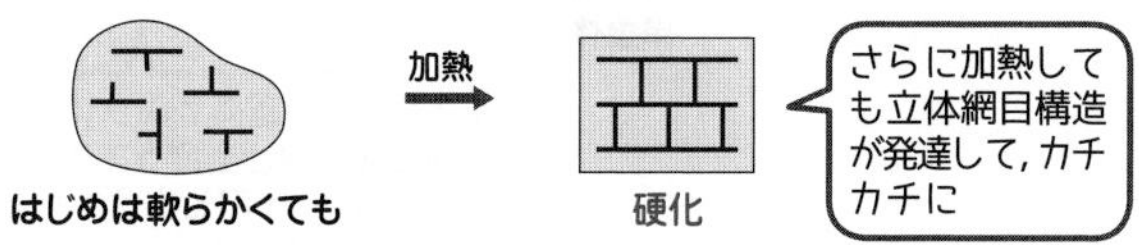

加熱
はじめは軟らかくても
硬化
さらに加熱しても立体網目構造が発達して，カチカチに

STAGE

3 付加重合でできる合成高分子化合物

付加重合を行うには，C=C結合やC≡C結合をもつ単量体だけでなく，反応の**開始剤**となる物質や**触媒**が必要となります。

まずは，ポリエチレン（polyethylene）(PE)（略号）を例にして，説明します。

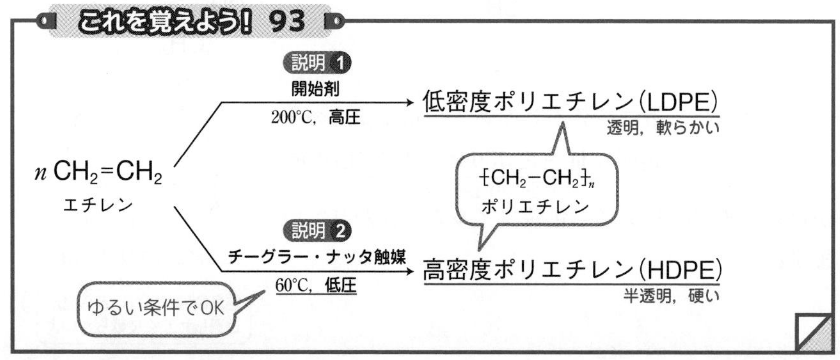

説明 1 付加重合の開始剤にはいろいろなものがあります。例えば，熱や光によって共有結合が切れて不対電子をもつ原子団(下図ではR˙とする)が生じる物質を重合の開始剤に利用したとしましょう。

R˙が単量体に攻撃をしかけて，連鎖的に重合反応が進み，分子鎖が成長していきます。

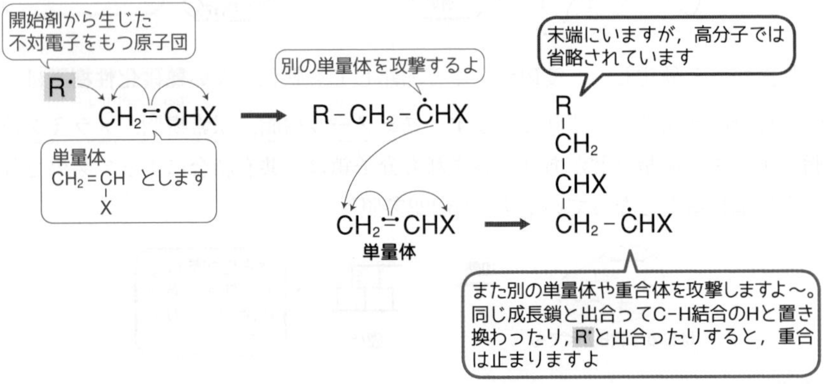

ただし，次のように反応が進むとポリエチレン鎖に枝分かれができてしまいます。

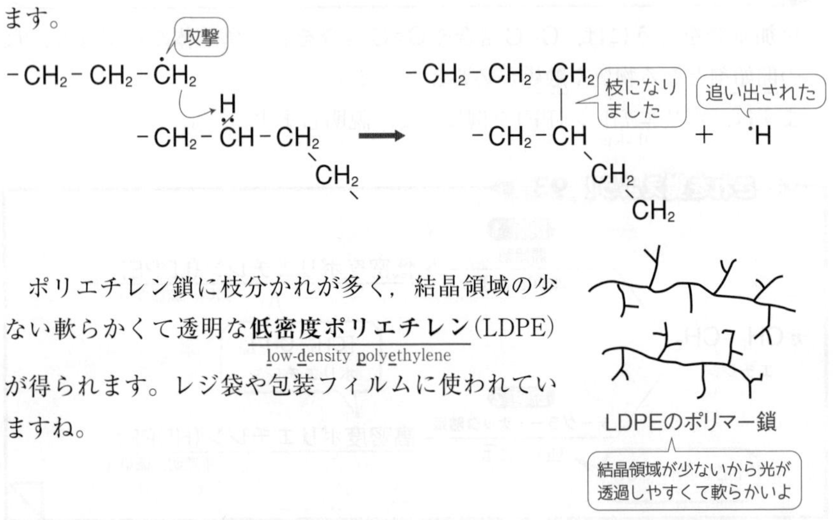

ポリエチレン鎖に枝分かれが多く，結晶領域の少ない軟らかくて透明な**低密度ポリエチレン**(LDPE)(low-density polyethylene)が得られます。レジ袋や包装フィルムに使われていますね。

説明 2 開始剤を用いて付加重合すると，重合が進む方向や結合様式がコントロールできません。しかし，現在は**チーグラー・ナッタ触媒**という触媒を用いて，反応を立体的に制御して，結合様式をコントロールできるようになりました。

トリエチルアルミニウム$(CH_3CH_2)_3Al$と塩化チタン(Ⅳ)$TiCl_4$の混合物からドイツの化学者チーグラーとイタリアの化学者ナッタが発見した触媒です

エチレンを少々ゆるい条件でチーグラー・ナッタ触媒を用いて付加重合すると，枝分かれが少なく，結晶領域が多い，硬くて半透明な**高密度ポリエチレン**（high-density polyethylene）(HDPE)が得られます。こちらはバケツやシャンプーなどの容器に使われています。

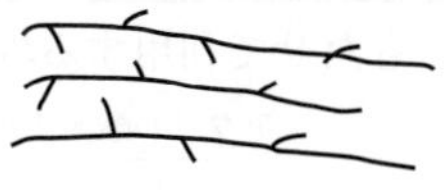

HDPEのポリマー鎖

結晶領域が多いから光が透過しにくくて硬いよ

では次に，ビニル系ポリマーから覚えておきたいものを紹介します。

これを覚えよう！ 94

◆ ビニル系

$$n\,\mathrm{CH_2{=}CHX} \xrightarrow{\text{付加重合}} \left[\mathrm{CH_2{-}CH(X)}\right]_n$$

$\mathrm{H_2C{=}CH{-}}$ がビニル基でしたね

−X	単量体	重合体 → 説明 1	用　途
−H	エチレン(エテン) ethylene	ポリエチレン(PE)	容器，袋
$-CH_3$	プロピレン(プロペン) propylene	ポリプロピレン(PP)	容器，雑貨
−Cl	塩化ビニル vinyl chloride	ポリ塩化ビニル(PVC)	電線の被覆材，水道管
−C≡N	アクリロニトリル acrylonitrile	ポリアクリロニトリル(PAN) → 説明 2	衣類，毛布 炭素繊維の原料 → 説明 3
$-O-C(=O)-CH_3$	酢酸ビニル vinyl acetate	ポリ酢酸ビニル(PVAc)	接着剤
$-C_6H_5$	スチレン styrene	ポリスチレン(PS)	発泡スチロール

※(　)内は略号

説明 1 重合体は，単量体の名称に“ポリ”をつけてよびます。ただしポリエチレンやポリプロピレンでは，単量体の**慣用名**に“ポリ”をつけます。気をつけてください。

説明 2 ポリアクリロニトリルを主成分とする繊維を**アクリル繊維**といいます。羊毛に似て，軽くて軟らかい繊維です。アクリロニトリルだけでなく，**アクリル酸メチル**や**塩化ビニル**などの他の単量体と共重合させて，さらに特性をもたせて利用する場合が多いです。

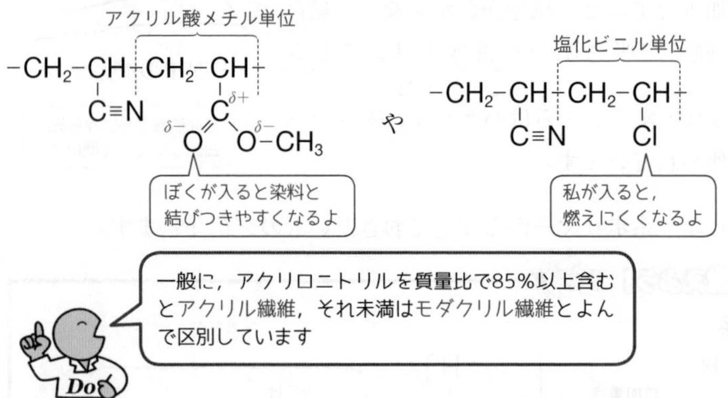

アクリル酸メチル単位
塩化ビニル単位
や
ぼくが入ると染料と結びつきやすくなるよ
私が入ると，燃えにくくなるよ
一般に，アクリロニトリルを質量比で85%以上含むとアクリル繊維，それ未満はモダクリル繊維とよんで区別しています
Do

説明 3 ポリアクリロニトリルを窒素気流中で酸素を断って高温に加熱していくと，窒素や水素が除かれて炭素が残っていきます。これを**炭素繊維(カーボンファイバー)**といいます。

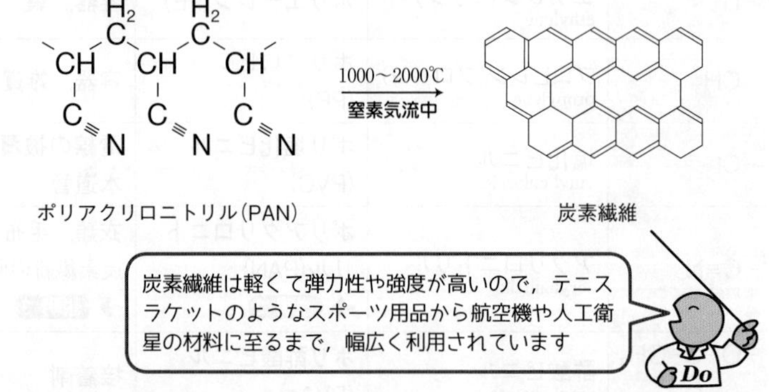

1000～2000℃
窒素気流中
ポリアクリロニトリル(PAN)
炭素繊維
炭素繊維は軽くて弾力性や強度が高いので，テニスラケットのようなスポーツ用品から航空機や人工衛星の材料に至るまで，幅広く利用されています
Do

他にも，構造式と名称を覚えておきたい付加重合で得られる熱可塑性樹脂を挙げておきます。私たちの身近でよく見かけるものばかりです。用途も知っておくとよいでしょう。

これを覚えよう! 95

(1) ビニリデン系

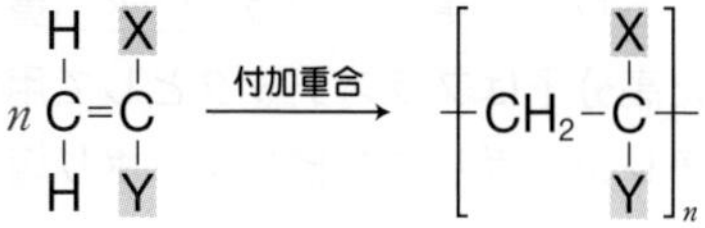

$$n\,\mathrm{CH_2{=}CXY} \xrightarrow{\text{付加重合}} \mathrm{{-}\!\!\left[CH_2{-}CXY\right]_{\!n}\!\!{-}}$$

ビニリデン(vinylidene)基とは，$CH_2=C<$ の名称です

水槽や定規に使う。透明度の高い樹脂として有名です

−X	−Y	単量体	重合体	用　途
$-CH_3$	$-\underset{\underset{O}{\parallel}}{C}-O-CH_3$	メタクリル酸メチル methyl methacrylate → 説明 1	ポリメタクリル酸メチル(PMMA)	有機ガラス
−Cl	−Cl	塩化ビニリデン vinylidene chloride	ポリ塩化ビニリデン(PVDC)	食品用ラップ → 説明 2

(2) ポリテトラフルオロエチレン→ 説明 2

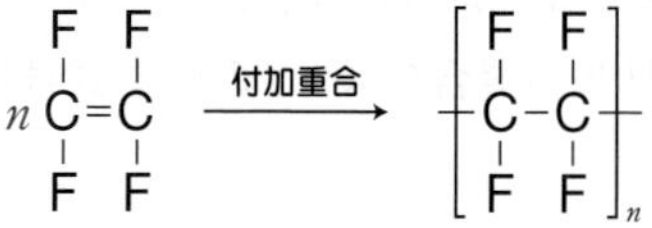

$$n\,\mathrm{CF_2{=}CF_2} \xrightarrow{\text{付加重合}} \mathrm{{-}\!\!\left[CF_2{-}CF_2\right]_{\!n}\!\!{-}}$$

テトラフルオロエチレン
tetrafluoroethylene

ポリテトラフルオロエチレン(PTFE)
(商品名テフロン)

表面の摩擦が小さく，滑りやすいので，フライパンなどのコーティング剤として有名ですね

説明 1　アクリル酸，アクリロニトリル，メタクリル酸は関連づけて名前と構造式を覚えましょう。

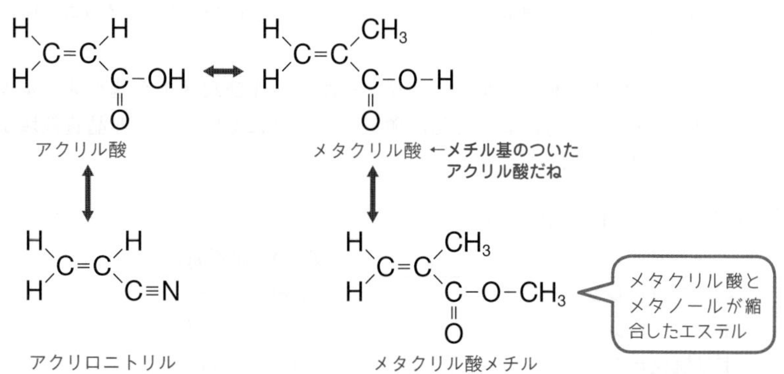

説明 2　C−Cl結合やC−F結合は酸素で酸化されにくいので，ポリ塩化ビニリデンやポリテトラフルオロエチレンは燃えにくい合成樹脂です。

入試攻略への必須問題1

モノマー(単量体)が次々に結合する反応を重合という。[ア]重合は一般に(I)式のように表され，得られた高分子はプラスチックとして用いられるものが多い。その代表にポリエチレン，ポリプロピレン，ポリ塩化ビニル，ポリスチレンなどがある。

$$n\,\mathrm{CH_2{=}C(X)(Y)} \longrightarrow \left[\mathrm{CH_2{-}C(X)(Y)}\right]_n \quad \cdots(\mathrm{I})$$

その他接着剤として用いられ，合成繊維・ビニロンの原料ともなるポリ酢酸ビニル，難燃性のポリ塩化ビニル，有機ガラスともよばれるポリメタクリル酸メチルなどがある。これらを加熱すると軟らかくなり，型に入れて冷却して望みの形の成型品にすることができる。このような性質を[イ]という。

問　文中の[　　]にあてはまる語句を書け。また，反応式(I)において，ポリマーがポリプロピレン，ポリスチレン，ポリ塩化ビニル，ポリメタクリル酸メチル，ポリアクリロニトリルの場合のX，Yの化学式は何か。示性式で示せ。

(弘前大)

解説

$CH_2{=}CH{-}CH_3$	(慣用名)プロピレン((IUPAC名)プロペン)
$CH_2{=}CH{-}C_6H_5$	スチレン
$CH_2{=}CH{-}Cl$	塩化ビニル
$CH_2{=}C(CH_3){-}C(=O){-}O{-}CH_3$	メタクリル酸メチル
$CH_2{=}CH{-}C{\equiv}N$	アクリロニトリル

ポリメタクリル酸メチルは，ポリマー鎖から伸びたメチル基やメチルエステル基の立体障害によって結晶領域がつくりにくいので，非晶質領域が多く，透明度が高い。

答え　ア：付加　　イ：熱可塑性

	XとY(順不同)
ポリプロピレン	CH_3 ，　H
ポリスチレン	C_6H_5 ，　H
ポリ塩化ビニル	Cl ，　H
ポリメタクリル酸メチル	CH_3 ，　$COOCH_3$
ポリアクリロニトリル	CN ，　H

これを覚えよう! 96

◆ **ビニロン** → 説明 1

(1) ポリ酢酸ビニルを水酸化ナトリウムで加水分解(けん化)する

$$\left[CH_2-\underset{\underset{\underset{O\overset{\diagup\!\!\diagup}{}\overset{|}{C}\diagdown CH_3}{|}}{O}}{\overset{|}{CH}}\right]_n \xrightarrow[\text{けん化}]{n\text{NaOH}} \left[CH_2-\underset{OH}{\overset{|}{CH}}\right]_n + n\,CH_3COONa$$

ポリ酢酸ビニル　　ポリビニルアルコール(PVA) polyvinyl alcohol

(2) ポリビニルアルコールのヒドロキシ基をホルムアルデヒドと反応させ，一部アセタール化する

$$\cdots-CH_2-\underset{O-H}{\overset{|}{CH}}-CH_2-\underset{H-O}{\overset{|}{CH}}-CH_2-\underset{OH}{\overset{|}{CH}}-\cdots$$

(ホルムアルデヒド) $O=CH_2$ (H−C−H)

↓ ホルムアルデヒドで処理

$$\cdots-CH_2-\underset{O}{\overset{|}{CH}}-CH_2-\underset{O}{\overset{|}{CH}}-CH_2-\underset{OH}{\overset{|}{CH}}-\cdots \quad (O-CH_2-O)$$

ビニロン vinylon

説明 1 **ビニロン**は木綿(セルロース)によく似た繊維で，ロープや漁網に使われています。1939年に京都大学の桜田一郎が発明した国産合成繊維第一号です。

(1) ビニルアルコールは不安定なので，酢酸ビニルからまずポリ酢酸ビニルをつくり，塩基で加水分解してポリビニルアルコールをつくります。

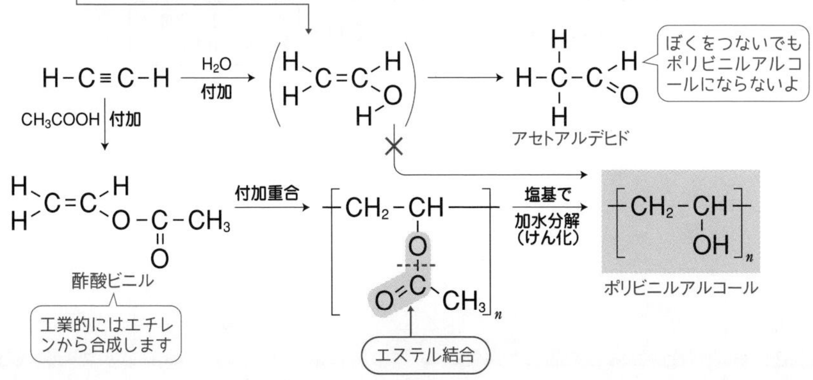

ポリマー鎖に多数の−OHをもつポリビニルアルコールは水によく溶け，親水コロイドになります。これを細孔から飽和硫酸ナトリウム水溶液中に押し出すと，**塩析**が起こって繊維状にポリビニルアルコールが固まります。

(2) ポリビニルアルコールを乾燥してから，ホルムアルデヒド水溶液を用いてホルミル基をポリマー鎖のヒドロキシ基2個と次のように反応させて，水に不溶な繊維をつくります。

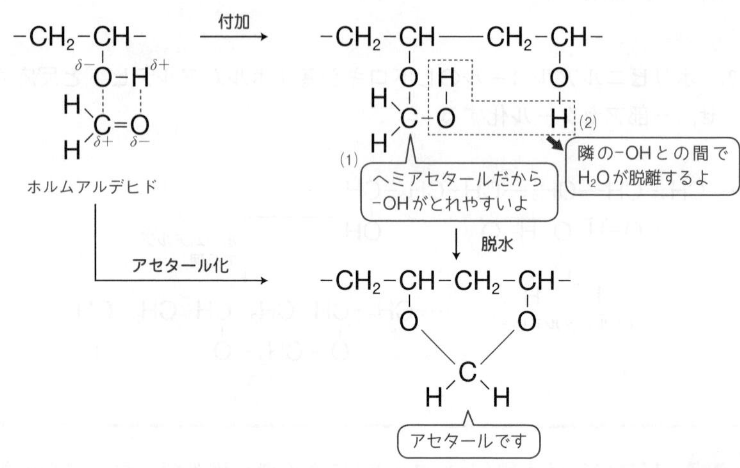

ここで，ポリビニルアルコールのヒドロキシ基−OHをすべて反応させるのではなく，30〜40％程度反応させた繊維が**ビニロン**です。

$-CH_2-CH-CH_2-CH-CH_2-CH-$

O−CH_2—O　　OH

ビニロン

残っていると適度な吸湿性を示すよ

入試攻略への必須問題2

分子量 6.71×10^4 のポリ酢酸ビニルを水酸化ナトリウム水溶液で完全に加水分解し，続いて酸性条件においてホルムアルデヒド水溶液で処理したところ，分子内の３分の１のヒドロキシ基が反応し，ビニロンが得られた。生成したビニロンの分子量はいくらか。原子量をH＝1.00，C＝12.0，O＝16.0として，有効数字３桁目を四捨五入して示せ。　（東京工業大）

解説

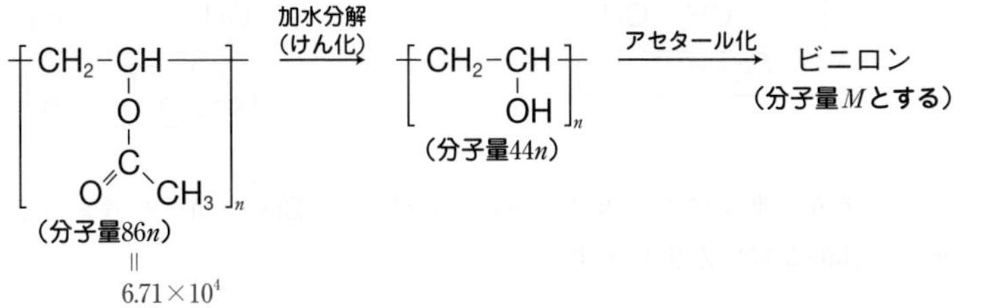

$$\left[\mathrm{CH_2{-}CH(OCOCH_3)}\right]_n \xrightarrow[\text{（けん化）}]{\text{加水分解}} \left[\mathrm{CH_2{-}CH(OH)}\right]_n \xrightarrow{\text{アセタール化}} \text{ビニロン}$$

（分子量$86n$）＝6.71×10^4　（分子量$44n$）　（分子量Mとする）

ポリビニルアルコール $\left[\mathrm{CH_2{-}CH(OH)}\right]_n$ の分子量は$44n$となる。

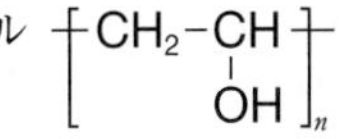

アセタール化すると，１つの $-\mathrm{O{-}H}$ が $-\mathrm{O{-}C}$（H） になるのでビニルアルコール単位１つがC原子半分，つまり原子量で６だけ式量が増える。

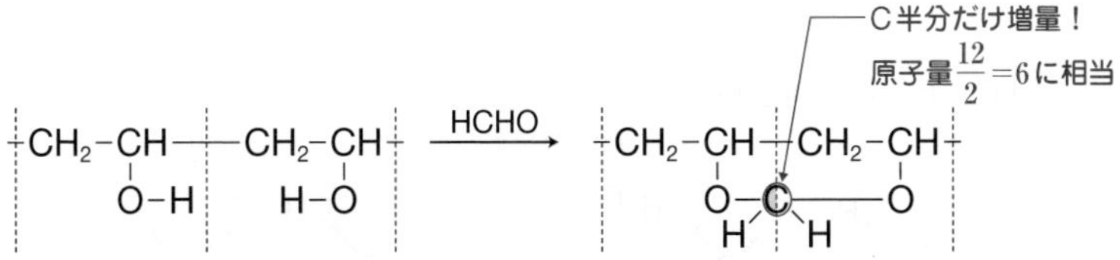

$$\mathrm{{-}CH_2{-}CH(O{-}H){-}CH_2{-}CH(H{-}O){-}} \xrightarrow{\mathrm{HCHO}} \mathrm{{-}CH_2{-}CH{-}CH_2{-}CH{-}}\ (\mathrm{O{-}CH_2{-}O})$$

C半分だけ増量！
原子量$\dfrac{12}{2}=6$に相当

よって分子内にn個ある−OHのうちx〔%〕が反応したとすると，

$$M=44n+\boxed{n\times\frac{x}{100}}\times6$$

n：１分子中の全OHの数
$n\times\dfrac{x}{100}$：アセタール化されたOHの数
6：C原子半分の原子量

と表せる。本問では，

ポリ酢酸ビニルの分子量 $86n=6.71\times10^4$ ➡ $n=780.2\cdots$

$$\frac{x}{100}=\frac{1}{3}$$

なので，

$$M=44\times780+780\times\frac{1}{3}\times6=46\times780=35880\fallingdotseq3.6\times10^4$$

答え　3.6×10^4

ポリプロピレン(PP)の立体規則性

プロピレン(プロペン)を付加重合するとき，$-CH_3$どうしが近くにくると立体的な障害が大きくなるので，①より②のような方向で重合が進んでいきます。

① $\cdots-CH_2-CH(CH_3)-CH(CH_3)-CH_2-\cdots$

近くにくんなよ

② $-CH_2-CH(CH_3)-CH_2-CH(CH_3)-$

$-CH_2-$を置いて離れたほうがいいね

②のように進んでも，ポリマー鎖から伸びた$-CH_3$の向きを考えると，次の3種の立体的な違いが生じます。

(i)メチル基がすべて同じ向き(イソタクチック)

"同じ"　"配列"を意味するギリシア語から

H　CH₃ H　CH₃ H　CH₃ H　CH₃ H　CH₃
C　CH₂　C　CH₂　C　CH₂　C　CH₂　C

(ii)メチル基の向きが交互(シンジオタクチック)

交互を意味する

CH₃　H　H　CH₃ CH₃　H　H　CH₃ CH₃　H
C　CH₂　C　CH₂　C　CH₂　C　CH₂　C

(iii)メチル基の向きは不規則(アタクチック)

否定を意味する

CH₃　H　CH₃　H　H　CH₃ CH₃　H　H　CH₃
CH₂　C　CH₂　C　CH₂　C　CH₂　C　CH₂　C

これらは同じポリプロピレンでも異なった性質をもっています。現在は触媒を適当に選ぶことによって，それぞれの形のポリプロピレンがつくれるようになっています。

縮合重合でできる合成高分子化合物

縮合重合によって得られる合成高分子を2タイプ紹介します。一つは単量体がエステル結合でつながった**ポリエステル**（polyester），もう一つはアミド結合でつながった**ポリアミド**（polyamide）です。

これを覚えよう！ 97

◆ **ポリエステル**

ポリエチレンテレフタラート ➔ 説明 1

$$n\,HO-\underset{\underset{O}{\|}}{C}-C_6H_4-\underset{\underset{O}{\|}}{C}-OH \;+\; n\,HO-CH_2-CH_2-OH$$

テレフタル酸　　エチレングリコール

$$\xrightarrow{\text{縮合重合}} \left[\underset{\underset{O}{\|}}{C}-C_6H_4-\underset{\underset{O}{\|}}{C}-O-CH_2-CH_2-O\right]_n + 2nH_2O$$

ポリエチレンテレフタラート（PET）
poly（ethylene terephthalate）

用途
- 合成繊維として ➡ シャツやフリース
- 合成樹脂として ➡ PETボトル

説明 1 テレフタル酸のカルボキシ基とエチレングリコールのヒドロキシ基で次々と縮合していくと，**ポリエチレンテレフタラート（PET）**が得られます。

$$HO-\underset{\underset{O}{\|}}{C}-C_6H_4-\underset{\underset{O}{\|}}{C}-OH \quad HO-CH_2-CH_2-OH$$

テレフタル酸　　エチレングリコール

パラ体なので，まっすぐなポリマー鎖になるよ

$$\longrightarrow \left[\underset{\underset{O}{\|}}{C}-C_6H_4-\underset{\underset{O}{\|}}{C}-O-CH_2-CH_2-O\right]_n$$

ポリエチレンテレフタラート（PET）

ポリエチレンテレフタラート（PET）は，親水基が縮合に使われて残っていないため，吸湿性がほとんどありません。しわになりにくく，速く乾くという特徴があります。また，丈夫な平面構造のベンゼン環を多数もっているので，強度の大きな合成高分子です。ペットボトルやポリエステル繊維に利用されているので，実感があるかと思います。

エステル結合をもつ合成樹脂

(1) アルキド樹脂

多価のアルコールと多価のカルボン酸(あるいはその酸無水物)の重合によって得られる，立体網目構造をもつ**熱硬化性樹脂**を，一般に**アルキド樹脂**(alkyd resin)といいます。

3価のアルコール　ジカルボン酸

縮合重合

アルコール(alcohol) と 酸(acid) で"アルキド"です

代表的なアルキド樹脂に**グリプタル樹脂**があります。耐久性に優れ，いろいろな硬さに調整できるので，塗料や接着剤などに用いられています。

グリセリン　無水フタル酸　グリプタル樹脂

グリセリン(glycerine) と フタル酸(phthalic acid) でグリプタルです

(2) ポリカーボネート

ビスフェノールAとホスゲンの縮合重合によって得られる**ポリカーボネート** (polycarbonate) は，耐衝撃性の強い熱可塑性樹脂です。

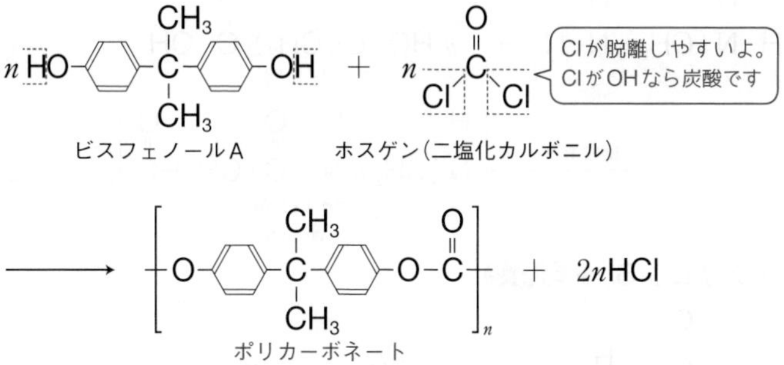

ビスフェノールA

ホスゲン(二塩化カルボニル)

Clが脱離しやすいよ。
ClがOHなら炭酸です

ポリカーボネート

単量体の名称や構造式を記憶する必要はありませんが，CDやDVD，スマートフォンのケースなどに使われていて，私たちが日常生活でよく目にする合成樹脂の一つなので紹介しました。

これを覚えよう! 98

◆ ポリアミド

(1) **ナイロン…脂肪族ポリアミドの総称**

①ナイロン66 ➔ 説明 1 別冊 p.47

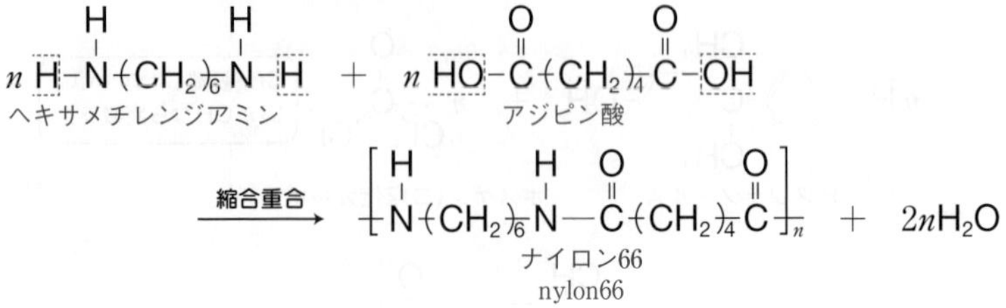

$$n\,\mathrm{H{-}N(H){-}(CH_2)_6{-}N(H){-}H} + n\,\mathrm{HO{-}C(=O){-}(CH_2)_4{-}C(=O){-}OH}$$

ヘキサメチレンジアミン　　アジピン酸

$$\xrightarrow{\text{縮合重合}} \mathrm{\left[N(H){-}(CH_2)_6{-}N(H){-}C(=O){-}(CH_2)_4{-}C(=O)\right]_n} + 2n\mathrm{H_2O}$$

ナイロン66
nylon66

②ナイロン6 ➔ 説明 2

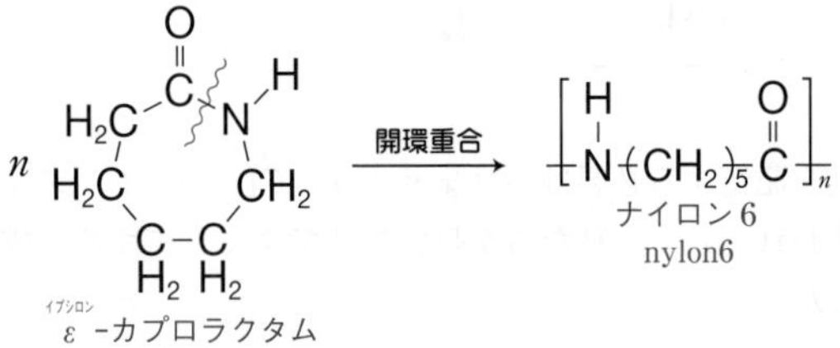

$$n\ \varepsilon\text{-カプロラクタム} \xrightarrow{\text{開環重合}} \mathrm{\left[N(H){-}(CH_2)_5{-}C(=O)\right]_n}$$

ε（イプシロン）-カプロラクタム　　ナイロン6
nylon6

(2) **アラミド…芳香族ポリアミドの総称** ➔ 説明 3

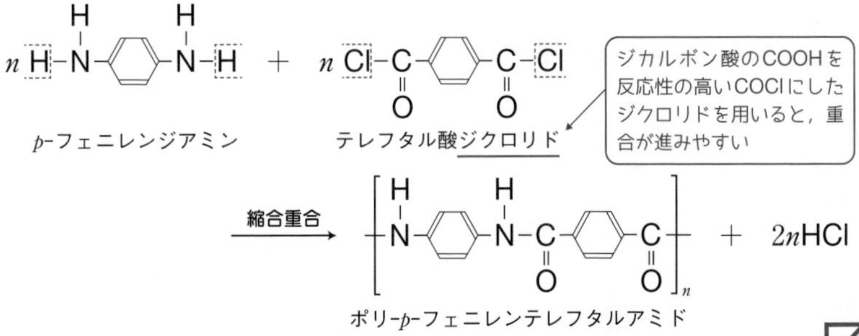

$$n\,\mathrm{H{-}N(H){-}C_6H_4{-}N(H){-}H} + n\,\mathrm{Cl{-}C(=O){-}C_6H_4{-}C(=O){-}Cl}$$

p-フェニレンジアミン　　テレフタル酸ジクロリド

ジカルボン酸のCOOHを反応性の高いCOClにしたジクロリドを用いると，重合が進みやすい

$$\xrightarrow{\text{縮合重合}} \mathrm{\left[N(H){-}C_6H_4{-}N(H){-}C(=O){-}C_6H_4{-}C(=O)\right]_n} + 2n\mathrm{HCl}$$

ポリ-*p*-フェニレンテレフタルアミド

説明 1 脂肪族のポリアミドを一般に**ナイロン**（nylon）とよびます。末尾に付された数字は，単量体に用いたジアミンとジカルボン酸の炭素原子数を表しています。

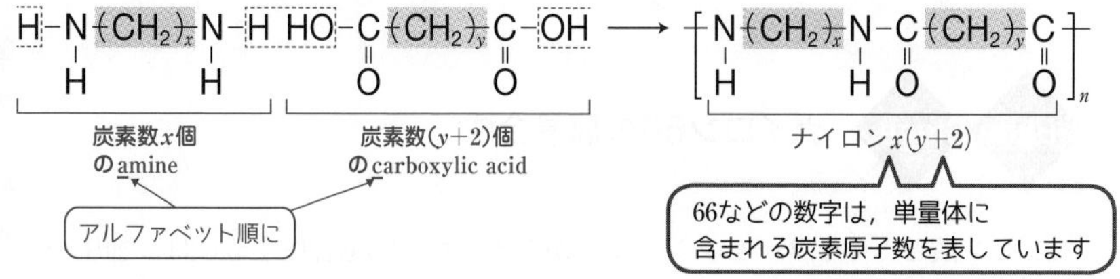

ナイロン66は，**ヘキサメチレンジアミンとアジピン酸の縮合重合によって得られる合成高分子**で，1935年にアメリカのカロザースによって発明され，1938年に人工絹としてデュポン社から発売された世界初の合成繊維です。

ナイロンは，分子間に多数の水素結合を形成し，強度に優れた丈夫な繊維です。歯ブラシ，ウインドブレーカーなどに使われているので，よく目にしますね。

力　力
引っぱりに強いね！
ナイロン66
拡大
分子間水素結合

説明 2　1941年には，日本でナイロン6が開発されました。ε-カプロラクタム（イプシロン）という環状アミドに少量の水を加えて加熱すると，アミド結合の部分で開環して次々と重合して得られます。このような重合を**開環重合**といいます。

$$n\,\varepsilon\text{-カプロラクタム} \xrightarrow{\text{開環重合}} \left[NH - (CH_2)_5 - CO \right]_n$$

ε-カプロラクタム　　ナイロン6

ラクタムとは環状アミドのこと。
カプロン酸のε位にアミノ基がついたε-アミノカプロン酸のラクタムがε-カプロラクタムです

説明 3　芳香族ポリアミド（aromatic polyamide）を一般に**アラミド**（aramide）とよびます。ナイロンの $-(CH_2)_n-$ 部分の代わりに，丈夫な平面構造をもつベンゼン環を導入すると，ナイロンより強い合成繊維ができます。ポリ-*p*-フェニレンテレフタルアミドは代表的なアラミド繊維で，防火服，安全手袋，防弾ベストに使われています。

ナイロン66の簡易合成

アジピン酸とヘキサメチレンジアミンからナイロン66を合成するには，加圧や加熱の必要がありますが，アジピン酸の代わりに反応性の高いアジピン酸ジクロリドを用いると，常温・常圧で速やかに重合が進みます。

$$\underset{\text{アジピン酸}}{HO-\overset{\displaystyle O}{\overset{\|}{C}}+CH_2\text{)}_4\overset{\displaystyle O}{\overset{\|}{C}}-OH} \;\overset{\text{反応性}}{<}\; \underset{\text{アジピン酸ジクロリド}}{Cl-\overset{\displaystyle O}{\overset{\|}{C}}+CH_2\text{)}_4\overset{\displaystyle O}{\overset{\|}{C}}-Cl}$$

ぼくはClが脱離しやすいんだ

次のように重合を行うと，溶液の界面にナイロン66が生じます。

（操作1） ビーカーにヘキサメチレンジアミンをとり，NaOH水溶液を加える。

（操作2） ビーカーにアジピン酸ジクロリドをとり，ヘキサンに溶かす。

水を加えると加水分解してアジピン酸になるので有機溶媒に溶かします

（操作3） **（操作2）**でつくった溶液を，“ゆっくりと”**（操作1）**の水溶液に加えると，界面にナイロン66が生成するので，ピンセットでつまみ，糸状に引き上げて試験管などに巻きつける。

ヘキサン溶液：$Cl-C(=O)+CH_2)_4-C(=O)-Cl$（両端の Cl が HCl として脱離）

NaOH水溶液：$H-NH+CH_2)_6-NH-H$

$$\longrightarrow \left[-\underset{H}{\overset{}{N}}+CH_2)_6-\underset{H}{N}-\underset{\underset{\displaystyle O}{\|}}{C}+CH_2)_4-\underset{\underset{\displaystyle O}{\|}}{C}-\right]_n$$

の薄膜

$$n\,Cl-\underset{\underset{\displaystyle O}{\|}}{C}+CH_2)_4-\underset{\underset{\displaystyle O}{\|}}{C}-Cl \;+\; n\,H_2N+CH_2)_6NH_2$$

$$\longrightarrow \underset{\text{ナイロン66}}{\left[-\underset{\underset{\displaystyle O}{\|}}{C}+CH_2)_4-\underset{\underset{\displaystyle O}{\|}}{C}-NH+CH_2)_6NH-\right]_n} \;+\; 2nHCl$$

なお，縮合で生じたHClによりナイロン66のアミド結合が加水分解されると，縮合速度が低下するので，HClを中和するために**（操作1）**で水酸化ナトリウムを水溶液に加えています。

入試攻略への必須問題3

アジピン酸($C_6H_{10}O_4$)とヘキサメチレンジアミン($C_6H_{16}N_2$)を加熱するとナイロン66が得られる。1分子のナイロン66が生成する際に平均6000個の水分子が生成したとして，得られたナイロン66の平均分子量を有効数字3桁で答えよ。原子量は，H=1.00，C=12.0，N=14.0，O=16.0とする。

（群馬大）

解説

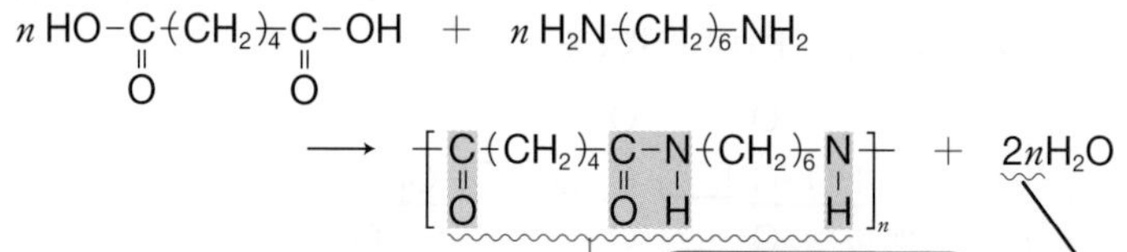

$$n\,\mathrm{HO{-}\underset{\|}{\overset{}{C}}{+}CH_2{+}_4\,C{-}OH}\ (\text{C=O}) + n\,\mathrm{H_2N{+}CH_2{+}_6NH_2}$$

$$\longrightarrow \left[\mathrm{\underset{\underset{O}{\|}}{C}{+}CH_2{+}_4\underset{\underset{O}{\|}}{C}{-}\underset{\underset{H}{|}}{N}{+}CH_2{+}_6\underset{\underset{H}{|}}{N}}\right]_n + 2n\mathrm{H_2O}$$

ナイロン66の末端を無視して書くと，H_2Oの数は$2n$となります

$2n=6000$　よって，$n=3000$

したがって，平均分子量は，

$(116+146-18\times②)\times3000=678000$

（116：ヘキサメチレンジアミン，146：アジピン酸，18：H_2O，3000：nの値）

アミド結合が[ ]内に2つ分あるので，H_2O 2分子だけ減少します

答え　6.78×10^5

入試攻略への必須問題4

テレフタル酸とエチレングリコールを混合し，加熱によって水を除去するとポリエチレンテレフタラートが生成する。

この重合反応において，すべてのカルボキシ基とヒドロキシ基のうち，重合反応に使われたものの割合を反応度pとする。最初に$\dfrac{N_0}{2}$個ずつの単量体分子があり，重合反応が進行して反応度がpになったとき，未反応の単量体をも含めた分子の総数がN個であるとする。このとき分子の数平均重合度P_nは$\dfrac{N_0}{N}$に等しい。

(1)　反応度pと数平均重合度P_nとの関係式を求めよ。

(2) 反応が99%まで進行したときの数平均重合度P_nを求めよ。ただし，鎖状の重合体のみが生成するものとする。 (大阪大)

解説 テレフタル酸，エチレングリコールは，末端にそれぞれ2つの縮合に使われる官能基をもつ。

HO−C(=O)−C₆H₄−C(=O)−OH テレフタル酸

HO−CH_2−CH_2−OH エチレングリコール

これらが反応し，重合反応が進んでも，生じた重合体の両末端は未反応のカルボキシ基かヒドロキシ基である。

HO−C(=O)−▭−C(=O)−O−▨−OH

HO−C(=O)−▭−C(=O)−O−▨−O−C(=O)−▭−C(=O)−OH

HO−▨−O−C(=O)−▭−C(=O)−O−▨−O−C(=O)−▭−C(=O)−OH

⋮

HO−C(=O)−(▭−▨)$_n$−OH

末端には，重合度に関係なく，未反応のカルボキシ基かヒドロキシ基がいるはずです

最初に$\frac{N_0}{2}$個のテレフタル酸にはN_0個のカルボキシ基，$\frac{N_0}{2}$個のエチレングリコールにはN_0個のヒドロキシ基があり，全部で $N_0+N_0=2N_0$個 の縮合に使われる官能基が存在していた。このうちpの割合が反応すると，残り$(1-p)$の割合が未反応の官能基で，総数N個の分子の両末端に位置する。

$N\times②=2N_0\times(1-p)$　　よって，$N=N_0(1-p)$

分子の総数

(1) $P_n=\dfrac{N_0}{N}=\dfrac{N_0}{N_0(1-p)}=\dfrac{1}{1-p}$

(2) $p=0.99$のとき，　$P_n=\dfrac{1}{1-0.99}=100$

答え (1) $P_n=\dfrac{1}{1-p}$　(2) 100

STAGE

5 合成ゴム

私たちの身のまわりには，ゴムが使われている製品があります。合成ゴムは生ゴムの構造をまねてつくられているので，まずは生ゴムについて学んでから，ブタジエン骨格をもつ合成ゴムを説明しましょう。

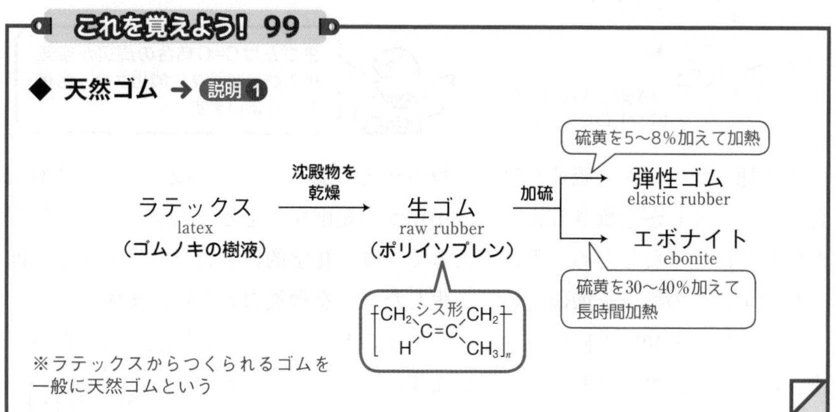

説明 1　ゴムノキから採れる**ラテックス**という白い樹液は，炭化水素のコロイド粒子をタンパク質が保護し，水中に分散したコロイドです。これに酢酸を加えて凝集させます。得られた沈殿物を乾燥させたものが**生ゴム**です。**イソプレン**(2-メチル-1,3-ブタジエン)C_5H_8が付加重合した構造をもつ**シス形のポリイソプレン**です。

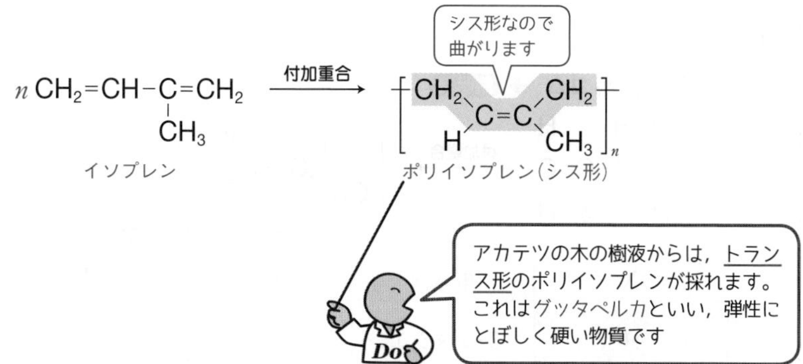

シス形の二重結合からなるポリマー鎖は曲がりくねって丸まった形をして集まっています。力を加えて引っぱるとポリマー鎖が伸びてエントロピーの小さ

な状態になります。力を緩めたり温めたりするともとの丸まったエントロピーの大きな状態に自発的に戻ろうとします。**弾性**を示すのですね。

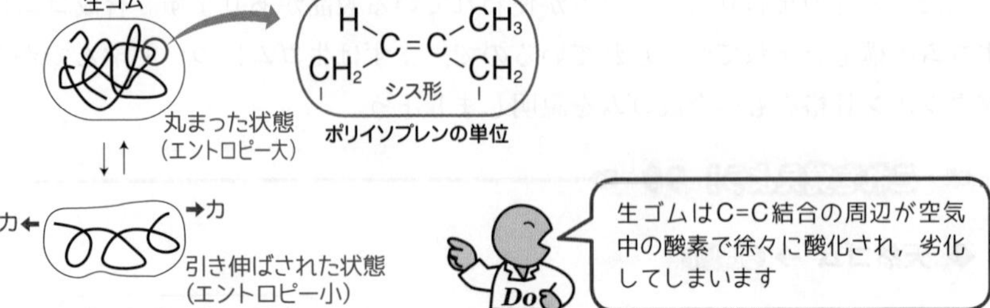

よく練った生ゴムに硫黄を質量の数%加えて加熱すると，硫黄による共有結合で分子どうしが架橋されます。分子鎖が不規則な形をとったまま原子の位置が変わりにくくなるため，弾性が大きくなり，化学的にも物理的にも強度が向上します。この操作を**加硫**といい，生じたゴムを**弾性ゴム**といいます。

生ゴムに30〜40%の硫黄を加えて加熱すると，カチカチの黒色物質になります。こちらは**エボナイト**とよんでいます。

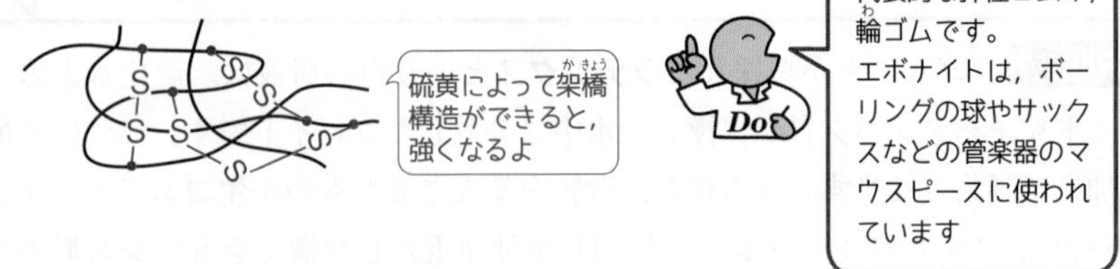

S
S
S–S
S
S
S
硫黄によって架橋構造ができると，強くなるよ
代表的な弾性ゴムが，輪ゴムです。
エボナイトは，ボーリングの球やサックスなどの管楽器のマウスピースに使われています

これを覚えよう! 100

◆ 合成ゴム

(1) **ジエン系ゴム** → 説明 1

$$n\ \mathrm{CH_2{=}CH{-}CX{=}CH_2} \xrightarrow{\text{付加重合}} \left[\mathrm{CH_2{-}CH{=}CX{-}CH_2}\right]_n$$

シス形のものがゴム弾性あり

−X	単量体	重合体	用　途
−H	1,3-ブタジエン	ポリブタジエン(BR) butadiene rubber	タイヤ，ホース
−Cl	クロロプレン (2-クロロ-1,3-ブタジエン)	ポリクロロプレン(CR) chloroprene rubber	ウエットスーツ，電線被膜

−Xが$-CH_3$だとイソプレンですよ。ポリイソプレン(IR)も近年は合成されています

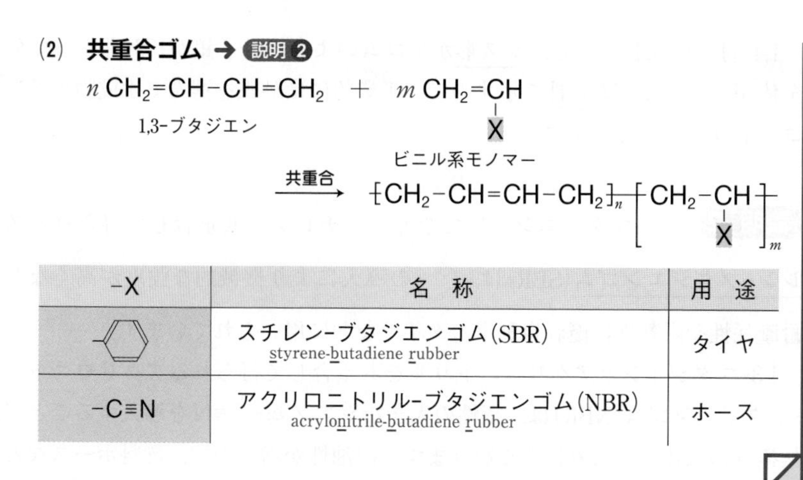

−X	名　称	用　途
(ベンゼン環)	スチレン-ブタジエンゴム(SBR) styrene-butadiene rubber	タイヤ
−C≡N	アクリロニトリル-ブタジエンゴム(NBR) acrylonitrile-butadiene rubber	ホース

説明 1　ジエン系の単量体を付加重合すると，次に示す3タイプの重合形式が考えられます。

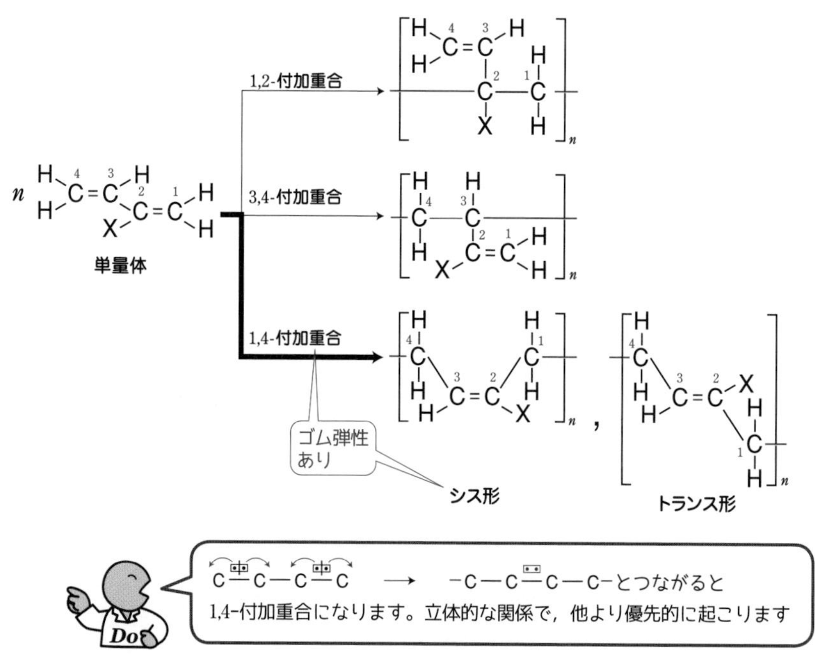

1,4-付加生成物のうち，**シス形**が生ゴムのように分子鎖が折れ曲がって分子全体が丸まって**ゴム弾性**を示すので，工業的には触媒を選んで生成物の構造をコントロールしています。

説明 2 1,3-ブタジエンだけでなく，スチレンと共重合して得られる**スチレン-ブタジエンゴム**(SBR)は，の導入により機械的な強度が高くなり，耐摩耗性や耐熱性に優れ自動車のタイヤなどに用いられています。

1,3-ブタジエンとアクリロニトリルを共重合して得られるアクリロニトリル-ブタジエンゴム(NBR)は，極性の大きなシアノ基$-\overset{\delta+}{C}\equiv\overset{\delta-}{N}$を導入することで，無極性の液体となじみにくくなります。耐油性が増すので，燃料ホースなどに用いられています。

その他の合成ゴム

ブタジエン骨格をもたない合成ゴムを紹介します。C=C結合をもたないので，空気酸化されにくいゴムです。

⑴　シリコーンゴム

ジクロロジメチルシラン$(CH_3)_2SiCl_2$と水を反応させて加水分解したあと，縮合重合させると，得られます。

$$n\,\mathrm{Cl{-}Si(CH_3)_2{-}Cl}\xrightarrow[\text{加水分解}]{H_2O} n\,\mathrm{HO{-}Si(CH_3)_2{-}OH}\xrightarrow[\text{重合}]{\text{縮合}}\left[\mathrm{Si(CH_3)_2{-}O}\right]_n$$

ジクロロジメチルシラン　　　　シリコーンゴム

トリクロロメチルシランCH_3SiCl_3を用いると，立体網目構造をもつシリコーン樹脂ができます

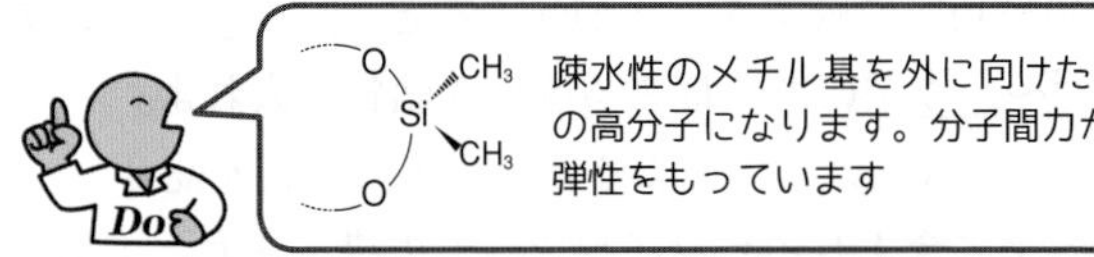

疎水性のメチル基を外に向けたコイル状の高分子になります。分子間力が小さく、弾性をもっています

Si−O−Si結合は安定で，耐熱性・耐寒性・耐薬品性に優れています。哺乳瓶の口，ゴムベラ，電気絶縁材料に使われているので，触れた経験がある人は多いでしょう。

⑵　フッ素ゴム

フッ素を含むゴムは，熱や薬品に対する耐性が大きく，パッキンやO(オー)リングなどのシール材に使われています。一例を示しておきます。

$$m\,CH_2{=}CF_2 + n\,CF_2{=}CF{-}CF_3$$

フッ化ビニリデン　ヘキサフルオロプロペン

$$\xrightarrow{\text{共重合}} \left[CH_2{-}CF_2\right]_m\left[CF_2{-}CF(CF_3)\right]_n$$

フッ素ゴム

一般には共重合体をつくり，さらに適当な試薬を用いて，分子鎖を架橋して利用します。C−F結合は安定な結合なので，熱や薬品に強いという性質をもっています

入試攻略への必須問題5

ゴムの木の樹皮を傷つけると流出する白濁液を［ア］という。［ア］に酢酸などの凝固剤を加えて固まらせると生ゴム(天然ゴム)が得られる。生ゴムは，イソプレンが規則的に［A］したものであり，生ゴムを加熱するとイソプレンが生じる。

一方，合成ゴムはイソプレンよりも炭素数が1個少ないブタジエンや，クロロプレンなどを重合させたもので，タイヤや防振ゴムなどに利用される。また，ブタジエンとスチレンを混ぜて［B］させたものはスチレン-ブタジエンゴムといい，耐摩耗性や耐熱性にすぐれ，大量に合成されている。これらのゴムは非常に弾力に富むという特徴的な性質をもつが，これは重合物中に存在する二重結合に由来する。

<u>この弾性は空気中で徐々に失われるが，これは重合物中の二重結合が酸化されるためである。</u>生ゴムに5～8%の硫黄を加え加熱すると，弾力がより大きくなった弾性ゴムが得られる。このような操作を［イ］とよぶ。［イ］によりゴムは石油などの有機溶剤に溶けにくくなり，化学的に安定化する。生ゴムに30～40%の硫黄を加え加熱すると，［ウ］という硬い物質になる。

(1) ［ア］～［ウ］にあてはまる適切な語句を入れよ。

(2) ［A］，［B］にあてはまる重合反応の様式を記せ。

(3) 生ゴム中に含まれるポリイソプレンの構造を右の(例)にならい，シス-トランス構造がわかるように記せ。

(例) $\left[\begin{array}{c} \diagdown \quad \quad \quad H \\ C=C \\ H \quad \quad \quad \diagdown \end{array} \right]_n$

ポリアセチレン

(4) 弾性ゴムにおもりをつり下げ，ゴムの部分をドライヤーで温めると，どのように変化するか簡潔に説明せよ。

((1)～(3)富山大　(4)追加)

解説 (1)～(3)はp.321～324で説明した内容なので，間違えた人はもう一度確認しておくこと。

(4) ゴムが引き伸ばされた状態はエントロピー(乱雑さ)が小さい。加熱するとポリマー鎖の単結合まわりの回転運動が激しくなり，もとの丸まったエントロピー(乱雑さ)が大きな状態に戻ろうとするので，ゴムが縮む。

答え (1) ア：ラテックス　イ：加硫　ウ：エボナイト

(2) A：付加重合　B：共重合

(3) $\left[\begin{array}{ccc} CH_2 & & CH_2 \\ & C=C & \\ H & & CH_3 \end{array} \right]_n$

(4) 伸ばしたゴムが縮んで，おもりが引き上げられる。

入試攻略への必須問題6

分子量50000のスチレン-ブタジエン共重合体に，臭素を完全に付加させて得られた反応生成物の元素分析を行ったところ，臭素の質量パーセントは48%であった。このスチレン-ブタジエン共重合体中のブタジエン成分の質量パーセントはいくらか。小数点以下第1位を四捨五入して解答せよ。ただし，各元素の原子量は，H＝1.0，C＝12，Br＝80とする。（東京工業大）

解説 スチレン-ブタジエン共重合体は，実際にはスチレン単位とブタジエン単位はランダムに並んでるが，次のように分けて表す。

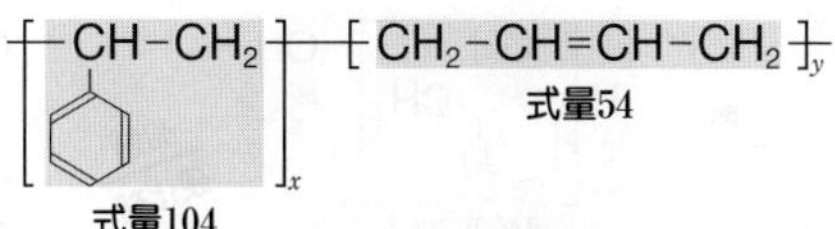

ブタジエン成分の質量パーセントを相対質量を用いて表すと，

ブタジエン単位の相対質量

$$\frac{54y}{50000}\times 100〔\%〕 \quad \cdots①$$

スチレン-ブタジエン共重合体の分子量

スチレン-ブタジエン共重合体1 molに，C=C結合はy〔mol〕あるので，y〔mol〕のBr_2分子が付加する。生成物のBrの質量パーセントが48%で，Br_2の分子量が160だから，

共重合体中の臭素の相対質量

$$\frac{160y}{50000+160y}=\frac{48}{100}$$ よって，$y≒288.46$

生成物の分子量

これを①式に代入して， $\frac{54\times 288.46}{50000}\times 100≒31.1\%$

答え 31%

STAGE 6

付加縮合でできる合成高分子化合物

熱硬化性樹脂は**立体的な網目構造**をもつ合成高分子でした(p.303参照)。フェノール樹脂，尿素樹脂，メラミン樹脂など，**ホルムアルデヒドを用いた付加縮合**による重合体は熱硬化性樹脂の代表例です。

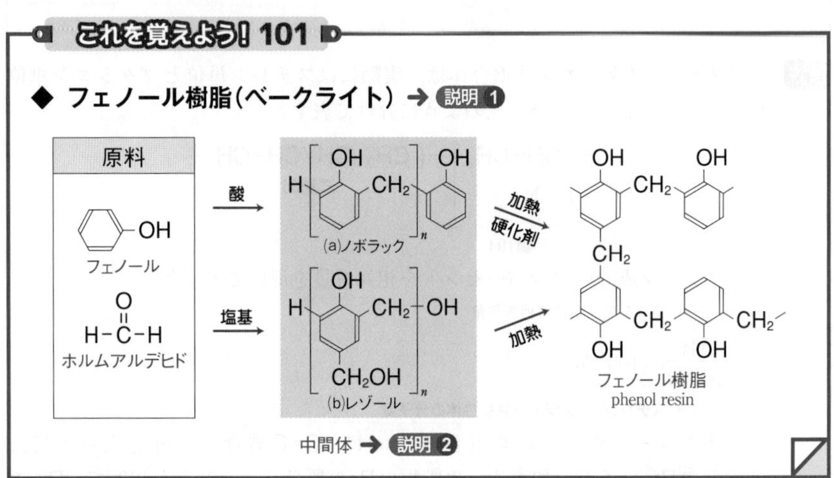

説明 1 フェノールとホルムアルデヒドを原料にして，酸や塩基の触媒を用いてつくる合成樹脂を**フェノール樹脂**(**ベークライト**)といいます。難燃性や電気絶縁性に優れていて，電気ソケットやプリント基板などに利用されています。

フェノール樹脂は，1907年に世界ではじめてつくられた合成樹脂で，発明者のベークランドにちなんで，ベークライトともよばれています

次ページのように①付加と②縮合をくり返すことで重合が進みます。このような重合を**付加縮合**とよんでいます。

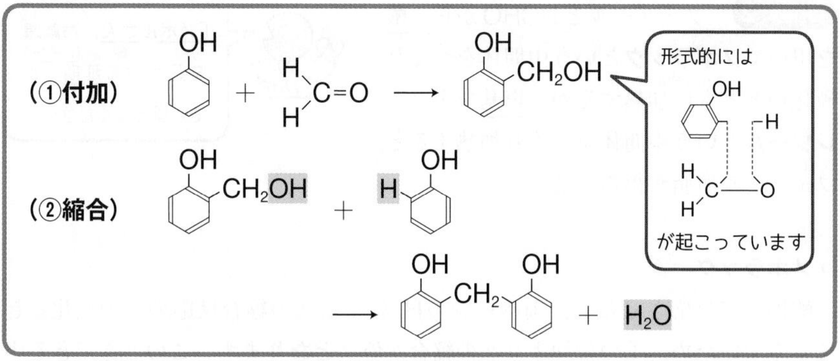

(①付加)　フェノール ＋ $HCHO$ ⟶ o-$HOC_6H_4CH_2OH$

形式的には
が起こっています

(②縮合)　$HOC_6H_4CH_2OH$ ＋ H-C_6H_4OH ⟶ HOC_6H_4-CH_2-C_6H_4OH ＋ H_2O

①では次のように反応が進んでいます。

(1) $\overset{\delta+}{C}H_2=\overset{\delta-}{O}$ ＋ H^+ ⇄ H-$\overset{+}{C}H$-OH
ホルムアルデヒド

(2) フェノール ＋ $^+CH_2OH$ ⟶ o-$HOC_6H_4CH_2OH$ ＋ H^+

オルト・パラ配向性

オルト体だけを記しています

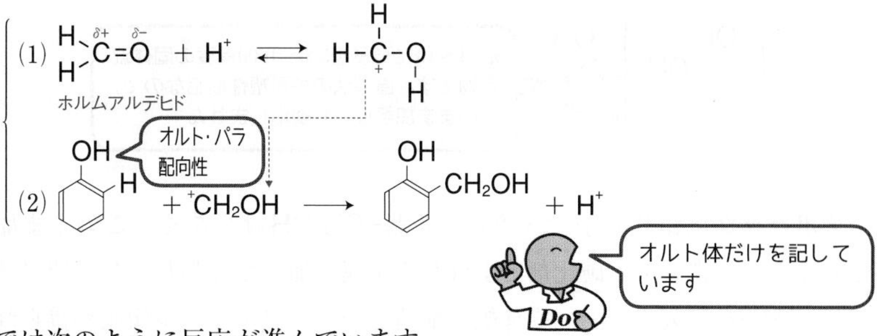

②では次のように反応が進んでいます。

(3) $HOC_6H_4CH_2$-OH ＋ H^+ ⟶ $HOC_6H_4\overset{+}{C}H_2$ ＋ H_2O

隣のベンゼン環がe^-を貸してくれるので、OHが脱離するのも悪くないね

(4) $HOC_6H_4\overset{+}{C}H_2$ ＋ H-C_6H_4OH ⟶ HOC_6H_4-CH_2-C_6H_4OH ＋ H^+

オルト・パラ配向性

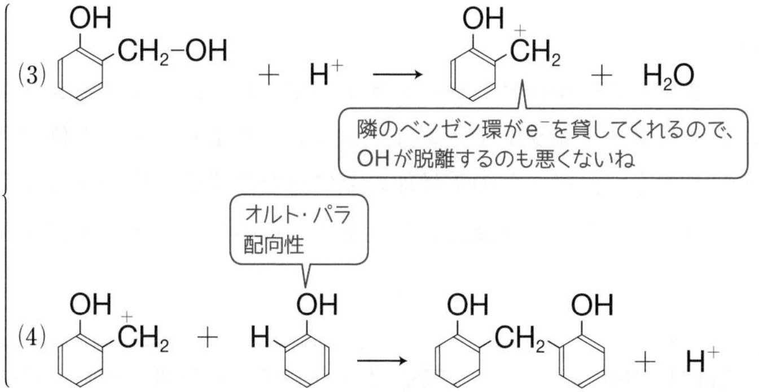

①→②と進むと，フェノールのオルト位やパラ位のHがHCHOと次のように反応したとわかります。

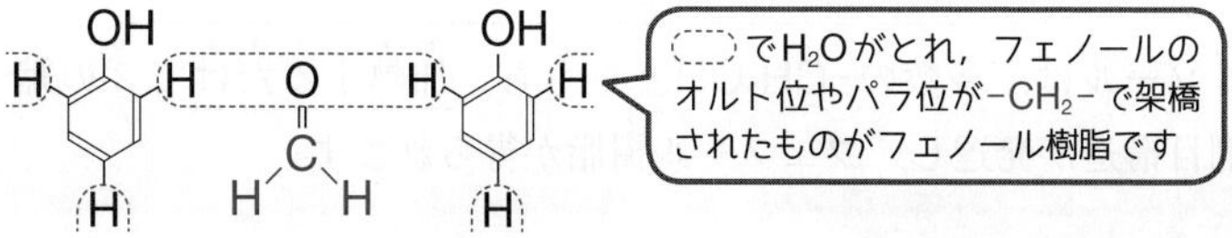

（点線で囲んだ部分）でH_2Oがとれ，フェノールのオルト位やパラ位が$-CH_2-$で架橋されたものがフェノール樹脂です

説明 2 フェノールとHCHOから，<u>酸</u>を用いて**ノボラック**(novolac)という中間体をつくり硬化剤とともに加熱するか，<u>塩基</u>を用いて**レゾール**(resol)という中間体をつくり加熱すると，フェノール樹脂が得られます。

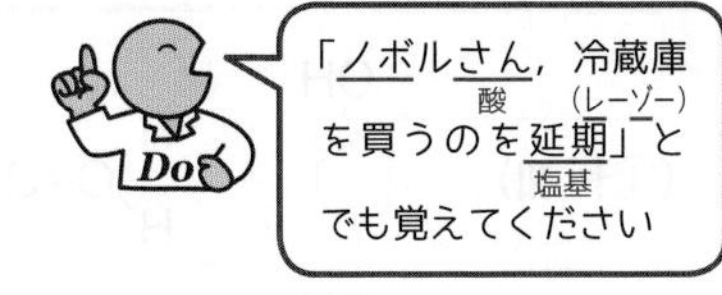

Do
「ノボルさん，冷蔵庫を買うのを延期」と
酸 (レーゾー) 塩基
でも覚えてください

(a)ノボラック

酸性下で反応させると，前ページのH^+による②の縮合反応の(3)の変化が起こりやすいため，①の付加より②の縮合が優勢となります。このときできる中間体がノボラックです。

H－[ベンゼン環(OH)－CH_2]$_n$－ベンゼン環(OH)

ノボラック

n=1～10で分子量500～1000程度の固体混合物です。直鎖状の熱可塑性樹脂なので，このまま加熱しても硬化しません

ノボラックは鎖状分子でメチロール基$-CH_2OH$は少なく，このまま加熱しても硬くなりません。**硬化剤**とよばれる試薬を加えて加熱し，分子間にメチレン基$-CH_2-$を導入すると，立体網目構造となり，フェノール樹脂が得られます。

(b)レゾール

塩基性下ではフェノール性ヒドロキシ基が中和されて，フェノキシドイオンになっています。フェノキシドイオンは，フェノールよりもオルト位やパラ位の電子密度が大きく，前ページの①付加の(2)にあたる置換反応が起こりやすいので，①の付加が②の縮合より優勢となります。このときできる中間体がレゾールです。

OH
H
CH_2
OH
CH_2OH
n
レゾール
Do
n=1～2でフェノール性-OHのオルト位やパラ位がヒドロキシメチル基(メチロール基)$-CH_2-OH$で置換された化合物の混合物で，粘性のある液体です
英語で樹脂はresin，溶液はsolutionなのでresolと覚えてください

レゾールは，多数の$-CH_2OH$基をもち，<u>**加熱するだけ**</u>で②の縮合が進み立体網目構造が発達し，フェノール樹脂が得られます。

これを覚えよう! 102

◆ アミノ樹脂 → 説明 1

ホルムアルデヒド

$$\mathrm{H{-}\overset{\overset{\large O}{\|}}{C}{-}H}$$

尿素

$$\mathrm{H{-}\underset{}{\overset{H}{N}}{-}\overset{\overset{O}{\|}}{C}{-}\overset{H}{N}{-}H}$$

尿素樹脂（ユリア樹脂）
urea resin

メラミン

メラミン樹脂
melamine resin

説明 1 フェノール樹脂と同様に，**ホルムアルデヒドとの付加縮合**によって重合体となります。

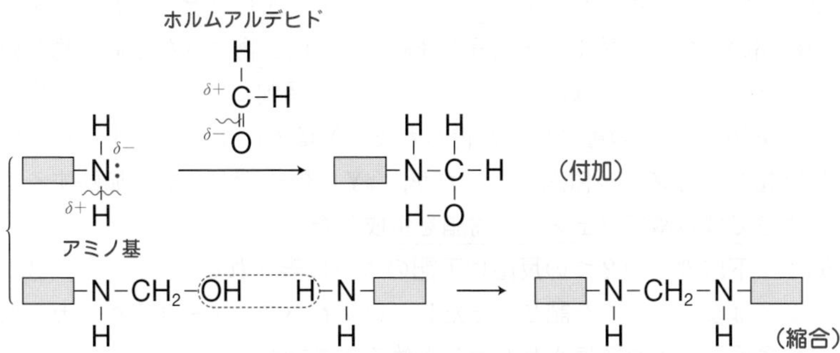

尿素やメラミン分子のアミノ基のH原子が，ホルムアルデヒドと次のように反応し，$-CH_2-$で架橋され，立体網目構造となるのですね。

アミノ基の部分で（点線）がH_2Oとしてとれ，$-CH_2-$で架橋されています

これらを**アミノ樹脂**といい，**尿素樹脂**は尿素が英語でureaであることから**ユリア樹脂**ともよばれています。電気プラグや雑貨などに用いられています。

ポリマー鎖に平面環構造を多数含む**メラミン樹脂**は硬くて丈夫なので，食器や家具，化粧板，スポンジに使われています。

補足 尿素は，工業的にはアンモニアと二酸化炭素を原料に合成しています。

$$2NH_3 + CO_2 \xrightarrow{\text{高温・高圧}} \underset{\text{尿素}}{(NH_2)_2CO} + H_2O$$

メラミンは尿素を原料に合成し，副生成物のCO_2やNH_3は尿素の合成原料に再利用しています。

$$6\underset{\text{尿素}}{(NH_2)_2CO} \xrightarrow{\text{高温・高圧}} \underset{\text{メラミン}}{C_3H_6N_6} + 3CO_2 + 6NH_3$$

入試攻略への必須問題7

熱硬化性のフェノール樹脂は，フェノールとホルムアルデヒドの重合反応で合成される。この重合反応は，①フェノールのホルムアルデヒドへの付加と，それに続く縮合との2つの反応のくり返しで進行する。②アルカリを触媒とし，ホルムアルデヒドを過剰にして反応させた場合，フェノール樹脂の合成中間体である分子量300以下の化合物からなる混合物Xが得られた。一方，酸を触媒とし，フェノールを過剰にして反応させた場合，分子量500～1000の重合体Yが得られた。Xはそのまま加熱することにより硬化しフェノール樹脂となったが，③Yは硬化剤と一緒に加熱することによってはじめてフェノール樹脂を生成した。

問1 下線部①の2つの反応は下記のように表される。[A]，[B]にあてはまる構造式を記せ。ただし，いずれもフェノールのベンゼン環の水素原子が1つ置換されたオルト体のみを記せ。

付加反応：フェノール ＋ ホルムアルデヒド ⟶ [A]

縮合反応：[A] ＋ フェノール ⟶ [B] ＋ H_2O

問2 下線部②の混合物Xは，付加反応のみから生成する化合物が含まれる。この付加反応生成物は[A]を含めて何種類存在するか。その個数を答えよ。ただし，フェノールのメタ位では，この付加反応は起こらない。

問3 下線部③で述べたように，Yは硬化剤なしでは樹脂を生成しない。その理由をYおよび熱硬化性樹脂の構造上の特徴を考慮して30字程度で記せ。

（京都大）

解説 **問1**

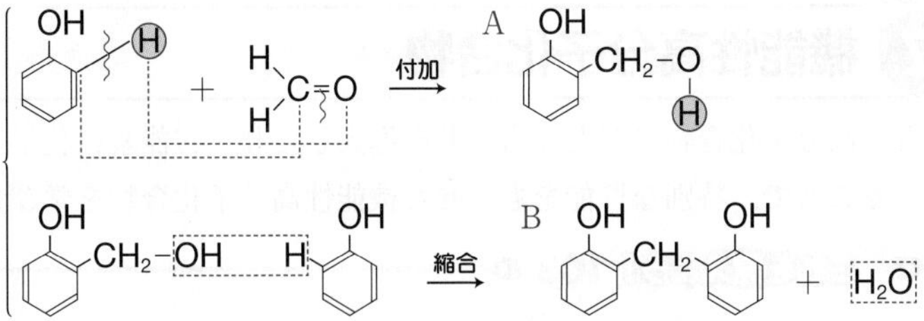

OH ... H + H₂C=O →(付加) A（o-ヒドロキシベンジルアルコール）

OH-C6H4-CH_2–OH + H-C6H4-OH →(縮合) B + H_2O

問2　メタ位の反応を考えず，オルト位かパラ位のみ反応したら，次のような一置換体，二置換体，三置換体が生成する。$-CH_2-OH$ は ─● と表す。

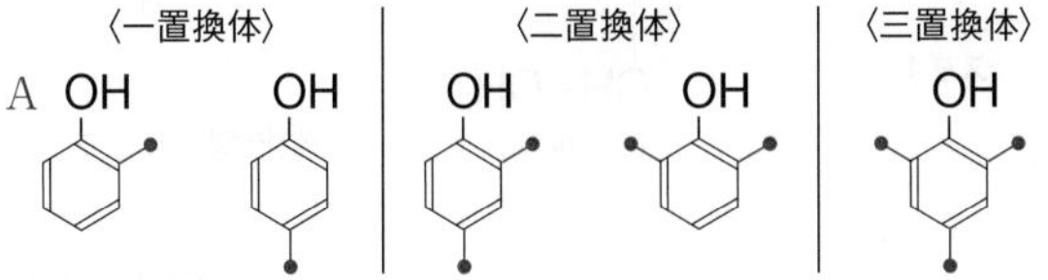

〈一置換体〉　〈二置換体〉　〈三置換体〉

そこで付加生成物は，５種類存在する。

問3　Xがレゾール，Yがノボラックである。

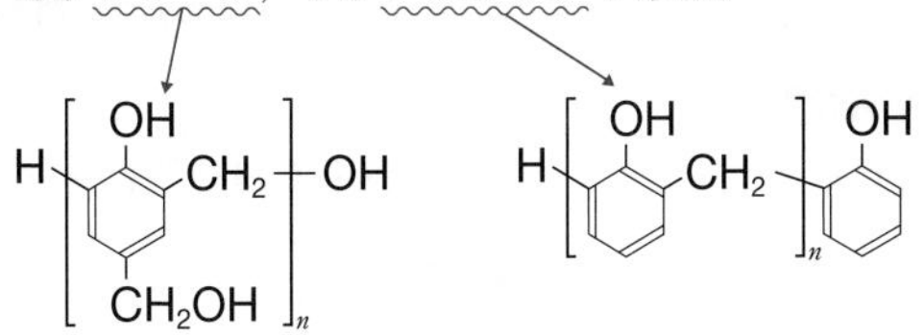

ノボラックは鎖状分子で，縮合に利用するメチロール基$-CH_2OH$が少ない。そこで，加熱しても立体網目構造が発達しないので硬化しない。

答え **問1**　A：　OH-C6H4-CH_2OH　　B：　OH-C6H4-CH_2-C6H4-OH

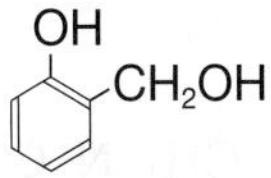

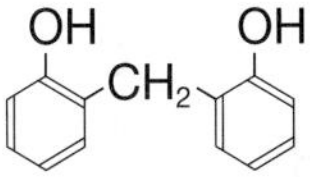

問2　5

問3　Yは鎖状分子で縮合部位が少なく，立体網目構造になりにくいから。(31字)

STAGE

7 機能性高分子化合物

合成高分子化合物に新たな官能基を導入したり，官能基に化学修飾を行ったりすることで，特別な機能をもたせた機能性高分子化合物を学びましょう。

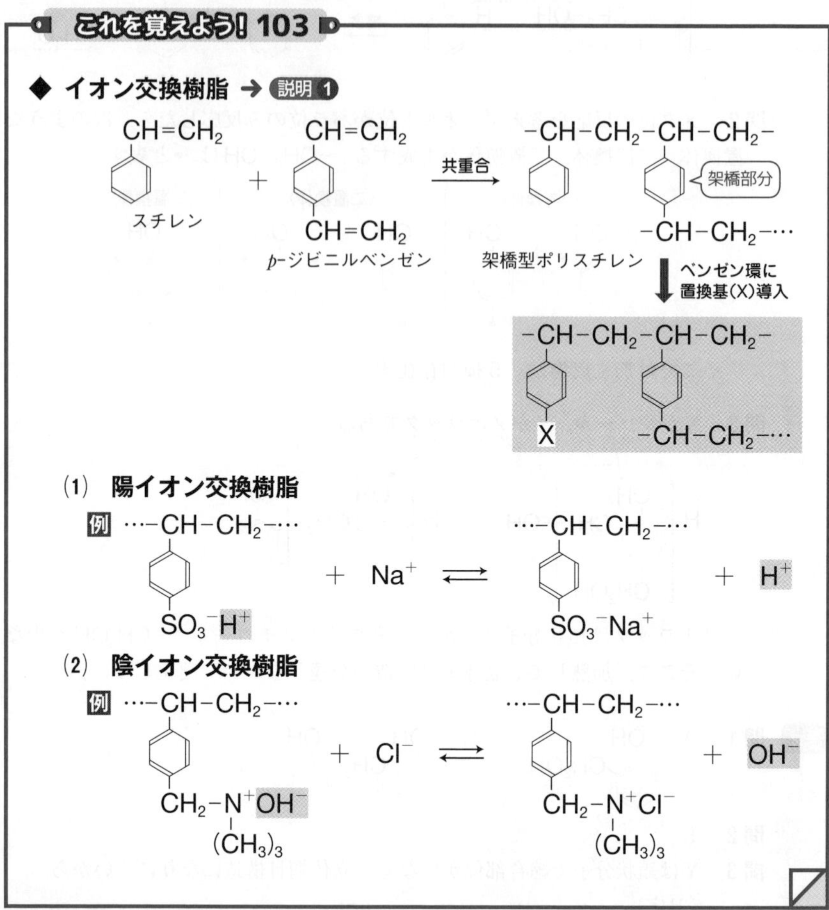

説明 1 スチレンとp-ジビニルベンゼンを共重合して，構造材料となる架橋型ポリスチレンをつくります。そのベンゼン環に電離性をもつ酸性基や塩基性基を置換基として導入します。これを直径が数mm程度のビーズ状に加工して，陽イオン交換樹脂や陰イオン交換樹脂として利用します。

(1) カラムという円筒形の管に，ビーズ状の陽イオン交換樹脂(Poly$-SO_3^-H^+$と表すことにします)を詰めて，上から$NaCl$水溶液を流します。溶液中のNa^+

は樹脂中のスルホ基$-SO_3H$のH^+と置き換わって，次のようなイオン交換反応が起こります。

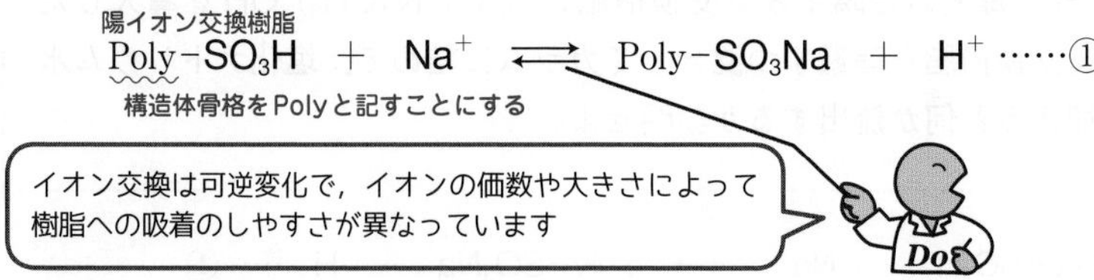

陽イオン交換樹脂に多数のスルホ基$-SO_3H$があるときは，①の平衡は右へ移動するので，カラムの下からは塩酸が流出してきます。

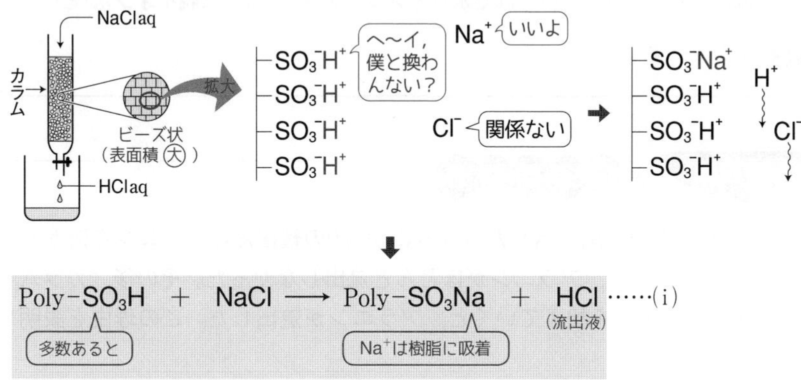

Poly$-SO_3H$ ＋ NaCl ⟶ Poly$-SO_3Na$ ＋ HCl ……(i)

多数あると　　Na^+は樹脂に吸着　　（流出液）

(2)　陰イオン交換樹脂には，$-N^+(CH_3)_3OH^-$のような塩基性基が導入されています。これに電解質水溶液を通すと，樹脂内のOH^-と電解質の陰イオン（X^-とする）がイオン交換反応を起こします。

陰イオン交換樹脂　溶液中　X^-が樹脂に吸着

Poly$-N(CH_3)_3OH$ ＋ X^- ⇄ Poly$-N(CH_3)_3X$ ＋ OH^- ……②

陰イオン交換樹脂を詰めたカラムを用いて，NaCl水溶液を流してみましょう。水溶液中のCl^-が樹脂中のOH^-と置き換わって，カラムの下からはNaOH水溶液が出てきます。

Poly$-N(CH_3)_3OH$ ＋ NaCl ⟶ Poly$-N(CH_3)_3Cl$ ＋ NaOH ……(ii)

多数あると　　Cl^-は樹脂に吸着　　（流出液）

なお，(i)や(ii)は可逆変化です。使用済みのイオン交換樹脂に(i)では塩酸，(ii)ではNaOH水溶液を流すと逆向きに進んで，もとに戻り，イオン交換樹脂が再生します

入試攻略への必須問題 8

$-SO_3H$を導入した陽イオン交換樹脂と$-CH_2-N(CH_3)_3OH$を導入した陰イオン交換樹脂を等量ずつ混合してカラムに詰めて，塩化ナトリウム水溶液を加えると何が流出するか説明せよ。

解説

$$\begin{cases} \text{Poly}-SO_3H + Na^+ \longrightarrow \text{Poly}-SO_3Na + \underline{H^+} \cdots\cdots ① \\ \text{Poly}-N(CH_3)_3OH + Cl^- \longrightarrow \text{Poly}-N(CH_3)_3Cl + \underline{\underline{OH^-}} \cdots\cdots ② \end{cases}$$

①，②で生じた$\underline{H^+}$と$\underline{\underline{OH^-}}$は中和によって$H_2O$となる。よって純粋な水が流出する。こうして得られた水を**イオン交換水**(あるいは**脱イオン水**)という。

答え 水が流出する。

入試攻略への必須問題 9

陽イオン交換樹脂を詰めたカラムにpH4.0の緩衝液にアラニンを溶かした溶液を加えると，アラニンがほとんど流出しなかった。その後，カラムにpH8.0の緩衝液を加えていくと，アラニンが流出した。この理由を説明せよ。

解説 中性アミノ酸のアラニン(Ala)の等電点は約6である(p.229参照)。等電点より小さいpH4.0の緩衝液ではアラニンは正電荷をもっているので，陽イオン交換樹脂に吸着し，流出しなかった。

$$\text{Poly}-SO_3H + \underset{(\text{正電荷})}{Ala^+} \longrightarrow \text{Poly}-SO_3^- \underset{\text{吸着}}{Ala^+} + H^+$$

等電点より大きいpH8.0の緩衝液を加えると，アラニンは負電荷をもつようになるため，陽イオン交換樹脂に吸着できず流出した。

答え アラニンはpH4.0では正電荷をもつので陽イオン交換樹脂に吸着していたが，pH8.0では負電荷をもつようになり，樹脂に吸着できず流出したから。

これを覚えよう! 104

◆ **生分解性高分子** → 説明 1

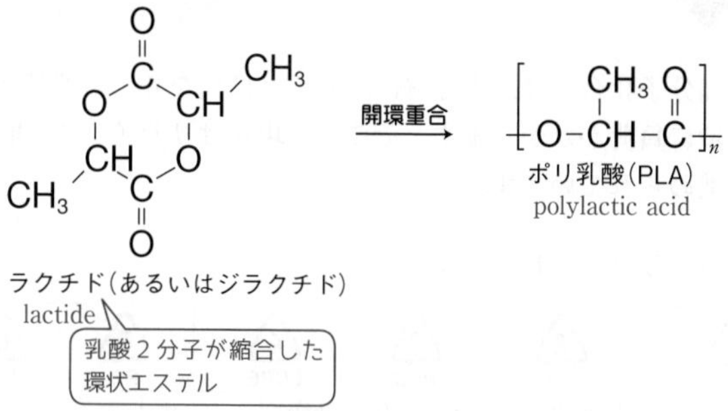

$$\text{ラクチド} \xrightarrow{\text{開環重合}} \left[\!-O-\underset{}{CH(CH_3)}-C(=O)-\!\right]_n$$

ラクチド(あるいはジラクチド)
lactide

乳酸2分子が縮合した環状エステル

ポリ乳酸(PLA)
polylactic acid

説明 1 生体内や自然界で微生物などの働きによって分解され，環境への負荷が小さい合成樹脂を**生分解性樹脂**(biodegradable resin)という。

ポリ乳酸やポリグリコール酸などが代表例で，包装フィルム，食品トレイ，手術糸などに用いられている。

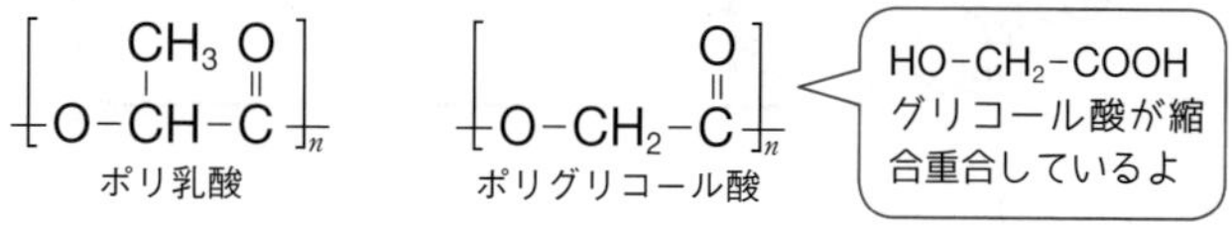

$$\left[-O-CH(CH_3)-C(=O)-\right]_n \qquad \left[-O-CH_2-C(=O)-\right]_n$$

ポリ乳酸　　ポリグリコール酸

$HO-CH_2-COOH$ グリコール酸が縮合重合しているよ

乳酸などのヒドロキシ酸を縮合重合して，合成できる。

$$n\,HO-CH(CH_3)-C(=O)-OH \xrightarrow[\text{重合}]{\text{縮合}} \left[-O-CH(CH_3)-C(=O)-\right]_n$$

乳酸

ただし，重合度の大きなポリ乳酸を合成したい場合は，乳酸2分子の環状エステルであるラクチドを開環重合させることが多い。

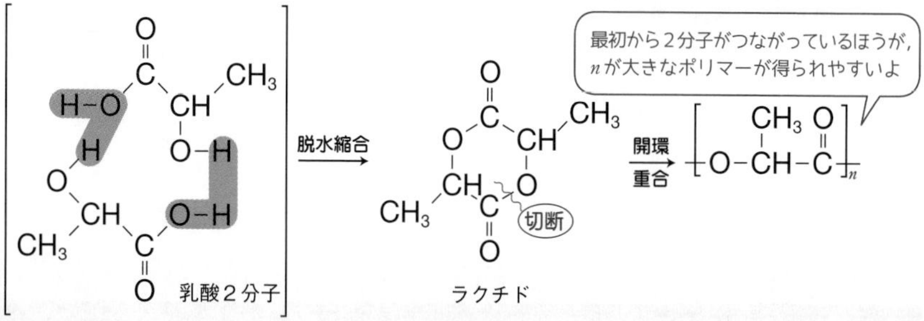

$$[\text{乳酸2分子}] \xrightarrow{\text{脱水縮合}} \text{ラクチド} \xrightarrow[\text{重合}]{\text{開環}} \left[-O-CH(CH_3)-C(=O)-\right]_n$$

乳酸2分子　　ラクチド　　切断

最初から2分子がつながっているほうが，nが大きなポリマーが得られやすいよ

リサイクル

多くの合成高分子化合物は，生分解性高分子とは異なり，自然環境では分解されにくく，環境に負荷がかかります。そこで，現在はリサイクル(再利用)技術の研究・開発が進められています。

(1) プラスチックリサイクルマーク

識別マーク	1 PET	2 HDPE	3 PVC	4 LDPE	5 PP	6 PS	7 OTHER
材質	ポリエチレンテレフタラート	高密度ポリエチレン	ポリ塩化ビニル	低密度ポリエチレン	ポリプロピレン	ポリスチレン	その他

上記のような識別マークを見たことはありませんか？
これはアメリカのプラスチック産業協会が定めたSPIコードというマークです。

日本では複合プラスチック製品が多いので，
2～7を区別せず，PET以外は
プラ としています

(2) リサイクル方法

代表的なリサイクル方法を4つ紹介します。近年，ときどき入試に名称が出題されるので，内容を確認してから記憶しておくとよいでしょう。

製品リサイクル	製品をそのまま再利用する。
マテリアルリサイクル material：原料	融解して，成形し直してから再利用する。
ケミカルリサイクル chemical：化学的に作られた	熱分解して単量体や分子量の小さな物質を回収し，再利用する。
サーマルリサイクル thermal：熱や温度に関する	燃却したときに生じる熱をエネルギーとして利用する。

これを覚えよう! 105

◆ **吸水性高分子** → 説明 1

例 アクリル酸ナトリウムを立体網目構造になるように適当な架橋性モノマーと共重合させた架橋型ポリアクリル酸ナトリウム

$$\underset{\text{アクリル酸ナトリウム}}{CH_2{=}CH{-}COONa} \quad + \quad \underset{\text{架橋性モノマー}}{CH_2{=}CH{-}X{-}CH{=}CH_2}$$

↓ 共重合

$$-(CH_2-\underset{COONa}{CH})_{n2}-CH_2-\underset{X}{CH}-(CH_2-\underset{COONa}{CH})_{n1}-CH_2-\underset{X}{CH}-(CH_2-\underset{COONa}{CH})_{n1}-$$

（X：架橋部分）

$$-(CH_2-\underset{COONa}{CH})_{n2}-CH_2-CH-(CH_2-\underset{COONa}{CH})_{n1}-CH_2-CH-(CH_2-\underset{COONa}{CH})_{n3}-$$

ポリアクリル酸ナトリウム系吸水性高分子
（下付き添字n1，n2，n3は重合度を表す）

説明 1 紙おむつや土壌の保水剤に利用している吸水性高分子は，多量の水を吸収して，その水を内部に保持する性質をもっています。

水を吸収・保持するメカニズム

①水を吸収すると$-COONa$が電離し，$-COO^-$どうしの反発で網目構造のすき間が広がる。

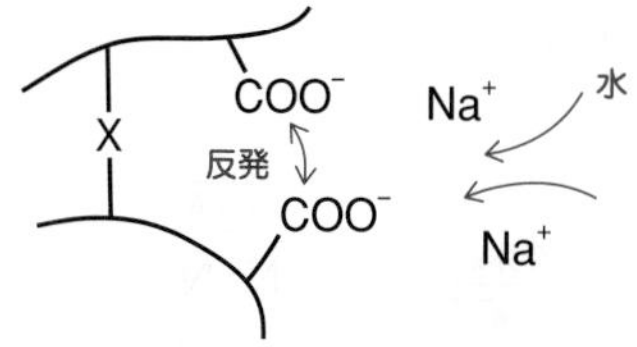

②内部のイオン濃度が高いので，外から水がさらに浸透してくる。

③吸収した水は，$-COO^-$やNa^+の水和水として，内部のすき間に保持される。

①～③を文章で説明できるようにしておこう

その他の機能性高分子化合物

(1) 導電性高分子

合成高分子化合物には金属に近い電気伝導性を示すものがあり，タッチパネルや小型バッテリーの部品に使われています。

例 ポリアセチレン

ポリアセチレンにヨウ素I_2などを添加すると，π電子の一部がとられて正電荷が生じます。これを埋めるように電子が次々と移動することで，電気伝導性を示すのです。

これを発見した白川英樹さんは2000年にノーベル化学賞を受賞しました

(2) 感光性高分子

光を照射するとポリマー鎖内の結合の切断と再構築が起こり，性質が変化する高分子化合物があります。覚える必要はありませんが，有名なものを２つ紹介しましょう。

例1 アゾベンゼン誘導体ポリマー

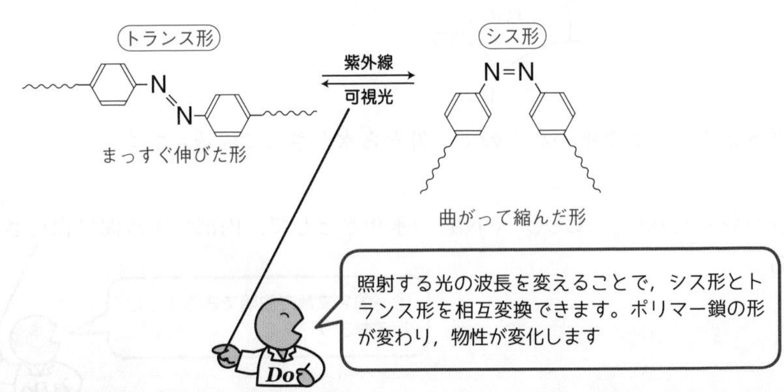

例2 光硬化性樹脂

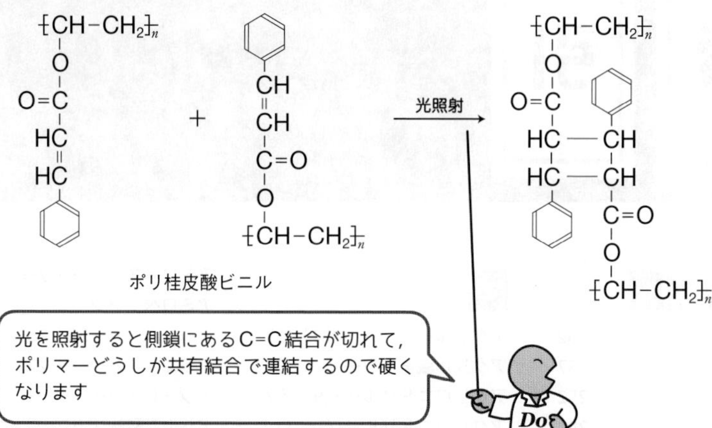

光照射
ポリ桂皮酸ビニル
光を照射すると側鎖にあるC=C結合が切れて，ポリマーどうしが共有結合で連結するので硬くなります
Do

さらに演習！ 『**鎌田の化学問題集** 理論・無機・有機 **改訂版**』「第13章 天然有機化合物と合成高分子化合物 29合成高分子化合物」

索引

アルファベット

BHC …… 162
C末端 …… 237
D型 …… 252
DNA …… 290, 291
——の二重らせん構造 …… 294
——の複製 …… 296
DNAポリメラーゼ …… 296
L型 …… 252
mRNA …… 297
N末端 …… 237
NBR …… 323
NMR …… 219
p-ジビニルベンゼン …… 334
p-ヒドロキシアゾベンゼン …… 209
p-フェニルアゾフェノール …… 209
PET …… 313
RNA …… 290
rRNA …… 297
SBR …… 323
TNT …… 179
tRNA …… 297
α-アミノ酸 …… 222
α-ヘリックス …… 236, 238
β-シート …… 236, 238
ε-カプロラクタム …… 316
π結合 …… 27
π電子 …… 27

あ

アクリル酸 …… 129,307
アクリル繊維 …… 306
アクリロニトリル …… 94,307
アクリロニトリル-ブタジエンゴム(NBR) …… 323
アジピン酸 …… 130, 316
アスパラギン …… 225
アスパラギン酸 …… 222, 225
アセタール …… 258
アセタール化 …… 310
アセチル化 …… 146
アセチル基 …… 120
アセチルサリチル酸 …… 199
アセチルセルロース …… 275
アセチレン …… 88, 92
アセテート …… 275, 276
アセトアニリド …… 142, 205
アセトアルデヒド …… 90, 113, 309
アセトン …… 113, 139
アゾ染料 …… 210
アデニン(A) …… 291, 293
アニリン …… 205, 207
アニリン塩酸塩 …… 206
アニリンブラック …… 205, 206
アミド …… 142, 144
アミノ基 …… 12
アミノ酸 …… 222
アミノ樹脂 …… 331
アミラーゼ …… 241, 266
アミロース …… 266, 267
アミロペクチン …… 266, 267, 270
アラニン …… 222, 224
アラミド …… 317
アルカリ融解 …… 194
アルカン …… 58, 61
アルキド樹脂 …… 314
アルギニン …… 225
アルキル化 …… 167
アルキル基 …… 10
アルキルベンゼンスルホン酸系洗剤 …… 287
アルキン …… 88
アルケン …… 67
アルコール …… 97, 101
アルコール発酵 …… 261
アルコキシドイオン …… 101
アルデヒド …… 113, 118
アルデヒド基 …… 12
アルドース …… 259
安息香酸 …… 130, 179
アントラセン …… 156

い

硫黄の検出反応 …… 246
イオン交換樹脂 …… 334
異性体 …… 33
イソプレン …… 321
イソプロピル基 …… 11
イソプロピルベンゼン …… 177
イソロイシン …… 224
一次構造 …… 236

遺伝子 ………………… 290
陰イオン交換樹脂……… 334
インベルターゼ ……241, 263
う
ウラシル(U) ………291, 293
え
エーテル………………… 102
エーテル結合……………12
エステル…………142, 147
エタノール ………………97
エタン ……………………58
エチル基…………………11
エチルベンゼン ………… 177
エチレン…………… 67, 305
エチレングリコール
…………………97, 313
エチン ……………………88
エテン ……………………67
エトキシドイオン……… 101
エノール形 ………………89
エボナイト ………321, 322
塩化カルシウム管…………19
塩化鉄(Ⅲ)水溶液……… 187
塩化ビニル ………… 94, 305
塩化ベンゼンジアゾニウム
……………………… 209
塩基性アミノ酸 ……223, 225
お
オクタン…………………58
オルト(o-)体 ………… 169
オルト・パラ配向性
…………………169, 171
オレイン酸 …………… 280
か
カーボンファイバー …… 306
開環重合…………301, 317
界面活性剤 …………… 285
核酸…………………… 290
核磁気共鳴(NMR)分光法
……………………… 219
加水分解…………144, 150
価数………………………98
カタラーゼ …………… 241
活性部位……………… 241
果糖…………………… 250
ガラクトース………… 251
加硫…………………… 322
カルボキシ基……… 12, 128
カルボニル化合物…113, 117
カルボニル基……… 12, 113
カルボン酸
……… 108, 120, 128, 132
カルボン酸塩………… 139
カルボン酸無水物……… 144
カロザース …………… 317
感光性高分子………… 340
環式炭化水素……………10
乾性油 ………………… 284
官能基 ……………………12
き
基 …………………………10
幾何異性体 …………33, 43
ギ酸…………………… 128
キサントプロテイン反応
……………………… 246
基質…………………… 241
基質特異性 …………… 241
キシレン……………… 177
機能性合成高分子化合物
……………………… 334
球状タンパク質 ……… 239
吸水性高分子………… 339
キュプラ……………… 274
共重合 ………………… 301
共重合ゴム …………… 323
鏡像異性体 …………33, 49
銀アセチリド……………92
銀鏡反応…………118, 259
く
グアニン(G) ………291, 293
グッタペルカ………… 321
クメン ……………177, 193
クメン法…………193, 196
グリコーゲン………… 268
グリコシド結合 ……… 262
グリシン…………222, 224
グリセリン ………… 97, 279
クリック……………… 296
グリプタル樹脂 ……… 314
グルコース
……… 250, 251, 266, 272
グルタミン …………… 225
グルタミン酸………222, 225
クレゾール …………… 186
クロロプレン………… 322
クロロベンゼン ……… 167
け
ケクレ構造 ………157, 161
ケト-エノール互変異性 … 89
ケトース……………… 259
ケト形 ……………………89
ケトン ………………… 113
ケトン基…………………12
けん化 ……………150, 309
けん化価……………… 283
元素分析…………………18
こ
光学異性体 ………………33
硬化油 ………………… 284
高級アルコール系洗剤… 287
高級脂肪酸 …………… 280
硬水…………………… 285
合成高分子化合物……… 300
合成ゴム …… 302, 321, 322
合成樹脂……………… 302
合成繊維……………… 302
合成洗剤……………… 287
酵素…………………… 241
構造異性体 ………………33
酵母…………………… 261
混酸…………………… 165
さ
再生繊維……………… 274
ザイツェフ則………… 106
最適温度……………… 242
最適pH………………… 242
酢酸…………………… 128

酢酸エステル………… 276
酢酸ビニル ………… 94, 309
桜田一郎……………… 309
鎖式炭化水素……………10
サブユニット………… 238
さらし粉…………205, 206
サリチル酸…………… 198
サリチル酸メチル…199, 200
酸化開裂…………………81
酸化反応…………108, 179
酸化分解…………………81
三次構造……………… 236
三重結合…………………26
酸性アミノ酸………223, 225
三分子重合………………95
酸無水物…………133, 134
三量化……………………95
し
ジアステレオ異性体………51
ジアステレオマー…………51
ジアセチルセルロース… 275
ジアゾ化……………… 209
ジアゾカップリング
…………………209, 211
ジアゾニウムイオン …… 209
ジエチルエーテル…102, 104
ジエン系ゴム………… 322
ジカルボン酸………129, 130
脂環式炭化水素 …………10
シクロアルカン …………64
シクロヘキセン …… 68, 158
シス形……………………43
システイン …………222, 224
シス-トランス異性体
………………………33, 43
ジスルフィド結合……… 240
示性式……………………14
失活…………………… 242
シトシン(C) ………291, 293
ジニトロセルロース …… 275
ジペプチド …………… 237
脂肪…………………… 280
脂肪酸 ………………… 129
脂肪族炭化水素 …………10
脂肪油 ………………… 280
重合…………………… 300
重合体 ………………… 300
重合度 ………………… 300
重合反応…………………95
シュウ酸……………… 129
縮合重合…………301, 313
主鎖………………………59
酒石酸 ………………… 130
シュワイツァー試薬 …… 274
硝酸エステル………… 276
ショ糖 ………………… 263
白川英樹……………… 340
シリコーンゴム ……… 325
す
スクラーゼ ………241, 263
スクロース …………… 263
スチレン…… 177, 305, 334
スチレン-ブタジエンゴム
(SBR) ……………… 323
ステアリン酸………… 280
スルホン化 …………… 166
せ
生分解性樹脂………… 337
セッケン……………… 285
接触還元…………………74
セリン ……………222, 224
セルロース ………272, 274
セロハン……………… 274
セロビアーゼ………… 263
セロビオース………263, 272
繊維状タンパク質……… 239
旋光性……………………50
染料…………………… 210
そ
双性イオン …………… 227
相補的塩基対………… 294
ソーダ石灰管……………19
側鎖………………… 59, 222
組成式……………………21
た
第一級アルコール…. 99, 105
第三級アルコール…. 99, 105
第二級アルコール…. 99, 105
脱水反応…………104, 105
多糖…………………… 266
多糖類 ………………… 266
炭化水素…………………9
炭化水素基 ………………10
単結合 ……………………26
単純タンパク質 ……… 239
弾性…………………… 322
弾性ゴム…………321, 322
炭素繊維……………… 306
単糖…………………… 250
単糖類 ………………… 250
タンパク質 ………236, 296
単量体 ………………… 300
ち
置換反応…………………62
チマーゼ……………… 261
チミン(T) …………291, 293
抽出…………………… 214
中性アミノ酸………223, 224
チロシン…………222, 224
て
デオキシリボース…290, 291
デオキシリボ核酸…290, 291
デカン ……………………58
デキストリン
…………… 241, 266, 268
テトラフルオロエチレン
……………………… 307
テフロン……………… 307
テレフタル酸
………… 130, 179, 313
転移RNA……………… 297
転化…………………… 264
転化糖 ………………… 264
電気泳動……………… 229
電子吸引性 …………… 172
電子供与性 …………… 171

転写……………………… 298
天然ゴム………………… 321
デンプン…………241, 266
伝令RNA……………… 297

と

銅アンモニアレーヨン… 274
銅(Ⅰ)アセチリド………92
同族体 …………………61
導電性高分子………… 340
等電点 ……………229, 232
動物デンプン………… 268
糖類…………………… 250
トランス形 ……………43
トリアセチルセルロース
…………………… 275
トリグリセリド ……… 279
トリニトロトルエン(TNT)
…………………… 179
トリニトロセルロース… 275
トリニトロフェノール… 191
トリプシン …………… 241
トリプトファン ……… 225
トリブロモフェノール… 191
トリペプチド………… 237
トルエン…………167, 177
トレオニン …………… 224
トレハラーゼ………… 263
トレハロース………… 263

な

ナイロン6 …………… 316
ナイロン66(ナイロン6,6)
…………316, 317, 318
ナトリウムアルコキシド
…………………… 101
ナトリウムフェノキシド
…………………… 187
ナフタレン …………… 156
ナフトール …………… 186
生ゴム ………………… 321

に

二次構造……………… 236
二重結合………………26
二重らせん構造 ……… 294
二糖…………………… 262
二糖類 ………………… 262
ニトロ化…… 165, 179, 190
ニトログリセリン……… 147
ニトロセルロース……… 275
ニトロベンゼン ……165, 207
二分子重合 ……………95
乳化作用……………… 286
乳酸…………………… 130
乳酸発酵……………… 261
乳糖…………………… 263
尿素…………………… 331
尿素樹脂……………… 331
二量化 …………………95
ニンヒドリン反応……… 246

ぬ

ヌクレオシド………… 291
ヌクレオチド………… 291

ね

熱可塑性樹脂………… 302
熱硬化性樹脂
…………302, 303, 314
燃焼反応………………61

の

ノナン …………………58
ノボラック …………… 330

は

配向性 ………………… 169
バイルシュタイン試験……16
麦芽糖 ………………… 263
パラ(p-)体…………… 169
バリン ………………… 224
パルミチン酸………… 280
ハロゲン化 …………… 167
半合成繊維 …… 275, 276, 302

ひ

ビウレット反応 ……… 246
ピクリン酸 …………… 191
ビスコース …………… 274
ビスコースレーヨン …… 274
ヒスチジン …………… 225
必須アミノ酸………… 223
ヒドロキシアゾベンゼン
…………………… 209
ヒドロキシ基…………12, 97
ヒドロキシ酸………… 130
ビニルアルコール………90
ビニル基…………………90
ビニロン…………309, 310
ピラノース …………… 257

ふ

フィッシャー投影式 …… 252
フェーリング液の還元
……………118, 259
フェニルアラニン…222, 224
フェノール ………186, 193
フェノール樹脂 ……… 328
フェノール類………186, 187
フェノキシドイオン …… 187
付加重合…………301, 303
付加縮合…………301, 328
付加反応…………………70
不乾性油……………… 284
複合タンパク質 ……… 239
不斉炭素原子……………48
ブタジエン ………… 68, 322
フタル酸…… 130, 134, 179
ブタン ……………………58
ブチン ……………………88
フッ素ゴム …………… 325
ブテン ……………………67
ブドウ糖……………… 250
不飽和指数 ……………35
不飽和脂肪酸………… 129
不飽和炭化水素 …………10
不飽和度……………35, 37
フマル酸……………… 129
フラノース ………257, 265
フルクトース………250, 257
プロパノール……………97
プロパン…………………58
プロパントリオール
……………… 97, 279
プロピオン酸………… 128

プロピル基……………………11
プロピレン…………………305
プロピン……………………88
プロペン……………67, 305
ブロモベンゼン……………168
プロリン……………………224
分液ろうと…………………216
分子間脱水…………………104
分子式………………………22
分子内脱水…………104, 106

へ

平面偏光……………………50
ベークライト………………328
ヘキサクロロシクロヘキサン
　……………………………162
ヘキサメチレンジアミン
　……………………………316
ヘキサン……………………58
ヘキスト・ワッカー法……114
ペプシン……………………241
ヘプタン……………………58
ペプチド……………………237
ペプチド結合………………237
ヘミアセタール……………258
ヘミアセタール構造………262
変性…………………………240
ベンゼン……………………156
ベンゼンスルホン酸………165
ベンゼンヘキサクロリド
　(BHC)……………………162
ペンタン……………………58

ほ

芳香族化合物………………157
芳香族カルボン酸…………130
芳香族炭化水素………10, 177
飽和脂肪酸…………………129
飽和炭化水素………………10
ポリアクリル酸ナトリウム
　……………………………339
ポリアクリロニトリル……305
ポリアセチレン………95, 340
ポリアミド…………………316
ポリイソプレン……321, 322
ポリエステル………………313
ポリエチレン………………303
ポリエチレンテレフタラート
　(PET)……………………313
ポリ塩化ビニル……………305
ポリカーボネート…………315
ポリグリコール酸…………337
ポリクロロプレン…………322
ポリ酢酸ビニル……………309
ポリスチレン………305, 334
ポリテトラフルオロエチレン
　……………………………307
ポリ乳酸……………………337
ポリビニルアルコール
　……………………………309
ポリブタジエン……………322
ポリプロピレン……………312
ポリペプチド………………237
ポリマー……………………300
ポリメタクリル酸メチル
　……………………………307
ホルマリン…………………114
ホルミル基…………………12
ホルムアルデヒド……113, 114
翻訳…………………………298

ま

マルコフニコフ則
　………………………70, 72, 73
マルターゼ……241, 263, 266
マルトース…………………263
マレイン酸…………129, 133

む

無水酢酸……………………133
無水フタル酸………134, 162
無水マレイン酸……133, 162

め

メソ化合物…………………52
メソ体………………………52
メタクリル酸………………307
メタクリル酸メチル………307
メタ(m-)体………………169
メタノール…………………97
メタ配向性…………170, 173
メタン………………58, 62
メチオニン…………222, 224
メチル基……………………11
メチルプロペン……………67
メラミン……………………331
メラミン樹脂………………331

も

モダクリル繊維……………306
モノマー……………………300

や

ゆ

有機化合物…………………8
油脂…………………………279
ユリア樹脂…………………331

よ

陽イオン交換樹脂…………334
ヨウ素価……………………283
ヨウ素デンプン反応
　…………………266, 268
ヨードホルム………………120
ヨードホルム反応…………120
四次構造……………………236

ら

ラジカル……………………63
ラクターゼ…………………263
ラクトース…………………263
ラセミ体……………………51
ラテックス…………………321

り

リサイクル…………………338
リシン………………222, 225
立体異性体…………………33
リノール酸…………………280
リノレン酸…………………280
リパーゼ……………………241
リボース……………290, 291
リボ核酸……………………290
リボソーム…………………298
リボソームRNA……………297
リンゴ酸……………………130

リン脂質………………… 289
れ
レーヨン………………… 274
レゾール………………… 330
ろ
ロイシン………………… 224
わ
ワトソン………………… 296

MEMO

MEMO

MEMO

MEMO

鎌田の
有機化学の講義

五訂版

DO Series

別冊

入試で使える
最重要Point
総整理

旺文社

鎌田の
有機化学の講義

五訂版

別冊

入試で使える

最重要Point 総整理

DO Series

試験勉強には「筋道を立てて理解しながら知識を頭に入れるインプット作業」と「頭に入れた知識を状況に応じて素早く正確にとり出すアウトプット作業」の2つの面があります。

この別冊はアウトプット作業の練習用ステージです。ある程度インプット作業が進んだら，付属の赤セルシートで隠して即座に知識がとり出せるように，くり返し練習しましょう。

旺文社

入試必出

反応の流れ図

入試でよく出題される有機化合物の反応を流れ図にしてまとめました。□内の化合物の構造式や名前が頭にパッと思い浮かぶようになるまで，練習しましょう。＊印のものは，最初は飛ばしてもかまいません。

炭化水素

1 メタンからの反応

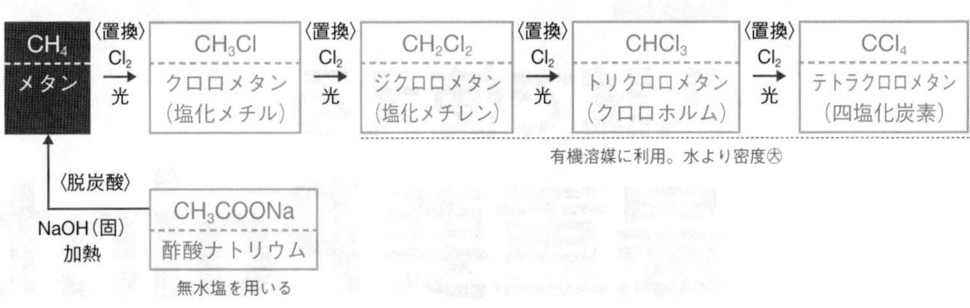

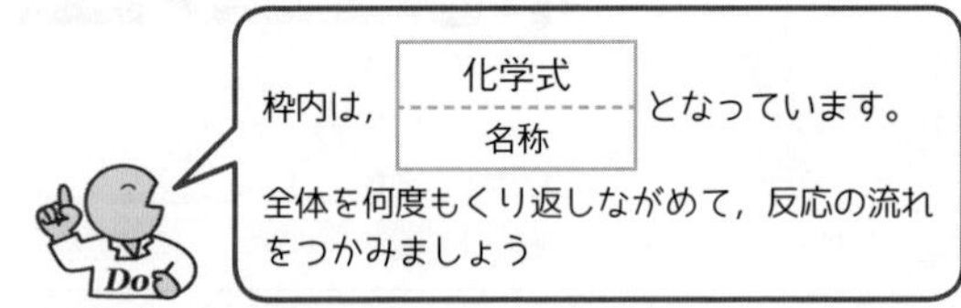

枠内は，
化学式
名称
となっています。
全体を何度もくり返しながめて，反応の流れをつかみましょう
Do

2 エチレンからの反応

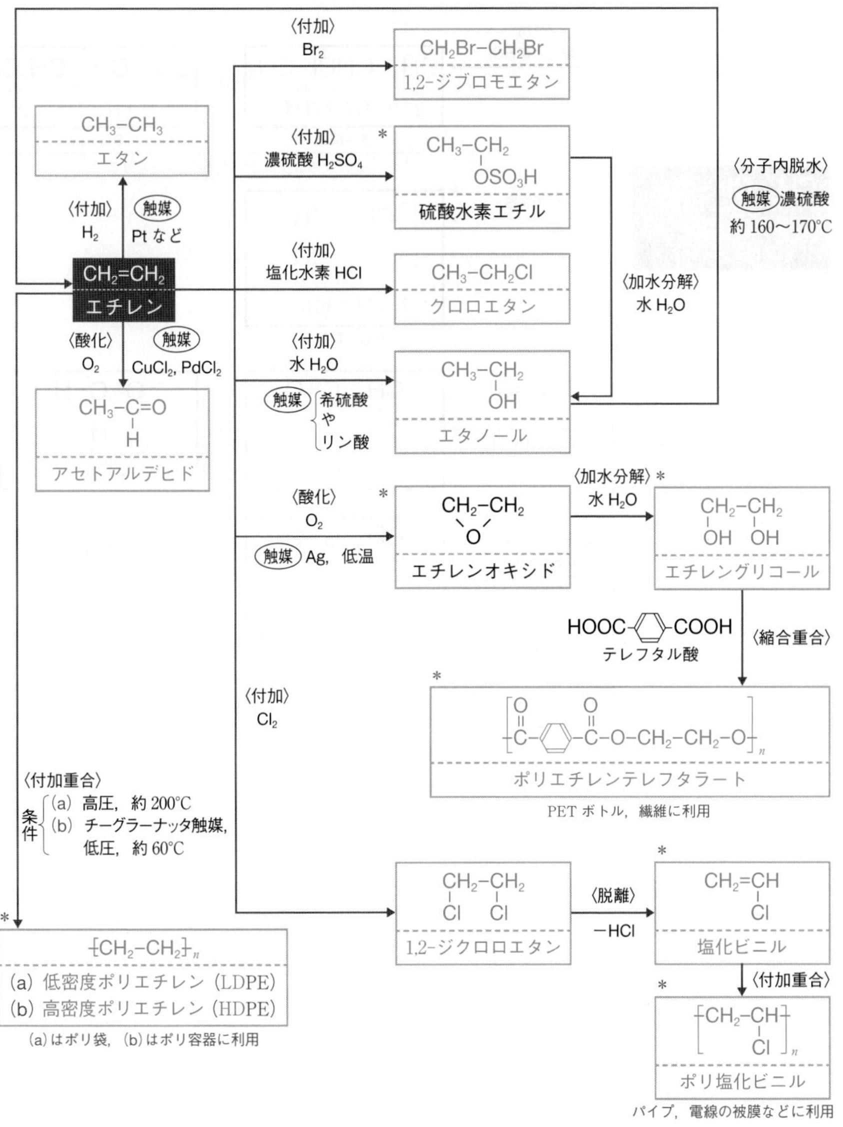
〈付加〉
Br_2
CH_2Br-CH_2Br
1,2-ジブロモエタン
CH_3-CH_3
エタン
〈付加〉
濃硫酸 H_2SO_4
$CH_3-CH_2-OSO_3H$
硫酸水素エチル
〈分子内脱水〉
触媒 濃硫酸
約 160～170℃
〈付加〉
H_2
触媒
Pt など
$CH_2=CH_2$
エチレン
〈付加〉
塩化水素 HCl
CH_3-CH_2Cl
クロロエタン
〈加水分解〉
水 H_2O
〈酸化〉
O_2
触媒
$CuCl_2$, $PdCl_2$
〈付加〉
水 H_2O
触媒 希硫酸 や リン酸
CH_3-CH_2-OH
エタノール
CH_3-CHO
アセトアルデヒド
〈酸化〉
O_2
触媒 Ag，低温
エチレンオキシド
〈加水分解〉
水 H_2O
$CH_2(OH)-CH_2(OH)$
エチレングリコール
HOOC-⬡-COOH
テレフタル酸
〈縮合重合〉
〈付加〉
Cl_2
ポリエチレンテレフタラート
PET ボトル，繊維に利用
〈付加重合〉
条件 (a) 高圧，約 200℃
(b) チーグラーナッタ触媒，低圧，約 60℃
CH_2Cl-CH_2Cl
1,2-ジクロロエタン
〈脱離〉
$-HCl$
$CH_2=CHCl$
塩化ビニル
〈付加重合〉
$\{CH_2-CH_2\}_n$
(a) 低密度ポリエチレン (LDPE)
(b) 高密度ポリエチレン (HDPE)
(a)はポリ袋，(b)はポリ容器に利用
ポリ塩化ビニル
パイプ，電線の被膜などに利用

③ プロペンからの反応

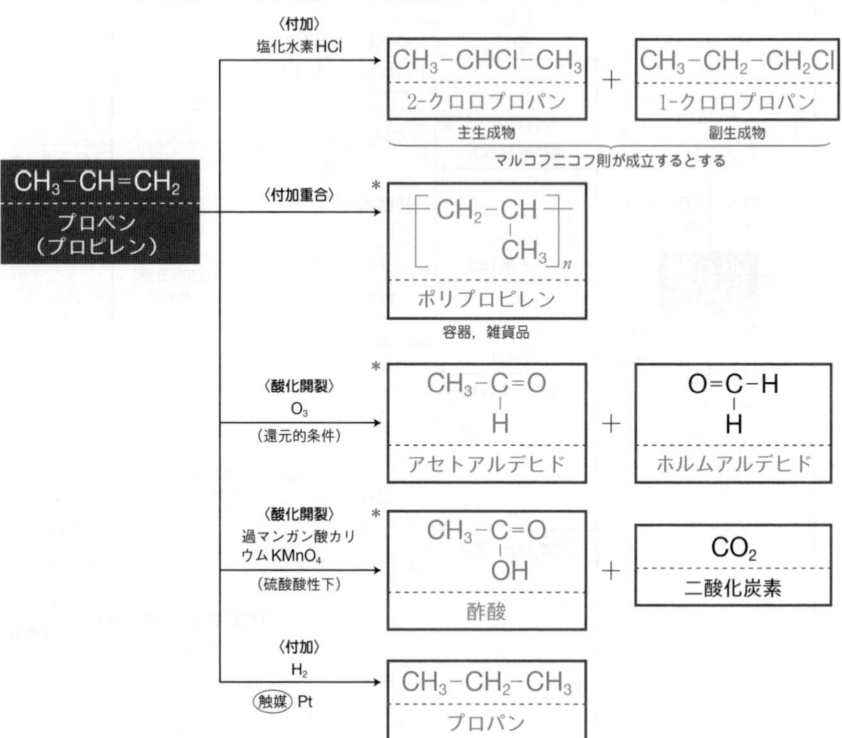

〈付加〉
塩化水素HCl
CH₃−CHCl−CH₃
2-クロロプロパン
CH₃−CH₂−CH₂Cl
1-クロロプロパン
主生成物
副生成物
マルコフニコフ則が成立するとする
CH₃−CH=CH₂
プロペン
（プロピレン）
〈付加重合〉
ポリプロピレン
容器，雑貨品
〈酸化開裂〉
O₃
（還元的条件）
アセトアルデヒド
ホルムアルデヒド
〈酸化開裂〉
過マンガン酸カリウムKMnO₄
（硫酸酸性下）
酢酸
CO₂
二酸化炭素
〈付加〉
H₂
触媒 Pt
CH₃−CH₂−CH₃
プロパン

4 アセチレンからの反応

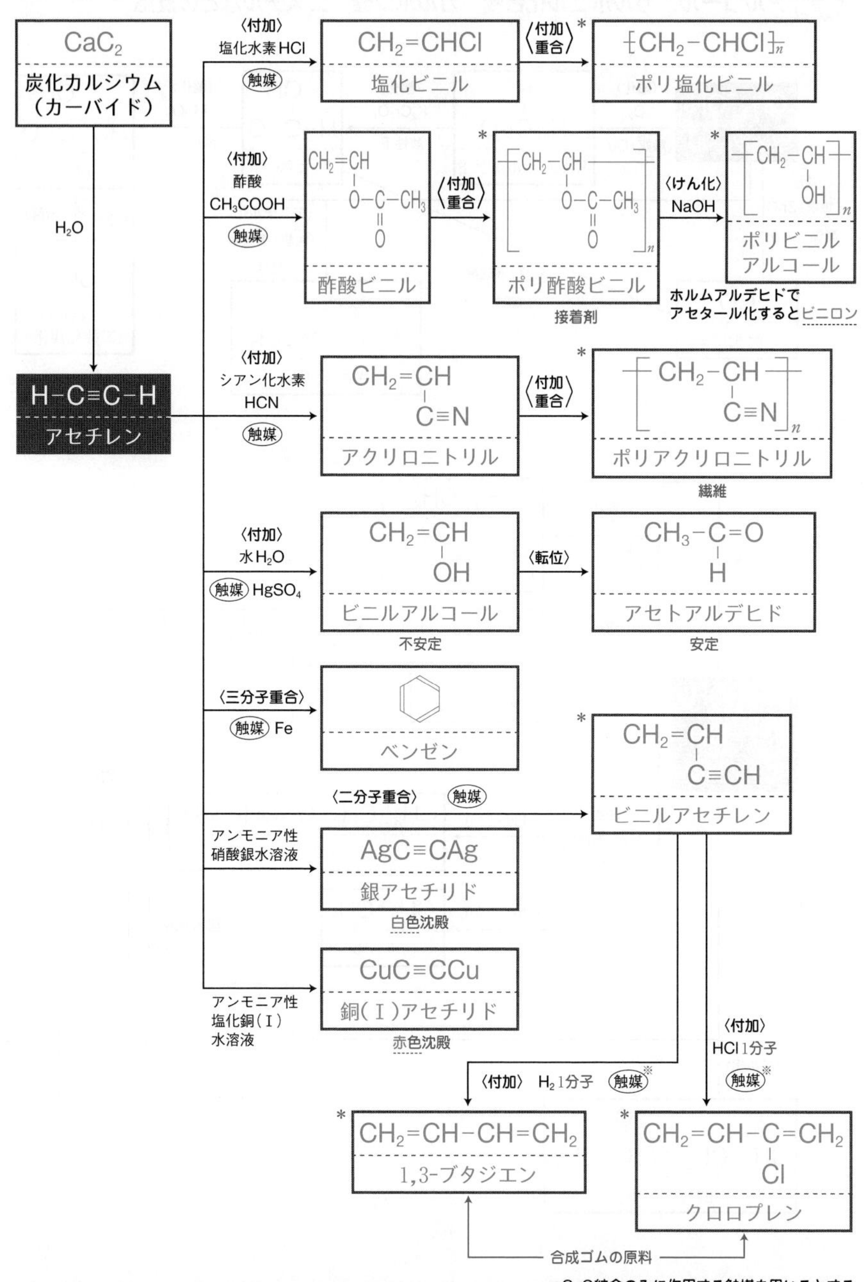

5 アルコール，カルボニル化合物，カルボン酸，エステルなどの反応

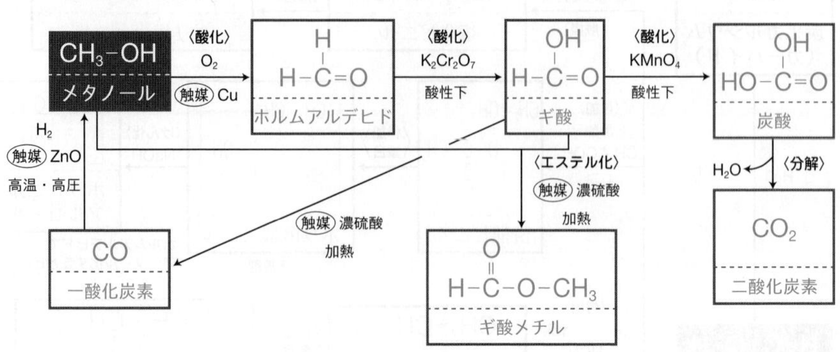

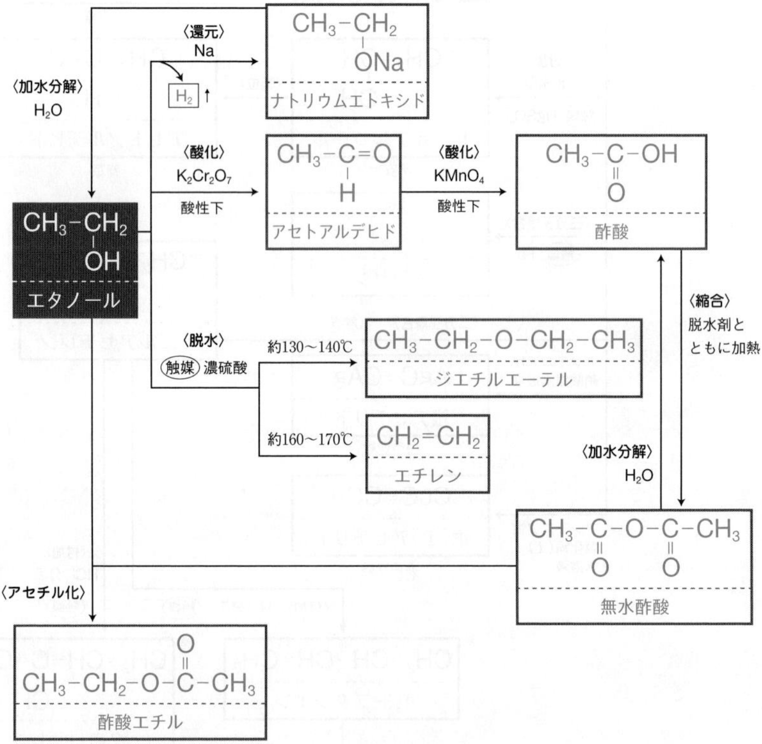

CH3−CH2
ONa
ナトリウムエトキシド
〈還元〉
Na
H2 ↑
〈加水分解〉
H2O
〈酸化〉
K2Cr2O7
酸性下
CH3−C=O
H
アセトアルデヒド
〈酸化〉
KMnO4
酸性下
CH3−C−OH
O
酢酸
CH3−CH2
OH
エタノール
〈縮合〉
脱水剤と
ともに加熱
〈脱水〉
触媒 濃硫酸
約130～140℃
CH3−CH2−O−CH2−CH3
ジエチルエーテル
約160～170℃
CH2=CH2
エチレン
〈加水分解〉
H2O
CH3−C−O−C−CH3
O O
無水酢酸
〈アセチル化〉
O
CH3−CH2−O−C−CH3
酢酸エチル

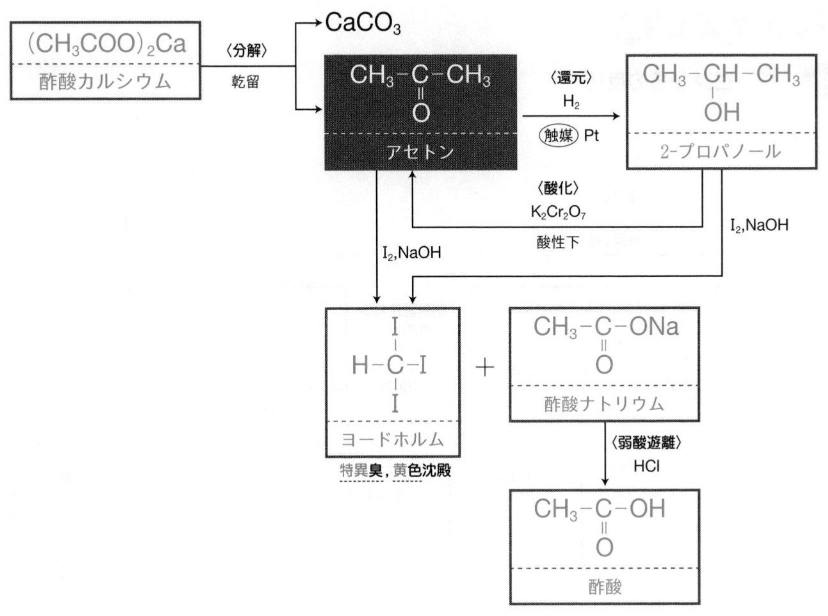

6 油脂の反応

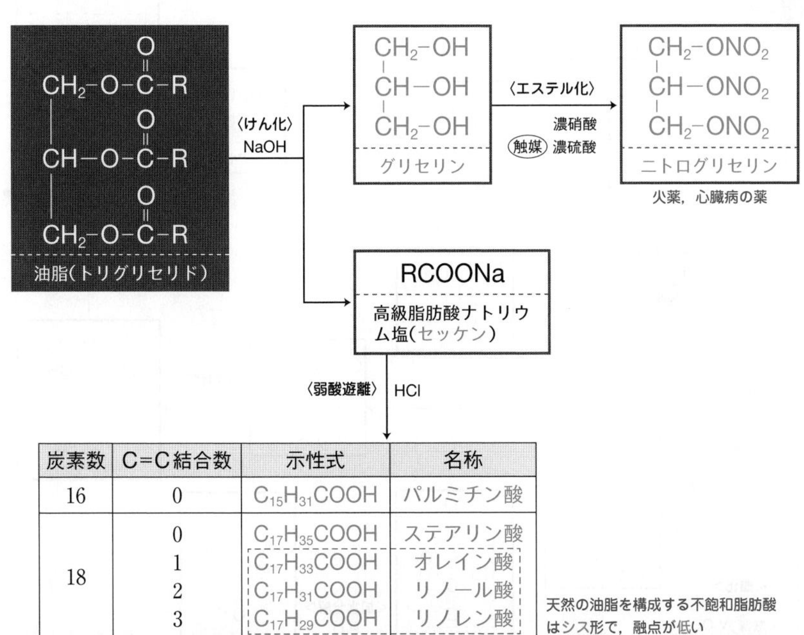

炭素数	C=C結合数	示性式	名称
16	0	$C_{15}H_{31}COOH$	パルミチン酸
18	0	$C_{17}H_{35}COOH$	ステアリン酸
	1	$C_{17}H_{33}COOH$	オレイン酸
	2	$C_{17}H_{31}COOH$	リノール酸
	3	$C_{17}H_{29}COOH$	リノレン酸

天然の油脂を構成する不飽和脂肪酸はシス形で，融点が低い

7 ベンゼンからの反応

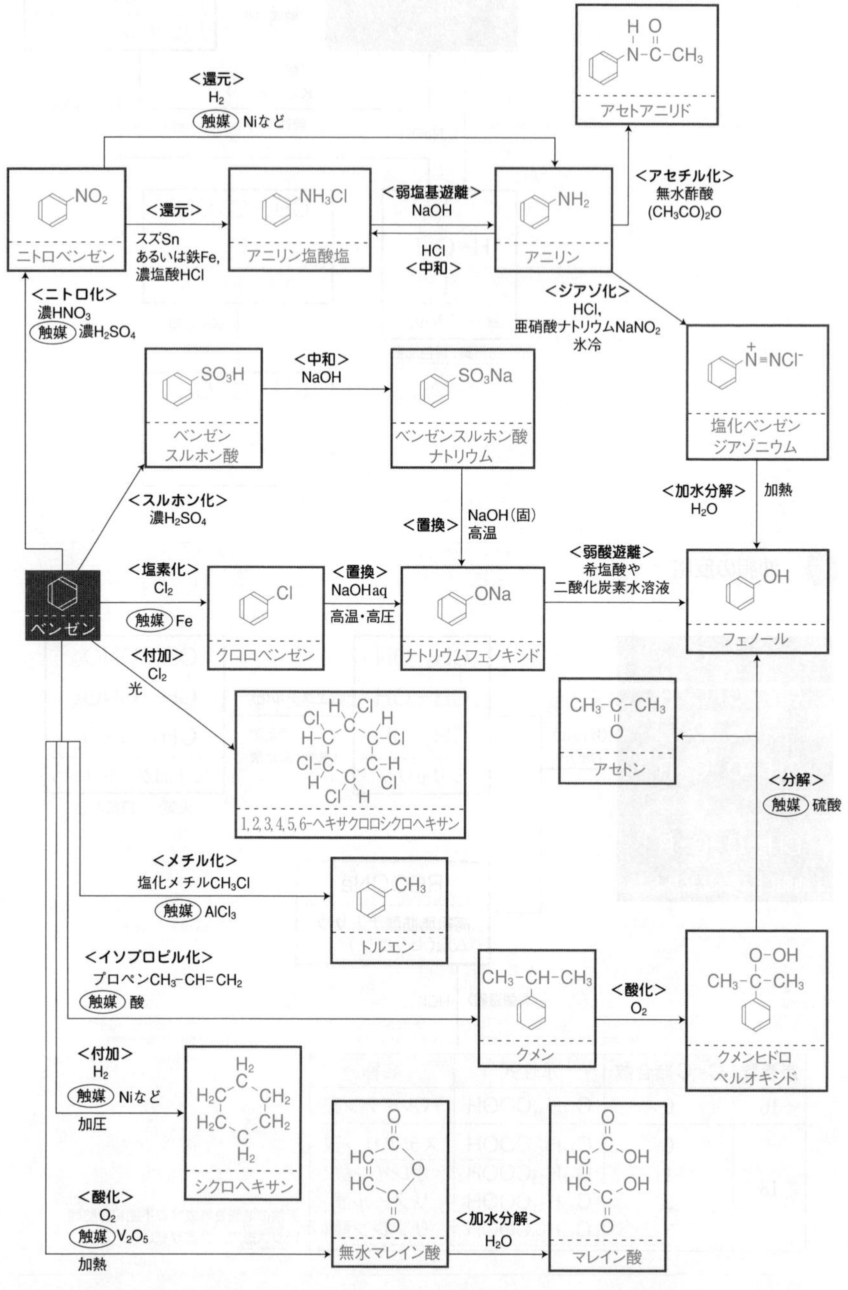

ベンゼン

<ニトロ化>
濃HNO_3
触媒 濃H_2SO_4

ニトロベンゼン ($C_6H_5-NO_2$)

<還元>
H_2
触媒 Niなど
→ アニリン

<還元>
スズSn
あるいは鉄Fe,
濃塩酸HCl
→ アニリン塩酸塩 ($C_6H_5-NH_3Cl$)

<弱塩基遊離>
NaOH
→ アニリン ($C_6H_5-NH_2$)

HCl
<中和>
(アニリン → アニリン塩酸塩)

<アセチル化>
無水酢酸
$(CH_3CO)_2O$
→ アセトアニリド ($C_6H_5-NH-CO-CH_3$)

<ジアゾ化>
HCl,
亜硝酸ナトリウム$NaNO_2$
氷冷
→ 塩化ベンゼンジアゾニウム ($C_6H_5-N^+{\equiv}NCl^-$)

<加水分解>
H_2O
加熱
→ フェノール

<スルホン化>
濃H_2SO_4
→ ベンゼンスルホン酸 ($C_6H_5-SO_3H$)

<中和>
NaOH
→ ベンゼンスルホン酸ナトリウム ($C_6H_5-SO_3Na$)

<置換>
NaOH(固)
高温
→ ナトリウムフェノキシド

<塩素化>
Cl_2
触媒 Fe
→ クロロベンゼン (C_6H_5-Cl)

<置換>
NaOHaq
高温・高圧
→ ナトリウムフェノキシド (C_6H_5-ONa)

<弱酸遊離>
希塩酸や
二酸化炭素水溶液
→ フェノール (C_6H_5-OH)

<付加>
Cl_2
光
→ 1, 2, 3, 4, 5, 6-ヘキサクロロシクロヘキサン ($C_6H_6Cl_6$)

<メチル化>
塩化メチルCH_3Cl
触媒 $AlCl_3$
→ トルエン ($C_6H_5-CH_3$)

<イソプロピル化>
プロペン$CH_3-CH=CH_2$
触媒 酸
→ クメン ($CH_3-CH(C_6H_5)-CH_3$)

<酸化>
O_2
→ クメンヒドロペルオキシド ($CH_3-C(C_6H_5)(O-OH)-CH_3$)

<分解>
触媒 硫酸
→ フェノール、アセトン ($CH_3-CO-CH_3$)

<付加>
H_2
触媒 Niなど
加圧
→ シクロヘキサン (C_6H_{12})

<酸化>
O_2
触媒 V_2O_5
加熱
→ 無水マレイン酸

<加水分解>
H_2O
→ マレイン酸 ($HOOC-CH=CH-COOH$)

8 芳香族炭化水素の反応

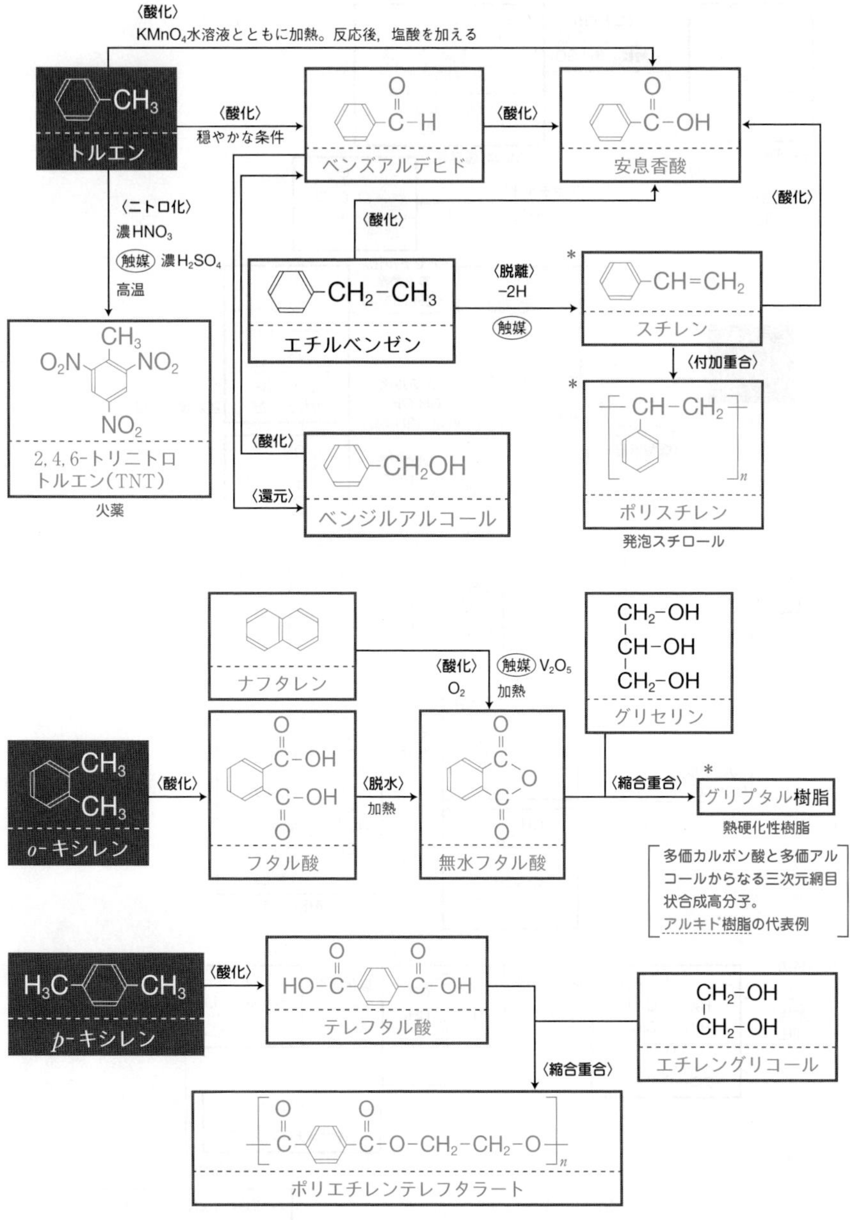
〈酸化〉
KMnO₄水溶液とともに加熱。反応後，塩酸を加える
トルエン
〈酸化〉
穏やかな条件
ベンズアルデヒド
〈酸化〉
安息香酸
〈ニトロ化〉
濃HNO₃
触媒 濃H₂SO₄
高温
2,4,6-トリニトロトルエン(TNT)
火薬
〈酸化〉
エチルベンゼン
〈脱離〉
−2H
触媒
スチレン
〈酸化〉
〈付加重合〉
ポリスチレン
発泡スチロール
〈酸化〉
〈還元〉
ベンジルアルコール
ナフタレン
〈酸化〉
O₂
触媒 V₂O₅
加熱
グリセリン
o-キシレン
〈酸化〉
フタル酸
〈脱水〉
加熱
無水フタル酸
〈縮合重合〉
グリプタル樹脂
熱硬化性樹脂
多価カルボン酸と多価アルコールからなる三次元網目状合成高分子。
アルキド樹脂の代表例
p-キシレン
〈酸化〉
テレフタル酸
エチレングリコール
〈縮合重合〉
ポリエチレンテレフタラート

9 フェノールからの反応

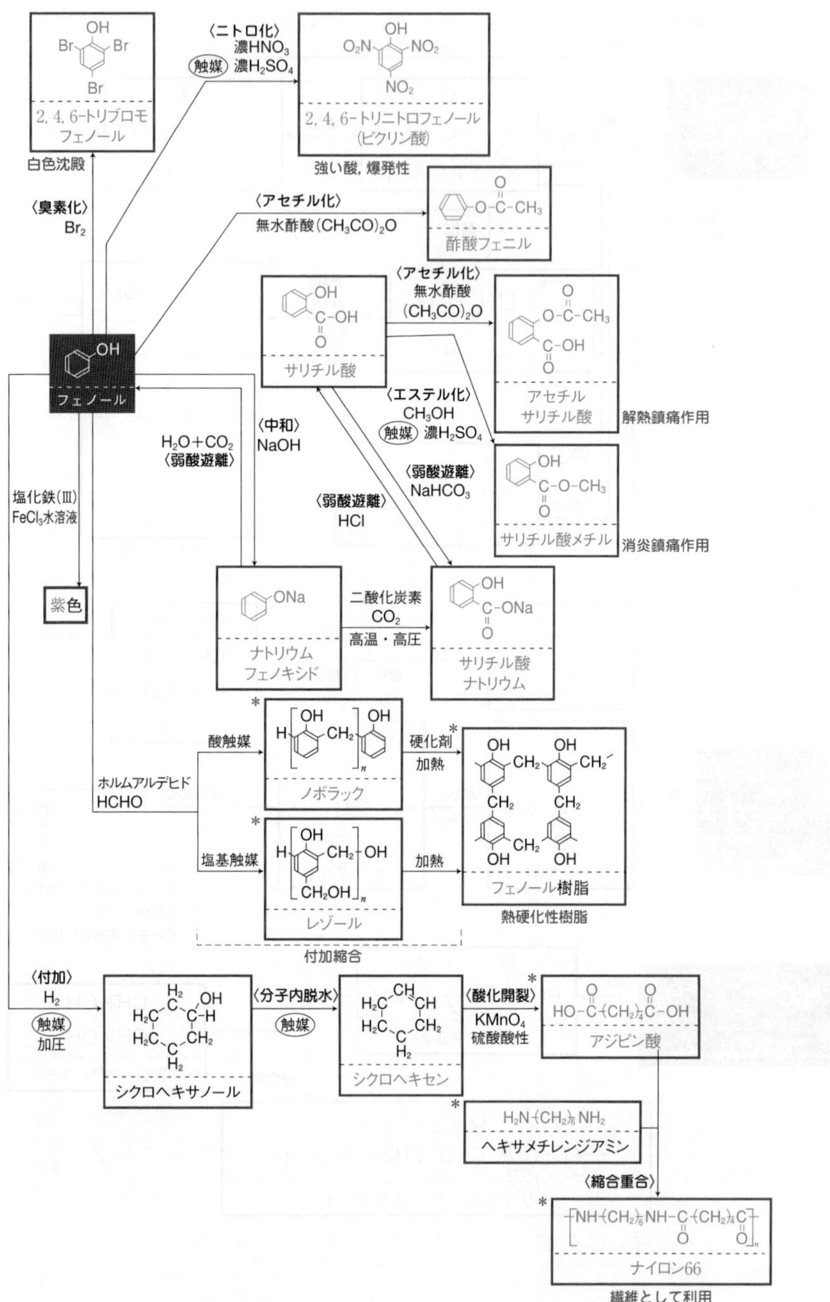

▶窒素を含む有機化合物

10 アニリンからの反応

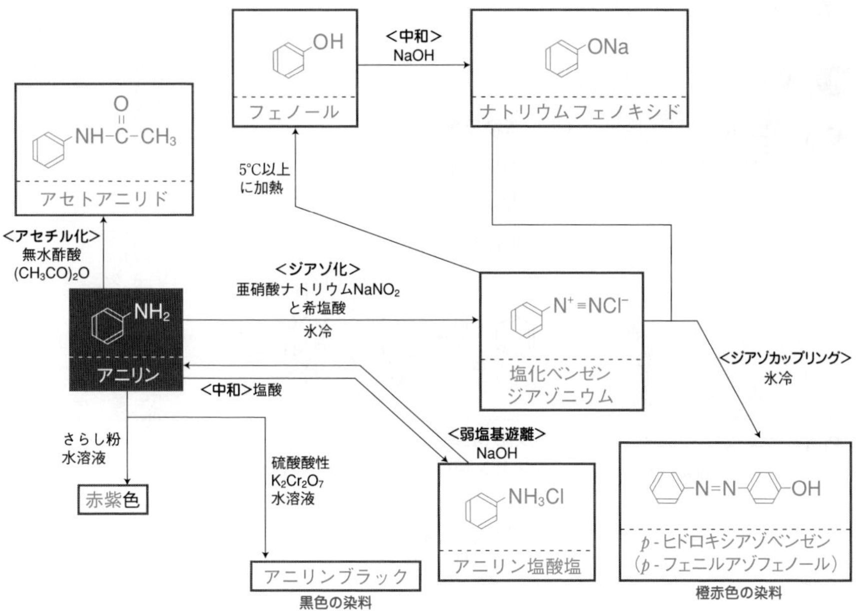

11 アミノ樹脂の合成

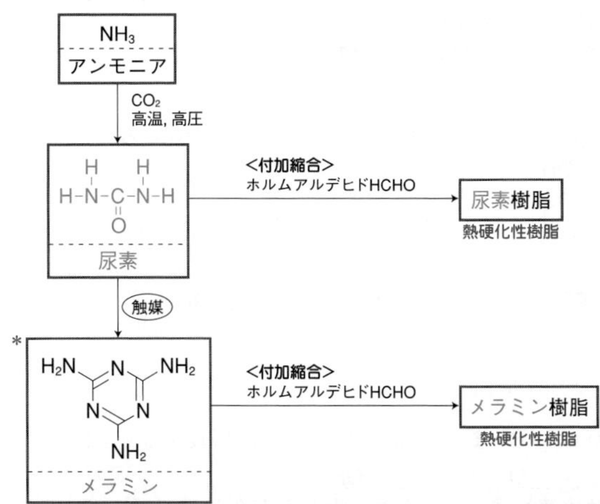

入試必出　試薬から反応を予測する

「Aに水酸化ナトリウム水溶液を加えて加熱すると，Bが得られた」というように，試薬から反応を予測する力を身につける必要があります。代表的なものを選びましたので，練習してください。

1　Cl_2

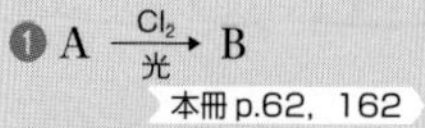

❶ A $\xrightarrow[\text{光}]{Cl_2}$ B　本冊 p.62，162

（i）置換反応

$$\text{H-C} \xrightarrow[\text{光}]{Cl_2} \text{Cl-C}$$

（ii）付加反応

$$C_6H_6 \xrightarrow[\text{光（紫外線）}]{Cl_2} C_6H_6Cl_6$$

❷ A $\xrightarrow[Fe]{Cl_2}$ B　本冊 p.165

置換反応（塩素化）

ベンゼン環の側鎖がHからClへ置換される。

$$C_6H_6 \xrightarrow[Fe]{Cl_2} C_6H_5Cl$$

2　Br_2

❶ A $\xrightarrow{Br_2}$ B　本冊 p.89

Br_2 の赤褐色が消失するとき，たいていはAはC=C結合やC≡C結合をもち，Aに Br_2 が付加したと考えられる。

❷ A $\xrightarrow[Fe]{Br_2}$ B　本冊 p.168

置換反応（臭素化）

ベンゼン環のHがBrへ置換される。

❸ A $\xrightarrow{Br_2}$ 白色沈殿↓　本冊 p.190

置換反応

フェノールは，鉄触媒がなくても臭素化が起こる。

$$C_6H_5OH \xrightarrow{Br_2} C_6H_2Br_3OH \downarrow \text{（白）}$$

補足　アニリンなどでも類似の反応が起こる。

3　I_2

A $\xrightarrow[\text{加熱}]{I_2 + NaOHaq}$ 黄色沈殿↓（特異臭）　本冊 p.120

Aが $CH_3-C(=O)-$ または $CH_3-CH(OH)-$ の構造（隣接する原子は炭素または水素である）をもつ。生じた黄色沈殿はヨードホルム（CHI_3）である。

4 NaOH

❶ A $\xrightarrow{\text{NaOHaq}}$ B

本冊 p.132, 188, 206

中和反応や弱塩基遊離反応

A はカルボン酸やフェノール類などの酸, または, アニリン塩酸塩のような弱塩基の塩であり, H^+ を奪われる。

$$\begin{cases} RCOOH + NaOH \longrightarrow RCOONa + H_2O \\ C_6H_5\text{-}OH + NaOH \longrightarrow C_6H_5\text{-}ONa + H_2O \\ C_6H_5\text{-}NH_3Cl + NaOH \longrightarrow C_6H_5\text{-}NH_2 + H_2O + NaCl \end{cases}$$

❷ A $\xrightarrow[\text{高温・高圧}]{\text{NaOHaq}}$ B

本冊 p.193

フェノールの合成

$$C_6H_5\text{-}Cl \xrightarrow[\text{高温, 高圧}]{\text{NaOHaq}} C_6H_5\text{-}ONa \xrightarrow{H^+} C_6H_5\text{-}OH$$

フェノール

❸ A $\xrightarrow[\text{加熱}]{\text{NaOHaq}}$ B

本冊 p.150

エステルやアミドの加水分解反応である場合が多い。

$$R\text{-}C(=O)\text{-}O\text{-}R' + NaOH \longrightarrow R\text{-}C(=O)\text{-}ONa + R'\text{-}OH$$

エステル

$$R\text{-}C(=O)\text{-}N(H)\text{-}R' + NaOH \longrightarrow R\text{-}C(=O)\text{-}ONa + R'\text{-}NH_2$$

アミド

補足 カルボン酸やフェノール類は, 中和されてナトリウム塩が生じるので注意。

❹ A $\xrightarrow[\text{高温}]{\text{NaOH(固)}}$ B

本冊 p.193

アルカリ融解によるフェノールの合成

$$C_6H_5\text{-}SO_3H \xrightarrow[\text{中和}]{\text{NaOH}} C_6H_5\text{-}SO_3Na \xrightarrow[\text{高温}]{\text{NaOH(固)}} C_6H_5\text{-}ONa$$

ベンゼンスルホン酸　ベンゼンスルホン酸ナトリウム

$$\xrightarrow{H^+} C_6H_5\text{-}OH$$

フェノール

❺ A $\xrightarrow[\text{加熱}]{\text{NaOH, }CuSO_4\text{, 酒石酸塩の混合溶液}}$ 赤色沈殿↓

本冊 p.118

フェーリング液の還元である。A は $-C(=O)-H$ (ホルミル(アルデヒド)基) をもち, 生じた赤色沈殿は酸化銅(Ⅰ)(Cu_2O)である。

$$RCHO + 2Cu^{2+} + 5OH^- \longrightarrow RCOO^- + Cu_2O\downarrow + 3H_2O$$

(赤色)

❻ A(Na塩) $\xrightarrow[\text{加熱}]{\text{NaOH}}$ CH_4

本冊 p.139

A は CH_3COONa である。

$$CH_3COONa + NaOH \longrightarrow CH_4 + Na_2CO_3$$

5 Na

A $\xrightarrow{\text{Na}}$ $H_2\uparrow$

本冊 p.101

A は $-OH$, $-COOH$ のような H^+ を電離可能な官能基をもつ。

$$2ROH + 2Na \longrightarrow 2RONa + H_2$$

6 HCl

❶ A $\xrightarrow{HCl}$ B

本冊 p.70, 214

（i）中和反応や弱酸遊離反応

Aはアミンやカルボン酸，フェノール類の塩であり，H^+を受け取る。

RNH_2 ＋ HCl ⟶ RNH_3Cl

RCOONa ＋ HCl ⟶ RCOOH ＋ NaCl

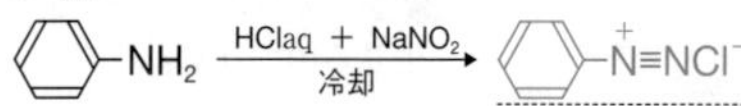

（ii）付加反応

>C=C< ＋ HCl ⟶ −C(H)−C(Cl)−

❷ A $\xrightarrow[加熱]{濃塩酸}$ B

本冊 p.143

AにNとOが含まれていると，アミドの加水分解反応である可能性が大きい。

R−NH−C(=O)−R′ ＋ HCl ＋ H_2O ⟶ R−NH_3Cl ＋ R′−C(=O)−OH

❸ A $\xrightarrow{Sn または Fe と塩酸}$ B

本冊 p.207

ベンゼン環に結合したニトロ基が還元されて，アミノ基に換わる。

C_6H_5−NO_2 $\xrightarrow{Sn または Fe,\ HCl}$ C_6H_5−NH_3Cl $\xrightarrow{OH^-}$ C_6H_5−NH_2

❹ A $\xrightarrow[冷却]{HClaq ＋ NaNO_2}$ B

本冊 p.209

ジアゾ化

C_6H_5−NH_2 $\xrightarrow[冷却]{HClaq ＋ NaNO_2}$ C_6H_5−$\overset{+}{N}$≡NCl^-

補足 5℃以下に冷却しないと加水分解するので注意。

C_6H_5−N_2^+ ＋ H_2O ⟶ C_6H_5−OH ＋ N_2 ＋ H^+

7 HNO_3

❶ A $\xrightarrow[加熱]{濃 HNO_3 ＋ 濃 H_2SO_4}$ B

本冊 p.165, 275

（i）ニトロ化

ベンゼン環のHがNO_2に換わる。

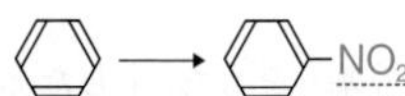

（ii）グリセリンやセルロースなどの硝酸エステル化

R−OH ⟶ R−O−NO_2

補足 濃硫酸は触媒。Aのもつ官能基によって，触媒や加熱が不要な場合もある。

❷ A（タンパク質）$\xrightarrow[加熱]{濃硝酸}$ 黄色

本冊 p.246

タンパク質水溶液に濃硝酸を加えて加熱すると黄色になり，さらにアンモニア水を加えると橙黄色になる反応をキサントプロテイン反応という。Aにはチロシンやフェニルアラニンのような芳香族アミノ酸が含まれる。

❽ H_2SO_4

❶ A $\xrightarrow{H_2SO_4aq}$ B

本冊 p.70，150

(i) 中和反応や弱酸遊離反応

Aはアミンやカルボン酸，フェノール類の塩であり，H^+を受け取る。❻ HCl の❶と同様。

(ii) H_2O の付加反応で用いる酸触媒

$$>C=C< \xrightarrow[\text{希硫酸}]{H_2O} -\underset{H}{\underset{|}{C}}-\underset{OH}{\underset{|}{C}}-$$

(iii) クメンヒドロペルオキシドの分解で用いる酸触媒

$$C_6H_5-C(CH_3)_2-O-O-H \xrightarrow{\text{希硫酸}} C_6H_5-OH + CH_3-\overset{O}{\overset{\|}{C}}-CH_3$$

(iv) エステルやグリコシド結合の加水分解で用いる酸触媒

$$R-\overset{O}{\overset{\|}{C}}-O-R' + H_2O \xrightarrow{\text{希硫酸}} R-\overset{O}{\overset{\|}{C}}-OH + R'-OH$$

$$(\text{環}\ C-O)\ C-O-R + H_2O \xrightarrow{\text{希硫酸}} (\text{環}\ C-O)\ C-OH + R-OH$$

補足 触媒で用いる場合は，反応速度をさらに上げるために加熱することが多い。

---

❷ A $\xrightarrow[\text{加熱}]{\text{濃硫酸}}$ B

本冊 p.104，144，165

(i) スルホン化

ベンゼン環のHが SO_3H に換わる。

$$C_6H_6 \longrightarrow C_6H_5-SO_3H$$

(ii) 脱水反応の触媒

① アルコールの分子内脱水

$$-\underset{H}{\underset{|}{C}}-\underset{OH}{\underset{|}{C}}- \longrightarrow >C=C< + H_2O$$

② アルコールの分子間脱水

$$2R-OH \longrightarrow R-O-R + H_2O$$

③ ギ酸の脱水

$$HCOOH \longrightarrow CO + H_2O$$

④ エステルの合成

$$R-OH + R'-\overset{O}{\overset{\|}{C}}-OH \longrightarrow R-O-\overset{O}{\overset{\|}{C}}-R' + H_2O$$

9 CO_2

❶ A $\xrightarrow{CO_2aq}$ B

本冊 p.188

フェノール類の塩の弱酸遊離反応

$$C_6H_5\text{-ONa} + CO_2 + H_2O \longrightarrow C_6H_5\text{-OH} + NaHCO_3$$

補足 フェノールは炭酸(H_2CO_3 の第1電離)より H^+ を出しにくく，酸として弱い。

❷ A $\xrightarrow[\text{高温・高圧}]{CO_2}$ B

本冊 p.199

サリチル酸の合成

$$C_6H_5\text{-ONa} \xrightarrow[\text{高温，高圧}]{CO_2} C_6H_4(OH)COONa \xrightarrow{H^+} C_6H_4(OH)COOH$$

サリチル酸

10 $NaHCO_3$

A $\xrightarrow{NaHCO_3aq}$ CO_2↑

本冊 p.132

A が C，H，O からなる場合，カルボキシ基をもつ。

$$RCOOH + NaHCO_3 \longrightarrow RCOONa + CO_2 + H_2O$$

補足 カルボン酸は炭酸より H^+ を出しやすく，酸として強い。

11 無水酢酸 $(CH_3CO)_2O$

A $\xrightarrow{(CH_3CO)_2O}$ B

本冊 p.144

A がアルコール性(またはフェノール性)ヒドロキシ基や，アミノ基をもつ。アセチル化によって酢酸エステルや酢酸アミドが生成する。

$$\begin{cases} R\text{-}OH \xrightarrow{\text{アセチル化}} R\text{-}O\text{-}C(=O)\text{-}CH_3 \\ R\text{-}NH_2 \xrightarrow{\text{アセチル化}} R\text{-}NH\text{-}C(=O)\text{-}CH_3 \end{cases}$$

12 $KMnO_4$，$K_2Cr_2O_7$，O_2，O_3

A $\xrightarrow{KMnO_4,\ K_2Cr_2O_7,\ O_2,\ O_3\text{ など}}$ B

本冊 p.61, 81, 108, 162, 179, 193

A が酸化されている。燃焼反応，C=C の酸化，第一級アルコールや第二級アルコールの酸化，アルキルベンゼンの側鎖の炭化水素基の酸化などいろいろ考えられる。

13 $(CH_3COO)_2Pb$

A $\xrightarrow[\text{(CH}_3\text{COO)}_2\text{Pb を加える}]{\text{Na あるいは NaOH と加熱した後}}$ 黒色沈殿↓

本冊 p.16, 246

A は S を含む。黒色沈殿は PbS である。

14 H_2

A $\xrightarrow[\text{Pt, Ni, Pd}]{H_2}$ B

本冊 p.74, 89, 117, 207

A が還元されている。

（i）水素付加

>C=C< ⟶ –CH–CH–
アルケン類

–C≡C– ⟶ –CH=CH– ⟶ $-CH_2-CH_2-$
アルキン類

R–C(=O)–H ⟶ $R-CH_2$–OH
アルデヒド

R–C(=O)–R′ ⟶ R–CH(OH)–R′
ケトン

（ii）ニトロ基の還元

$C_6H_5-NO_2$ ⟶ $C_6H_5-NH_2$

15 $FeCl_3$

A $\xrightarrow{FeCl_3aq}$ 呈色（紫系統が多い）

本冊 p.187

A はフェノール性ヒドロキシ基をもつ。

16 さらし粉　$CaCl(ClO)\cdot H_2O$

※高度さらし粉は $Ca(ClO)_2\cdot 2H_2O$

A $\xrightarrow{さらし粉}$ 赤紫色

本冊 p.205

A はアニリンに代表される芳香族アミンである。

17 アンモニア性硝酸銀水溶液 $AgNO_3$ ＋ NH_3aq

❶ A $\xrightarrow{アンモニア性硝酸銀 aq}$ 白↓

本冊 p.92

A が –C≡C–H という構造をもつ。

❷ A $\xrightarrow{アンモニア性硝酸銀 aq}$ 銀↓

本冊 p.118

銀鏡反応である。A はホルミル（アルデヒド）基をもつ。

$$RCHO + 2[Ag(NH_3)_2]^+ + 3OH^- \longrightarrow RCOO^- + 2Ag + 4NH_3 + 2H_2O$$

18 硫酸銅（Ⅱ）$CuSO_4$

❶ A（ペプチド）$\xrightarrow[CuSO_4aq を加える]{NaOHaq を加えた後}$ 赤紫色

本冊 p.246

ビウレット反応。A はトリペプチド以上のペプチドで，ペプチド結合を 2 つ以上もつ。

❷ A $\xrightarrow[加熱]{CuSO_4, NaOH, 酒石酸塩の混合溶液}$ 赤色沈殿↓

本冊 p.118

フェーリング液の還元。p.13 ❹の⑤参照

入試必出 有機化合物の組成式・分子式と構造式

有名な組成式や分子式から構造式をすぐに頭に浮かべることができるようになると，問題が速く解けるようになります。よく出題されるものを中心に，次にまとめておきます。ただし，これしか出ないというわけではないので，臨機応変に対応してください。

1 組成式 CH

C_2H_2	C_4H_4	C_6H_6	C_8H_8
H−C≡C−H	H H C=C H C≡C−H	(ベンゼン環)	CH=CH_2 (ベンゼン環)
アセチレン	ビニルアセチレン	ベンゼン	スチレン

2 組成式 CHO

$C_4H_4O_4$
マレイン酸，フマル酸

3 組成式 CH_2

C_nH_{2n}
アルケン，シクロアルカン

4 組成式 CH_2O

CH_2O	$C_2H_4O_2$	$C_3H_6O_3$	$C_6H_{12}O_6$
H C=O H	CH_3−C−OH ‖ O	CH_3 | HO−*CH−C−OH ‖ O	グルコースなどの単糖類
ホルムアルデヒド	酢酸	乳酸	

5 分子式 $C_2H_5NO_2$

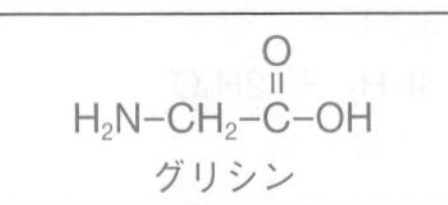

←最も簡単なα-アミノ酸である

6 分子式 C_3H_8O

$CH_3-CH_2-CH_2$ | OH	$CH_3-CH-CH_3$ | OH	$CH_3-O-CH_2-CH_3$
1-プロパノール	2-プロパノール	エチルメチルエーテル

7 分子式 $C_3H_6O_3$

$$CH_3-\overset{*}{C}H(OH)-C(=O)-OH$$

乳酸

8 分子式 $C_3H_8O_3$

$$CH_2(OH)-CH(OH)-CH_2(OH)$$

グリセリン
(1, 2, 3-プロパントリオール)

9 分子式 $C_3H_7NO_2$

$$H_2N-\overset{*}{C}H(CH_3)-C(=O)-OH$$

アラニン

$$H_2N-CH_2-CH_2-C(=O)-OH$$

3-アミノプロパン酸（β-アラニン）

←アミノ酸

10 分子式 C_4H_{10}

$$CH_3-CH_2-CH_2-CH_3$$

ブタン

$$CH_3-CH(CH_3)-CH_3$$

2-メチルプロパン
（イソブタン）

11 分子式 C_4H_8

$$CH_2=CH-CH_2-CH_3$$

1-ブテン

$$CH_2=C(CH_3)-CH_3$$

2-メチルプロペン

$$CH_2-CH_2 \text{ (4員環)}$$
$$CH_2-CH_2$$

シクロブタン

$$CH_3-CH=CH-CH_3$$

2-ブテン 補足

$$\text{(3員環)}\ CH_2,\ CH_2-CH-CH_3$$

メチルシクロプロパン

補足 2-ブテンには，シス形とトランス形がある。

12 分子式 C_4H_6 ※環状化合物は考えないものとする。

$$H-C\equiv C-CH_2-CH_3$$

1-ブチン

$$CH_2=C=CH-CH_3$$

1, 2-ブタジエン

$$CH_3-C\equiv C-CH_3$$

2-ブチン

$$CH_2=CH-CH=CH_2$$

1, 3-ブタジエン

13 分子式 $C_4H_{10}O$

第一級アルコール	第二級アルコール	第三級アルコール
$CH_3-CH_2-CH_2-CH_2(OH)$ 1-ブタノール $CH_3-CH(CH_3)-CH_2(OH)$ 2-メチル-1-プロパノール	$CH_3-CH_2-{}^{*}CH(OH)-CH_3$ 2-ブタノール	$CH_3-C(CH_3)(OH)-CH_3$ 2-メチル-2-プロパノール

エーテル	
$CH_3-CH_2-CH_2-O-CH_3$ メチルプロピルエーテル $CH_3-CH_2-O-CH_2-CH_3$ ジエチルエーテル	$CH_3-CH(CH_3)-O-CH_3$ イソプロピルメチルエーテル

14 分子式 $C_4H_4O_4$

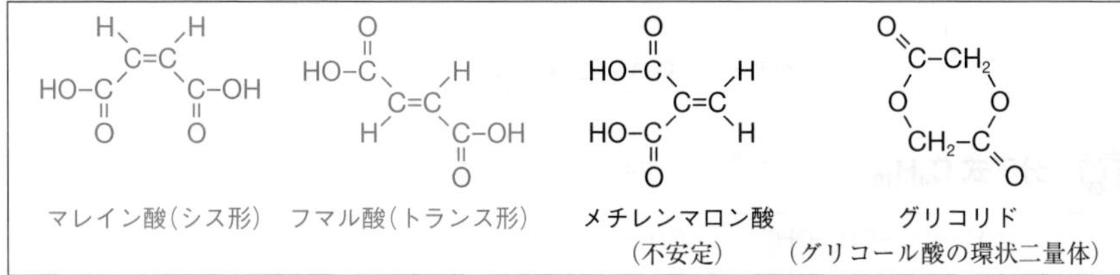
マレイン酸(シス形)　フマル酸(トランス形)　メチレンマロン酸(不安定)　グリコリド(グリコール酸の環状二量体)

15 分子式 $C_4H_6O_5$

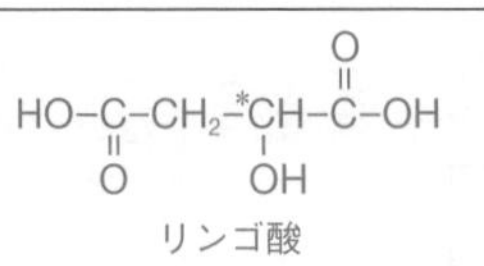
リンゴ酸

←マレイン酸やフマル酸に水分子を付加した形のヒドロキシカルボン酸

16 分子式 $C_4H_2O_3$

無水マレイン酸

17 分子式 C_5H_{12}

ペンタン	2-メチルブタン（イソペンタン）	2,2-ジメチルプロパン（ネオペンタン）
$CH_3-CH_2-CH_2-CH_2-CH_3$	$CH_3-CH(CH_3)-CH_2-CH_3$	$CH_3-C(CH_3)_2-CH_3$

18 分子式 C_5H_{10}

$CH_2=CH-CH_2-CH_2-CH_3$
1-ペンテン

$CH_3-CH=CH-CH_2-CH_3$
2-ペンテン 補足

$CH_3-CH_2-C(CH_3)=CH_2$
2-メチル-1-ブテン

$CH_3-CH=C(CH_3)-CH_3$
2-メチル-2-ブテン

$CH_2=CH-CH(CH_3)-CH_3$
3-メチル-1-ブテン

H_2C, CH_2, C (H_2), $C-C$ (H_2 H_2) の五員環
シクロペンタン

CH_2-CH_2 / $CH_2-CH-CH_3$（四員環）
メチルシクロブタン

CH_2 / $CH_2-CH-CH_2-CH_3$（三員環）
エチルシクロプロパン

CH_2 / $CH_2-C(CH_3)_2$（三員環）
1,1-ジメチルシクロプロパン

CH_2 / $^*CH-^*CH$（三員環）, CH_3 CH_3
1,2-ジメチルシクロプロパン

補足 2-ペンテンには，シス形とトランス形がある。

19 分子式 $C_5H_{12}O$

第一級アルコール	第二級アルコール	第三級アルコール
$CH_3-CH_2-CH_2-CH_2-CH_2-OH$	$CH_3-CH_2-CH_2-{}^*CH(OH)-CH_3$	$CH_3-C(CH_3)(OH)-CH_2-CH_3$
$CH_3-CH(CH_3)-CH_2-CH_2-OH$	$CH_3-CH_2-CH(OH)-CH_2-CH_3$	
$HO-CH_2-{}^*CH(CH_3)-CH_2-CH_3$	$CH_3-CH(CH_3)-{}^*CH(OH)-CH_3$	
$CH_3-C(CH_3)_2-CH_2-OH$		

エーテル	
$CH_3-CH_2-CH_2-O-CH_2-CH_3$	$CH_3-O-{}^*CH(CH_3)-CH_2-CH_3$
$CH_3-CH_2-CH_2-CH_2-O-CH_3$	$CH_3-CH(CH_3)-O-CH_2-CH_3$
$CH_3-C(CH_3)_2-O-CH_3$	$CH_3-CH(CH_3)-CH_2-O-CH_3$

20 分子式 C_6H_{14}

$CH_3-CH_2-CH_2-CH_2-CH_2-CH_3$

$CH_3-CH(CH_3)-CH_2-CH_2-CH_3$

$CH_3-CH(CH_3)-CH(CH_3)-CH_3$

$CH_3-CH_2-CH(CH_3)-CH_2-CH_3$

$CH_3-C(CH_3)_2-CH_2-CH_3$

21 C_6H_6(芳香族)

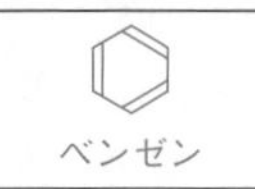
ベンゼン

22 C_6H_6O(芳香族)

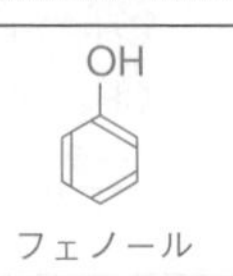

フェノール

23 C_6H_7N(芳香族)

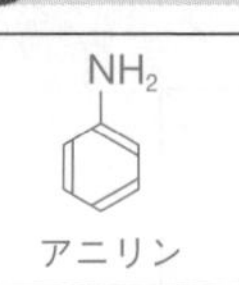

アニリン

24 C_7H_8(芳香族)

CH_3

トルエン

25 C_7H_8O（芳香族）

o-クレゾール　*m*-クレゾール　*p*-クレゾール　ベンジルアルコール　メチルフェニルエーテル

26 $C_7H_6O_2$（芳香族）

安息香酸　ギ酸フェニル

サリチルアルデヒド（2-ヒドロキシベンズアルデヒド）　3-ヒドロキシベンズアルデヒド　4-ヒドロキシベンズアルデヒド

27 $C_7H_6O_3$（芳香族カルボン酸）

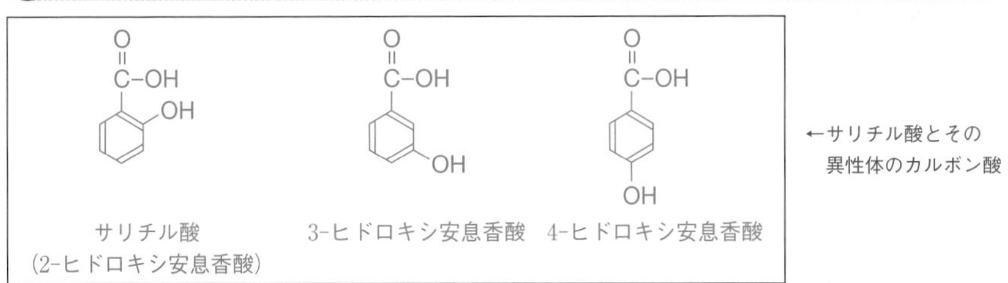

サリチル酸（2-ヒドロキシ安息香酸）　3-ヒドロキシ安息香酸　4-ヒドロキシ安息香酸

←サリチル酸とその異性体のカルボン酸

28 C_8H_{10}（芳香族）

o-キシレン　*m*-キシレン　*p*-キシレン　エチルベンゼン

29　C_8H_8(芳香族)

$CH{=}CH_2$

スチレン

30　$C_8H_6O_4$(芳香族ジカルボン酸)

COOH / COOH	COOH / COOH	COOH / COOH
テレフタル酸	フタル酸	イソフタル酸

31　$C_8H_4O_3$(芳香族，酸無水物)

無水フタル酸

32　C_8H_9NO(芳香族，アミド)

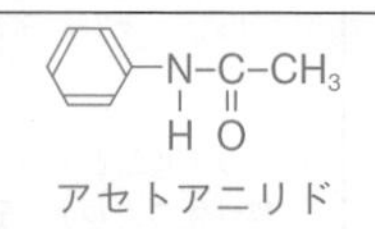

アセトアニリド

33 C_9H_{12}(芳香族)

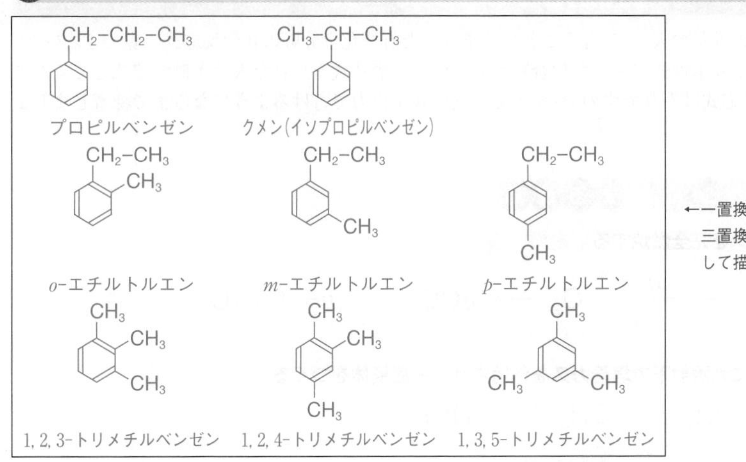

←一置換体，二置換体，三置換体と場合分けして描くとよい

34 $C_{10}H_8$(芳香族)

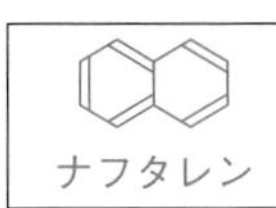

入試必出 有機化学反応式一覧

主な大学の近年の入試で，書くことを要求された有機化学分野の化学反応式一覧です。スペースの都合により示性式で表した化合物もあるので，構造式を忘れた人は本冊で確認してください。重要な反応式ばかりですので，すべての反応式を自力で書けるようになるまで練習しましょう。

▶アルカンに関する反応

❶ アルカンを完全燃焼する

$$C_nH_{2n+2} + \frac{3n+1}{2}O_2 \longrightarrow nCO_2 + (n+1)H_2O$$

❷ メタンに光照射下で塩素ガスを作用させ，一置換体をつくる

$$CH_4 + Cl_2 \longrightarrow CH_3Cl + HCl$$

CH_3Cl：クロロメタン（塩化メチル）

▶アルケンに関する反応

❸ エチレン(エテン)に塩素を付加する

$$CH_2{=}CH_2 + Cl_2 \longrightarrow CH_2ClCH_2Cl$$

CH_2ClCH_2Cl：1,2-ジクロロエタン

補足 1,2-ジクロロエタンを熱分解すると，塩化水素が脱離して塩化ビニルが得られる。

$$CH_2ClCH_2Cl \longrightarrow CH_2{=}CHCl + HCl$$

❹ エチレンに臭素を付加する

$$CH_2{=}CH_2 + Br_2 \longrightarrow CH_2BrCH_2Br$$

CH_2BrCH_2Br：1,2-ジブロモエタン

❺ エチレンに水素を付加する

$$CH_2{=}CH_2 + H_2 \longrightarrow CH_3CH_3$$

CH_3CH_3：エタン

補足 白金やニッケル，パラジウムなどを触媒とする。

❻ エチレンに水を付加する

$$CH_2{=}CH_2 + H_2O \longrightarrow CH_3CH_2OH$$

CH_3CH_2OH：エタノール

補足 希硫酸またはリン酸を触媒とする。

❼ プロペンに臭素を付加する

$$CH_2{=}CHCH_3 + Br_2 \longrightarrow CH_2BrCHBrCH_3$$

$CH_2BrCHBrCH_3$：1,2-ジブロモプロパン

❽ エチレンを塩化パラジウム(Ⅱ)と塩化銅(Ⅱ)の触媒の下で空気酸化する

$$2CH_2{=}CH_2 + O_2 \longrightarrow 2CH_3CHO$$

CH_3CHO：アセトアルデヒド

補足 アセトアルデヒドの工業的製法である。ヘキスト・ワッカー法とよばれる。

▶アルキンに関する反応

❾ アセチレン(エチン)1分子に適当な触媒を用いて，次の①～③を付加する

① 塩化水素1分子

$$CH{\equiv}CH + HCl \longrightarrow CH_2{=}CHCl$$

塩化ビニル

② シアン化合物1分子

$$CH{\equiv}CH + HCN \longrightarrow CH_2{=}CHCN$$

アクリロニトリル

③ 酢酸1分子

$$CH{\equiv}CH + CH_3COOH \longrightarrow CH_2{=}CHOCOCH_3$$

酢酸ビニル

補足 塩化ビニルの工業的製法はp5を参照。工業的には，アクリロニトリルはプロペン，酢酸ビニルはエチレンを原料にして合成されている。

$$\begin{cases} CH_3{-}CH{=}CH_2 + NH_3 + \frac{3}{2}O_2 \longrightarrow CH_2{=}CHCN + 3H_2O \\ CH_2{=}CH_2 + CH_3COOH + \frac{1}{2}O_2 \longrightarrow CH_2{=}CHOCOCH_3 + H_2O \end{cases}$$

❿ アセチレンに硫酸水銀(Ⅱ)などを触媒として水を付加する

$$\begin{cases} CH{\equiv}CH + H_2O \longrightarrow CH_2{=}CH{-}OH \quad (\text{不安定}) \\ CH_2{=}CH{-}OH \longrightarrow CH_3CHO \quad (\text{安定}) \end{cases}$$

ビニルアルコール

アセトアルデヒド

⓫ 炭化カルシウム(カーバイド)に水を加える

$$CaC_2 + 2H_2O \longrightarrow CH{\equiv}CH + Ca(OH)_2$$

補足 酸化カルシウム(生石灰)にコークスを混ぜ，電気炉で約2000℃に加熱すると，炭化カルシウムが生成する。

$$CaO + 3C \longrightarrow CaC_2 + CO$$

▶アルコールに関する反応

⓬ アルコールに金属ナトリウムを加える

① エタノールとナトリウムの反応

$$2CH_3CH_2OH + 2Na \longrightarrow 2CH_3CH_2ONa + H_2$$

ナトリウムエトキシド

② 1-プロパノールとナトリウムの反応

$$2CH_3CH_2CH_2OH + 2Na \longrightarrow 2CH_3CH_2CH_2ONa + H_2$$

ナトリウムプロポキシド

⓭ ナトリウムエトキシドに水を加える

$$CH_3CH_2ONa + H_2O \longrightarrow CH_3CH_2OH + NaOH$$

補足 アルコールはH_2OよりもH^+を出す力が弱いブレステッド酸なので，H_2OのH^+をアルコキシドイオンRO^-が受け取る。

$$RO^- + H_2O \longrightarrow ROH + OH^- \quad (\text{Rは炭化水素基})$$

⑭ エタノールを濃硫酸とともに130～140℃に加熱する

$$2CH_3CH_2OH \longrightarrow CH_3CH_2OCH_2CH_3 + H_2O$$

ジエチルエーテル

⑮ エタノールを濃硫酸とともに160～170℃に加熱する

$$CH_3CH_2OH \longrightarrow CH_2{=}CH_2 + H_2O$$

エチレン

⑯ 銅線を加熱して生じた酸化銅(Ⅱ)をメタノールの液面に近づける

$$CH_3OH + CuO \longrightarrow HCHO + H_2O + Cu$$

ホルムアルデヒド

⑰ 銅や白金を触媒にしてメタノールを空気酸化する

$$2CH_3OH + O_2 \longrightarrow 2HCHO + 2H_2O$$

ホルムアルデヒド

補足 $2Cu + O_2 \longrightarrow 2CuO$ と⑯の反応式の両辺を2倍したものをまとめる。

⑱ 1-プロパノールを硫酸酸性二クロム酸カリウム水溶液とともに加熱し，プロピオンアルデヒドにする

$$3CH_3CH_2CH_2OH + K_2Cr_2O_7 + 4H_2SO_4$$
$$\longrightarrow 3CH_3CH_2CHO + K_2SO_4 + Cr_2(SO_4)_3 + 7H_2O$$

プロピオンアルデヒド

補足 酸化剤：$Cr_2O_7^{2-} + 14H^+ + 6e^- \longrightarrow 2Cr^{3+} + 7H_2O$ …ⓘ
還元剤：$CH_3CH_2CH_2OH \longrightarrow CH_3CH_2CHO + 2H^+ + 2e^-$ …ⓘⓘ
ⓘ＋ⓘⓘ×3 で e^- を消去し，両辺に K^+ 2個，SO_4^{2-} 4個を加えて整理すると完成。

⑲ 酸化亜鉛などの触媒を用いて，一酸化炭素と水素から高温・高圧でメタノールを合成する

$$CO + 2H_2 \longrightarrow CH_3OH$$

⑳ 酵母の作用により，グルコースからアルコール発酵でエタノールを得る

$$C_6H_{12}O_6 \longrightarrow 2CH_3CH_2OH + 2CO_2$$

㉑ 乳酸発酵によって，グルコースから乳酸を得る

$$C_6H_{12}O_6 \longrightarrow 2CH_3CH(OH)COOH$$

乳酸

▶カルボニル化合物に関する反応

㉒ 次の①，②の試薬とアルデヒド RCHOを反応させる

① フェーリング液

$$RCHO + 2Cu^{2+} + 5OH^- \longrightarrow RCOO^- + Cu_2O + 3H_2O$$

② アンモニア性硝酸銀水溶液

$$RCHO + 2[Ag(NH_3)_2]^+ + 3OH^-$$
$$\longrightarrow RCOO^- + 2Ag + 4NH_3 + 2H_2O$$

㉓ アセトンがヨードホルム反応したとき

$$CH_3COCH_3 + 3I_2 + 4NaOH$$
$$\longrightarrow CHI_3 + 3NaI + 3H_2O + CH_3COONa$$

ヨードホルム

㉔ 2-プロパノールがヨードホルム反応をしたとき

$$CH_3CH(OH)CH_3 + 4I_2 + 6NaOH \longrightarrow CHI_3 + 5NaI + 5H_2O + CH_3COONa$$

補足
$$\begin{cases} CH_3CH(OH)CH_3 + I_2 \longrightarrow CH_3COCH_3 + 2HI & (酸化) \\ 2HI + 2NaOH \longrightarrow 2NaI + 2H_2O & (中和) \end{cases} +$$

$$CH_3CH(OH)CH_3 + I_2 + 2NaOH \longrightarrow CH_3COCH_3 + 2NaI + 2H_2O \quad \cdots\cdots(*)$$

(＊)の反応式と㉓の反応式を足し合わせれば，㉔の反応式となる。

カルボン酸に関する反応

㉕ 安息香酸に水酸化ナトリウム水溶液を加える

$$C_6H_5\text{-}COOH + NaOH \longrightarrow C_6H_5\text{-}COONa + H_2O$$

安息香酸ナトリウム

㉖ 安息香酸ナトリウム水溶液に希塩酸を加える

$$C_6H_5\text{-}COONa + HCl \longrightarrow C_6H_5\text{-}COOH + NaCl$$

補足 弱酸の塩に強酸を加えると，弱酸が遊離する。

㉗ 安息香酸に炭酸水素ナトリウム水溶液を加える

$$C_6H_5\text{-}COOH + NaHCO_3 \longrightarrow C_6H_5\text{-}COONa + H_2O + CO_2$$

補足 カルボン酸は炭酸より強い酸である。

㉘ サリチル酸ナトリウム水溶液に希塩酸を加える

$$C_6H_4(OH)COONa + HCl \longrightarrow C_6H_4(OH)COOH + NaCl$$

㉙ サリチル酸に炭酸水素ナトリウム水溶液を加える

$$C_6H_4(OH)COOH + NaHCO_3 \longrightarrow C_6H_4(OH)COONa + CO_2 + H_2O$$

㉚ 酢酸を適切な脱水剤とともに加熱すると無水酢酸が得られる

$$2CH_3COOH \longrightarrow (CH_3CO)_2O + H_2O$$

無水酢酸

㉛ ギ酸を濃硫酸とともに加熱する

$$HCOOH \longrightarrow CO + H_2O$$

補足 実験室での一酸化炭素の製法。濃硫酸は触媒である。

㉜ マレイン酸を加熱すると，分子内脱水反応が起こる

$$\begin{matrix} H & & H \\ & C{=}C & \\ O{=}C & & C{=}O \\ | & & | \\ OH & & OH \end{matrix} \longrightarrow \begin{matrix} H & & H \\ & C{=}C & \\ O{=}C & & C{=}O \\ & O & \end{matrix} + H_2O$$

無水マレイン酸

㉝ フタル酸を加熱すると，分子内脱水反応が起こる

$$C_6H_4(COOH)_2 \longrightarrow C_6H_4(CO)_2O + H_2O$$

無水フタル酸

㉞ 酢酸ナトリウムと水酸化ナトリウムを加熱する

$$CH_3COONa + NaOH \longrightarrow CH_4 + Na_2CO_3$$

補足 実験室でのメタンの製法である。

㉟ 酢酸カルシウムを乾留（空気を断って加熱）する

$$(CH_3COO)_2Ca \longrightarrow CaCO_3 + CH_3COCH_3$$

アセトン

補足 実験室でのアセトンの製法である。

エステルやアミドに関する反応

㊱ 酢酸とエタノールを濃硫酸とともに加熱する

$$CH_3COOH + CH_3CH_2OH \longrightarrow CH_3COOCH_2CH_3 + H_2O$$

酢酸エチル

㊲ 乳酸とエタノールを酸触媒下で加熱すると，乳酸エチルが生じる

$$CH_3CH(OH)COOH + CH_3CH_2OH$$

乳酸

$$\longrightarrow CH_3CH(OH)COOCH_2CH_3 + H_2O$$

乳酸エチル

㊳ 安息香酸とエタノールを濃硫酸とともに加熱する

$$C_6H_5\text{-}COOH + CH_3CH_2OH \longrightarrow C_6H_5\text{-}COOCH_2CH_3 + H_2O$$

安息香酸エチル

㊴ フェノールに無水酢酸を作用させる

$$C_6H_5\text{-}OH + (CH_3CO)_2O \longrightarrow C_6H_5\text{-}OCOCH_3 + CH_3COOH$$

酢酸フェニル

㊵ サリチル酸にメタノールと少量の濃硫酸を加えて加熱する

$$C_6H_4(OH)COOH + CH_3OH \longrightarrow C_6H_4(OH)COOCH_3 + H_2O$$

サリチル酸メチル

㊶ サリチル酸に無水酢酸を作用させる

$$C_6H_4(OH)COOH + (CH_3CO)_2O \longrightarrow C_6H_4(OCOCH_3)COOH + CH_3COOH$$

アセチルサリチル酸

㊷ アニリンに無水酢酸を作用させる

$$C_6H_5\text{-}NH_2 + (CH_3CO)_2O \longrightarrow C_6H_5\text{-}NHCOCH_3 + CH_3COOH$$

アセトアニリド

㊸ 酢酸エチルを水酸化ナトリウム水溶液とともに加熱する

$$CH_3COOCH_2CH_3 + NaOH \longrightarrow CH_3COONa + CH_3CH_2OH$$

㊹ アセチルサリチル酸を水酸化ナトリウム水溶液とともに加熱する

$$C_6H_4(OCOCH_3)COOH + 3NaOH$$

$$\longrightarrow C_6H_4(ONa)COONa + CH_3COONa + 2H_2O$$

補足
中　和：$C_6H_4(OCOCH_3)COOH + OH^- \longrightarrow C_6H_4(OCOCH_3)COO^- + H_2O$
けん化：$C_6H_4(OCOCH_3)COO^- + 2OH^- \longrightarrow C_6H_4(O^-)COO^- + CH_3COO^- + H_2O$

カルボキシ基だけでなく，フェノール性ヒドロキシ基も酸性の官能基なので，NaOHに中和されてナトリウム塩になる点に注意すること。

㊺ サリチル酸メチルを水酸化ナトリウム水溶液とともに加熱する

$$C_6H_4(OH)COOCH_3 + 2NaOH \longrightarrow C_6H_4(ONa)COONa + CH_3OH + H_2O$$

補足　エステルがけん化されるとともに，フェノール性ヒドロキシ基がNaOHに中和される。

▶ベンゼンに関する反応

㊻ ベンゼンに濃硝酸と濃硫酸を加えて加熱する

$$C_6H_6 + HNO_3 \longrightarrow C_6H_5\text{-}NO_2 + H_2O$$

ニトロベンゼン

補足　濃硫酸は触媒。

㊼ ベンゼンに濃硫酸を加えて加熱する

$$C_6H_6 + H_2SO_4 \longrightarrow C_6H_5\text{-}SO_3H + H_2O$$

ベンゼンスルホン酸

㊽ ベンゼンに鉄粉を触媒にして，塩素を作用させる

$$C_6H_6 + Cl_2 \longrightarrow C_6H_5Cl + HCl$$

クロロベンゼン

㊾ ベンゼンに鉄粉を触媒にして，臭素を作用させる

$$C_6H_6 + Br_2 \longrightarrow C_6H_5Br + HBr$$

ブロモベンゼン

㊿ ベンゼンに紫外線照射の下で，塩素を作用させる

$$C_6H_6 + 3Cl_2 \longrightarrow C_6H_6Cl_6$$

1, 2, 3, 4, 5, 6-ヘキサクロロシクロヘキサン
（ベンゼンヘキサクロリド(BHC)）

51 ベンゼンにニッケルまたは白金を触媒にして，加圧下で水素を付加する

$$C_6H_6 + 3H_2 \longrightarrow C_6H_{12}$$

シクロヘキサン

52 ベンゼンを酸化バナジウム（V）を触媒に用いて高温で空気酸化する

$$2C_6H_6 + 9O_2 \longrightarrow 2C_4H_2O_3 + 4CO_2 + 4H_2O$$

ベンゼン　　無水マレイン酸

補足 ベンゼンの代わりにナフタレンを用いると無水フタル酸が得られる。

▶トルエンに関する反応

53 トルエンに濃硫酸と濃硝酸を作用させて，2, 4, 6-トリニトロトルエンをつくる

$$C_6H_5CH_3 + 3HNO_3 \longrightarrow C_6H_2(NO_2)_3CH_3 + 3H_2O$$

2, 4, 6-トリニトロトルエン（略称 TNT）

(54) トルエンを中性条件下で過マンガン酸カリウム水溶液とともに加熱する

フェノール類に関する反応

(55) フェノールに金属ナトリウムを加える

ナトリウムフェノキシド

補足 アルコールと類似した反応。

(56) フェノールに水酸化ナトリウム水溶液を加える

$$\langle \rangle\text{-OH} + \text{NaOH} \longrightarrow \langle \rangle\text{-ONa} + \text{H}_2\text{O}$$

ナトリウムフェノキシド

補足 フェノールは弱酸。

(57) サリチル酸に水酸化ナトリウム水溶液を十分に加える

$$\langle \rangle\substack{\text{OH}\\\text{COOH}} + 2\text{NaOH} \longrightarrow \langle \rangle\substack{\text{ONa}\\\text{COONa}} + 2\text{H}_2\text{O}$$

補足 カルボキシ基，フェノール性ヒドロキシ基ともに酸性の官能基なので，NaOHに中和される。

(58) ナトリウムフェノキシド水溶液に二酸化炭素を通じる

$$\langle \rangle\text{-ONa} + \text{H}_2\text{O} + \text{CO}_2 \longrightarrow \langle \rangle\text{-OH} + \text{NaHCO}_3$$

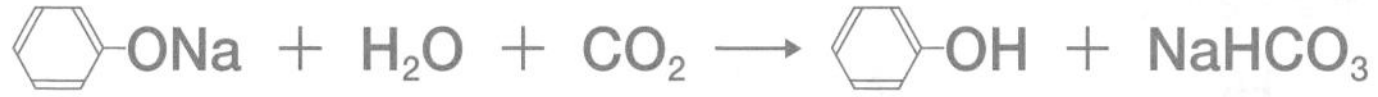

補足 フェノールは炭酸より弱い酸である。

(59) フェノールに濃硫酸と濃硝酸を作用させて，2, 4, 6-トリニトロフェノール(ピクリン酸)をつくる

$$\langle \rangle\text{-OH} + 3\text{HNO}_3 \longrightarrow \text{O}_2\text{N}\langle \rangle\substack{\text{NO}_2\\\text{OH}\\\text{NO}_2} + 3\text{H}_2\text{O}$$

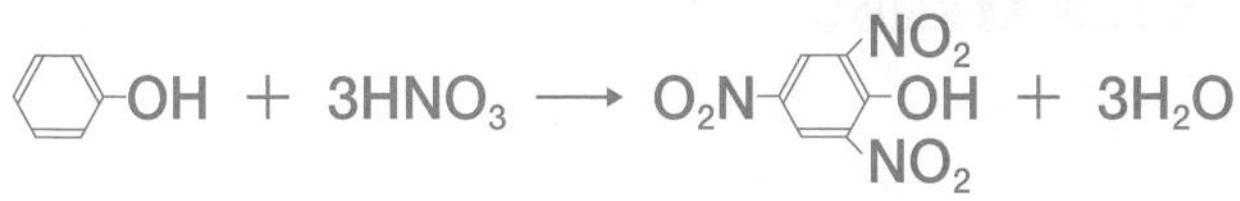

2, 4, 6-トリニトロフェノール(ピクリン酸)

補足 濃硫酸は触媒である。

(60) フェノールに対して十分量の臭素水を加えると白色の沈殿が生じる

$$\langle \rangle\text{-OH} + 3\text{Br}_2 \longrightarrow \text{Br}\langle \rangle\substack{\text{Br}\\\text{OH}\\\text{Br}} + 3\text{HBr}$$

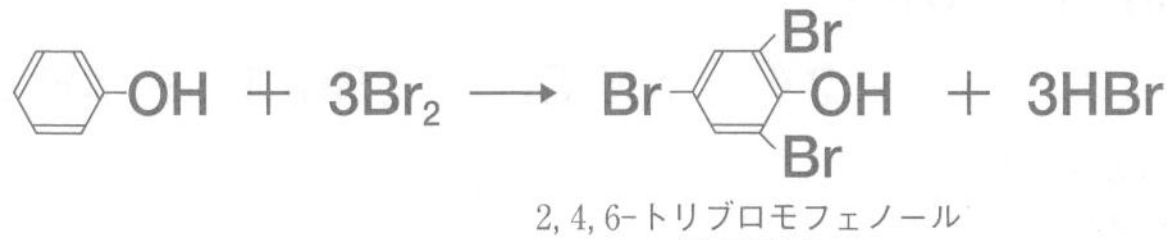

2, 4, 6-トリブロモフェノール
(白色沈殿)

(61) ベンゼンスルホン酸ナトリウムと水酸化ナトリウムを加熱融解する

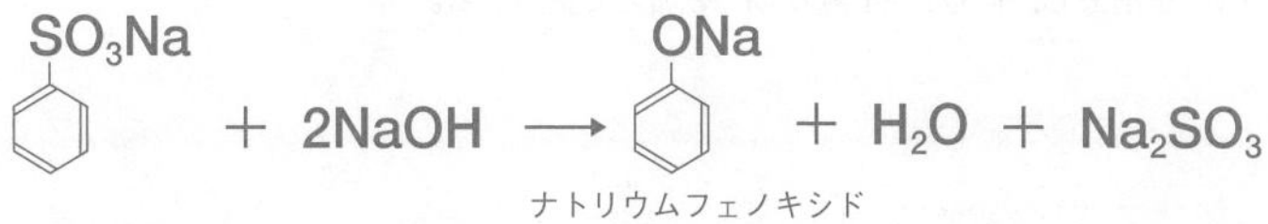

ナトリウムフェノキシド

㊷ クメン法により，ベンゼンからフェノールを合成する(3 段階)

① $C_6H_6 + CH_2{=}CH{-}CH_3 \longrightarrow C_6H_5{-}CH(CH_3)_2$（クメン）

補足 酸を触媒とする。

② $C_6H_5{-}CH(CH_3)_2$（クメン）$+ O_2 \longrightarrow C_6H_5{-}C(CH_3)_2{-}O{-}O{-}H$（クメンヒドロペルオキシド）

補足 クメンを空気酸化する。

③ $C_6H_5{-}C(CH_3)_2{-}O{-}O{-}H \longrightarrow C_6H_5{-}OH$（フェノール）$+ CH_3COCH_3$（アセトン）

補足 酸を触媒とする。

㊸ ナトリウムフェノキシド(無水塩)に高温・高圧下で二酸化炭素を作用させる

$C_6H_5ONa + CO_2 \longrightarrow C_6H_4(OH)COONa$（サリチル酸ナトリウム）

アニリンやその誘導体に関する反応

㊹ アニリンに希塩酸を加える

$C_6H_5{-}NH_2 + HCl \longrightarrow C_6H_5{-}NH_3Cl$（アニリン塩酸塩）

㊺ 塩化ベンゼンジアゾニウム水溶液を温める

$C_6H_5{-}\overset{+}{N}{\equiv}NCl^- + H_2O \longrightarrow C_6H_5{-}OH$（フェノール）$+ HCl + N_2$

補足 5℃ 以上で反応が進行する。

㊻ スズと濃塩酸を用いてニトロベンゼンを還元する

$$2\,C_6H_5{-}NO_2 + 3Sn + 14HCl \longrightarrow 2\,C_6H_5{-}NH_3Cl + 3SnCl_4 + 4H_2O$$

補足 次の半反応式から組み立てる。

$Sn \longrightarrow Sn^{4+} + 4e^-$ …ⓘ

$C_6H_5{-}NO_2 + 7H^+ + 6e^- \longrightarrow C_6H_5{-}NH_3^+ + 2H_2O$ …ⓘⓘ

ⓘ×3+ⓘⓘ×2 より e^- を消去し，両辺に 14 個の Cl^- を加えて整理する。

67 ニッケルなどを触媒として，ニトロベンゼンを水素で還元する

$$C_6H_5\text{-}NO_2 + 3H_2 \longrightarrow C_6H_5\text{-}NH_2 + 2H_2O$$

68 アニリン塩酸塩に水酸化ナトリウム水溶液を加える

$$C_6H_5\text{-}NH_3Cl + NaOH \longrightarrow C_6H_5\text{-}NH_2 + H_2O + NaCl$$

補足 強塩基を加えると，弱塩基であるアニリンが遊離する。

69 アニリンを塩酸に溶かし，亜硝酸ナトリウム水溶液を加える

$$C_6H_5\text{-}NH_2 + NaNO_2 + 2HCl \longrightarrow C_6H_5\text{-}\overset{+}{N}\equiv NCl^- + 2H_2O + NaCl$$

塩化ベンゼンジアゾニウム

補足 氷冷下で行う。

70 塩化ベンゼンジアゾニウムの水溶液にナトリウムフェノキシドの水溶液を加える

$$C_6H_5\text{-}\overset{+}{N}\equiv NCl^- + C_6H_5\text{-}ONa \longrightarrow C_6H_5\text{-}N{=}N\text{-}C_6H_4\text{-}OH + NaCl$$

p-ヒドロキシアゾベンゼン
（*p*-フェニルアゾフェノール）

補足 氷冷下で行う。

71 アセトアニリドに濃塩酸を加えて加熱する

$$C_6H_5\text{-}NHCOCH_3 + HCl + H_2O \longrightarrow C_6H_5\text{-}NH_3Cl + CH_3COOH$$

アセトアニリド　　アニリン塩酸塩

補足 アミド結合が加水分解されて，アニリンと酢酸が生じる。塩酸中ではアニリンは中和されアニリン塩酸塩となる点に注意。

高分子化合物に関する反応

72 アジピン酸とヘキサメチレンジアミンを縮合重合する

$$n\,HO\text{-}\overset{O}{\overset{\|}{C}}\text{-}(CH_2)_4\text{-}\overset{O}{\overset{\|}{C}}\text{-}OH + n\,H_2N\text{-}(CH_2)_6\text{-}NH_2 \longrightarrow \left[\overset{O}{\overset{\|}{C}}\text{-}(CH_2)_4\text{-}\overset{O}{\overset{\|}{C}}\text{-}NH\text{-}(CH_2)_6\text{-}NH\right]_n + 2n\,H_2O$$

アジピン酸　　ヘキサメチレンジアミン　　ナイロン66

73 ε（イプシロン）-カプロラクタムに少量の水を加えて加熱し，開環重合する

$$n\ \text{(ε-カプロラクタム: 環 } H_2C\text{-}CH_2\text{-}NH\text{-}C{=}O\text{-}CH_2\text{-}CH_2\text{-}CH_2\text{)} \longrightarrow \left[NH\text{-}(CH_2)_5\text{-}\overset{O}{\overset{\|}{C}}\right]_n$$

ナイロン6

⑭ テレフタル酸とエチレングリコールを縮合重合する

$$n\mathrm{HO{-}\overset{\displaystyle O}{\overset{\|}{C}}{-}C_6H_4{-}\overset{\displaystyle O}{\overset{\|}{C}}{-}OH} + n\mathrm{HO{-}CH_2{-}CH_2{-}OH}$$

テレフタル酸　エチレングリコール

$$\longrightarrow \left[\mathrm{\overset{\displaystyle O}{\overset{\|}{C}}{-}C_6H_4{-}\overset{\displaystyle O}{\overset{\|}{C}}{-}O{-}CH_2{-}CH_2{-}O}\right]_n + 2n\mathrm{H_2O}$$

ポリエチレンテレフタラート(PET)

⑮ セルロースに濃硝酸と濃硫酸を作用させ，トリニトロセルロースをつくる

$$[\mathrm{C_6H_7O_2(OH)_3}]_n + 3n\mathrm{HNO_3}$$

セルロース

$$\longrightarrow [\mathrm{C_6H_7O_2(ONO_2)_3}]_n + 3n\mathrm{H_2O}$$

トリニトロセルロース

補足　濃硫酸を触媒として，セルロースの硝酸エステルであるトリニトロセルロースをつくる。

⑯ セルロースに無水酢酸を作用させ，トリアセチルセルロースをつくる

$$[\mathrm{C_6H_7O_2(OH)_3}]_n + 3n\mathrm{(CH_3CO)_2O}$$

セルロース

$$\longrightarrow [\mathrm{C_6H_7O_2(OCOCH_3)_3}]_n + 3n\mathrm{CH_3COOH}$$

トリアセチルセルロース

補足　トリアセチルセルロースの一部のエステル結合を加水分解して，ジアセチルセルロース（アセテート繊維に利用）が得られる。

入試必出

有機化合物合成実験

入試によく出題される合成実験のポイントをまとめました。

実験1 メタンの製法

参照 本冊p.139

酢酸ナトリウムと水酸化ナトリウムの混合物を加熱すると，メタンが発生する。

$CH_3COONa + NaOH \longrightarrow CH_4 + Na_2CO_3$

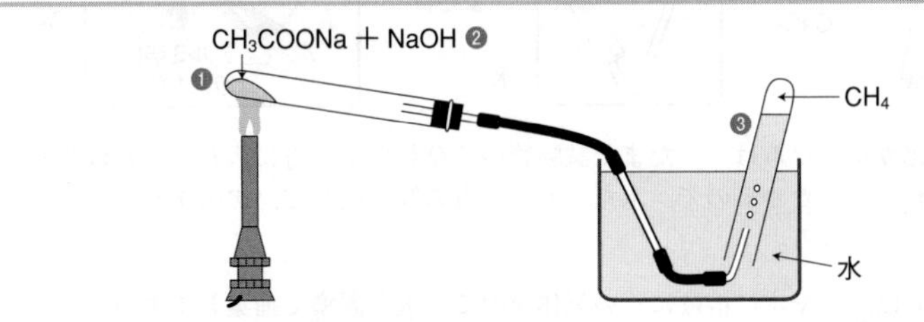

❶ 試料に含まれる水分が水滴になり，加熱部分に落ちてくると，急冷されたガラスが破損するので，試験管の底を少し上に傾ける。

❷ 固体混合物を加熱する。

❸ CH_4 は水に溶けにくいので，水上置換で捕集する。

実験2 エチレンの製法

参照 本冊p.104

エタノールと濃硫酸を混合し，160～170℃に加熱すると，エチレンが発生する。

$CH_3CH_2OH \longrightarrow CH_2{=}CH_2 + H_2O$ （分子内脱水）

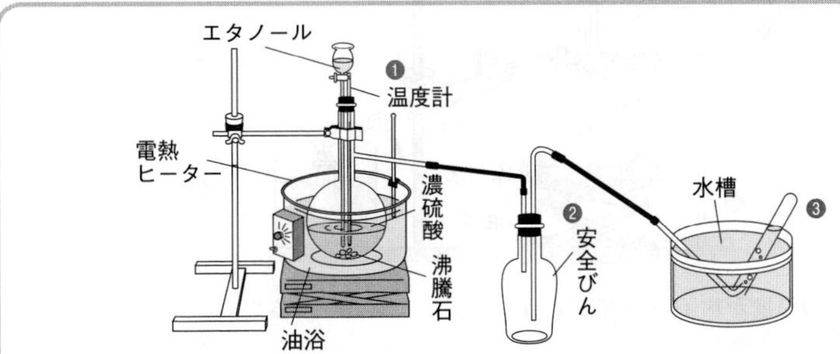

❶ 反応溶液の温度が約160～170℃に保たれているか確認するために，温度計の球部を反応溶液に入れる。

❷ ヒーターの温度を下げたときに内圧が下がると水槽の水が逆流して，濃硫酸を含む反応溶液に入ると危ないので，安全のため取りつける。

❸ $CH_2{=}CH_2$ は水に溶けにくいので，水上置換で捕集する。

実験 3　アセチレンの製法

参照 本冊 p.92

炭化カルシウム(カーバイド)に水を加えると，アセチレンが発生する。

$$CaC_2 + 2H_2O \longrightarrow H-C\equiv C-H + Ca(OH)_2$$

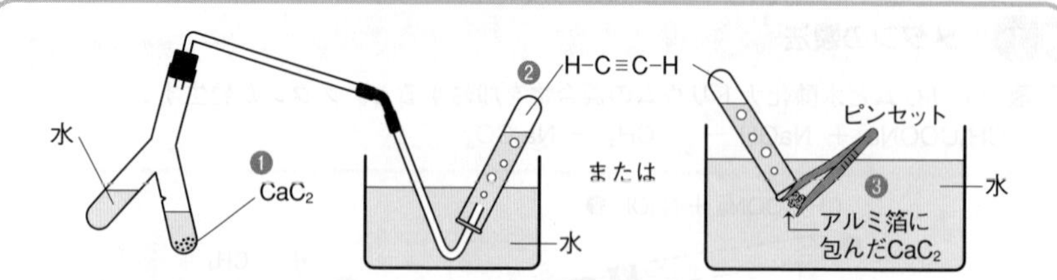

❶　固体の炭化カルシウムは，ふたまた試験管のくびれのある方に入れる。傾けると，固体はくびれにひっかかるので，水だけもう一方の管に戻して，アセチレンの発生を止めることができる。

❷　アセチレンは，やや水に溶けにくい気体なので，水上置換で捕集してよい。

❸　炭化カルシウムを包んだアルミ箔に細かい穴を開け，ピンセットでつまんで水に入れる方法もある。

実験 4　ジエチルエーテルの製法

参照 本冊 p.104

エタノールと濃硫酸を混合し，130～140℃に加熱すると，ジエチルエーテルが発生する。

$$2CH_3CH_2OH \longrightarrow CH_3CH_2OCH_2CH_3 + H_2O$$ （分子間脱水）

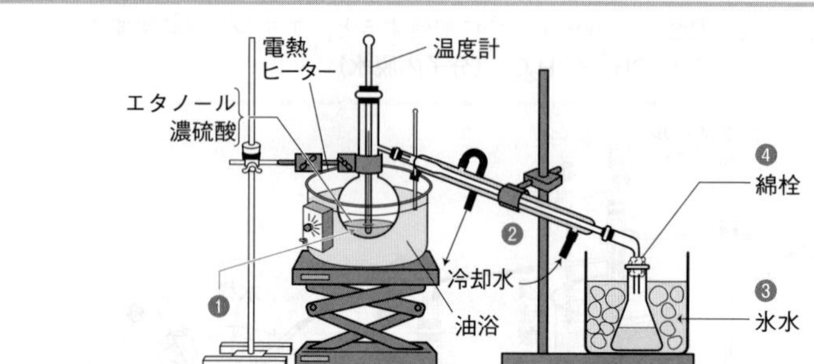

❶　反応溶液の温度が約130～140℃に保たれているか確認するために，温度計の球部を反応溶液に入れる。

❷　リービッヒ冷却器を用いて，ジエチルエーテル（沸点 34℃）の蒸気を凝縮させる。冷却水は下から上に流すこと。

❸　ジエチルエーテルは蒸発しやすい液体なので，低温で捕集する。

❹　ゴムで密栓すると，蒸気で内圧が上がって危ないので，綿で栓をする。なお，ジエチルエーテルは引火しやすいので，そばに火気がないか注意すること。

実験 5 ホルムアルデヒドの製法

参照 本冊p.116

加熱した銅線を用いて，メタノールを酸化すると，ホルムアルデヒドが得られる。

$2CH_3OH + O_2 \longrightarrow 2HCHO + 2H_2O$

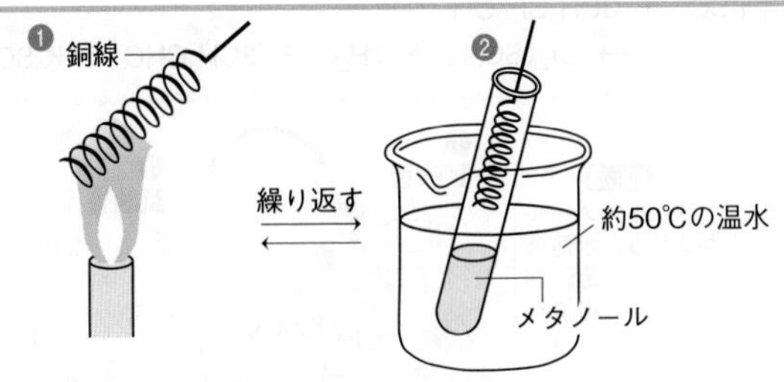

❶ 銅線をバーナーで十分に加熱する。

$2Cu + O_2 \longrightarrow 2CuO$ …(ⅰ)

❷ 熱いうちにメタノールの液面に近づけて，メタノールの蒸気に何度も触れさせる。

$CH_3OH + CuO \longrightarrow HCHO + H_2O + Cu$ …(ⅱ)

(ⅰ)+(ⅱ)×2より，反応式を1つにまとめると，

$2CH_3OH + O_2 \longrightarrow 2HCHO + 2H_2O$

補足 銅は，Cu(赤銅色) ⟶ CuO(黒色) ⟶ Cu と元に戻るので，触媒と見なせる。

ホルムアルデヒドは刺激臭をもつ無色の気体です。有毒な物質なので，大きく吸いこまないように注意しましょう

実験 6 アセトアルデヒドの製法

参照 本冊p.108

アセトアルデヒドは，エタノールを硫酸酸性二クロム酸カリウム $K_2Cr_2O_7$ で酸化すると得られる。

$$K_2Cr_2O_7 + 4H_2SO_4 + 3CH_3CH_2OH \longrightarrow Cr_2(SO_4)_3 + 7H_2O + 3CH_3CHO + K_2SO_4$$

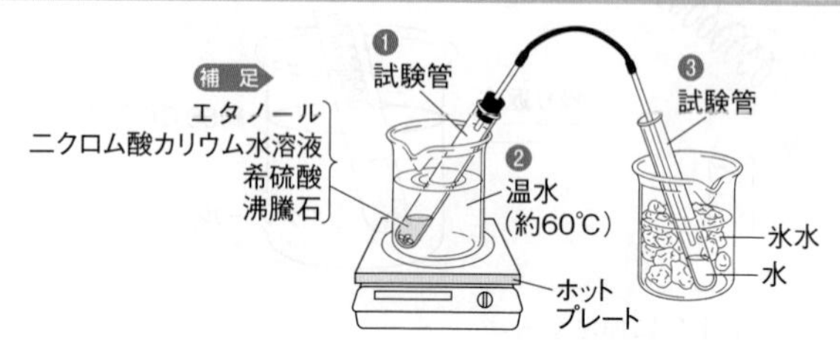

❶ エタノールが硫酸酸性下で二クロム酸イオンに酸化される。

酸化剤：$Cr_2O_7^{2-} + 14H^+ + 6e^- \longrightarrow 2Cr^{3+} + 7H_2O$ …(ⅰ)

還元剤：$CH_3CH_2OH \longrightarrow CH_3CHO + 2H^+ + 2e^-$ …(ⅱ)

(ⅰ)+(ⅱ)×3 で e^- を消去して整理すると，イオン反応式が得られる。

$$\underset{\text{橙赤色}}{Cr_2O_7^{2-}} + 8H^+ + 3CH_3CH_2OH \longrightarrow \underset{\text{緑色}}{2Cr^{3+}} + 7H_2O + 3CH_3CHO$$

❷ アセトアルデヒド(沸点 20℃)は，エタノール(沸点 78℃)や酢酸(沸点 118℃)より蒸発しやすい。温水中で反応を行うと，生じたアセトアルデヒドがさらに酸化されて酢酸になる前に蒸発してくる。

❸ アセトアルデヒドが凝縮する。水によく溶けるので，試験管にあらかじめ水を入れておくと，水溶液が得られる。誘導管の先端は水の中に入れないこと。水にアセトアルデヒドが溶けて，内圧が大気圧よりも小さくなるので，先端を水の中に入れると水溶液が逆流する。

アセトアルデヒドは，特有の刺激臭，催涙(さいるい)性をもつ液体です

実験7 酢酸エチルの合成

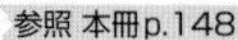

参照 本冊p.148

酢酸エチルは，酢酸とエタノールに濃硫酸を加えて加熱すると得られる。

$$CH_3-\underset{\underset{O}{\|}}{C}-OH + CH_3-CH_2-OH \rightleftarrows CH_3-\underset{\underset{O}{\|}}{C}-O-CH_2-CH_3 + H_2O$$

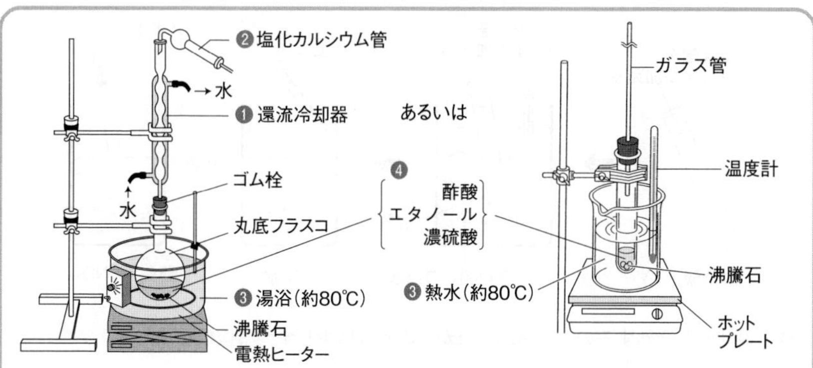

❶ 沸点はエタノール：78℃，酢酸：118℃，酢酸エチル：77℃である。温めて蒸発してくる内容物を冷却して液体に戻すために取りつけている。この操作を還流という。上図左の還流冷却器は，冷却水と蒸気が触れる面が大きくなるようにつくられている。

❷ 塩化カルシウム管は水蒸気を吸収するために取りつけている。

❸ 反応速度を上げるために加熱する。ただし，エタノールの分子間脱水などの副反応が起こらないような温度にする。

❹ 反応後，内容物を冷却し，炭酸水素ナトリウム水溶液を少しずつ加えると，二層に分離する。

酢酸や硫酸は反応してナトリウム塩になる。

$$\begin{cases} CH_3COOH + NaHCO_3 \longrightarrow CH_3COONa + CO_2\uparrow + H_2O \\ H_2SO_4 + 2NaHCO_3 \longrightarrow Na_2SO_4 + 2CO_2\uparrow + 2H_2O \end{cases}$$

エタノール，酢酸ナトリウム，硫酸ナトリウムは水によく溶け，酢酸エチルは水に溶けにくい。また，酢酸エチルは水より密度が小さい。よって，二層に分離した液体の上層が酢酸エチルである。

酸素を ^{18}O にしたエタノール $CH_3-CH_2-{}^{18}OH$ を使うと，エステル結合に ^{18}O が入った $CH_3-\underset{\underset{O}{\|}}{C}-{}^{18}O-CH_2-CH_3$ が生じます

ニトロベンゼンの合成

参照 本冊p.165

ニトロベンゼンは，混酸（濃硝酸と濃硫酸）にベンゼンを混ぜて，約 60℃ に温めると得られる。

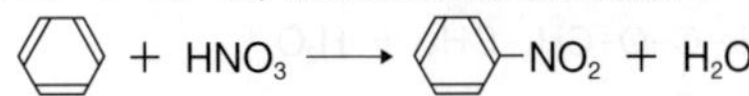

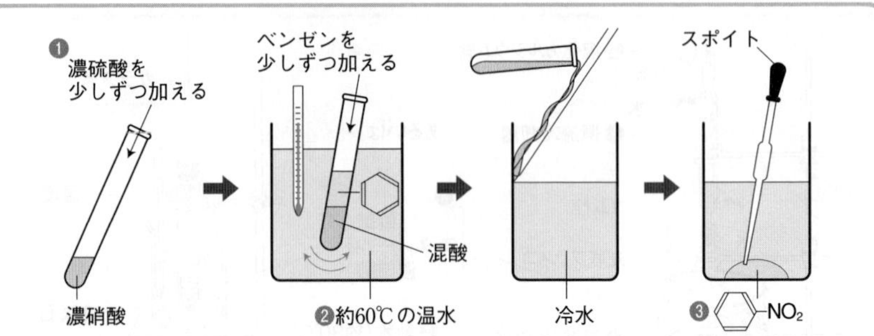

❶ 混ぜると発熱するので，冷却しながら濃硝酸に少しずつ濃硫酸を加える。

❷ 高温では，ジニトロ化が進むので，温度が上がり過ぎないように注意。

❸ 反応後の溶液を冷水中に注ぎ込むと，淡黄色で油状中性物質のニトロベンゼンが底に沈むので，これをスポイトで取る。

補足 さらに，ニトロベンゼンに含まれる水を除きたいときは，塩化カルシウムを数粒入れて，よく振り混ぜ，しばらく放置してからろ過などで塩化カルシウム水和物を取り除けばよい。

ニトロベンゼンはアーモンドのような芳香をもつ液体です。
有毒な物質なので，蒸気を吸いこんだり，皮膚についたり
しないように気をつけてください

実験 9 アセチルサリチル酸の合成

参照 本冊p.199

濃硫酸を触媒に用いて，サリチル酸と無水酢酸を反応させると，アセチルサリチル酸が得られる。

$$C_6H_4(OH)COOH + (CH_3CO)_2O \longrightarrow C_6H_4(OCOCH_3)COOH + CH_3COOH$$

サリチル酸　　無水酢酸　　アセチルサリチル酸

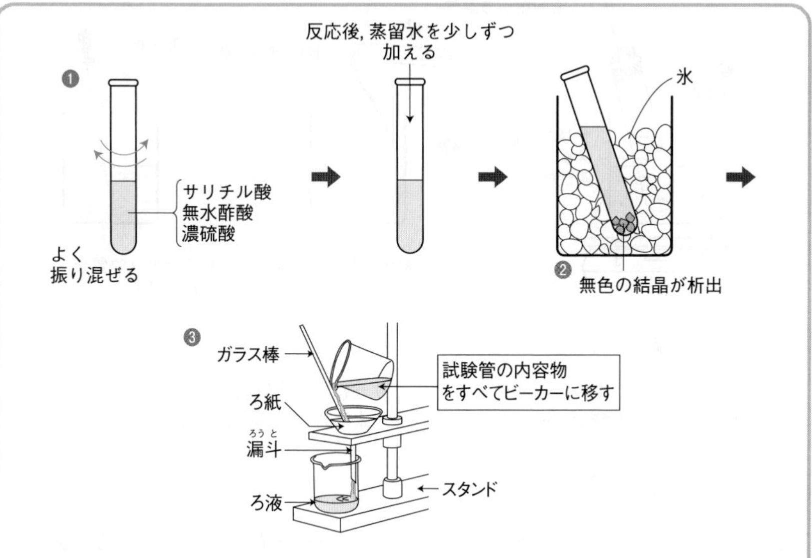

❶ 反応速度を上げたいときは，湯浴で温めながら反応させる。

❷ 常温で水に対する溶解度が小さいアセチルサリチル酸の結晶が析出する（未反応の無水酢酸は水と反応して酢酸となり，水溶液中に存在する）。

❸ ろ過を行う。ろ紙を入れた漏斗に，液体が周囲にとびはねないようにガラス棒を伝わらせて入れる。また，漏斗の先端は，とがっているほうをビーカーの内壁につける。

得られた結晶にはサリチル酸が少量混ざっている可能性がある。さらに精製したいときは，以下の手順で再結晶を行う。

① 結晶をビーカーに入れる。
② できるだけ少量の熱水に溶かしてから，ゆっくり冷却する。
③ 比較的溶解度の大きなサリチル酸は析出せず，アセチルサリチル酸が析出する。

アセチルサリチル酸は，解熱鎮痛剤に用いられていましたね。フェノール性ヒドロキシ基をもたないので，$FeCl_3$水溶液を加えても呈色しません

実験10 サリチル酸メチルの合成

参照 本冊p.199

濃硫酸を触媒に用いて，サリチル酸とメタノールを反応させると，サリチル酸メチルが得られる。

$$C_6H_4(OH)COOH + CH_3{-}OH \rightleftarrows C_6H_4(OH)CO{-}O{-}CH_3 + H_2O$$

サリチル酸　　メタノール　　サリチル酸メチル

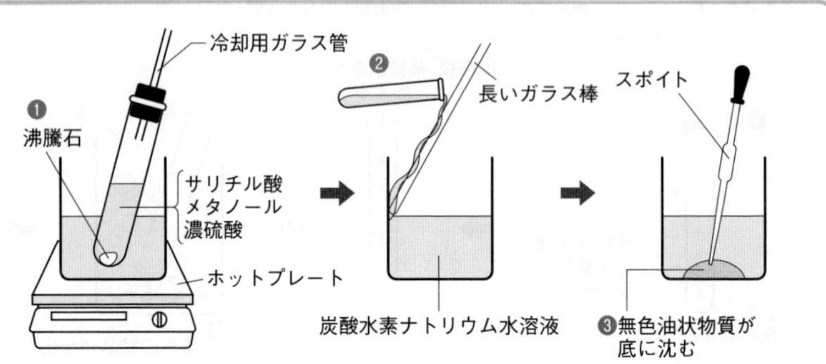

❶ 穏やかに温めて反応させる。

❷ 炭酸水素ナトリウム水溶液を入れたビーカーに，反応物を少しずつ注ぐ。
未反応のサリチル酸は次のように反応して，水溶性の大きな塩となる。

$$C_6H_4(OH)COOH + NaHCO_3 \longrightarrow C_6H_4(OH)COONa + CO_2\uparrow + H_2O$$

❸ カルボキシ基をもたないサリチル酸メチルは，炭酸水素ナトリウムと反応しない。
サリチル酸メチルは水より密度が大きいので，底に沈む。これをスポイトで取る。

サリチル酸メチルは，消炎鎮痛剤(湿布薬)に用いられていましたね。フェノール性ヒドロキシ基をもつので，$FeCl_3$水溶液を加えると赤紫色を呈します

アニリンの合成

参照 本冊p.207

アニリンは，スズと濃塩酸により，ニトロベンゼンを還元することによって得られる。

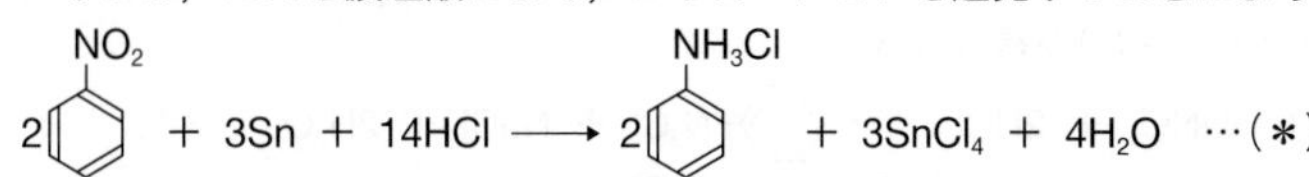

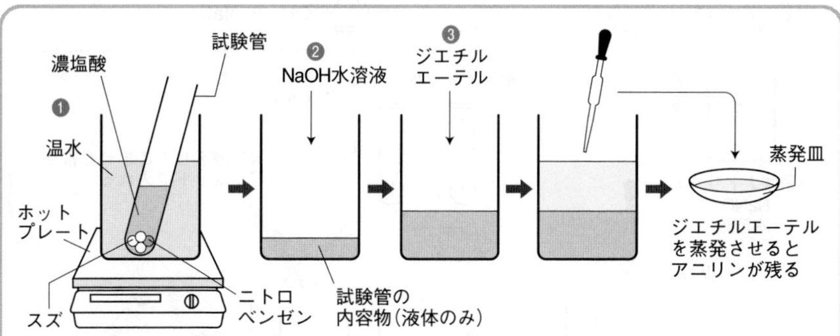

❶ 塩酸酸性下で，スズが還元剤，ニトロベンゼンが酸化剤として反応し，アニリン塩酸塩が生成する。

$$\begin{cases} Sn + 4Cl^- \longrightarrow SnCl_4 + 4e^- & \cdots ⓘ \\ C_6H_5\text{-}NO_2 + 7H^+ + 6e^- \longrightarrow C_6H_5\text{-}NH_3^+ + 2H_2O & \cdots ⓘⓘ \end{cases}$$

ⓘ×3＋ⓘⓘ×2 で e^- を消去すると，イオン反応式が得られる。

$$2C_6H_5\text{-}NO_2 + 3Sn + 14H^+ + 12Cl^-$$
$$\longrightarrow 2C_6H_5\text{-}NH_3^+ + 3SnCl_4 + 4H_2O$$

両辺に Cl^- を 2 個足して整理すると，(＊)の化学反応式が得られる。

❷ 淡黄色のニトロベンゼンの油滴が消えたら，内容物のうち液体だけビーカーに移し，水酸化ナトリウム水溶液を少しずつ加えると次の反応が起こり，アニリンが遊離する。

$$C_6H_5NH_3Cl + NaOH \longrightarrow C_6H_5NH_2 + H_2O + NaCl$$

❸ ジエチルエーテルで抽出し，上層をスポイトで蒸発皿にとって，ジエチルエーテルを蒸発させると，アニリンが得られる。

スズの代わりに鉄を用いてもかまいません。ジエチルエーテルは揮発性の液体で，引火しやすい物質なので，風通しのよい場所で扱い，遠くにある火気にも十分に注意してください

実験12 p-ヒドロキシアゾベンゼンの合成と布の染色

参照 本冊p.209

アニリンをジアゾ化し，ナトリウムフェノキシドと反応させると，p-ヒドロキシアゾベンゼン（p-フェニルアゾフェノール）が得られる。

$$\begin{cases} C_6H_5\text{-}NH_2 + NaNO_2 + 2HCl \longrightarrow C_6H_5\text{-}N_2Cl + NaCl + 2H_2O \\ C_6H_5\text{-}N_2Cl + C_6H_5\text{-}ONa \longrightarrow C_6H_5\text{-}N{=}N\text{-}C_6H_4\text{-}OH + NaCl \end{cases}$$

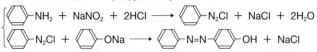

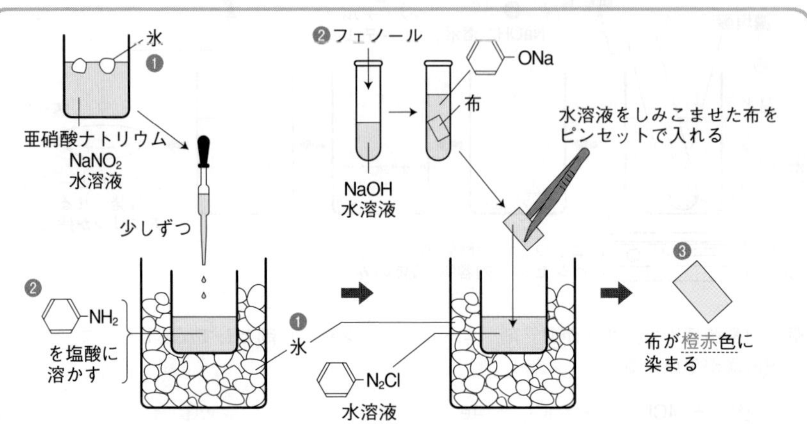

❶ この実験は必ず氷冷して行う。5℃以上になると，塩化ベンゼンジアゾニウムが次式のように加水分解してしまう。

$$C_6H_5\text{-}N^+{\equiv}NCl^- + H_2O \longrightarrow C_6H_5\text{-}OH + N_2\uparrow + HCl$$

❷ アニリンやフェノールは水に溶けにくいので，中和して塩にする。

$$C_6H_5\text{-}NH_2 + HCl \longrightarrow C_6H_5\text{-}NH_3Cl$$

$$C_6H_5\text{-}OH + NaOH \longrightarrow C_6H_5\text{-}ONa + H_2O$$

❸ 塩化ベンゼンジアゾニウムとナトリウムフェノキシドのジアゾカップリングによって，アゾ染料であるp-ヒドロキシアゾベンゼンが生じ，布が橙赤色に染まる。

ジアゾ化やジアゾカップリングを行うときは，溶液を5℃以下に冷やすことを忘れないようにしましょう

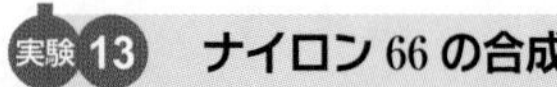

実験13 ナイロン66の合成

参照 本冊p.316

ナイロン66は，アジピン酸とヘキサメチレンジアミンの縮合重合によって得られる。アジピン酸の代わりにアジピン酸ジクロリドを用いると，加熱や加圧が不要となり，実験室で簡単にナイロン66が合成できる。

$$n\mathrm{Cl{-}\overset{\displaystyle O}{\overset{\|}{C}}{-}(CH_2)_4{-}\overset{\displaystyle O}{\overset{\|}{C}}{-}Cl} + n\mathrm{H_2N{-}(CH_2)_6{-}NH_2} \longrightarrow \left[\mathrm{\overset{\displaystyle O}{\overset{\|}{C}}{-}(CH_2)_4{-}\overset{\displaystyle O}{\overset{\|}{C}}{-}NH{-}(CH_2)_6{-}NH}\right]_n + 2n\mathrm{HCl}$$

アジピン酸ジクロリド　ヘキサメチレンジアミン　ナイロン66　…(＊)

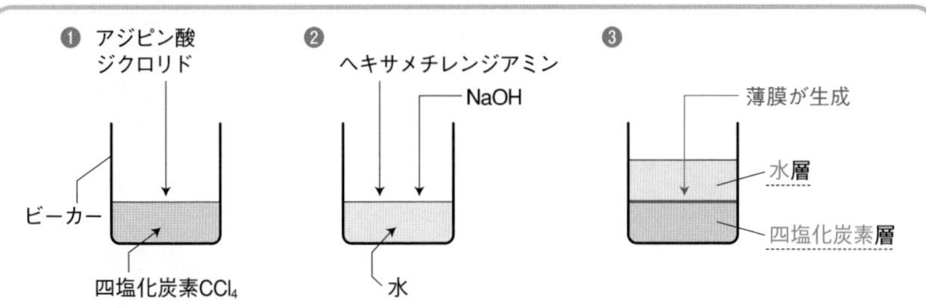

❶　アジピン酸ジクロリドのような酸塩化物は反応性が高く，水に加えると容易に加水分解してカルボン酸になる。そこで，アジピン酸ジクロリドは CCl_4 のような有機溶媒に溶かしておく。

❷　❶とは別のビーカーに水を入れて，NaOHとヘキサメチレンジアミンを溶かしておく。NaOHを加えるのは，(＊)の反応で生じるHClを中和するためである。HClはアミド結合を加水分解するので，縮合速度を低下させる。

❸　❶の溶液に❷の溶液をゆっくりと注ぐ。CCl_4 は水より密度が大きく，水と混ざり合わないので，上層が水溶液，下層が CCl_4 溶液と分離した2つの液の界面にナイロン66の薄膜が生成する。これをピンセットでつまんで引き上げると，界面で縮合重合が進み，新たな薄膜が生じていく。

❶でアジピン酸ジクロリドを溶かす有機溶媒にヘキサンを用いると，❸で下層が水層，上層がヘキサン層になります